普通高等教育工程力学类“十二五”规划教材

理论力学基础

孙保苍　主编

国防工業出版社

·北京·

内 容 简 介

本书是作者根据多年从事理论力学教学的经验，在充分调研各类工程技术专业学生培养计划的基础上，本着抽象问题具体化，复杂问题简单化，语言上力争通俗易懂，讲解问题上力争深入浅出的原则编写的。

本书内容为理论力学的基本内容，分为静力学、运动学和动力学三篇。静力学篇包括静力学基本公理、物体的受力分析、平面力系分析及空间力系简介；运动学篇包括点的运动学、刚体的基本运动、点的合成运动和刚体的平面运动；动力学篇主要介绍动力学的普遍定理及其应用、动静法。

本书是按50～70学时的理论力学课程教学要求编写的，可用于一般工科院校工程技术类专业的理论力学教材。由于本教材通俗易懂，编写过程中充分考虑了培养应用型人才的需要，故特别适用于培养应用型人才为主的理工科院校（包括独立学院）的机械、动力、交通等工程技术类专业的理论力学教材。对于高职高专类院校相近专业的理论力学教学也有较大的参考价值。

图书在版编目（CIP）数据

理论力学基础/孙保苍主编．—北京：国防工业出版社，2013.7（2017.4重印）

ISBN 978-7-118-08772-7

Ⅰ.①理…　Ⅱ.①孙…　Ⅲ.①理论力学—高等学校—教材　Ⅳ.①031

中国版本图书馆CIP数据核字（2013）第163002号

※

国防工业出版社出版发行

（北京市海淀区紫竹院南路23号　邮政编码100048）

北京嘉恒彩色印刷责任有限公司

新华书店经售

*

开本 710×960　1/16　**印张** 18¾　**字数** 353千字

2017年4月第1版第4次印刷　**印数** 11001—13000册　**定价** 35.00元

国防书店：（010）88540777　　发行邮购：（010）88540776

发行传真：（010）88540755　　发行业务：（010）88540717

作者简介

孙保苍 男，1965 年 5 月生，山东东明人，南京航空航天大学博士，江苏大学土木工程与力学学院教授，江苏大学工程力学课程(江苏省精品课程)负责人。目前从事的研究方向为旋转机械动力学、振动及控制、工程中的关键力学问题。近几年参加或主持国家自然科学基金、国防基础研究项目、教育厅基金等纵向课题多项，发表科研及教学论文 40 多篇。

前　　言

理论力学课程是机械、土木、动力、航空航天等工程技术类专业的重要技术基础课，是工程技术科学的理论基础之一。它既是一门理论系统完整、理论和实践并重、理论密切联系实际的学科，又是工科学生开始学习处理工程问题的第一门课程。理论力学课程除了要教给学生力学的基本理论之外，更重要的是培养学生的工程技术观点和分析处理工程问题的能力，因此本课程在高等工程教育中具有特殊和重要的地位。科学技术的不断进步，对人才的综合素质及工作的适应性要求越来越高，在这方面，理论力学课程的学习有不可替代的作用，因而对理论力学课程的改革也提出了新的更高的要求。近 20 年来，理论力学课程的改革取得了一系列成果，很多教学研究的课题组编写了相应的教材，这些教材中的一部分也具有较高的水平。本书是在参考大量同类教材，并充分调查工程技术类专业的培养计划与要求的基础上，结合作者参与教学改革的体会，总结作者多年来教学工作的经验，特别是针对以培养应用型人才为主的工程技术类专业的特点与学生培养的要求编写的。编写过程中同时参照了教育部基础力学教学指导委员会针对机械、动力等专业制定的理论力学教学基本要求。编写本书的基本思想是既考虑课程的系统性和完整性，又要充分考虑相关专业学生培养的需要，重在知识点的讲授和学生对基本概念的理解。既考虑到学生创新能力的培养，更注重培养学生规范化做事的良好习惯。讲解问题深入浅出，更方便学生的自学。

鉴于老的理论力学教材在引导学生自学方面的优越性，全书在内容的编排上仍然将理论力学的内容分为静力学、运动学和动力学三部分，共计 14 章。在讲授过程中，作者力求做到抽象问题具体化，复杂问题简单化。语言上力争通俗易懂，讲解问题深入浅出。在例题的编排上，通常是要求学生先通过一个简单的例题掌握基本的理论与方法，然后通过若干个有一定难度的例题加深对基本概念、基本方法的理解与掌握。在例题与习题的编排上考虑了基本概念、方法和工程实际应用三种类型的合理搭配。

全书由江苏大学孙保苍教授编写。在编写过程中，笔者从与柳祖亭教授等老师的讨论中得到了很多有益的启发，在此表示诚挚的谢意。

本书承蒙江苏大学柳祖亭教授审阅，他在百忙之中提出了许多宝贵意见，在此表示深深的感谢。

本书的编写参考了部分同类教材，在此向这些教材的编写者表示真诚的谢意。

限于编者水平，书中定有不少不足之处，殷切希望广大师生和读者指正。

编者

2013年2月

目　　录

第二篇 运动学

第三篇 动力学

绪 论

理论力学是研究物体机械运动一般规律的学科。物体在空间的相对位置随时间的改变称为机械运动。机械运动是人们生活和生产实践中最常见的运动。

工程力学是一门与机械、动力、能源、土木、材料、交通、航空航天等众多工程技术领域有密切关系的技术基础学科，它是近代工程技术的理论基础之一，而理论力学是工程力学学科最基础的课程之一。20 世纪以前，推动近代科学技术进步的蒸汽机、内燃机、铁路、船舶等工程技术的重要装备，大都是在力学知识的积累、应用和完善的基础上逐渐形成和发展起来的。

当今工程技术领域的很多高新技术，如大跨度桥梁、高层建筑、石油化工设备、大型水利设施、高速铁路与列车等也都是在工程力学的指导下完成，并不断完善和发展起来的。另外，计算机硬盘驱动器、工业机器人的操作系统、各类航空航天器的发射与运行、雷达跟踪器、航空母舰舰载飞机的发射装置等都与理论力学的理论密切相关。工程力学与理论力学的应用实例如图 1 ~ 图 6 所示。

图 1　江苏润扬长江大桥

图 2　美国航天飞机

理论力学以伽利略和牛顿总结的基本定律为基础，以速度远小于光速的宏观物体的机械运动为研究对象，属于经典力学的范畴。这种宏观物体的机械运动是日常生活及实际工程中最常遇到的。理论力学就是研究这些运动中最基本、最普遍的规律，因此，理论力学有着非常广泛的应用。至于速度接近于光速的物体和基本粒子的运动，则必须用相对论和量子力学的观点才能完善地予以解决。

理论力学的内容包括静力学、运动学、动力学三个部分。

图 3　中国三峡大坝

图 4　航空母舰

图 5　航天器对接过程

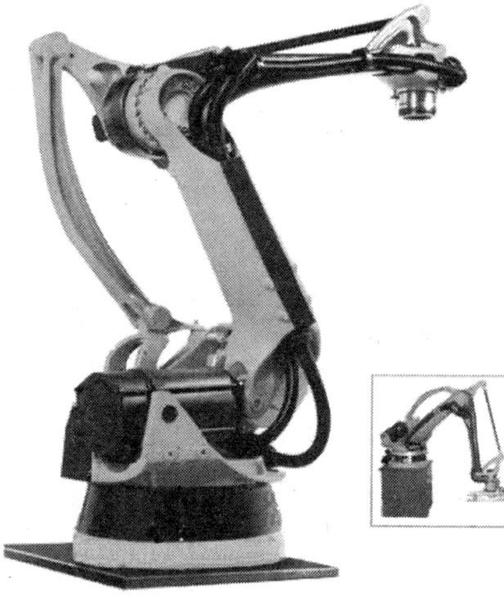

图 6　工业机械手

静力学主要研究物体在平衡时的受力分析，包括研究物体在平衡时所受作用力应满足的条件、分析方法等；运动学主要从几何的角度来研究物体的运动规律；动力学主要研究物体的运动与作用力之间的关系。

古代人们使用杠杆、斜面和滑轮进行简单的建筑施工，制造推车用作长途运输，制造船舶用以进行航运等。这些生产工具的制造和使用，使得人类对于机械运动有了初步的认识。但是，在很长的一段时期内，人类的认识仅仅限于经验的积累，而未形成理论知识。

关于力学理论最早的记述当推我国战国时期的墨子。他在所著的《墨经》里，对于力和运动给出了合适的定义，并对杠杆平衡问题进行了理论叙述。阿基米德则较系统地论述了杠杆平衡学说，从而奠定了静力学的基础。

15 世纪中叶到 18 世纪下半期，是欧洲的封建社会向资本主义社会转化时期，为了适应当时的社会与工业发展，力学与其他自然科学一样得到了发展。例如：

达·芬奇提出的力矩概念;芬兰物理学家史蒂芬在进行斜面问题研究时提出了力的合成与分解定律;潘索提出了力偶的概念及有关的理论等,这些使得静力学理论得到了进一步的发展。哥白尼提出了太阳中心学说后,在科学界引起了宇宙观的大革命;开普勒根据哥白尼的学说以及其他一些天文学家的观测资料,得出了行星运动三大定律,成为牛顿万有引力的基础;伽利略观察了落体运动并试验了物体沿斜面的运动,从而提出了落体在真空中的运动定律,并引出了加速度的概念,奠定了动力学的基础,他是用实验及演绎的方法研究动力学的创始人。力学发展的新阶段是从牛顿开始的。他总结了以前无数科学家的成就,发表了著名的运动定律学说,创立了现代的经典力学。

由此可见,运动学与动力学的理论研究可以认为是从哥白尼提出的太阳中心学说开始、由伽利略奠基而由牛顿总结而成,并由此形成了理论力学的理论框架与体系。理论力学的发展过程充分反映了人们不断经过科学实验、分析、综合和归纳,并总结出力学中最基本规律的认识过程。

理论力学所研究的对象是运动的物体,是一种具体的、复杂的客观存在,它们随时间而改变其空间的相对位置。为了探索物体在机械运动中的基本规律,必须首先对物体作必要的简化,以建立力学模型。这也是理论力学课程的重要任务。

例如,研究航天飞机的运动时,虽然航天飞机本身体积较大,但与它的运动轨迹相比则要小得多,因此,可将航天飞机简化为一个质点模型。这样,有利于研究航天飞机的运动规律。再如,在研究汽缸内活塞的运动时,活塞在在外力作用下使自身产生微小变形,但为了研究活塞的运动规律,则忽略它的微小变形,将活塞建立为受力不变形状的刚体模型。又如,活塞与连杆之间的机械运动是相互制约的,为了研究它们之间的相互作用力,需要将它们的连接简化为理想约束模型。

这些力学模型有一个共同的特点:抓住研究对象的主要因素,忽略其次要因素,以建立抽象化的模型。但是,任何抽象化的模型都是相对的。当条件改变时,必须考虑影响事物的新的因素,建立新的模型。例如:要分析物体内部的受力状态时,则刚体模型是不适用的,必须考虑到物体的变形,建立弹性体的模型。这些内容将在材料力学、弹性力学等课程中进行介绍。

由此可见,通过合理简化以建立力学模型,是进行理论分析计算的基础。我们不仅要掌握一些基本的、典型的力学模型的建立方法,而且要善于将较复杂的研究对象合理简化为分析模型,这将有助于提高我们的抽象思维和创新思维能力。

在建立力学模型的基础上,运用归纳和演绎的方法,从少量的基本规律出发,得到从多方面揭示机械运动规律的定理、定律和公式,建立严密而完整的理论体系。这就是理论力学的基本研究方法。归纳与演绎是两种不同的推理和认识现实的科学方法。一般来说,归纳是从特殊推到一般,演绎是由一般推到特殊。

当对一个具体机械装置进行研究时,通常先采用演绎的方法,利用一般的定理、定律和公式进行演绎分析计算，获得该机械装置的运动规律。同时，我们还应该对这一具体物体的研究成果进行归纳，寻找出具有普遍性的规律和结论，并获得触类旁通的分析方法。

现代计算机的发展和普及，不仅能完成力学问题中大量的繁杂的数值计算，而且在数值模拟、逻辑推演、公式推导等方面也是很有效的工具。因此，运用计算机方法，可以更有利于学好理论力学。

理论力学是一门理论性较强的技术基础课。首先，学习理论力学的目的是为后续课程（如材料力学、流体力学、机械原理、机械振动等）的学习做好必要的知识准备；其次，理论力学的理论和方法可以直接用于一些工程实际问题的解决，如机械系统、航空航天器的力学建模、运动及动力学分析等；再则，理论力学是人类长期进行科学实践的产物，它的研究方法具有一定的代表性。充分理解理论力学的研究方法，不仅可以深入地掌握这门学科，而且有助于学习其他科学技术理论，培养正确分析问题和解决问题的能力，为今后解决生产实际问题、从事科学研究工作打下良好的理论基础。

第一篇 静 力 学

引 言

静力学主要研究物体在力系作用下的平衡问题。

静力学的研究对象是刚体。刚体是一个抽象的、理想化的力学模型，它是这样一种物体：在力的作用下，物体内任意两点之间的距离始终保持不变；或者简单地说，刚体是在力的作用下不变形的物体。

平衡是指物体相对于惯性坐标系保持静止或匀速直线运动的状态，是物体机械运动的一种特殊形式。在一般的工程问题中，通常把固结于地球的参考系当作惯性参考系。

静力学主要研究以下两个问题。

1. 力系的简化

力系是指作用在物体上的一群力。若两个不同的力系对物体的作用效果相同，则该两力系为等效力系；用一个简单力系代替一个复杂的力系称为力系的简化。当物体上作用着复杂力系时，直接对其进行运动或平衡分析非常困难。对力系进行简化的目的是为进一步分析研究物体的平衡与运动提供方便。

2. 力系的平衡条件

力系的平衡条件是指物体处于平衡状态时，作用在物体上的力系所应满足的条件。平衡是相对的，是物体机械运动的特殊形式。当物体在某力系作用下处于平衡状态时，则该力系称为平衡力系。

第1章　静力学公理与物体受力分析

1.1　力的基本概念

1. 力的定义

力是人们在长期的生产和生活实践中总结出来的一个科学概念，是力学的一个基本概念。人们对于力的认识最初是与推、举、投掷时肌肉的紧张与疲劳等主观感觉联系起来的。后来，人们在日常生产和生活中经过反复的观察、实验、分析逐步认识到，不论物体机械运动状态的改变是变形还是破坏，都是物体间相互作用的结果，如物体运动时的减速和加速、工程结构中构件的变形等。经过长期的总结和科学抽象，人们给出了力的定义：力是物体间的相互作用，这种作用的结果是使物体的运动状态发生改变，或使物体变形。

力对物体的作用效应可分为外效应和内效应。外效应是指物体在力的作用下机械运动状态的改变，也称为运动效应，如人们推动自行车的运动；内效应指在力的作用下物体形状的改变，也称为变形效应，如拉力器的变形、桥梁的变形等。理论力学只研究力的外效应，而力对物体的内效应则由材料力学部分研究。

2. 力的三要素

实践表明，力对物体的作用效应取决于力的大小、方向和作用点，此三者称为力的三要素。

力的三要素可用有向线段表示，如图1.1所示。线段的长度表示力的大小，力的大小代表了力对物体作用的强弱。力的法定标准计量单位是牛(顿)，符号为N，有时也用千牛(顿)，符号为kN。线段的方位和箭头的指向表示力的方向，线段的起始点(或终点)表示力的作用点。实际上，力总是作用在一定的面积上的，当力的作用面积与被作用物体的面积相比很小时，可以忽略作用面积的大小，近似看成作用在一个点上。作用于一点的力称为集中力。如果力的作用面积与被作用物体的面积相比较大，则称这种力为分布力。通过力的作用点沿力的方位的线，称为力的作用线。

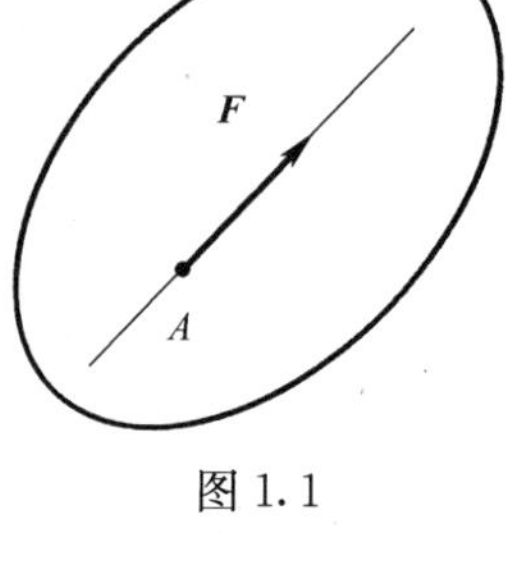

图1.1

1.2　静力学基本公理

在生产和生活实践中，人们对物体的受力进行了长期的观察、试验和分析，对力的基本性质进行了概括和总结，得出了一些大家公认的且经过实践检验是正确的、毋须证明的正确的结论，这就是静力学公理。静力学理论就是建立在这些公理基础之上的。

公理一（力的平行四边形法则）　作用于刚体上一点的两个力可以合成为一个力，合力的大小与方向可以由两个力为邻边所构成的平行四边形的对角线来表示，如图 1.2(a)所示。用矢量表示为

$$\boldsymbol{F}_{\mathrm{R}}=\boldsymbol{F}_1+\boldsymbol{F}_2$$

此公理在应用时，可由任一点起，另作一个三角形，如图 1.2(b)所示。三角形的两边分别表示两个力，第三边表示合力。这一求两力合力的方法称为力的三角形法则。

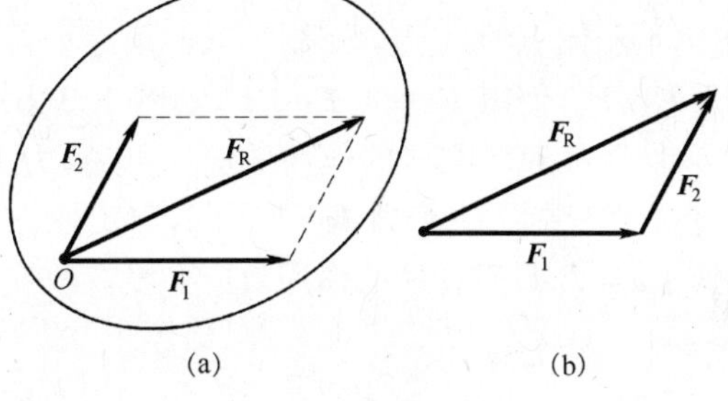

图 1.2

公理二（二力平衡公理）　作用在同一刚体上的两个力使物体保持平衡的充分必要条件是：这两个力大小相等、方向相反、作用在同一条直线上，或者说这两力等值、反向、共线。

此公理阐明了静力学中最简单力系（二力构成的力系）的平衡条件，是研究其他力系的基础。必须指出的是，此公理只适用于刚体。对于变形体，平衡条件是必要的，而不是充分的。如一根不计自重的刚性杆受一对大小相等、方向相反、作用在同一条直线上的力作用，无论这一对力是拉(图 1.3(a))还是压(图 1.3(b))，该刚

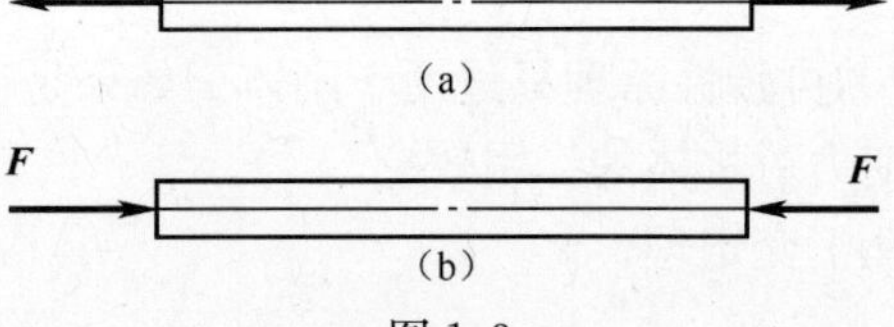

图 1.3

性杆均可保持平衡。如若将刚性杆换成柔索,那么在拉力作用下柔索可以保持平衡,而在压力作用下,平衡不能保持。

在不考虑自重的条件下,工程中有很多构件只受两个力的作用而处于平衡,这样的构件称为二力构件,如图 1.4 所示。如果二力构件是杆件,称为二力杆。对于二力构件,其所受两个力的作用线必然沿两力作用点的连线。二力杆可以是直杆,也可以是曲杆。

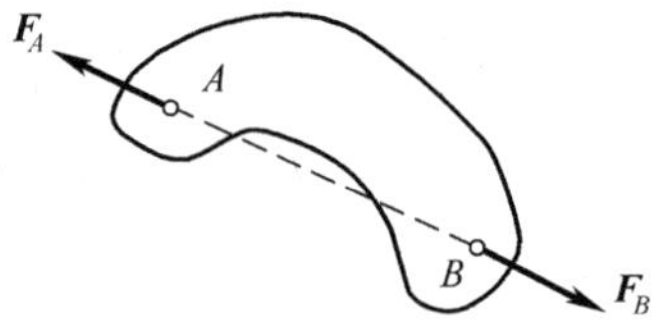

图 1.4

公理三(加减平衡力系公理) 在作用于物体上的力系上,加上或减去任意一个平衡力系,并不改变原力系对物体的作用效应。

该公理的正确性是显而易见的,这是因为平衡力系对物体的平衡或运动状态没有任何影响。此公理对力系的简化起着重要的作用。由该公理还可得出以下两个推论。

推论一(力的可传性原理) 作用在物体上的力可沿力的作用线任意移动而不改变力对物体的作用效应。

证明:设力 $\boldsymbol{F}$ 作用于刚体上的 A 点,如图 1.5(a)所示。今在力作用线上的一点 B 加一个平衡力系 $\boldsymbol{F}_1$、$\boldsymbol{F}_2$,使得 $\boldsymbol{F}_1=-\boldsymbol{F}_2=\boldsymbol{F}$,如图 1.5(b)示。由加减平衡力系公理可知,这样做不改变力 $\boldsymbol{F}$ 对刚体的作用效应。可见,力 $\boldsymbol{F}$、$\boldsymbol{F}_2$ 也构成一个平衡力系,故可减去。于是就只剩下一个力 $\boldsymbol{F}_1$,如图 1.5(c)示。这就等于把力 $\boldsymbol{F}$ 沿其作用线从 A 移动到了 B,力 $\boldsymbol{F}$ 对物体的作用效应并没有改变。推论一得证。

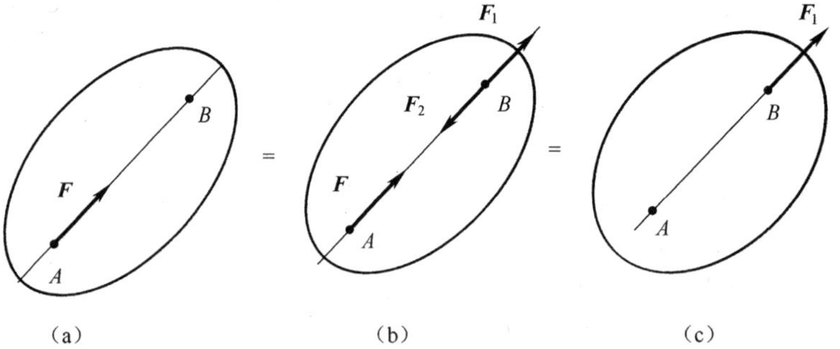

图 1.5

由力的可传性原理可知,对于刚体而言,力的三要素可改为大小、方向、作用线。

必须说明的是,力的可传性原理只适用于刚体。如果是变形体,力沿其作用线的任何移动都可能改变力对物体的作用效应。

推论二 三力平衡汇交定理

刚体受三个力作用而处于平衡时，若其中两个力的作用线汇交于一点，则第三个力的作用线必在同一平面内，且通过前两力的汇交点。

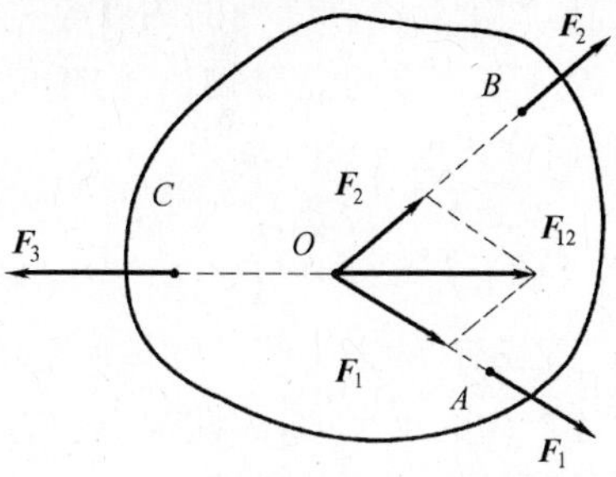

图 1.6

证明：如图 1.6 所示，设在刚体 A、B、C 三点分别作用三个互不平行的平衡力 $\boldsymbol{F}_1$、$\boldsymbol{F}_2$ 和 $\boldsymbol{F}_3$。将力 $\boldsymbol{F}_1$、$\boldsymbol{F}_2$ 的作用线延长汇交于点 O，并用力的平行四边形法则求出该两力的合力 $\boldsymbol{F}_{12}$。由本定理的条件知，在力 $\boldsymbol{F}_{12}$ 与 $\boldsymbol{F}_3$ 的共同作用下，刚体仍然处于平衡状态。由二力平衡公理，$\boldsymbol{F}_{12}$ 与 $\boldsymbol{F}_3$ 必须等值、反向、共线，所以力 $\boldsymbol{F}_3$ 必通过 $\boldsymbol{F}_1$ 和 $\boldsymbol{F}_2$ 的汇交点 O。定理得证。

此定理的逆定理不成立。

公理四　作用与反作用定律　两个物体间的相互作用力，即作用力与反作用力总是同时存在，它们大小相等、方向相反、作用线重合，并分别作用在两个不同的物体上。这一定律概括了两物体间相互作用的关系，不论物体是处于静止还是运动状态，该定律普遍适用。

必须注意的是，与二力平衡公理不同，作用力和反作用力是作用在两个不同物体上的。因此，尽管二力大小相等、方向相反、沿同一作用线，但不能相互平衡。

公理五　刚化公理　变形体在某一力系作用下处于平衡，如假想将其刚化为刚体，则其平衡状态保持不变。

此公理给出了把变形体看做刚体的条件。应该指出，刚体的平衡条件对变形体来说，只是平衡的必要条件，而不是充分条件。以一条绳索为例，它在大小相等、方向相反、作用在同一条直线上的两个拉力作用下处于平衡。此时将其刚化，平衡状态不变。如将两个拉力改为压力，该绳索将不能平衡，因而就不能将其刚化为刚体。

1.3　约束及分类

自由体和非自由体：

位移不受任何限制的物体称为自由体，如空中飞行的飞机、人造卫星等。位移受到限制的物体称为非自由体，如工程结构中的桥梁、水坝，机械系统中的齿轮轴等工程构件。

约束与约束力：

对非自由体的某些位移起限制作用的物体称为约束，如放在桌面上的计算机受到桌面的限制，桌面就是计算机受到的约束；机械系统中的轴类零件受到轴承的限制，轴承就是轴受到的约束等。约束之所以限制了被约束物体某个方向的位移，是因为在该方向上对物体施加了力。约束作用在被约束物体上的力称为约束反力，简称约束力或支反力。

主动力和被动力：

主动力是指引起物体运动或使物体产生运动趋势的力，如物体的重力、水的压力、风载荷、冲击力等。物体所受的主动力一般是已知的，物体受到主动力的作用后才产生约束反力，因此约束反力也称为被动力。

下面介绍几种常见的约束，说明这些约束的约束反力的特征。

1. 柔索约束

工程中属于这类约束的有绳索、链条及传动胶带等。由于柔索本身只能承受拉力，因此其约束反力通过柔索与物体的连接点，方向沿着柔索背离物体，如图1.7所示。

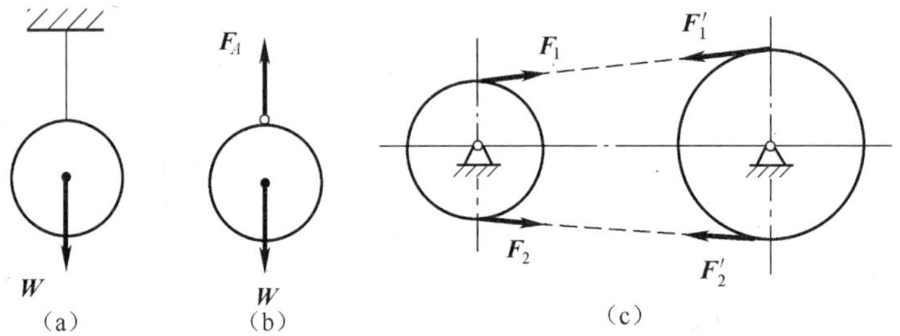

图1.7

2. 光滑面约束

当两物体接触时，若物体间摩擦力很小，可以忽略不计，则这样的约束称为光滑面约束。当物体受光滑面约束时，物体可沿着接触面移动或离开接触面，但不能沿着接触面的公法线朝向运动。因此，光滑面约束的约束反力通过接触点，沿接触点的公法线指向物体。图1.8为两个光滑面约束的实例。

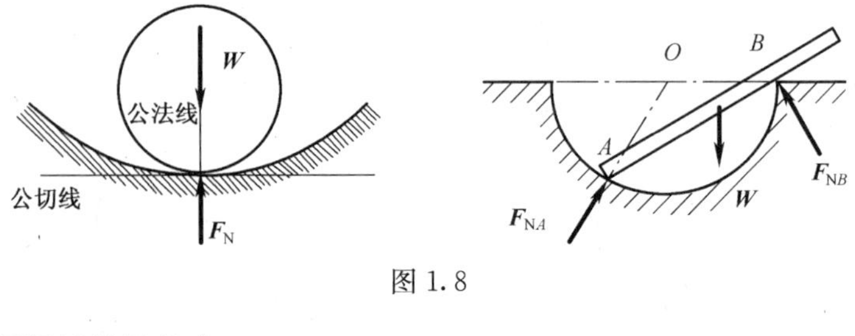

图1.8

3. 光滑圆柱铰链约束

光滑圆柱铰链约束，即通常所说的铰链约束，是指将销钉插入两个构件的圆孔，把两个构件连接起来的一种连接结构，其中销钉和圆孔都是光滑的(或摩擦力非常小,可以忽略不计),如图 1.9 所示。光滑铰链约束限制了两个构件在垂直于销钉轴线平面内的相对移动,但不能限制两个构件绕销钉的相对转动。图 1.9 为一个光滑圆柱铰链约束的实例。

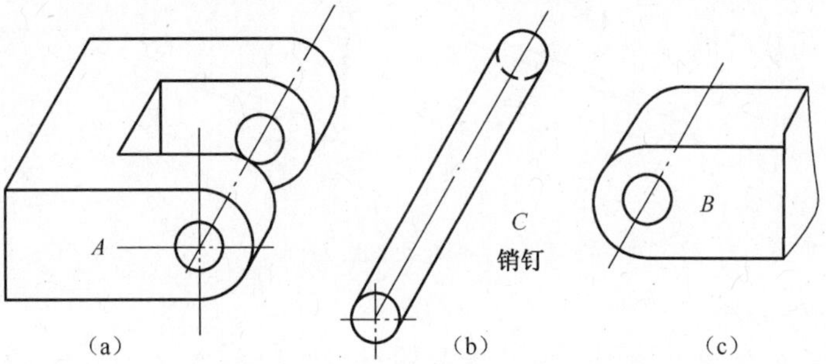

图 1.9

铰链约束中销钉和圆孔本质上属于光滑面约束,因此它们之间的约束反力是沿着接触面的公法线的,如图 1.10(a)示。但由于接触点的位置随载荷方向的改变而改变,一般无法预先确定,通常用通过圆孔中心的两个正交分力来表示铰链约束的约束力,如图 1.10(b)、(c)所示。

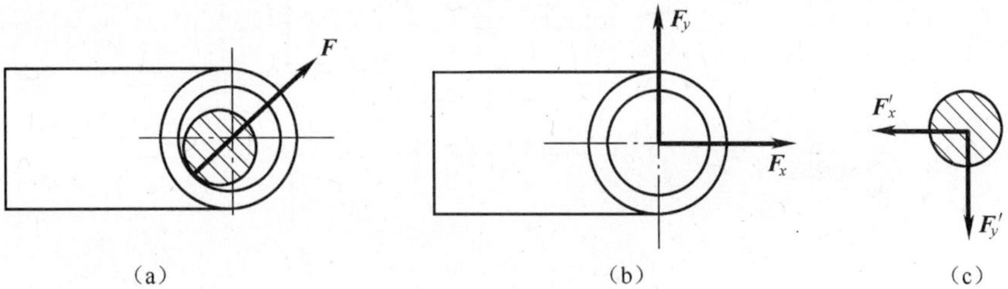

图 1.10

根据这种结构的特点,平面铰链约束可分为下列三种。

1) 中间铰链约束

这种约束连接了工程结构中两个具体的构件,如图 1.11 所示为其简图及其约束反力的表示法。

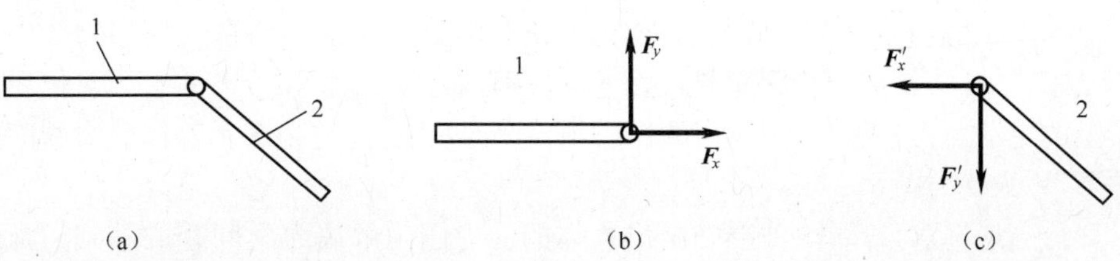

图 1.11

2）固定铰链约束

在铰链约束中，若其中的一个构件是固定支座，则这种约束称为固定铰链约束，简称固定铰支座，图 1.12 为其简图及其约束反力的表示法。

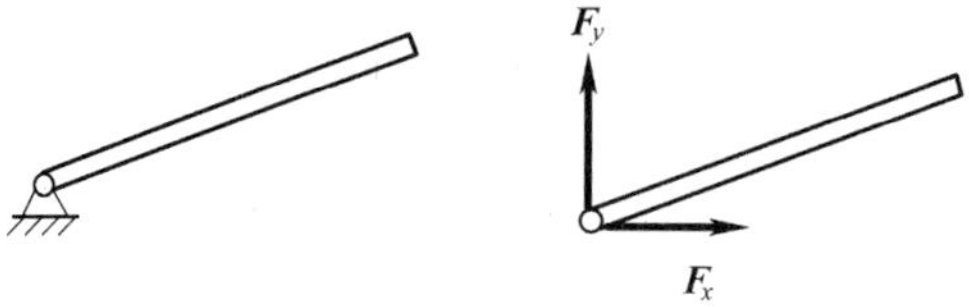

图 1.12

3）可动铰链约束

可动铰链约束是在固定支座和支承面之间安装若干辊轴而构成的结构，如图 1.13(a)示。这种约束不阻碍结构沿支承面的位移，但阻止结构沿支承面法线方向的移动。因此，可动铰链约束的约束反力垂直于支承面，并通过圆孔中心，方向可任意假定。这种结构的一般简图如图 1.13(b)所示，约束反力画法如图 1.13(c)所示。

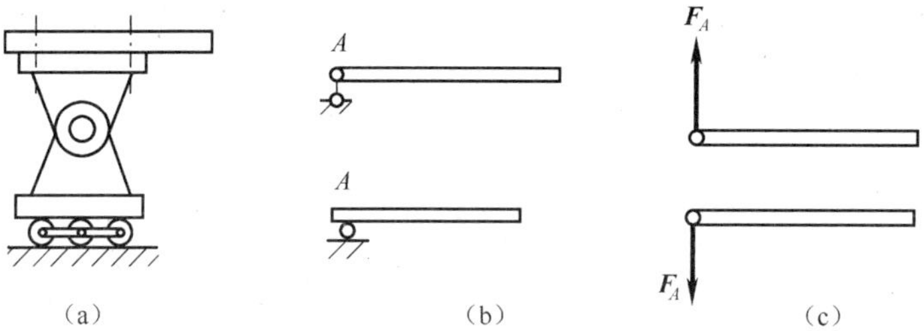

图 1.13

1.4 物体的受力分析

研究物体的平衡和运动规律时，首先要分析物体的受力情况，然后根据问题的性质建立必要的方程来求解未知量，这是解决力学问题的一般方法。

为了了解物体的受力情况，必须把要研究的物体从与其联系的周围物体中分离出来，单独画出它的轮廓简图，这一过程称为取分离体。在分离体上画出作用于其上的主动力，并根据周围约束的性质画出全部约束力，这种表示物体受力的简明图形，称为受力图。

恰当地选取分离体，并准确画出物体的受力图是解决力学问题的基础。画受力分析图的一般步骤如下：

(1) 取分离体。根据题意和已知条件选取研究对象，解除研究对象所受的全部约束，用尽可能简单的轮廓线将它单独画出，这就是取分离体。研究对象可以是一个物体，也可以是几个物体组成的物体系统(简称物系)。

(2) 画主动力。在分离体上画出其所受的全部主动力，不能遗漏，也不能把作用在这个研究对象上的主动力画到其他物体(物系)上。主动力的方向和作用线不能随意改动。

(3) 画约束反力。在解除约束的地方，根据约束的性质，画出它们对研究对象的约束反力。画约束反力时切不可凭主观臆断，随意画出。

当研究对象是由若干个物体组成的物体系统(简称物系)时，物体除受到外部的约束外，组成物系的各物体之间还有一定的联系。系统与其他物体的联系构成外约束，而系统内各物体之间的联系成为内约束。此时进行受力分析时，还必须注意以下两点：

(1) 画整体受力图时只画外力，不画内力。

(2) 画物系中单个物体的受力图时，要注意作用力与反作用力的方向要协调，主动力和外约束反力的方向与整体分析时的方向要一致。

下面举例说明受力图的画法：

例1.1　用重为$\boldsymbol{W}$的滚子碾平路障，如图1.14(a)示，画出滚子的受力分析图。

解：(1) 取滚子为研究对象；

(2) 画出作用在滚子上的主动力：重力$\boldsymbol{W}$和牵引力$\boldsymbol{F}$；

(3) 两处的约束均为光滑面约束，根据约束的性质画出约束反力，得滚子的受力分析如图1.14(b)。

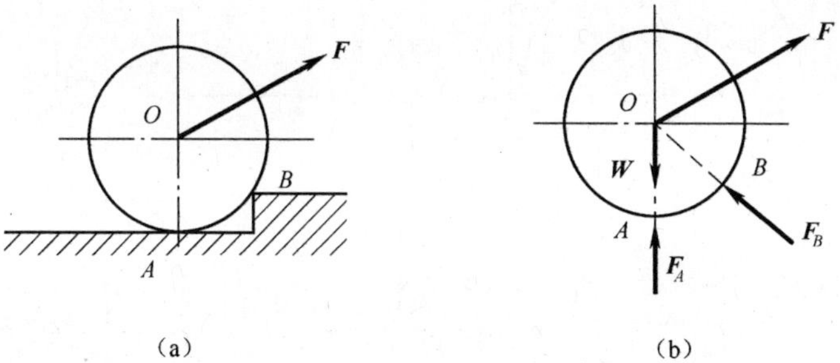

图1.14

例1.2　不计重量的梁如图1.15(a)示。A端为固定铰支座，B端为可动铰支座，梁上作用有均布载荷$\boldsymbol{q}$和集中力$\boldsymbol{F}$。画出梁的受力图。

解：(1) 取分离体；

(2) 画出作用于梁上的均布载荷$\boldsymbol{q}$和集中力$\boldsymbol{F}$；

(3) 根据A、B段约束的性质画出约束反力，得梁的受力分析如图1.15(b)。

例1.3　三铰拱由左、右两拱通过铰链C铰接而成，如图1.16(a)所示。A、B

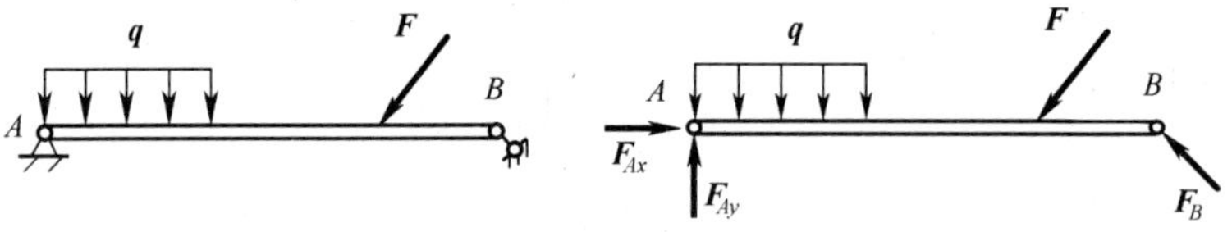

(a) (b)

图 1.15

处为固定铰支座。不计自重,画出三铰拱的整体受力图和 AC、BC 两拱的受力图。

解:(1) 先分析整体受力情况。由于不计自重,BC 拱为二力杆,所以 B 支座约束反力沿 B、C 连线方向。又 A 为固定铰支座,约束反力为 $\boldsymbol{F}_{Ax}$、$\boldsymbol{F}_{Ay}$,所以,整体受力如图 1.16(b)图示。

(2) 由于 BC 拱为二力杆,结合整体分析,并按照外约束反力不变的原则画上 B 处约束力,BC 拱其受力分析如图 1.16(c)所示 。

(3) 对于 AC 拱,受到主动力 $\boldsymbol{F}$;C 处受到 CB 拱给它的约束反力与 $\boldsymbol{F}_C$是作用力和反作用力的关系,所以用 $\boldsymbol{F}'_C$ 来表示,又 A 处是固定铰支座,结合整体分析,根据外约束反力不变的原则,该部分受力分析如图 1.16(d)所示。

(4) 本题也可利用 BC 为二力杆的特点,整体上利用三力平衡必汇交定理,画出 AC 拱和整体的受力分析图 1.16(e)。

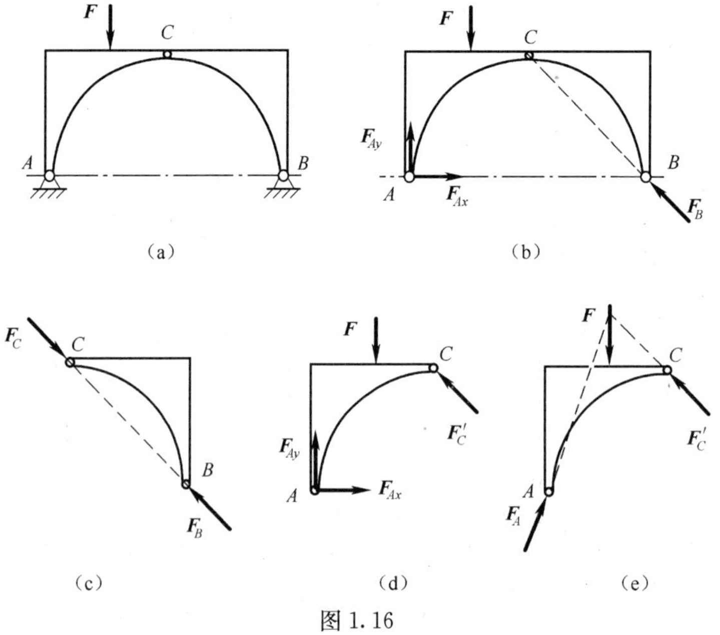

(a) (b)

(c) (d) (e)

图 1.16

读者可试一试考虑拱自重情况下的受力分析图。

例 1.4　如图 1.17(a)所示,折梯由 AC 和 BC 两个直杆在 C 点铰接而成,在 D、E 两点用水平绳索连接,放在光滑水平面上。不计自重,且在 AC 部分上作用有力 $\boldsymbol{F}$。画出系统的整体受力分析图和绳索 DE,梯子 AC、BC 两部分的受力分析图。

解:(1) 取整体为研究对象,先画上主动力 $\boldsymbol{F}$。地面为光滑面约束,因此 A、B 处的约束反力均朝上。整体受力分析如图 1.17(b)所示。

(2) 取 AC 部分为分离体,先画上主动力 $\boldsymbol{F}$,并按照外约束反力不变的原则画上 A 处的约束反力;根据绳索只能承受拉力的原则画上 D 处的约束力;根据先入为主的原则画上 C 处的约束力。AC 部分受力分析如图 1.17(c)所示。

(3) 取 BC 部分为分离体。按照外约束反力不变的原则画上 B 处的约束反力;根据绳索只能承受拉力的原则画上 E 处的约束力;根据作用力与反作用力原则画上 C 处的约束反力。受力分析如图 1.17(e)所示。

(4) 取绳索 DE 为分离体,根据作用力与反作用力原则画上 D、E 处的约束力。绳索 DE 受力分析如图 1.17(d)所示。

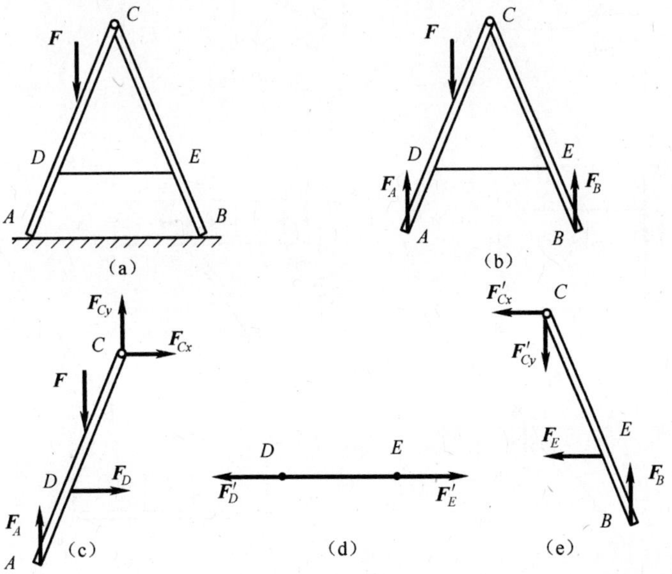

图 1.17

思　考　题

1.1　两个大小相等的力对物体的作用效应是否相同?

1.2　桌子压地板,地板以反作用力支持桌子,二力大小相等、方向相反且共线，所以桌子平衡。该论点是否正确？

1.3 说明下列等式的意义与区别。

(1) $F_1=F_2$ 和 $\boldsymbol{F}_1=\boldsymbol{F}_2$；

(2) $\boldsymbol{F}_R=\boldsymbol{F}_1+\boldsymbol{F}_2$和 $F_R=F_1+F_2$。

1.4 二力平衡公理和作用与反作用公理都说二力等值、反向、共线，试问二者有何区别？

1.5 下列各物体的受力图(图 1.18)是否有错误？若有错如何改正(各杆自重不计)？

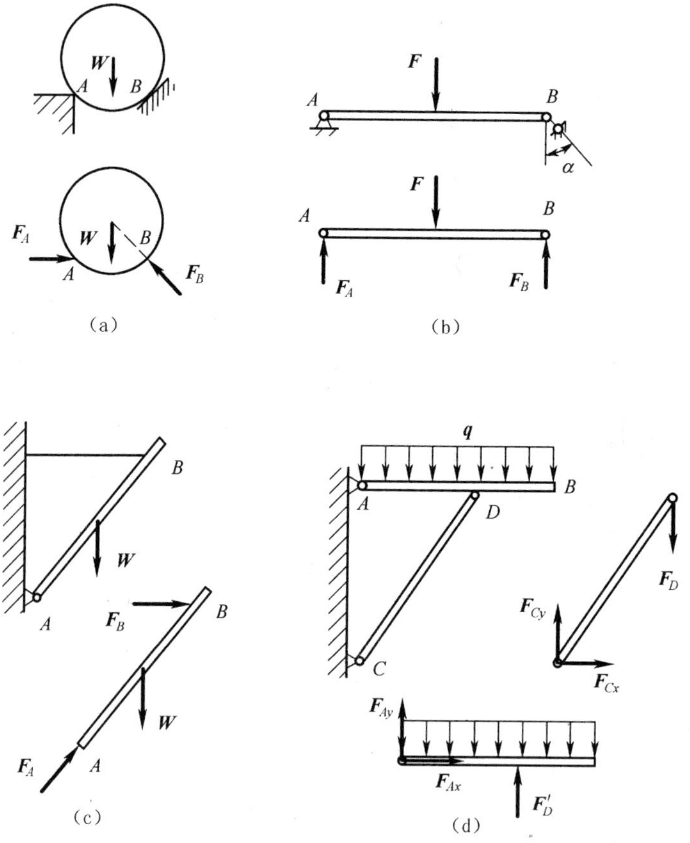

图 1.18

习 题

1.1 如图 1.19 所示，试分别画出各物体的受力图。未画重力的物体重量均不计，所有接触处均为光滑接触。

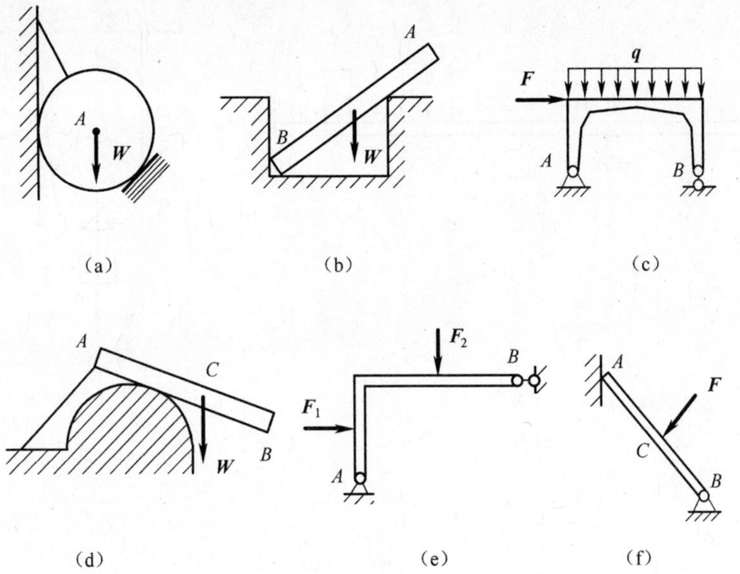

图 1.19

1.2　画出下列图 1.20 中指定物体的受力图。

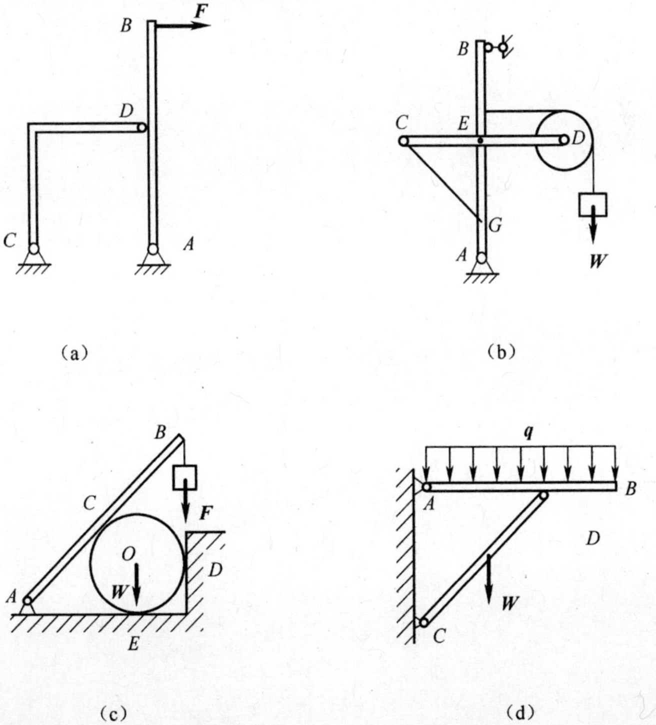

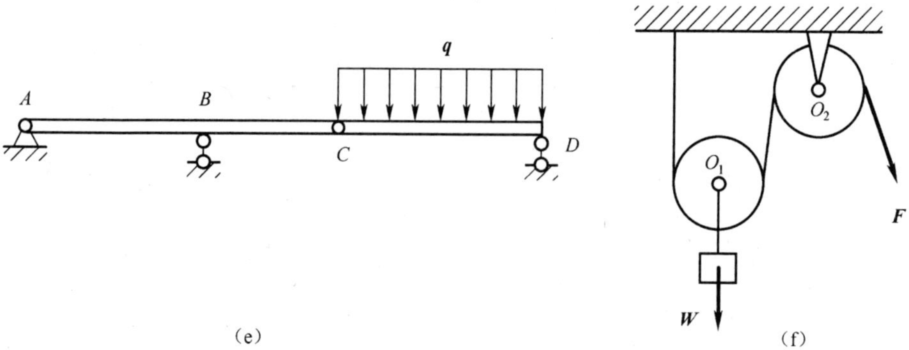

（e） （f）

图 1.20

第 2 章　平面简单力系

严格意义上讲,作用在物体上的力系都是空间力系。但是,当作用在物体上的力系中每个力的作用线都位于同一平面时,这样的力系称为平面力系;平面力系中所有的力汇交于一点的力系称为平面汇交力系;大小相等、方向相反、作用线平行且有一定距离的两力构成一个特殊力系——力偶;作用在同一平面内的若干个力偶构成的力系称为平面力偶系。平面汇交力系和平面力偶系是两种简单的力系,不仅是工程中常见的力系,也是研究复杂力系的基础。研究物体在力系作用下的平衡就从这两种简单力系开始。

2.1　平面汇交力系分析的几何法

1. 平面汇交力系合成的几何法

设刚体上作用一个平面汇交力系,如图 2.1(a)所示。根据力的可传性原理将各个力沿其作用线移动到 A 点,得到一个等效的平面汇交力系,如图 2.1(b)所示。

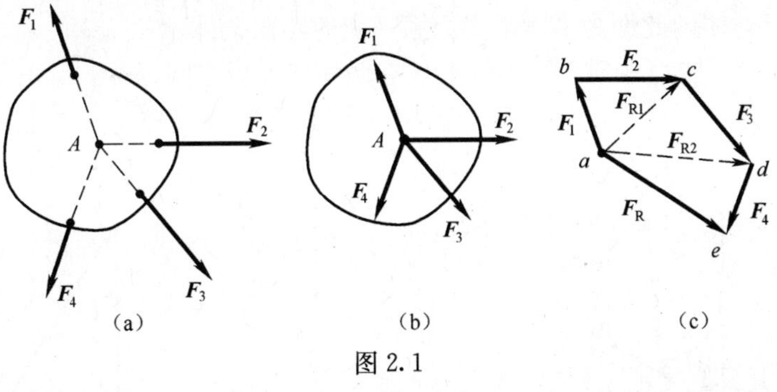

图 2.1

为求此力系的合力,可连续应用两力合成的三角形法则,最后求得该力系的合力 $\boldsymbol{F}_{\mathrm{R}}$。也可利用更加简便的方法(力的多边形法则)来求该力系的合力。即任取一点 a 为起始点,将各力的矢量依次首尾相连,由此组成一不封闭的力多边形 $abcde$,连接 a、e 两点得到矢量 $\boldsymbol{ae}$,此即为该汇交力系的合力 $\boldsymbol{F}_{\mathrm{R}}$,如图 2.1(c)所示。

结论:平面汇交力系的简化结果为一合力,其大小等于各个分力的矢量和(或几何和),作用线通过各力的汇交点。矢量式为

$$F_R = F_1 + F_2 + \cdots + F_n = \sum_{i=1}^{n} F_i$$

为书写方便，理论力学书中经常略去下标 i、上标 n，将上式简化为

$$\boldsymbol{F}_R = \sum \boldsymbol{F} \tag{2.1}$$

由于矢量的合成符合交换律，因此改变各分力求和的顺序，只会改变力多边形的形状，而不改变最后的合成结果。

如果力系中各力的作用线都沿同一条直线，则称此力系为共线力系，它是平面汇交力系的特例。此时，力多边形变成一条直线，采用代数法更为方便，即将各力看做代数量，设指向某一方向的力为正，而合力的代数值等于各分力代数值的代数和，即

$$F_R = F_1 + F_2 + \cdots + F_n = \sum F \tag{2.2}$$

2. 平面汇交力系平衡的几何条件

力系的平衡条件是指物体在该力系作用下保持平衡应满足的条件。由前可知，平面汇交力系可以由其合力来代替，因此物体在平面汇交力系作用下平衡的充分必要条件是：该力系的合力等于零，即

$$\boldsymbol{F}_R = \sum \boldsymbol{F} = 0 \tag{2.3}$$

从几何角度来讲，由于平面汇交力系的合力是以各分力为边构成的力多边形的封闭边，若合力等于零，则等效于封闭边长度等于零，即第一个力的始端与最后一个力的末端重合。所以平面汇交力系平衡的充分必要条件是：该力系构成的力多边形自行封闭。此即为平面汇交力系平衡的几何条件。

例 2.1　圆柱 O 中重 W=600N，放在墙面与夹板之间，如图 2.2(a)所示，板与墙面之间夹角为 60°。如接触面是光滑的，试分别求出圆柱施加在墙面和夹板的压力。

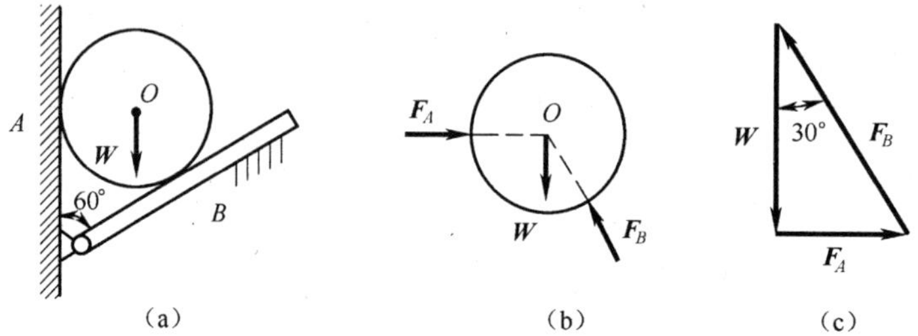

图 2.2

解：(1) 取圆柱为研究对象。

(2) 根据圆柱所受的主动力和约束情况，画出圆柱的受力图，如图 2.2(b)所示。显然，主动力 $\boldsymbol{W}$ 和 A、B 处的约束反力 $\boldsymbol{F}_A$、$\boldsymbol{F}_B$ 构成一平面汇交力系。

(3) 鉴于圆柱处于平衡状态，其所受三力构成一平衡力系。利用平面汇交力系平衡的几何条件作封闭的力三角形，如图 2.2(c)所示。

(4) 利用三角关系求出 A、B 处的约束反力 $\boldsymbol{F}_A$、$\boldsymbol{F}_B$。

$$F_A = W\tan30° = 600 \times \tan30° = 346\text{N}$$

$$F_B = \frac{W}{\cos 30°} = \frac{600}{\cos 30°} = 693\text{N}$$

$\boldsymbol{F}_A$、$\boldsymbol{F}_B$分别为墙面和夹板作用于圆柱的力，圆柱作用于墙面和夹板的力与其方向相反。

例 2.2 门式刚架如图 2.3(a)所示。在 B 点作用一个水平力 $F = 20\text{kN}$，刚架高度 $h = 4\text{m}$，跨度 $l = 8\text{m}$，不计刚架自重。求支座 A、D 处的约束反力。

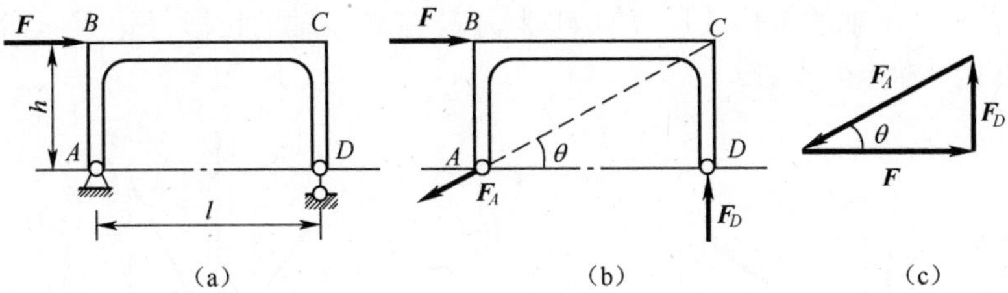

图 2.3

解：(1) 取刚架为研究对象。

(2) 作用在刚架上的力有主动力 $\boldsymbol{F}$、可动铰支座 D 处铅直方向的约束反力 $\boldsymbol{F}_D$ 和根据三力平衡定理可以判断出方向(沿 A、C 连线)的固定铰支座 A 处的约束反力 $\boldsymbol{F}_A$。基于上述已知和判断出的力，作出刚架的受力图如图 2.3(b)所示。

由于刚架处于平衡状态，利用平面汇交力系平衡的几何条件作封闭的力三角形，如 2.3 图示。利用三角关系可以计算出支座 A、D 处的约束反力。

$$\tan\theta = 0.5, \theta = 26°34'$$

$$F_A = \frac{F}{\cos\theta} = \frac{20}{\cos 26°34'} = 22.4\text{kN}, F_D = F\tan\theta = 20\tan 26°34' = 10\text{kN}$$

由上述两例可以看出，用几何法求解平面汇交力系的平衡问题简单明了，特别是对于三力构成的平衡力系还可利用三角关系求出精确解。但是，对三个以上力构成的平面汇交力系或者力之间的夹角不合适时，用几何法求解非常困难。在此情况下，通常用解析法求解平面汇交力系的合成和平衡问题。

2.2 平面汇交力系分析的解析法

1. 力在坐标轴上的投影

力是一个矢量。根据矢量分析理论，若已知力 $\boldsymbol{F}$ 的大小 F 和它分别与 x、y 轴

的夹角 α、β，则其在 x、y 轴上的投影由下式给出

$$\begin{cases} F_x = F\cos\alpha \\ F_y = F\sin\alpha \end{cases} \tag{2.4}$$

力 F 及其在 x、y 轴上的分量与投影关系如图 2.4 所示。

2. 合成的解析法

设有 n 个力构成的平面汇交力系作用于一个物体上，建立直角坐标系如图 2.5 所示。由矢量分析理论可知，任一矢量，包括力 $\boldsymbol{F}$ 和合力 $\boldsymbol{F}_{\mathrm{R}}$，在直角坐标系中的解析表达式为

$$\boldsymbol{F} = F_x\boldsymbol{i} + F_y\boldsymbol{j}$$

$$\boldsymbol{F}_{\mathrm{R}} = F_{\mathrm{R}x}\boldsymbol{i} + F_{\mathrm{R}y}\boldsymbol{j}$$

式中：$\boldsymbol{i}$、$\boldsymbol{j}$ 为 x、y 轴的单位矢量；F_x、F_y 为力 $\boldsymbol{F}$ 在 x、y 轴的投影；$F_{\mathrm{R}x}$、$F_{\mathrm{R}y}$ 分别为合力 $\boldsymbol{F}_{\mathrm{R}}$ 在 x、y 轴上的投影。

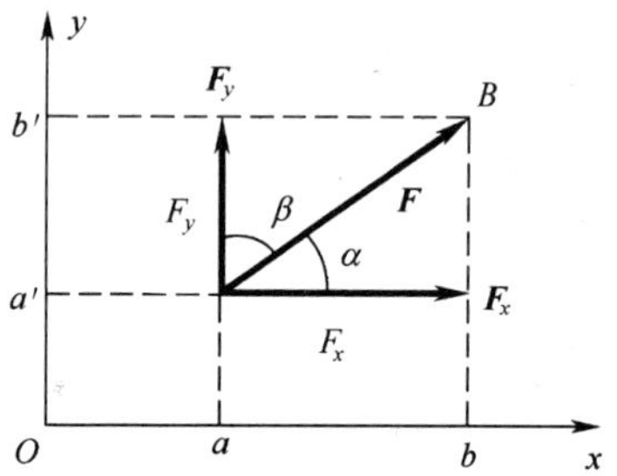

图 2.4

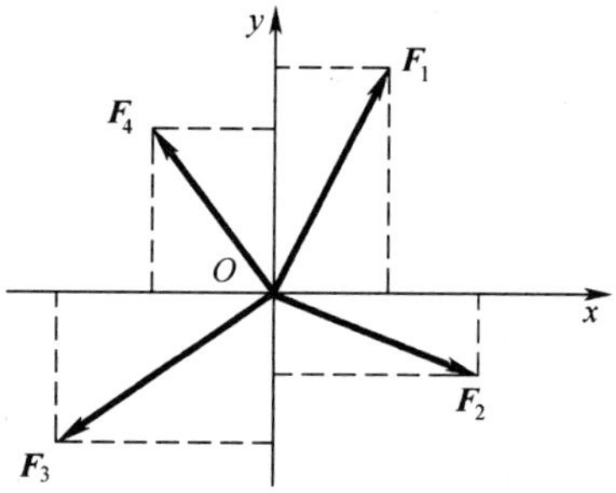

图 2.5

根据合矢量投影定理可知合力投影定理：合力在任一轴上的投影等于各分力在同一轴上投影的代数和。若物体受由 $\boldsymbol{F}_1, \boldsymbol{F}_2, \cdots, \boldsymbol{F}_n$ 构成的平面汇交力系作用，由汇交力系的合成结果有

$$\boldsymbol{F}_{\mathrm{R}} = \boldsymbol{F}_1 + \boldsymbol{F}_2 + \cdots + \boldsymbol{F}_n = \sum \boldsymbol{F}$$

将上式分别向 x、y 轴上投影，可得

$$\begin{cases} F_{\mathrm{R}x} = F_{1x} + F_{2x} + \cdots + F_{nx} = \sum F_x \\ F_{\mathrm{R}y} = F_{1y} + F_{2y} + \cdots + F_{ny} = \sum F_y \end{cases} \tag{2.5}$$

合力 $F_{\mathrm{R}x}$ 的大小为

$$F_{\mathrm{R}} = \sqrt{F_{\mathrm{R}x}^2 + F_{\mathrm{R}y}^2} = \sqrt{(\sum F_x)^2 + (\sum F_y)^2} \tag{2.6}$$

合力的方向余弦为

$$\cos\alpha = \frac{F_{\mathrm{R}x}}{F_{\mathrm{R}}} = \frac{\sum F_x}{F_{\mathrm{R}}}, \quad \cos\beta = \frac{F_{\mathrm{R}y}}{F_{\mathrm{R}}} = \frac{\sum F_y}{F_{\mathrm{R}}} \tag{2.7}$$

例 2.3　如图 2.6 所示，固定圆环作用有四个绳索的拉力，大小分别为 $F_1=200\text{N}$，$F_2=300\text{N}$，$F_3=500\text{N}$，$F_4=400\text{N}$，它们与 x 轴的夹角分别为 $\alpha_1=30°$、$\alpha_2=45°$、$\alpha_3=0°$、$\alpha_4=60°$，四个力的作用线汇交于圆环中心 O。试求它们的合力的大小和方向。

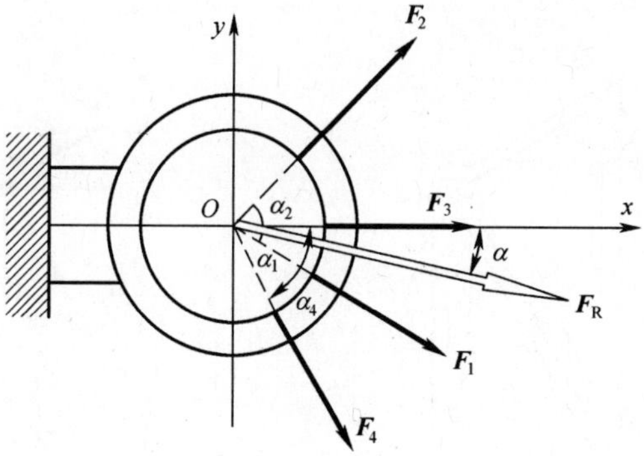

图 2.6

解：将各分力分别向 x、y 轴方向上投影，得

$$F_{Rx}=\sum F_x=F_{1x}+F_{2x}+F_{3x}+F_{4x}=F_1\cos\alpha_1+F_2\cos\alpha_2+F_3\cos\alpha_3+F_4\cos\alpha_4$$
$$=200\cos 30°+300\cos45°+500\cos0°+400\cos60°=1085\text{N}$$

$$F_{Ry}=\sum F_y=F_{1y}+F_{2y}+F_{3y}+F_{4y}=-F_1\sin\alpha_1+F_2\sin\alpha_2+F_3\sin\alpha_3-F_4\sin\alpha_4$$
$$=-200\sin 30°+300\sin45°+500\sin0°-400\sin60°=-234\text{N}$$

合力的大小及方向

$$F_R=\sqrt{F_{Rx}^2+F_{Ry}^2}=\sqrt{(1085)^2+(-234)^2}=1110(\text{N})$$

$$\cos\alpha=\frac{F_{Rx}}{F_R}=\frac{1085}{1110}=0.9775,\cos\beta=\frac{F_{Ry}}{F_R}=\frac{-234}{1110}=-0.2108$$

可求得合力与 x 轴的夹角为 $\alpha=-12.2°$。

3. 平面汇交力系平衡的解析条件

由 2.1 节知，平面汇交力系平衡的充分必要条件是力系的合力为零。由式(2.6) 可知，合力为零，即

$$F_R=\sqrt{F_{Rx}^2+F_{Ry}^2}=\sqrt{(\sum F_x)^2+(\sum F_y)^2}=0$$

欲使上式成立，必须同时满足

$$\begin{cases}\sum F_x=0\\ \sum F_y=0\end{cases}\tag{2.8}$$

可见，平面汇交力系平衡的必要和充分的解析条件是：力系在两坐标轴上投影的代数和分别为零。式(2.8)即给出了平面汇交力系平衡的两个方程。由两个独

立的方程可以求出两个未知量。

例 2.4 如图 2.7(a)所示，重 $W=20\text{kN}$ 的物体，用钢丝绳挂在支架上，钢丝绳的另一端缠绕在绞车 D 上，杆 AB 与 BC 铰接，并通过 A、C 与墙面铰接。不计各杆钢丝绳及滑轮的重量，忽略摩擦力，并不计滑轮的大小。试求平衡时杆 AB、BC 所受的力。

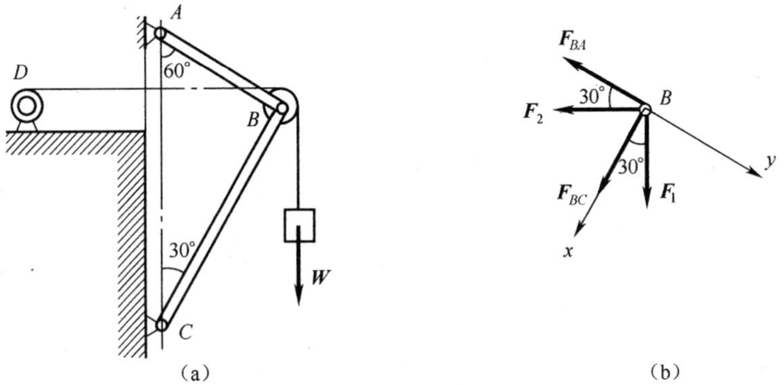

图 2.7

解：(1) 依题意，AB、BC 为二力杆。滑轮是 AB、BC 两杆和钢丝绳的汇合点，因此可取其为研究对象。

(2) 由于不计滑轮的重量，且为静态平衡，所以滑轮两边钢丝绳的拉力相等，即有 $F_1=F_2=W=20\text{kN}$；并设 AB、BC 两杆均受拉力。由于不计滑轮的大小，因此，滑轮所受的力为一平面汇交力系，如图 2.7(b)所示。

(3) 利用平衡方程求解

为使求解过程简单，取图 2.7 所示坐标系。列平衡方程如下：

$$\sum F_x=0,\quad F_{BC}+F_1\cos 30°+F_2\sin 30°=0$$

$$\sum F_y=0,\quad -F_{BA}+F_1\sin 30°-F_2\cos 30°=0$$

解上述方程组，得

$$F_{BC}=-1.366W=-27.32\text{kN},\quad F_{BA}=-0.366W=-7.32\text{kN}$$

从所得结果来看，F_{BA}、F_{BC} 均为负值，说明真实方向均与所假设方向相反，二力均为压力。F_{BA}、F_{BC} 分别为 AB、BC 两杆对滑轮的作用力，由作用力与反作用力公理，AB、BC 两杆均受压力作用。

选取坐标系时要尽可能使平衡方程中的未知量个数少，这样求解起来简单。最好是一个方程求解一个未知数。

例 2.5 在图 2.8(a)所示的杆件系统中，各杆重量不计，且均用光滑铰链铰接。已知在销钉 B 绳索悬挂一重量 $W=10\text{kN}$ 的物体 E。求系统在图示位置保持平衡时，作用于销钉 C 上的铅直力 $\boldsymbol{F}$ 的大小。

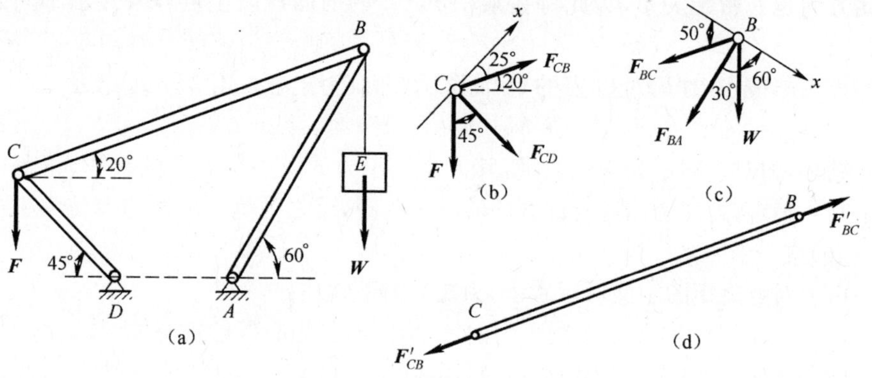

图 2.8

解:由于各杆重量不计,两端均为光滑铰链,中间不受力,因此各杆均为二力杆,且 B、C 两铰所受的均为平面汇交力系。分别取销钉 B、C 和 BC 杆为研究对象,假设各杆受拉力作用,并根据作用力与反作用力公理,得它们的受力图分别为图 2.8(b)、(c)、(d)。但由于销钉 C 处三力均未知,无法直接通过研究 C 的平衡求得力 F。销钉 B 处的三个力中有一个已知,通过研究该销钉的平衡可求得 BC 杆对销钉 B 的作用力 F_{BC}。由作用力和反作用力公理可得 $F_{BC}=F'_{BC}=F'_{CB}=F_{CB}$,再研究销钉 C 的平衡即可求得力 F。

对销钉 B,沿 x 轴的平衡方程为

$$\sum F_x=0,\quad W\cos 60°-F_{BC}\cos 50°=0$$

解之得

$$F_{BC}=F_{CB}=7.78\text{kN}$$

对销钉 C,沿 x 轴的平衡方程为

$$\sum F_x=0,\quad F_{CB}\cos 25°-F\sin 45°=0$$

$$7.78\cos 25°-F\sin 45°=0,\quad 得\quad F=9.97\text{kN}。$$

2.3　力对点的矩

力对物体的作用效应除移动之外还有转动效应。力对物体的移动效应用力矢量度量,力对刚体的转动效应又如何度量呢?

1. 力对点的矩

每个人都有用扳手拧螺母的经历(图 2.9)。力 $\boldsymbol{F}$ 使螺母绕 O 点的转动效应不仅与力的大小 F 有关,而且与转动中心到力 F 的作用线的距离(力臂)有关。通常,力的转动效应的大小用力 F 与力臂 h 的乘积 $F\cdot h$ 来度量。同时,转动效应与

转动方向也有密切关系，为此特在乘积 $F \cdot h$ 的前面冠以正负号来表示不同的转动方向。

称 $\pm F \cdot h$ 为力 F 对 O 点的矩，简称力矩，O 为矩心。用 $M_O(\boldsymbol{F})$ 表示，即

$$M_O(\boldsymbol{F}) = \pm F \cdot h \tag{2.9}$$

结论：力对点的矩为一代数量，其大小等于力的大小与力臂的乘积，正负用下列法则来确定：力使物体逆时针方向转动时为正，反之为负。力矩的单位为牛·米（N·m）或千牛·米（kN·m）。

由力对点之矩的定义可以看出，力矩有如下性质：

(1) 力对点的矩，不仅取决于力的大小，同时与矩心的位置有关。

(2) 力对一点的矩，不因力沿其作用线的移动而改变，因为此时力的大小和力臂的长度均未改变。

(3) 力对点的矩等于零的条件：力的作用线通过矩心或力的大小等于零。

力对点之矩也可由矢量式和解析表达式来表示（图 2.10）：

$$\boldsymbol{M}_O(\boldsymbol{F}) = \boldsymbol{r} \times \boldsymbol{F} = \begin{vmatrix} \boldsymbol{i} & \boldsymbol{j} & \boldsymbol{k} \\ x & y & 0 \\ F_x & F_y & 0 \end{vmatrix} = (xF_y - yF_x)\boldsymbol{k}$$

$$M_O(\boldsymbol{F}) = xF_y - yF_x \tag{2.10}$$

式中：$\boldsymbol{r}$ 为力 $\boldsymbol{F}$ 作用点的矢径；x、y 为力 $\boldsymbol{F}$ 作用点 A 的坐标；F_x、F_y 为力 $\boldsymbol{F}$ 在 x、y 轴上的分量。计算力对点的矩时，可根据问题的特点，任选式(2.9)、式(2.10)中的一个。

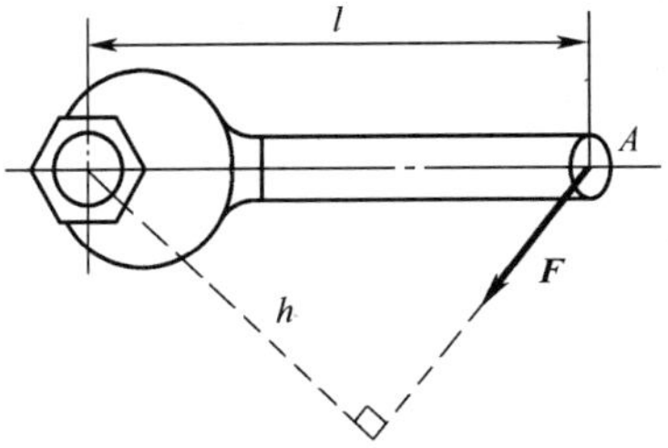

图 2.9

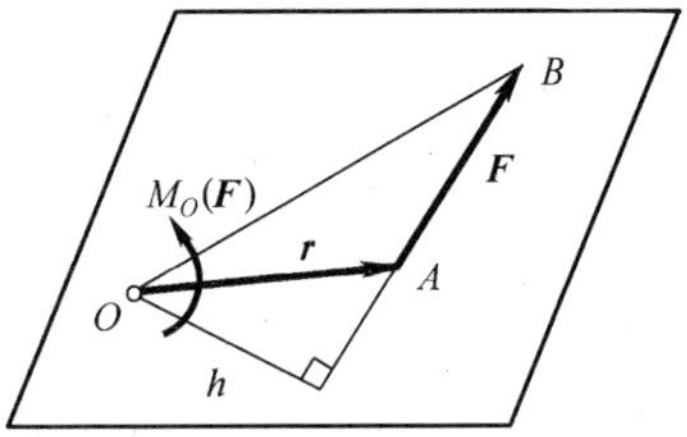

图 2.10

2. 合力矩定理

合力矩定理 平面汇交力系的合力对平面内任一点之矩等于各分力对同一点之矩的代数和。

证明：由力对点之矩也可有矢量表达式

$$\boldsymbol{M}_O(\boldsymbol{F}_R) = \boldsymbol{r} \times \boldsymbol{F}_R = \boldsymbol{r} \times (\boldsymbol{F}_1 + \boldsymbol{F}_2 + \cdots + \boldsymbol{F}_n) = \boldsymbol{r} \times \boldsymbol{F}_1 + \boldsymbol{r} \times \boldsymbol{F}_2 + \cdots + \boldsymbol{r} \times \boldsymbol{F}_n =$$

$$\boldsymbol{M}_O(\boldsymbol{F}_1) + \boldsymbol{M}_O(\boldsymbol{F}_2) + \cdots + \boldsymbol{M}_O(\boldsymbol{F}_n) = \sum \boldsymbol{M}_O(\boldsymbol{F}) \tag{2.11}$$

问题得证。

例 2.6　槽形杆用螺钉固定于 O 点，如 2.11(a)图示。在杆的端点 A 作用一个大小为 400N 的力 $\boldsymbol{F}$。求力 $\boldsymbol{F}$ 对 O 点的矩。

解：方法一　自矩心 O 向力 F 的作用线作垂线，找出力臂的大小，然后利用力与力臂的乘积可求出力 F 对矩心 O 的矩。但用该方法几何关系较复杂，详细过程略去。

方法二　基于合力矩定理，用力对点之矩的解析表达式来计算

建立坐标系，将力 $\boldsymbol{F}$ 向 x、y 方向分解，如图 2.11(b)所示。

$$F_x = F\sin 60° = 400\sin 60° = 346.4(\text{N}),\ F_y = F\cos 60° = 400\cos 60° = 200(\text{N})$$

A 点坐标　　$x = 40\text{mm} = 0.04\text{m},\ y = 120\text{mm} = 0.12\text{m}$

$$M_O(\boldsymbol{F}) = xF_y - yF_x = 0.04 \times 200 - 0.12 \times 346.4 = -33.56(\text{N}\cdot\text{m})$$

方法三　本题也可根据力对点之矩逆时针为正的原则，结合合力矩定理，先分别计算出力 $\boldsymbol{F}$ 的两个分量对 O 点之矩，再冠以正负号，求代数和得出力 $\boldsymbol{F}$ 对 O 点之矩。

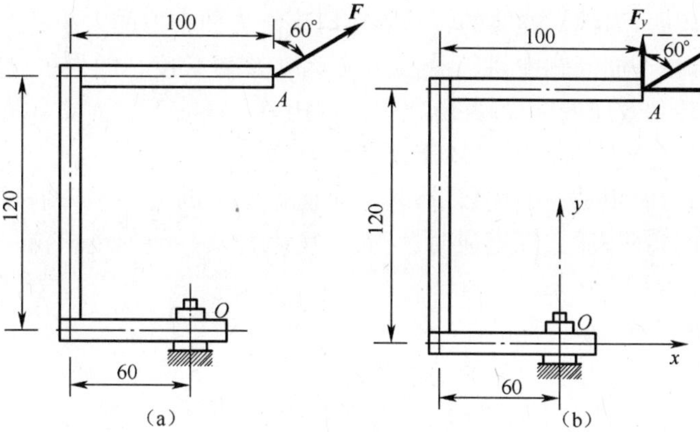

图 2.11

2.4　力偶与平面力偶系

1. 力偶

力偶是由大小相等、方向相反、作用线平行的二力构成的一个特殊力系，如图 2.12 所示。力偶中两个力作用线的距离称为力臂，构成力偶的两个力所在平面，称为力偶的作用面。

在实践中，汽车司机用双手转动方向盘(图 2.13)，钳工用双手转动丝锥攻螺纹(图 2.14)以及日常生活中人们用手拧水龙头开关、用手指旋转钥匙等，都是施加力偶的实例。

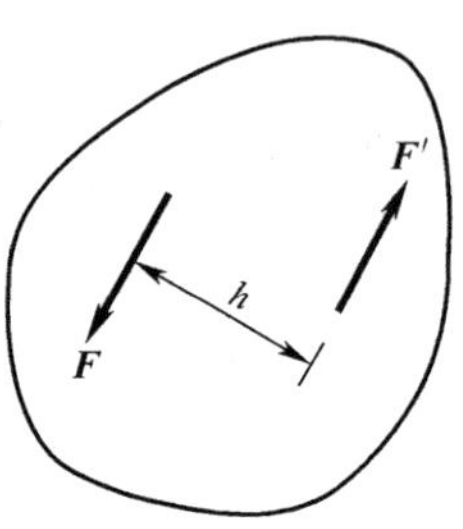

图 2.12

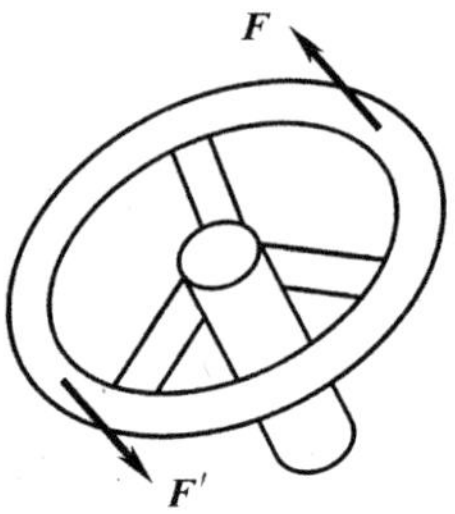

图 2.13

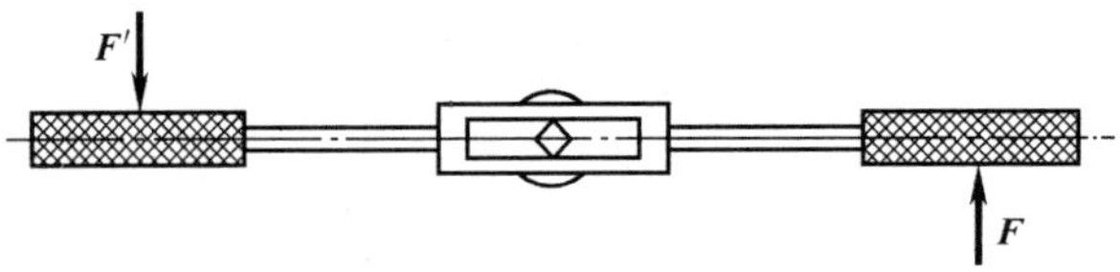

图 2.14

力偶的作用效应是使物体发生转动。如何度量力偶对物体产生的转动效应的大小呢？实践表明，力偶对物体的转动效应取决于力偶中力的大小、方向和力偶臂的长度。因而，在平面问题中，将力的大小 F 和力偶臂长度 h 的乘积冠以正负号作为力偶对物体转动效应的度量，并称之为力偶矩，用 M 或 $M_O(\boldsymbol{F},\boldsymbol{F}')$ 来表示：

$$M(\boldsymbol{F},\boldsymbol{F}')=\pm Fh \tag{2.12}$$

结论：平面力偶矩是一个代数量，其绝对值等于力的大小和力偶臂的乘积，正负号表示力偶的转向；通常规定逆时针为正，反之为负。与力矩单位一样，力偶矩的单位是 N·m 或 kN·m。

2. 力偶的性质

与力一样，力偶也是静力学的基本要素，它具有以下重要性质：

(1) 力偶对物体只产生转动效应，力偶不能合成为一个力。由于力偶是由大小相等、方向相反、作用线平行的二力构成的一个特殊力系，因此，这两个力在任一坐标轴上投影的代数和恒等于零。所以力偶不能等效为一个力，也不能由一个力平衡，力偶只能与力偶平衡。

(2) 力偶对其所作平面内任一点的力矩恒等于力偶矩，而与矩心的位置无关。

设有力偶 $(\boldsymbol{F},\boldsymbol{F}')$，其力偶臂为 h，如图 2.15 所示。力偶对 O 点之矩为 $M_O(\boldsymbol{F},\boldsymbol{F}')$，则有

$$M_O(\boldsymbol{F},\boldsymbol{F}')=F\cdot(h+h')-F'\cdot h'=Fh$$

由于矩心 O 是任选的，可见，力偶的作用效应取决于力的大小和力偶臂的长短以及转向，而与矩心的选择无关。

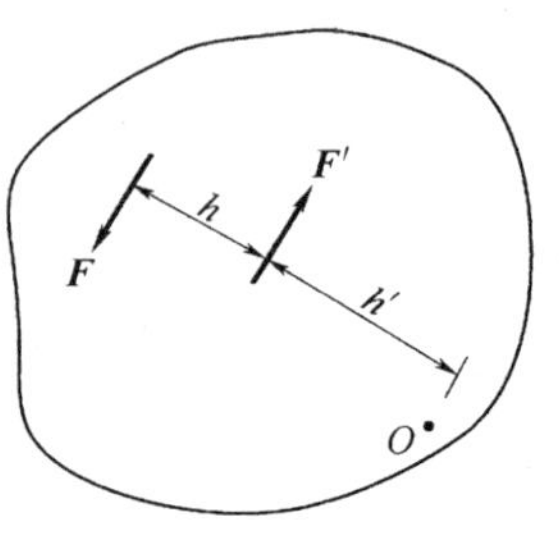

图 2.15

由于力偶对物体只产生转动效应，而转动效应又只取决于力偶矩的大小，与矩心位置无关，因此可得出结论：在同一平面内的两个力偶，只要力偶矩大小相等，转向相同，则两个力偶必然等效。

由力偶等效的条件，又可得出以下推论：

(1) 力偶可以在作用面内任意移转，而不影响它对物体的作用效应，即力偶对刚体的作用效果与它在作用面内的位置无关。如图2.16(a)中，不同位置的两个相同的力偶对物体的作用效应是完全一样的。

(2) 在保持力偶矩大小和转向不变的条件下，可任意改变力与力偶臂大小，而不改变力偶对刚体的效应。如图2.16(b)中，保持力偶矩不变，力偶臂可以从h调整到h'，而不改变它对物体的作用效应。

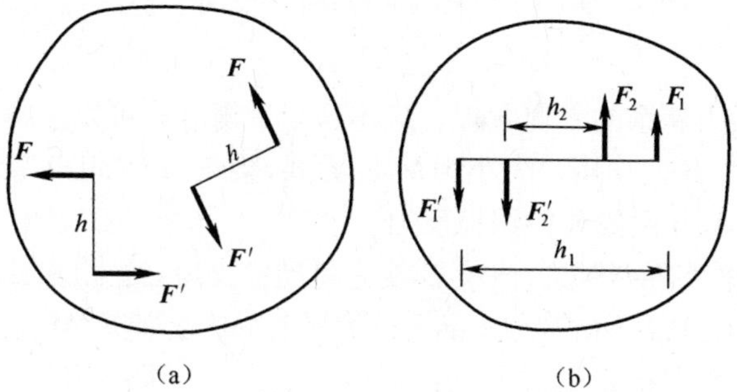

图2.16

3. 平面力偶系的合成

作用在同一平面内的一群力偶称为平面力偶系。

设同一平面内的两个力偶($\boldsymbol{F}_1,\boldsymbol{F}_1'$)、($\boldsymbol{F}_2,\boldsymbol{F}_2'$)，力臂分别为$h_1$和$h_2$，如图2.17(a)所示，它们的力偶矩的大小分别为

$$M_1=F_1h_1,\quad M_2=-F_2h_2$$

现调整它们的力臂为h，并保持它们的力偶矩的大小不变，得到两个等效的新力偶($\boldsymbol{F}_3,\boldsymbol{F}_3'$)、($\boldsymbol{F}_4,\boldsymbol{F}_4'$)，且有$M_1=F_1h_1=F_3h$，$M_2=-F_2h_2=-F_4h$。旋转、平移该两力偶，使得它们的力的作用线重合，如图2.17(b)所示；将两边的力分别合成，得到两个新的力$\boldsymbol{F}$、$\boldsymbol{F}'$，它们可组成一新的力偶($\boldsymbol{F},\boldsymbol{F}'$)，如图2.17(c)所示，新力偶的大小为$M$，且有

$$M=Fh=(F_3-F_4)h=F_3h-F_4h=M_1+M_2$$

如有n个力偶构成一平面力偶系，则可按上面的方法逐一合成。于是有结论：平面力偶系的合成结果是一合力偶，合力偶矩的大小等于各个分力偶矩的代数和，即

$$M=M_1+M_2+\cdots+M_n=\sum M_i \tag{2.13}$$

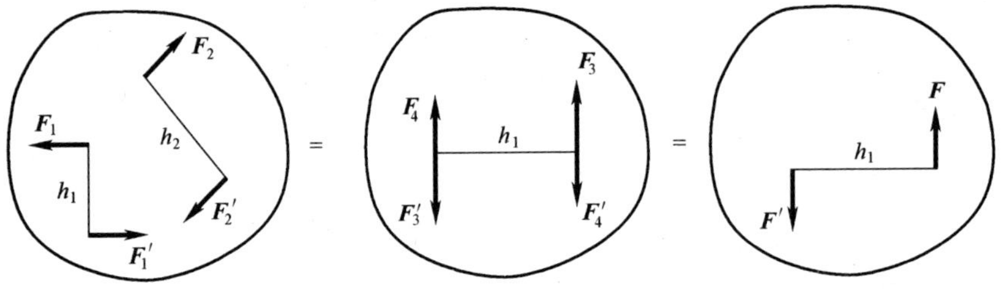

（a）　　（b）　　（c）

图 2.17

4. 平面力偶系的平衡条件

根据上面的合成结果，力偶系平衡时，其合力偶矩必为零。即平面力偶系平衡的必要和充分条件是：所有各分力偶矩的代数和等于零，即

$$\sum M_i = 0 \tag{2.14}$$

此即为平面力偶系的平衡方程。应用这个平衡方程可以求解一个未知量。

例 2.7　梁 AB 上作用一大小为 M 的力偶，梁长为 l，如图 2.18(a)所示。不计梁的自重，试求 A、B 两铰处的约束反力。

解：取 AB 梁为研究对象，该梁 B 端为可动铰支座，约束反力 F_B 方向垂直于支承面；由于梁只有 A、B 两端受力，梁上外力只有一个力偶矩 M，根据力偶只能由力偶来平衡的性质可以确定梁 A 端的约束反力 F_A 与 F_B 大小相等，方向相反，作用线平行。梁的受力分析图如图 2.18(b)所示。

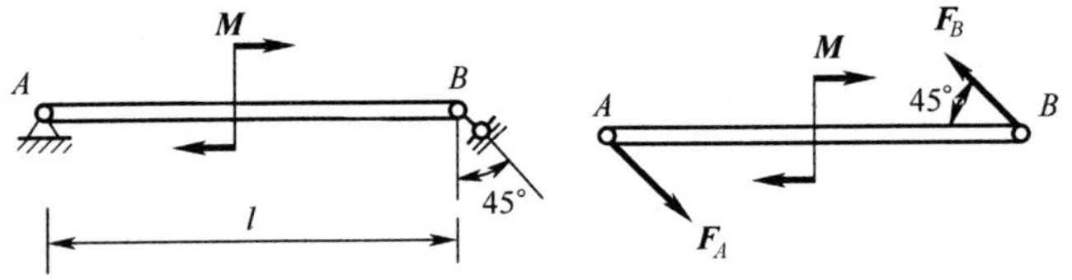

（a）　　（b）

图 2.18

由平面力偶系的平衡方程得

$$\sum M_i = 0,\quad F_A l \sin 45° - M = 0,\quad 所以\quad F_A = F_B = \frac{M}{l \sin 45°} = \frac{\sqrt{2}M}{l}。$$

例 2.8　图 2.19(a)所示支架的横杆 CB 上作用有力偶矩 $M_1 = 0.2\text{kN}\cdot\text{m}$ 和 $M_2 = 0.5\text{kN}\cdot\text{m}$ 的两个力偶。已知 $CB = l = 0.8\text{m}$，不计各杆自重，试求横杆所受的反力。

解：取横杆 CB 为研究对象。由于不计自重，所以 AB 杆为二力杆，F_B 的作用线沿 A、B 两点的连线方向；C 虽为固定铰支座，但根据力偶只能由力偶来平衡的性质可知 C 处的约束反力 F_C 与 F_B 大小相等、方向相反、作用线平行。横杆 CB 的受力分析如图 2.19(b)所示。

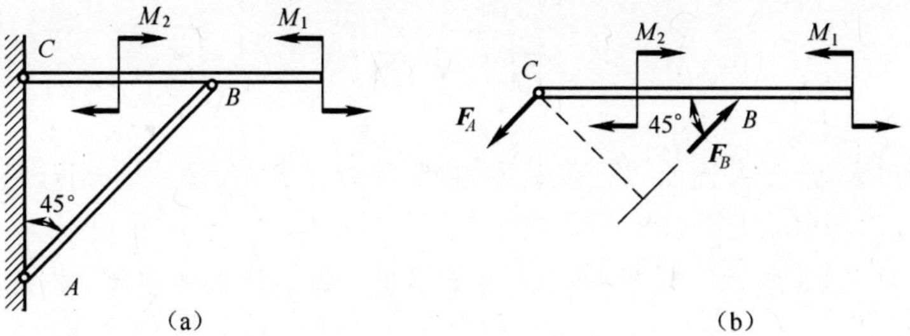

图 2.19

由平面力偶系的平衡方程得

$$\sum M_i = 0,\quad M_1 + F_A l \sin 45° - M_2 = 0$$

$$F_A = F_B = \frac{M_2 - M_1}{l \sin 45°} = \frac{0.5 - 0.2}{0.8 \sin 45°} = 0.53(\text{kN})$$

思　考　题

2.1　用解析法求平面汇交力系的合力时，选取不同的坐标系轴，所求得的合力是否相同？

2.2　输电线跨度 l 相同时，电线下垂量 h 越小，电线越容易拉断，为什么？

2.3　刚体受三力作用处于平衡时，此三力一定汇交于一点，此种说法对吗？为什么？

2.4　起吊重物时，若悬挂点不在重物重心的正上方会出现什么样的结果？为什么？

2.5　力偶不能用一个力来平衡，为什么图 2.20 中所示的轮子上的力偶 **M** 能与重物的重力 **W** 相平衡？这种说法错在哪里？

2.6　如图 2.21 所示的四连杆机构，不计杆件的自重，M_1 与 M_2 等值，此机构能否平衡？

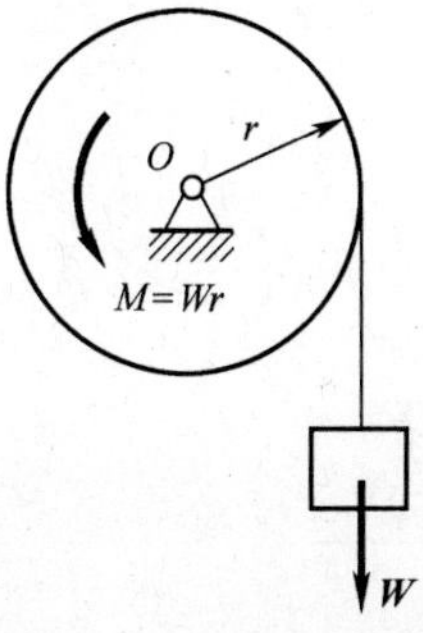

图 2.20

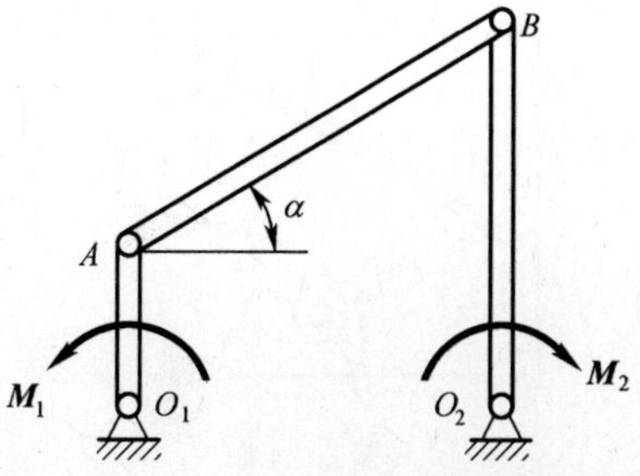

图 2.21

习　　题

2.1　用解析法求图 2.22 所示力系的合力。已知 $F_1=20\text{kN}$，$F_2=25\text{kN}$，$F_3=10\text{kN}$，$F_4=30\text{kN}$。

2.2　图 2.23 所示三铰拱受铅直力 $\boldsymbol{F}$ 作用，如不计拱的自重，求 A、B 处的约束反力。

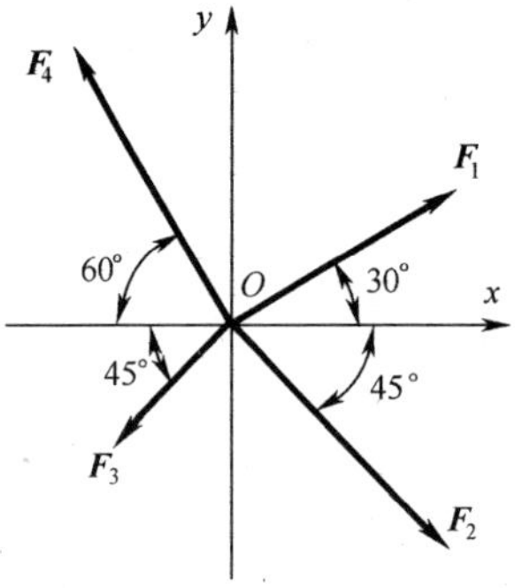

图 2.22

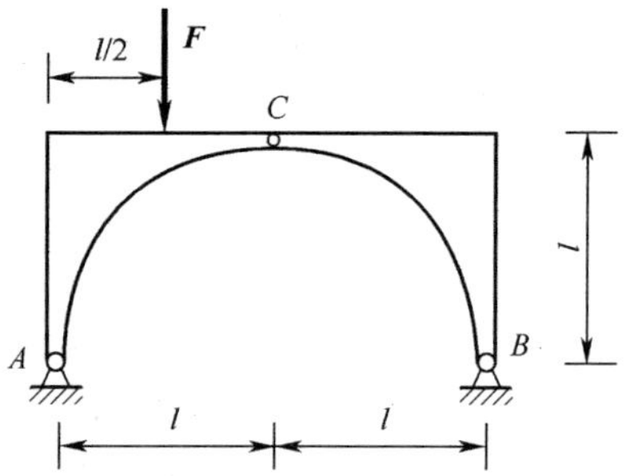

图 2.23

2.3　物体重量 $W=20\text{kN}$，用绳子挂在支架的滑轮 B 上，绳子的另一端接在绞车 D 上。如图 2.24 所示。转动绞车，物体便能升起。设滑轮的大小及其中的摩擦略去不计，A、B、C 三处均为铰链连接。当物体处于平衡状态时，试求拉杆 AB 和支杆 CB 所受的力。

2.4　水泥管搁置在倾角为 30°的斜面上，用两个撑架支承，每一个撑架承受了管子的 1/2 重量 $W=5\text{kN}$，如图 2.25 所示。设 A、B、C 三处均为光滑铰链，且 $AD=DB$，而 AB 垂直于斜面。撑架自重与 D、E 处的摩擦不计，求杆 AC 和铰 B 的约束反力。

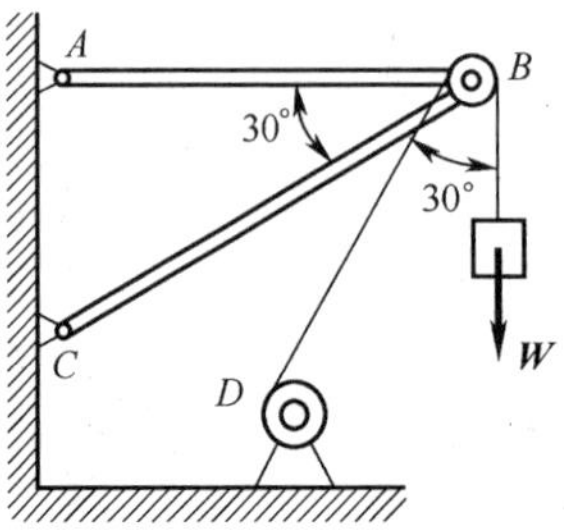

图 2.24

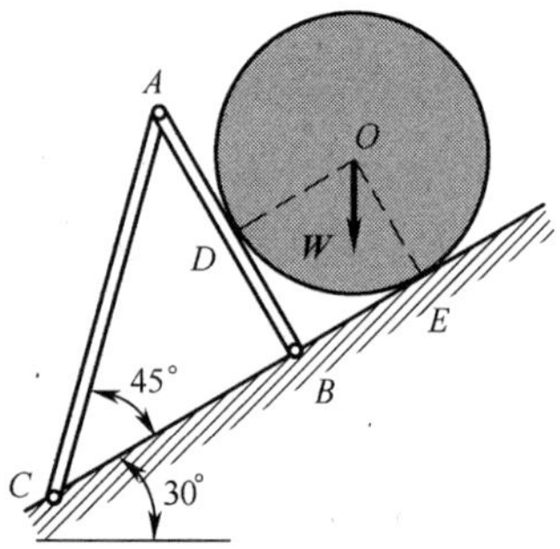

图 2.25

2.5　铰链四杆机构 $CABD$ 的 CD 边固定，在铰链 A、B 处有力 $\boldsymbol{F}_1$、$\boldsymbol{F}_2$ 作用，如图 2.26 所示。该机构在图 2.26 所示位置平衡，杆重略去不计。求力 $\boldsymbol{F}_1$ 与 $\boldsymbol{F}_2$ 的关系。

2.6　图 2.27 所示结构由不计重量的两个弯杆 ABC 和 DE 构成。已知 $F=180\text{N}$，试求支座 A 和 E 的约束力。

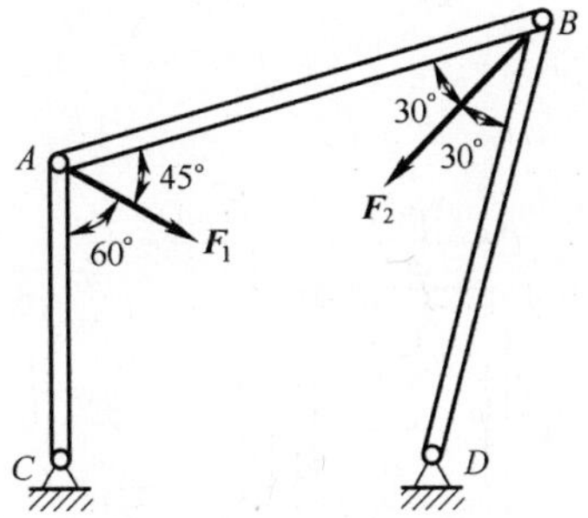

图 2.26

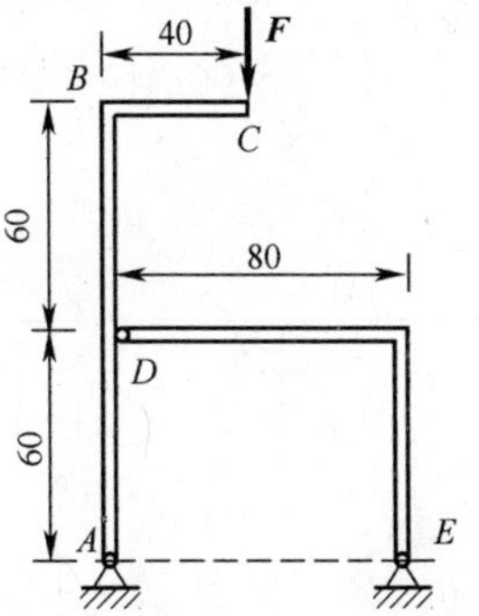

图 2.27

2.7　A、B 两轮重量分别为 $W_A=2W$，$W_B=W$，长为 l 的杆 AB 连接两轮（图 2.28），可自由地在光滑面上滚动，不计杆的重量。试求当两个物体处于平衡状态时，杆 AB 和水平线的夹角。

2.8　半径为 R 的圆柱体 O 放于直角壁内，用力 $\boldsymbol{F}$ 通过长方体 M 推圆柱体，如图 2.29 所示。已知长方体的高 $h=0.5R$，圆柱体的重量为 $\boldsymbol{W}$。各接触面均可视为光滑的，试求能使圆柱体离开地面的最小推力 F。

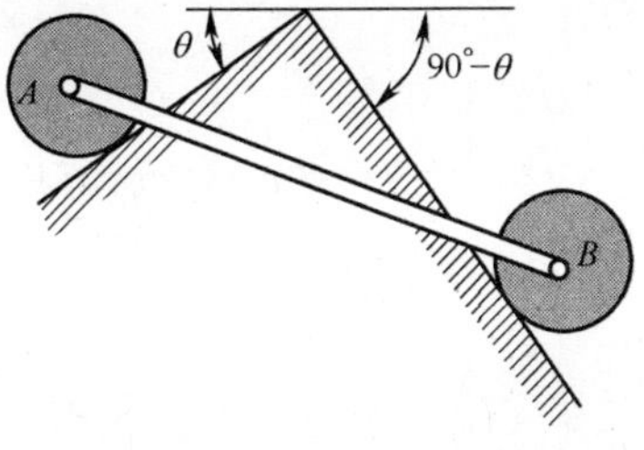

图 2.28

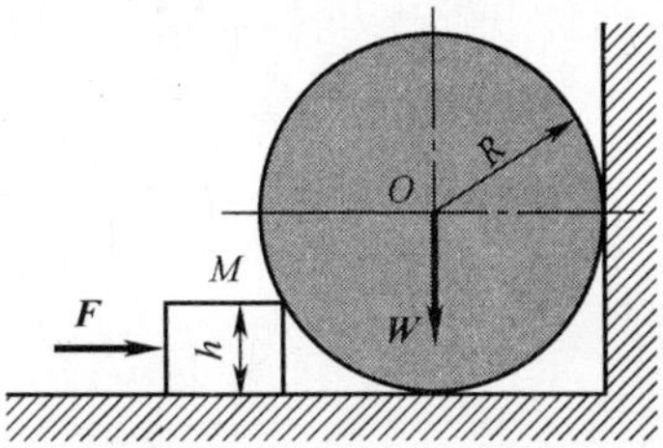

图 2.29

2.9　已知梁 AB 上作用一个力偶，力偶矩为 M，梁的跨度为 l，自重不计。试求图 2.30 所示(a)、(b)两种情况下，支座 A、B 处的约束力。

2.10　多轴钻床在水平放置的工件上同时钻三个孔（图 2.31），三个钻头的切削力在水平面各形成一个力偶，力偶矩分别为 $M_1=M_2=10\text{N}\cdot\text{m}$，$M_3=20\text{N}\cdot\text{m}$；工件由固定螺钉 A、B 卡住，$AB=l=200\text{mm}$，求螺钉的约束反力。

2.11　在图 2.32 所示机构中，$a=12\text{cm}$，$b=30\text{cm}$，$M_1=200\text{N}\cdot\text{m}$，$M_2=1000\text{N}\cdot\text{m}$，此时结构处于平衡状态。各杆自重不计，试求 A、C 支座处的反力。

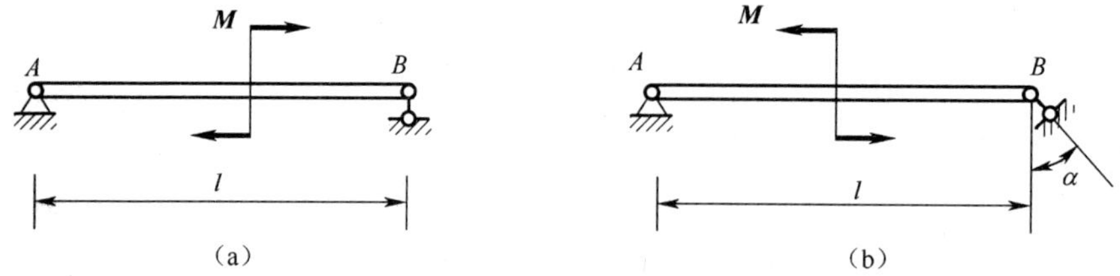

图 2.30

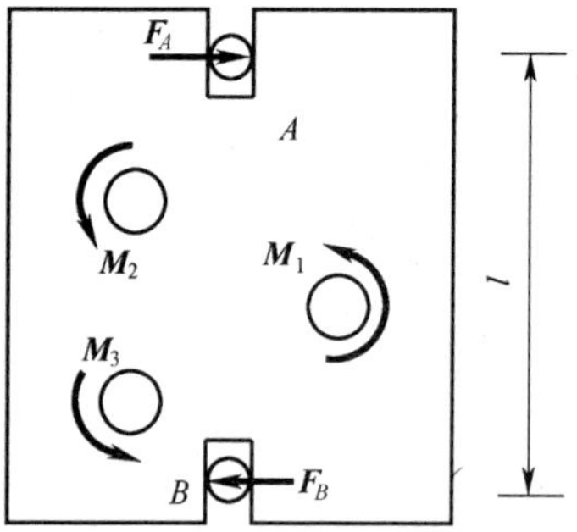

图 2.31

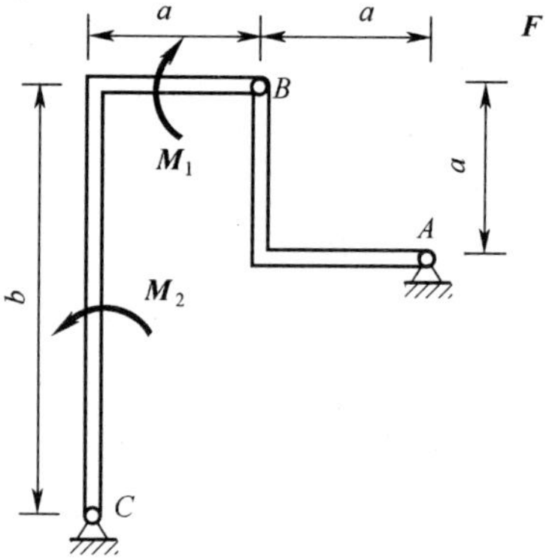

图 2.32

2.12 图 2.33 所示 AB 杆有一个导槽，该导槽套于 CD 杆的销钉 E 上。在杆 AB、CD 上分别作用一个力偶，已知其中的力偶矩 $M_1=1000\text{N}\cdot\text{m}$。不计杆重及摩擦，试求平衡时力偶矩 M_2 的大小。

2.13 四连杆机构 $OABO_1$ 在图 2.34 所示位置保持平衡。已知 $OA=0.4\text{m}$，$O_1B=0.6\text{m}$，作用在 OA 上力偶的力偶矩 $M_1=1\text{N}\cdot\text{m}$。各杆的重量不计，试求力偶矩 M_2 的大小和 AB 杆所受力的大小。

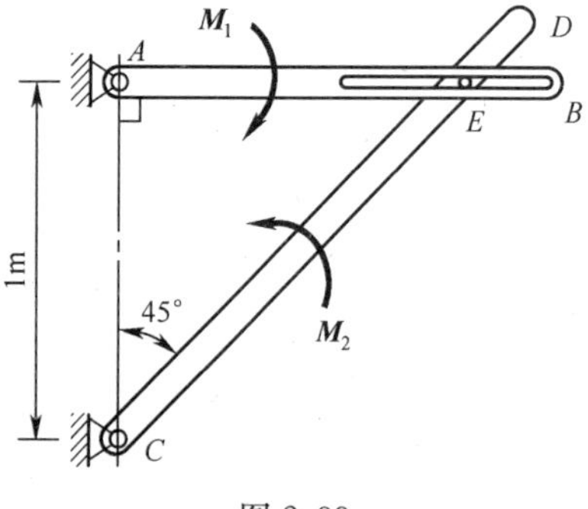

图 2.33

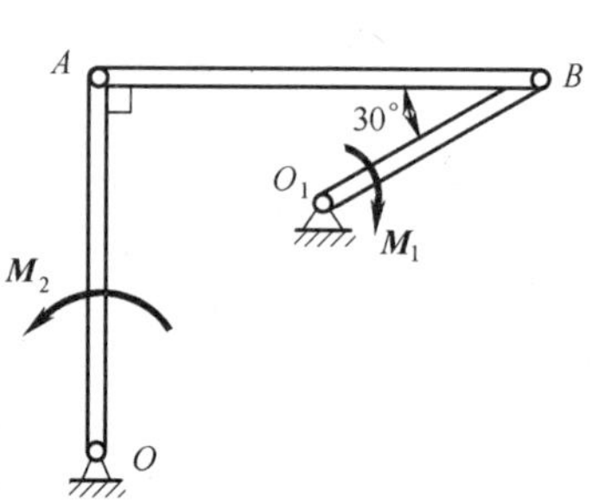

图 2.34

第 3 章　平面一般力系

第 2 章研究了平面汇交力系和平面力偶系，它们都是特殊的力系，但工程中很多平面力系是不能简化为这两种简单力系的。本章研究最一般的平面力系，即各力的作用线在同一平面内且任意分布的力系，称为平面一般力系或平面任意力系。

从严格意义来讲，任何物体所受的力系均为空间力系。但如果物体所受的外载和支承均对称于某一平面，则物体所受的力就可简化到该对称平面内，从而成为这个对称平面内的平面力系。例如，沿公路高速直线行驶的汽车（图 3.1(a)），不仅受到重力和空气阻力的作用，而且每个轮胎都受到地面的作用力，但在研究其平衡和运动规律时，均可将这些力向其对称面内简化，从而成为一平面一般力系。传动系统中的齿轮（图 3.1(b)）、空中直线飞行的飞机（图 3.1(c)）等许多工程结构或构件，在分析它们的运动规律和平衡时均可简化为平面一般力系。

(a)　(b)　(c)

图 3.1

平面一般力系是静力学的核心内容。研究平面一般力系不仅是研究更为复杂力系的基础，也可以用这些理论解决一些工程实际问题。

3.1 平面一般力系的简化

理论上讲，平面一般力系也可以用力的平行四边形法则将力系中各力依次合成，直至求得最后的合成结果。但当力系中力的数目较多时，这样做的过程相当繁琐。这里介绍的力系向一点的简化是一种既简单而又有普遍意义的方法。此方法的理论基础是力的平移定理，本节就从力的平移定理讲起。

1. 力的平移定理

前已述及，对刚体而言，力可以沿其作用线移动而不改变其对物体的作用效应。那么，当力偏移作用线平移时，又会带来什么样的结果呢？

设在物体上某点 A 作用一个力 $\boldsymbol{F}$，如图 3.2(a)所示。为了将该力平行移动到物体内任意给定的一点 B 处，则在 B 点加上一对平衡力($\boldsymbol{F}'$,$\boldsymbol{F}''$)，并使得 $\boldsymbol{F}'=-\boldsymbol{F}''=\boldsymbol{F}$，如图 3.2(b)所示。根据加减平衡力系公理，这样做不会改变原力系对物体的作用效应，而($\boldsymbol{F}$,$\boldsymbol{F}''$)构成一个力偶，力偶矩为 $M(\boldsymbol{F}',\boldsymbol{F}'')=M_B(\boldsymbol{F})=F\cdot d$。现在物体可以看成受一个力 $\boldsymbol{F}'$和一个力偶($\boldsymbol{F}$,$\boldsymbol{F}''$)的作用，所以在 B 点的力 $\boldsymbol{F}'$和力偶($\boldsymbol{F}'$,$\boldsymbol{F}''$)与原来作用在 A 点的力 $\boldsymbol{F}$ 等效，如图 3.2(c)所示。上述过程等于将力 $\boldsymbol{F}$ 从物体上的 A 点移动到了物体上的 B 点。

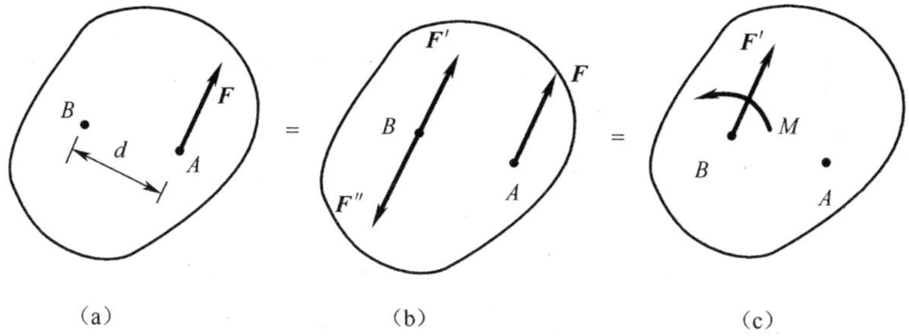

图 3.2

于是得力的平移定理：作用在物体上的力可以平移到物体上的任一点，但须附加一个力偶，附加力偶的矩等于原力对新作用点的矩。

根据该定理，一个力可以等效为一个力和一个力偶的联合作用，或者说一个力可以分解为作用在同一平面内的一个力和一个力偶；反之，同一平面内的一个力和一个力偶可以合成一个合力。必须指出的是，力的平移定理只适用于刚体。

根据力的平移定理可以解释一些现象：攻丝时，必须两手握扳手，而且用力要均匀。如果仅用一手用力，如图 3.3(a)所示，虽然扳手也能转动，但容易将丝锥折断。这是因为作用在扳手一端的力 $\boldsymbol{F}$ 向 C 点简化的结果为一个力 $\boldsymbol{F}'$ 和一个力偶

矩 $\boldsymbol{M}$,如图 3.3(b)所示。力偶使丝锥转动,而力 $\boldsymbol{F}'$ 却是丝锥折断的主要原因。

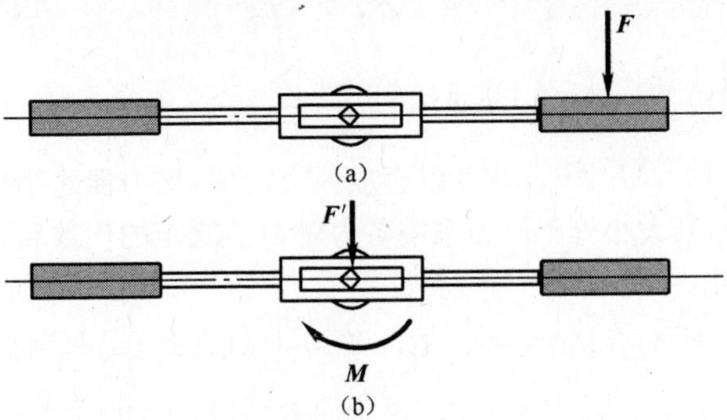

图 3.3

2. 平面一般力系向一点的简化

设物体受平面一般力系作用,各力分别为 $\boldsymbol{F}_1,\boldsymbol{F}_2,\cdots,\boldsymbol{F}_n$,如图 3.4(a)所示。在平面内任选一点 O 为简化中心,应用力的平移定理,当每个力向 O 点平移时都必须附加一个力偶,这样就得到一个作用于 O 点的平面汇交力系 $\boldsymbol{F}'_1,\boldsymbol{F}'_2,\cdots,\boldsymbol{F}'_n$ 和力偶矩分别为 $M_1,M_2,\cdots,M_n$ 的平面力偶系,如图 3.4(b)所示。平面汇交力系中的各力与原力系中对应的各力大小相等、方向相同 ;平面力偶系中的各力偶分别等于原力系中对应的各力对简化中心的矩。

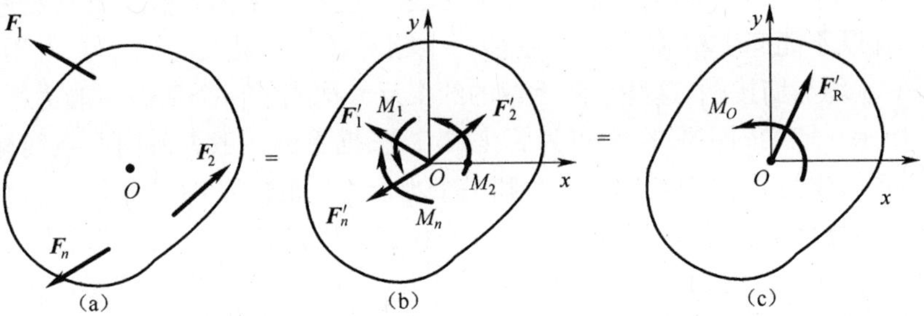

图 3.4

平面汇交力系 $\boldsymbol{F}'_1,\boldsymbol{F}'_2,\cdots,\boldsymbol{F}'_n$ 可以合成一个合力 $\boldsymbol{F}'_{\mathrm{R}}$(图 3.4(c)),它等于原力系中各力的矢量和,称为原力系的主矢,即

$$\boldsymbol{F}'_{\mathrm{R}}=\boldsymbol{F}'_1+\boldsymbol{F}'_2+\cdots+\boldsymbol{F}'_n=\boldsymbol{F}_1+\boldsymbol{F}_2+\cdots+\boldsymbol{F}_n=\sum\boldsymbol{F} \tag{3.1}$$

其作用点在 O 点,大小和方向可以用平面汇交力系的解析法求得。

$$\begin{cases}F'_{\mathrm{R}x}=F'_{1x}+F'_{2x}+\cdots+F'_{nx}=\sum F_x\\F'_{\mathrm{R}y}=F'_{1y}+F'_{2y}+\cdots+F'_{ny}=\sum F_y\end{cases} \tag{3.2}$$

$$F'_{\mathrm{R}}=\sqrt{F'^2_{\mathrm{R}x}+F'^2_{\mathrm{R}y}}=\sqrt{(\sum F_x)^2+(\sum F_y)^2}$$

$$\begin{cases} \cos\alpha = \dfrac{F'_{Rx}}{F'_R} = \dfrac{\sum F_x}{F'_R} \\ \cos\beta = \dfrac{F'_{Ry}}{F'_R} = \dfrac{\sum F_y}{F'_R} \end{cases} \tag{3.3}$$

平面力偶系 $M_1, M_2, \cdots, M_n$ 可以合成一个力偶，该力偶之矩称为原力系对简化中心 O 的主矩，其大小等于原力系中各力对 O 点之矩的代数和，即

$$M_O = M_1 + M_2 + \cdots + M_n = M_O(\boldsymbol{F}_1) + M_O(\boldsymbol{F}_2) + \cdots + M_O(\boldsymbol{F}_n) = \sum M_O(\boldsymbol{F}) \tag{3.4}$$

从上述过程可以看出，主矢 $\boldsymbol{F}'_R$ 取决于原力系中各力的大小和方向，与简化中心 O 的位置选取无关。而主矩一般与简化中心的位置有关，取不同的点为简化中心，原力系各力对简化中心之矩的代数和一般不同，因而主矩也就不同。

综上所述，平面一般力系向平面内一点简化的结果是一个主矢和一个主矩，主矢等于原力系中各力的矢量和，作用线通过简化中心，大小和方向与简化中心的位置无关；主矩等于原力系中各力对简化中心之矩的代数和，其大小和方向一般与简化中心的位置有关。

在学习了力系向一点简化的基础上，现介绍固定端约束。

固定端约束是一种常见的约束，如一端插入墙内的梁、夹紧在刀架上的车刀、夹持在三爪卡盘上的工件等，以图 3.5(a)示之。这种约束的特点是连接处刚性很大，两物体既不能产生相对平动，也不能产生相对转动。设梁受外力 $\boldsymbol{F}$ 作用，插入段的每一点均与墙接触，这些杂乱无章的约束反力构成了一个平面一般力系，如图 3.5(b)所示。取梁固定端的 A 点为简化中心，根据平面一般力系向一点简化的结果，该力系简化为通过 A 点的一个力和一个力偶矩，如图 3.5 (c)所示。这个力的大小和方向均为未知量，一般用两个分力来代替。因此，对于 A 端平面固定端，约束可以简化为两个约束反力 F_{Ax}、F_{Ay} 和一个反力偶矩 M_A，如图 3.5 (d)所示。

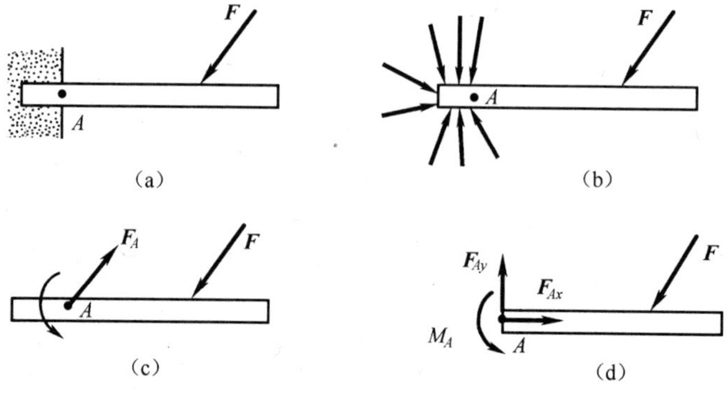

图 3.5

3. 平面一般力系简化结果分析

前面讲过，一般情况下，平面一般力系向刚体上任意一点简化可得一个主矢和一个主矩，但这并不是力系简化的最终结果。下面对力系的主矢和主矩可能出现的几种情况作进一步的分析讨论。

1) 主矢 $\boldsymbol{F}_R'=0$，主矩 $M_O\neq0$

原力系与一个力偶等效，此力偶称为平面力系的合力偶，其力偶矩等于主矩，即 $M_O=\sum M_O(\boldsymbol{F})$。由力偶的性质可知，这种情形主矩与简化中心的选取无关。

2) 主矢 $\boldsymbol{F}_R'\neq0$，主矩 $M_O=0$

原力系等效于作用线过简化中心的一个合力。合力矢 $\boldsymbol{F}_R$ 由力系的主矢 $\boldsymbol{F}_R'$ 确定，即 $\boldsymbol{F}=\boldsymbol{F}_R'$。

3) 主矢 $\boldsymbol{F}_R'\neq0$，主矩 $M_O\neq0$

根据力的平移定理的逆过程知，这种情形还可以进一步简化为一个合力 $\boldsymbol{F}_R$。为此，将力偶 M_O 用($\boldsymbol{F}_R$，$\boldsymbol{F}_R''$)代替，并令 $\boldsymbol{F}_R=\boldsymbol{F}_R'=-\boldsymbol{F}_R''$，如图 3.6(b)所示，$\boldsymbol{F}_R'$ 和 $\boldsymbol{F}_R''$ 构成一个平衡力系，可以减去，得到一个作用线通过 O' 的力 $\boldsymbol{F}_R$，如图 3.6(c)所示。此即为原力系的合力。若设合力作用线到简化中心 O 的距离为 d，则 $d=\dfrac{M_O}{F_R'}$。

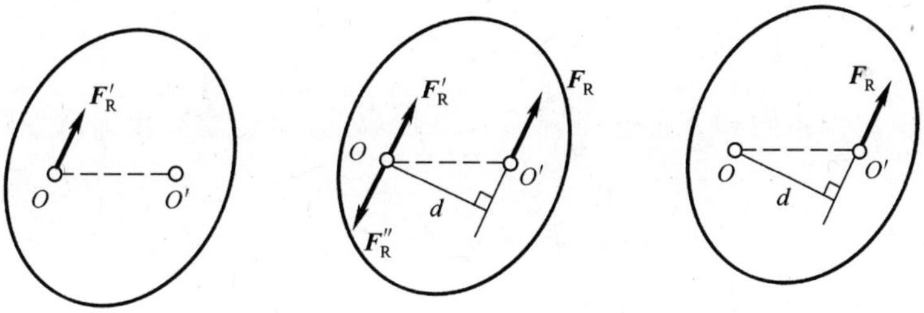

图 3.6

4) $\boldsymbol{F}_R'=0$，$M_O=0$

原力系处于平衡状态，这种情况将在 3.2 节讨论。

4. 合力矩定理

当平面一般力系合成为一个力时，由图 3.6 可知，合力 $\boldsymbol{F}_R$ 对 O 点之矩为

$$M_O(\boldsymbol{F}_R)=F_R\cdot d=M_O$$

又由主矩的定义可知

$$M_O=\sum M_O(\boldsymbol{F})$$

所以有

$$M_O(\boldsymbol{F}_R)=\sum M_O(\boldsymbol{F}) \tag{3.5}$$

由于矩心 O 的任意性，所以式(3.5)具有普遍意义，此即为平面一般力系的合力矩定理：平面一般力系的合力对任一点之矩等于该力系中各分力对同一点之矩的代数和。

例 3.1 一块矩形薄板受平面一般力系作用，各力大小分别为 $F_1=2\text{kN}$，$F_2=F_3=F_4=1\text{kN}$，它们的方向如图 3.7(a)所示。试将各力分别向 O、A 两点简化，并求简化的最后结果。

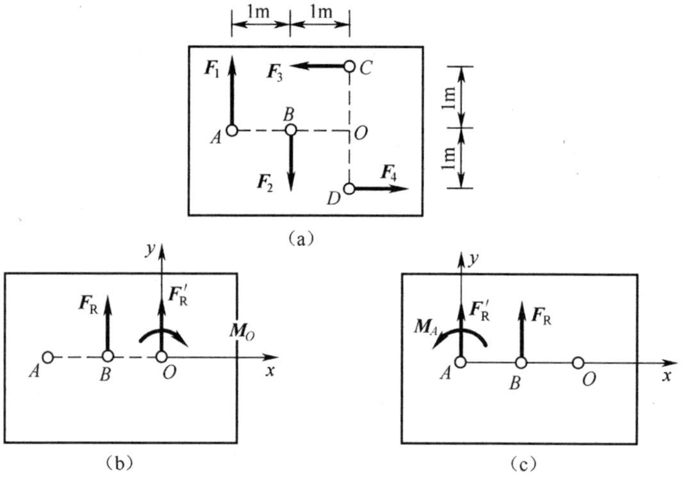

图 3.7

解：(1) 将力系向 O 点简化。以简化中心 O 为原点，建立坐标系如图 3.7(b)所示。

$$F'_{Rx}=\sum F_x=0+0-1+1=0$$

$$F'_{Ry}=\sum F_y=2-1+0+0=1(\text{kN})$$

所以 $F'_R=\sqrt{F'^2_{Rx}+F'^2_{Ry}}=\sqrt{\left(\sum F_x\right)^2+\left(\sum F_y\right)^2}=\sqrt{0^2+1^2}=1(\text{kN})$

$$\cos\alpha=\frac{F'_{Rx}}{F'_R}=\frac{\sum F_x}{F'_R}=\frac{0}{1}=0,\quad \cos\beta=\frac{F'_{Ry}}{F'_R}=\frac{\sum F_y}{F'_R}=\frac{1}{1}=1$$

得 $\alpha=90^\circ$，$\beta=0$，主矢表示在图 3.7(b)上。

$$M_O=\sum M_O=-2\times2+1\times1+1\times1+1\times1=-1(\text{kN}\cdot\text{m})$$

由于主矢 $\boldsymbol{F}'_R\neq0$，主矩 $\boldsymbol{M}_O\neq0$，力系可以进一步简化为一个合力 $\boldsymbol{F}_R$。该合力与主矢 $\boldsymbol{F}'_R$ 的大小、方向相同，其作用线位置由下式确定：

$$d_1=\frac{-1}{1}=-1(\text{m})$$

综合以上可以判断，合力 $\boldsymbol{F}_R$ 的作用线在主矢 $\boldsymbol{F}'_R$ 的左侧，通过 B 点，方向向上，如图3.7(b)所示。

(2) 将力系向 A 点简化。以简化中心 A 为原点，建立坐标系如图3.7(c)所示，利用与前面一样的方法求得力系的主矢：

$$F'_R=1\text{kN},\quad \cos\alpha=0,\quad \cos\beta=1$$

$$\cos\alpha=\frac{F'_{Rx}}{F'_R}=\frac{\sum F_x}{F'_R}=\frac{0}{1}=0,\quad \cos\beta=\frac{F'_{Ry}}{F'_R}=\frac{\sum F_y}{F'_R}=\frac{1}{1}=1$$

得　$\alpha=90°$，$\beta=0$，主矢表示在图3.7(c)上。

$$M_O=\sum M_O=-1\times1+1\times1+1\times1=1(\text{kN}\cdot\text{m})$$

最后，由于主矢 $\boldsymbol{F}'_R\neq0$，主矩 $\boldsymbol{M}_O\neq0$，力系可以进一步简化为一个合力 $\boldsymbol{F}_R$。该合力与主矢 $\boldsymbol{F}'_R$ 的大小、方向相同，其作用线位置由下式确定：

$$d_2=\frac{1}{1}=1(\text{m})$$

所以，综合以上可以判断，合力 $\boldsymbol{F}_R$ 的作用线在主矢 $\boldsymbol{F}'_R$ 的右侧，通过 B 点，方向向上，如图3.7(c)所示。

可见，两种不同的简化过程得到了相同的结果，再次验证了力系的最终简化结果与过程无关。

3.2　平面一般力系的平衡方程

本节讨论平面一般力系的主矢和主矩都等于零的情况。

主矢和主矩都等于零，说明该平面一般力系向任一点简化所得的平面汇交力系和平面力偶系均为平衡力系，因此原力系一定是平衡力系。反之，若原力系平衡，主矢和主矩一定等于零，否则，力系就不平衡了。所以平面一般力系平衡的充分必要条件是：所有各力在两个任选的坐标轴上的投影的代数和分别为零，以及各力对于任意一点之矩的代数和也等于零，即平面一般力系平衡的条件为

$$\begin{cases}\boldsymbol{F}'_R=0\\ M_O=0\end{cases}\tag{3.6}$$

用解析式表示，平面一般力系的平衡方程为

$$\begin{cases}\sum F_x=0\\ \sum F_y=0\\ \sum M_O(\boldsymbol{F})=0\end{cases}\tag{3.7}$$

式(3.7)是三个独立的平衡方程，可以求解三个未知量。

例3.2　悬臂梁受力如图3.8(a)所示，不计自重，$F=ql$，求固定端 A 处的反力。

反力。

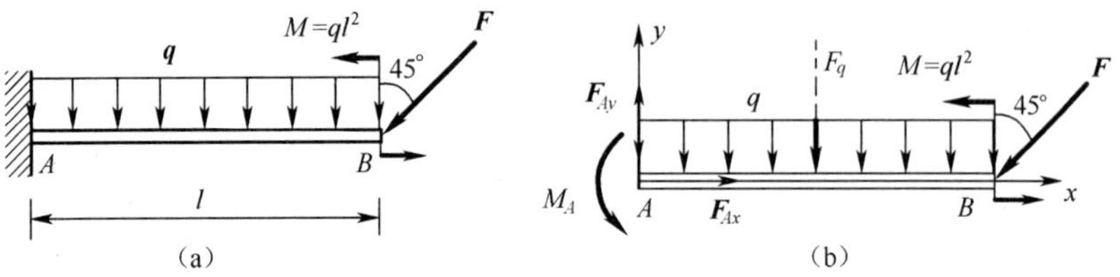

图 3.8

解:取 AB 梁为研究对象。梁受到的主动力有均布载荷 $\boldsymbol{q}$、集中力 $\boldsymbol{F}$ 和集中力偶 M;固定端有两个约束反力 $\boldsymbol{F}_{Ax}$、$\boldsymbol{F}_{Ay}$ 和一个约束力偶 M_A。受力分析如图 3.8(b)所示。

可以证明,作用在梁上的均布载荷可用其合力 F_q 等效,合力的大小等于均布载荷 q 与其作用长度的乘积,即 $F_q=ql$,作用于载荷分布长度的中点。

列平衡方程:

$$\sum F_x=0, F_{Ax}-F\sin 45^\circ=0 \tag{a}$$

$$\sum F_y=0, F_{Ay}-F\cos 45^\circ-ql=0 \tag{b}$$

$$\sum M_A=0, M_A+M-\frac{1}{2}ql^2-Fl\cos 45^\circ=0 \tag{c}$$

将 F、M 的值代入式(a)～式(c),求解得

$$F_{Ax}=0.707ql,\quad F_{Ay}=1.707ql,\quad M_A=0.207ql^2$$

例 3.3 图 3.9(a)所示为水平横梁 AB,A 端为固定铰支座,B 端为可动铰支座。梁长为 $2a$,梁上分别作用有集中力 $\boldsymbol{F}$、均布载荷 $\boldsymbol{q}$ 和集中力偶 M。不计梁的自重,试求 A、B 处的约束反力。

解:取 AB 梁为研究对象。在梁上作用的主动力有集中力 $\boldsymbol{F}$、均布载荷 $\boldsymbol{q}$ 和集中力偶 M;根据约束的性质可以判断出,梁所受的约束反力有 A 端的两个约束反力 F_{Ax}、F_{Ay},B 端的约束反力 F_B。受力分析如图 3.9(b)所示。

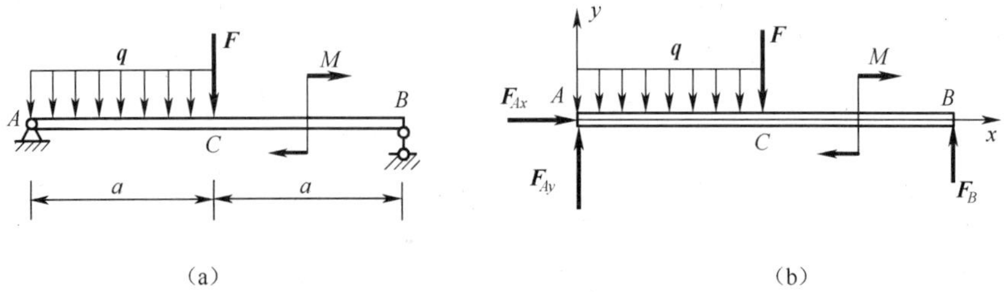

图 3.9

列平衡方程：

$$\sum F_x = 0, F_{Ax} = 0 \tag{a}$$

$$\sum F_y = 0, F_{Ay} + F_B - F - qa = 0 \tag{b}$$

$$\sum M_A = 0, F_B \cdot 2a - M - \frac{1}{2}qa^2 - Fa = 0 \tag{c}$$

解式(a)～式(c)可得

$$F_{Ax} = 0,\quad F_{Ay} = \frac{F}{2} + \frac{3}{4}qa - \frac{M}{2a},\quad F_{Ay} = \frac{F}{2} + \frac{1}{4}qa + \frac{M}{2a}$$

方程式(3.7)的形式只是平面一般力系平衡方程的基本形式。有时为了计算方便，还可以采用另外两种形式。

(1) 两矩式平衡方程：

$$\begin{cases} \sum F_x = 0 \\ \sum M_A(\boldsymbol{F}) = 0 \\ \sum M_B(\boldsymbol{F}) = 0 \end{cases} \tag{3.8}$$

应用两矩式平衡方程时要求 x 轴不得垂直于 A、B 两点的连线。

(2) 三矩式平衡方程：

$$\begin{cases} \sum M_A(\boldsymbol{F}) = 0 \\ \sum M_B(\boldsymbol{F}) = 0 \\ \sum M_C(\boldsymbol{F}) = 0 \end{cases} \tag{3.9}$$

应用三矩式平衡方程时要求 A、B、C 三点不能共线。

上述两种形式平衡方程的限制条件请读者自行证明。

应该指出，投影轴和矩心虽然可以任意选取，但在解决实际问题时适当选取投影轴和矩心可以使计算过程大大简化。在灵活应用平衡方程时，使方程中的未知量越少越好。一般而言，矩心应选在未知量的汇交点，投影轴应尽可能与力系中多数力的作用线垂直或平行。

例 3.4　绞车通过钢丝绳牵引小车沿斜面轨道匀速上升，如图 3.10(a)所示。已知小车重 $W = 10\text{kN}$，钢丝绳与斜面平行，$\alpha = 30°$，$a = 0.75\text{m}$，$b = 0.3\text{m}$，不计摩擦，求钢丝绳的拉力 F 及轨道对车轮的约束反力。

解：取小车为研究对象。作用于小车上的主动力有小车重力 $\boldsymbol{W}$、钢丝绳牵引力 $\boldsymbol{F}$。约束反力有 A、B 处的约束反力 $\boldsymbol{F}_A$、$\boldsymbol{F}_B$，受力分析如图 3.10(b)所示。建立坐标系，列平衡方程如下：

$$\sum F_x = 0, -F + W\sin\alpha = 0 \tag{a}$$

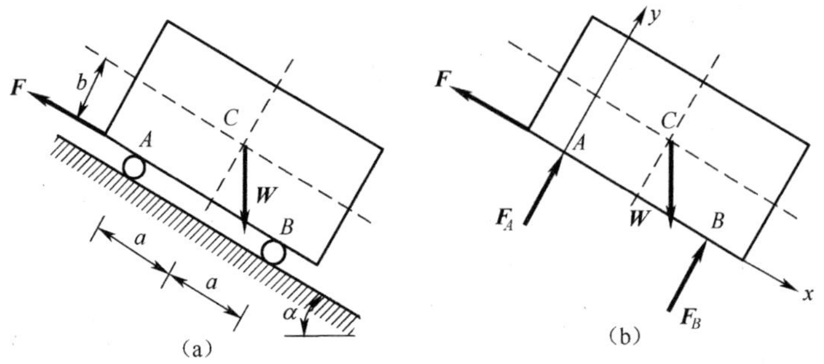

图 3.10

$$\sum M_A=0, F_B \cdot 2a - Wa\cos\alpha - Wb\sin\alpha = 0 \quad \text{(b)}$$

$$\sum M_B=0, -F_A \cdot 2a + Wa\cos\alpha - Wb\sin\alpha = 0 \quad \text{(c)}$$

解式(a)～式(c)得

$$F=W\sin\alpha=10\sin 30°=5(\text{kN})$$

$$F_B=W\frac{a\cos\alpha+b\sin\alpha}{2a}=10\times\frac{0.75\times\cos 30°+0.3\times\sin 30°}{2\times 0.75}=5.33(\text{kN})$$

$$F_A=W\frac{a\cos\alpha-b\sin\alpha}{2a}=10\times\frac{0.75\times\cos 30°-0.3\times\sin 30°}{2\times 0.75}=3.33(\text{kN})$$

3.3 静定与超静定问题、物体系统的平衡

1. 静定与超静定问题

由前面的讨论可知，当物体所受的力系确定以后，能够列出的平衡方程数目是一定的。例如，平面汇交力系可以列出两个独立的平衡方程，平面一般力系可以列出三个独立的平衡方程。当要求的未知量数目与独立的平衡方程数目一致时，可以通过求解方程组得到未知量，这样的问题称为静定问题。如果未知量的数目多于独立平衡方程的数目，则由静力平衡方程不能求出全部未知量，这类问题称为超静定问题，又称静不定问题。在超静定问题中，未知量数目减去独立平衡方程数目就称为超静定次数。

在工程实际中，有时为了提高结构的刚度和坚固性，经常在结构上增加多余约束，这通常会使原来的静定结构就变成了超静定结构。如图 3.11(a)所示的悬臂梁 AB 受力 $\boldsymbol{F}$ 的作用，固定端有三个未知量 $\boldsymbol{F}_{Ax}$、$\boldsymbol{F}_{Ay}$ 和 $\boldsymbol{M}_A$，作为平面力系，可列出三个独立的平衡方程，是一个静定问题。为了改善梁的刚度，经常会在梁的 B 端加一个可动铰支座，此时，未知量变为 $\boldsymbol{F}_{Ax}$、$\boldsymbol{F}_{Ay}$、$\boldsymbol{M}_A$ 和 $\boldsymbol{F}_B$ 四个，如图 3.11(b)所示，而独立的平衡方程数仍为三个，即未知量比独立方程多一个，故为一次超静定问题。

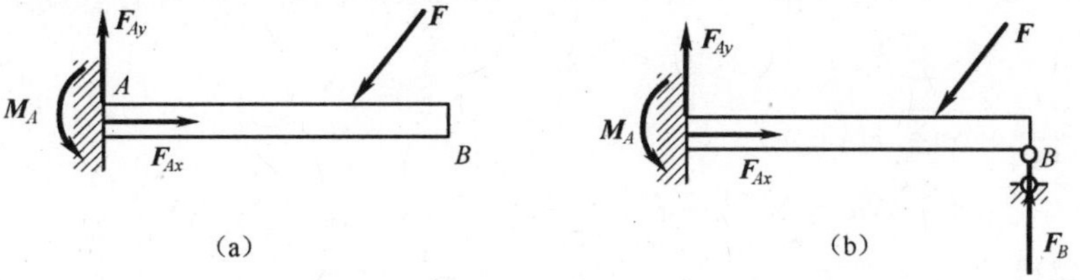

图 3.11

需要说明的是，超静定问题不是不能求解的问题，只是不能仅通过平衡方程来解决。在考虑物体的变形效应以后，可以建立相应的补充方程，与平衡方程联立即可求解。这些内容将在后续的材料力学部分讨论。

2. 物体系统的平衡

前面讲过，物体系统是指若干个物体以某种方式连接而成的系统。对物体系统，此时既有系统与外界物体联系的外约束，也有系统内各物体之间相互联系的内约束。当物系受到外力作用时，无论是内约束，还是外约束，一般都将产生约束反力。对物体系统平衡问题的求解，一般应先考虑以整个系统为研究对象，此时虽不一定能求出全部要求的未知量，但至少可以求出其中的一部分；而后经仔细分析后选择系统中的单个物体（或结构中若干个构件组成的局部结构）为研究对象进行研究。通常以选择已知力和待求的未知力共同作用的物体为宜。选择研究对象时，尽量使计算过程简单，避免求解复杂的方程组。在求解问题之前，要先仔细分析问题的已知条件和待求的未知量，从而建立一条清晰的解题思路。

例 3.5 某组合梁如图 3.12(a)所示，AC、CD 两段梁在 C 处铰接，其支承与受力如图 3.12 所示。已知 $q=10\text{kN/m}$，$M=40\text{kN}\cdot\text{m}$，不计梁的自重，求支座 A、B、D 处的约束反力和铰链 C 处所受的力。

解：本题为静定问题。

如取整体为研究对象，由约束的性质可知，有四个未知量，无法直接通过整体的平衡方程求得，而题目不但要求外约束反力，还要求内约束力，因此分别取 AC、CD 两段为研究对象，列出六个平衡方程即可求得要求的未知量。

取 CD 段为研究对象，受力分析如图 3.12(b)所示。平衡方程如下：

$$\begin{cases}\sum F_x=0, & F_{Cx}=0\\ \sum F_y=0, & F_{Cy}+F_D-2\cdot q=0\\ \sum M_C=0, & 4F_D-M-\dfrac{1}{2}q\times 2^2=0\end{cases}$$

可解得 $F_{Cx}=0$， $F_{Cy}=5\text{kN}$， $F_D=15\text{kN}$。

再取 AC 段为研究对象，受力分析如图 3.12(c)所示。列平衡方程如下：

$$\begin{cases}\sum F_x=0, & F_{Ax}-F'_{Cx}=0\\ \sum M_A=0, & F_B\times 2-F'_{Cy}\times 4-q\times 2\times 3=0\\ \sum M_C=0, & -F_{Ay}\times 4-F_B\times 2+q\times 2\times 1=0\end{cases}$$

可解得 $F_{Ax}=0$， $F_{Ay}=-15\text{kN}$， $F_B=40\text{kN}$。

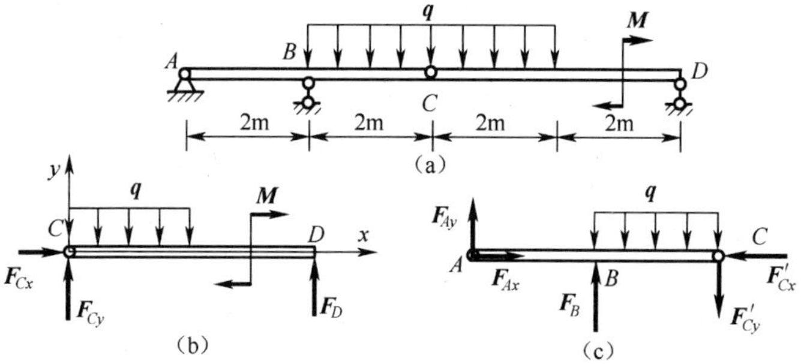

图 3.12

例 3.6 图 3.13(a)所示结构中，已知 a、W。不计各杆及滑轮自重，求支座 A、B 处的约束反力。

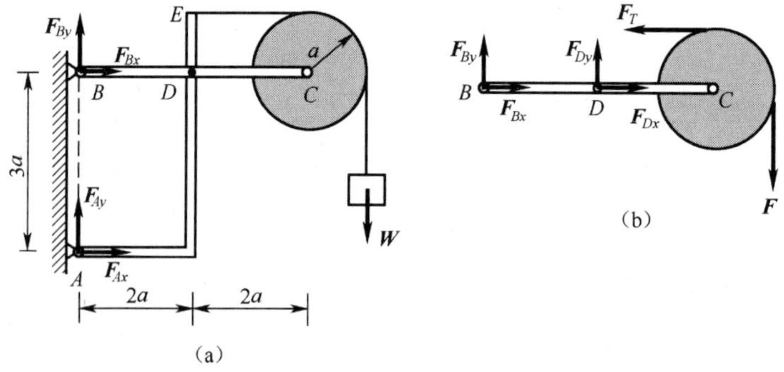

图 3.13

解：分析思路：先进行整体受力分析，如图 3.13(a)所示。共有四个未知力 $\boldsymbol{F}_{Ax}$、$\boldsymbol{F}_{Ay}$、$\boldsymbol{F}_{Bx}$、$\boldsymbol{F}_{By}$。通过三个平衡方程虽不能全部求出，但可以求出其中的 $\boldsymbol{F}_{Ax}$、$\boldsymbol{F}_{Bx}$；再以 BC 杆和滑轮 C 组成的局部结构为研究对象，可以求得未知力 $\boldsymbol{F}_{By}$；再将 $\boldsymbol{F}_{By}$ 代入整体的平衡方程即可求得 $\boldsymbol{F}_{Ay}$。

列整体的平衡方程：

$$\sum F_y=0, F_{Ay}+F_{By}-W=0 \tag{a}$$

$$\sum M_A=0,\ -F_{Bx}\cdot 3a-W\cdot 5a=0 \tag{b}$$

$$\sum M_B=0,\ F_{Ax}\cdot 3a-W\cdot 5a=0 \tag{c}$$

由式(b)和式(c)可解得　$F_{Ax}=\frac{5}{3}F$，　$F_{Bx}=-\frac{5}{3}F$。

取 BC 杆和滑轮 C 组成的局部结构为研究对象，如图 3.13(b)所示。对 D 点取矩，可得如下平衡方程：　$\sum M_D=0$，　$-F_{By}\cdot 2a+F_T\cdot a-F\cdot 3a=0$。

考虑到　$F_T=F=W$，可解得　$F_{By}=-W$。

代入整体平衡方程的式(a)，可解得　$F_{Ay}=2W$。

例 3.7　三铰拱架如图 3.14 (a)所示，已知每个半拱的重量为 $W=300\text{kN}$，跨度 $l=32\text{m}$，高度 $h=10\text{m}$。试求支座 A、B 和铰链 C 处的约束反力。

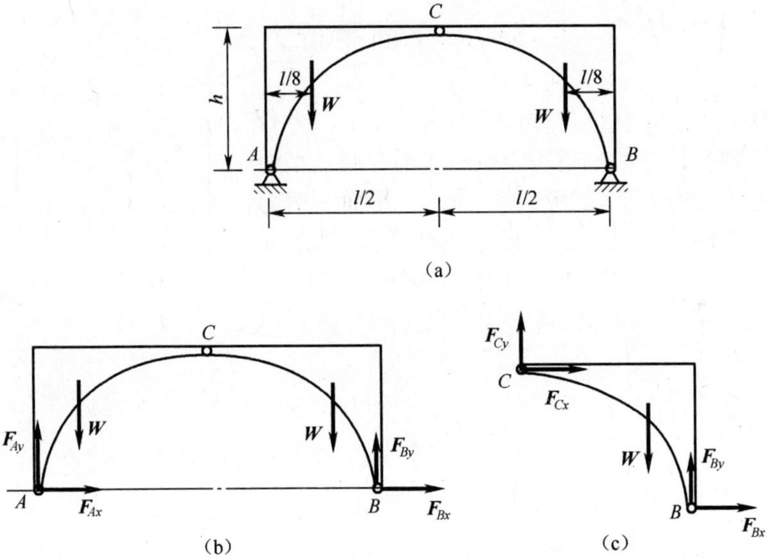

图 3.14

解：(1) 取整体为研究对象，受力如图 3.14(b)所示。列出平衡方程

$$\begin{cases}\sum M_A=0,\quad F_{By}l-W\dfrac{7}{8}l-W\dfrac{1}{8}l=0\\ \sum M_B=0,\quad -F_{Ay}l+W\dfrac{7}{8}l+W\dfrac{1}{8}l=0\\ \sum F_x=0,\quad F_{Ax}+F_{Bx}=0\end{cases}$$

由上述方程组的前两个方程可解得

$$F_{Ay}=F_{By}=300\text{kN}$$

尚有两个未知量 F_{Ax} 和 F_{Bx} 不能从方程中解出。为了求解 F_{Ax} 和 F_{Bx}，必须研

究与这些未知量有关的其他构件的平衡。

(2) 以右半拱为研究对象,其受力如图 3.14(c)所示。列平衡方程:

$$\begin{cases}\sum M_C=0, & F_{Bx}h+F_{By}\dfrac{l}{2}-W\dfrac{3}{8}l=0\\ \sum F_x=0, & F_{Cx}+F_{Bx}=0\\ \sum F_y=0, & F_{Cy}+F_{By}-W=0\end{cases}$$

由该方程组可解得

$$F_{Bx}=-120\text{kN},\quad F_{Cx}=120\text{kN},\quad F_{Cy}=0$$

将 F_{Bx} 代入整体平衡方程的第三个方程得

$$F_{Ax}=120\text{kN}$$

3.4 平面平行力系

平面力系中还有一种特殊的力系——平面平行力系。平面平行力系是指各力作用线都在同一平面内且相互平行的力系,如图 3.15 所示。平面一般力系的简化方法在平面平行力系中仍然适用,即平面平行力系的简化结果仍然为一个主矢和一个主矩,最后的结果是一个力偶,或者是一个合力,或者成平衡。

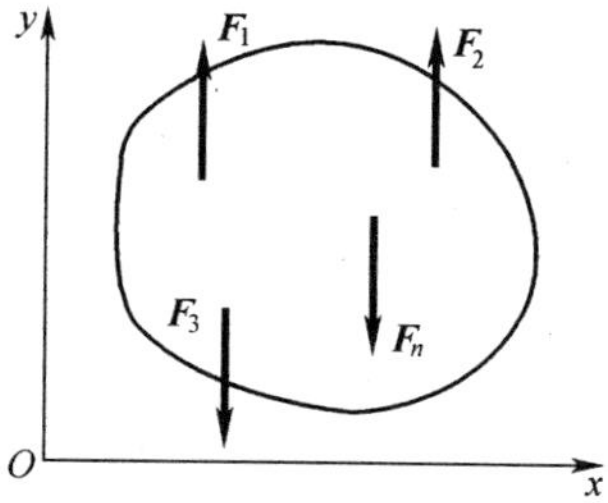

图 3.15

可以看出,对于平面平行力系,由于各力与 x 轴垂直,因而在 x 轴方向投影的代数和等于零,该方向力的平衡方程 $\sum F_x=0$ 自然满足。这样平面平行力系独立的平衡方程有

$$\begin{cases}\sum F_y=0\\ \sum M_O(\boldsymbol{F})=0\end{cases}\tag{3.10}$$

另外,平面平行力系的平衡方程还可取两矩式,即

$$\begin{cases}\sum M_A(\boldsymbol{F})=0\\ \sum M_B(\boldsymbol{F})=0\end{cases}\tag{3.11}$$

采用两矩式时,要求 A、B 两点的连线不能与各力方向平行。

例 3.8 塔式起重机如图 3.16(a)所示。机身重 $W=220\text{kN}$,作用线通过塔架的中心。已知最大起吊重量为 $F=50\text{kN}$,起重机悬臂长 12m,轨道 A、B 间的距离为 4m,平衡块到机身中心线的距离为 6m。试问:

(1) 当起重机满载时,要保持机身平衡,平衡块重量 Q 至少要多大?

(2) 当起重机空载时，要保持机身平衡，平衡块重量 Q 最大不能超过多少？

(3) 当平衡块重量 $Q=30\text{kN}$ 时，轨道 A、B 对起重机的约束反力等于多少？

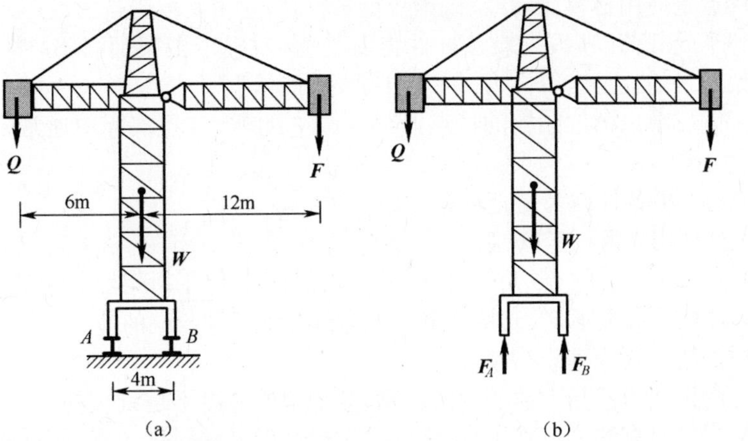

图 3.16

解：该问题为塔式起重机的平衡与翻倾问题。取起重机为研究对象，受力分析如图 3.16(b)所示。

(1) 满载时，若起重机处于临界状态，则有轨道 A 的约束反力 $F_A=0$，此时求得的平衡块重量为最小值。平衡方程为

$$\sum M_B=0,\quad Q_{\min}\cdot(6+2)+W\cdot 2-F\cdot(12-2)=0$$

解得　$Q_{\min}=7.5\text{kN}$。

(2) 空载时，若起重机处于临界状态，则有轨道 B 的约束反力 $F_B=0$，此时求得的平衡块重量为最大值。平衡方程为

$$\sum M_A=0,\quad Q_{\max}\cdot(6-2)-W\cdot 2=0$$

解得　$Q_{\max}=110\text{kN}$。

(3) 当 $Q=30\text{kN}$，时，平衡方程为

$$\sum M_A=0,\quad F_B\cdot 4+Q\cdot(6-2)-W\cdot 2-F\cdot(12+2)=0$$

$$\sum M_B=0,\quad -F_A\cdot 4+Q\cdot(6+2)+W\cdot 2-F\cdot(12-2)=0$$

解上述方程组，得　$F_A=45\text{kN}$，　$F_B=255\text{kN}$。

3.5　平面简单桁架

桁架是工程中常用一种的结构，如钢架桥梁、房屋建筑中的一些屋架、油田井架、起重机的机身及电视塔等。桁架是指由一些直杆在两端用铰链彼此连接而成

的结构,它在受力后几何形状不变。

所有杆件的轴线都在同一平面的桁架称为平面桁架,杆件的连接点称为节点。桁架的优点是使用材料比较经济,本身重量较轻,它主要承受拉力或压力。

桁架承受载荷以后,一般各杆件将要受力,对整个桁架而言,这些力是内力。分析桁架的目的就是求解内力,用以作为设计的依据。

为了能反映出桁架结构的特点,简化桁架的计算,工程实际中通常采用以下几个假设:

(1) 桁架中各杆件都是直杆;

(2) 杆件用光滑铰链连接;

(3) 桁架上所受的力(载荷)都作用在节点上,且位于桁架轴线的平面内;

(4) 各杆件自重不计,或将其重力平均分配到杆件两端的节点上。

这样的桁架称为理想桁架。

实际的桁架当然与上述假设有差别,如桁架的节点不是铰接的,杆件的中心线也不可能是绝对直的。但在工程实际中,上述假设能够简化计算,而且所得的结果能够满足工程实际的要求。根据这些假设,桁架的杆件都看成为二力杆,因此各杆件所受的力必须沿着杆的方向,只受拉力或压力。

桁架的杆件与杆件相结合的点称为节点。若所有杆件都在同一平面内,且载荷作用在相同的平面内,这种桁架称为平面桁架,否则称为空间桁架。本节只讨论平面桁架的静定问题。

下面介绍两种计算桁架杆件内力的方法:节点法和截面法。

1. 节点法

桁架的每个节点都受一个平面汇交力系的作用。为了求解每个杆件的内力,可以逐个地取节点为研究对象,由已知力求出全部未知力(杆件的内力),这就是节点法。用节点法分析力,求解的步骤一般是先求出桁架整体结构的外部的支反力,再根据已知条件逐步求出所有未知力。一般先假设各杆均受拉,若结果是负值,则说明是受压。

现举例说明节点法的方法和步骤。

例 3.9 平面桁架如图 3.17(a)所示。在节点 D 处受一集中载荷 $\boldsymbol{F}$,求各杆所受的内力。

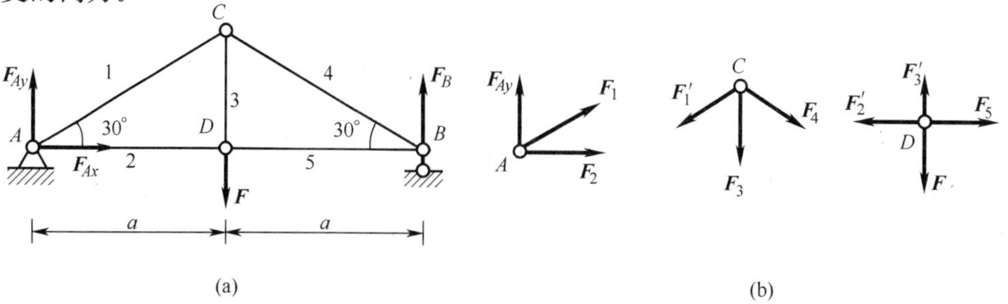

图 3.17

解:(1) 首先求解支座反力。以整体为研究对象,桁架受力如图 3.17(a)所示。列平衡方程如下:

$$\begin{cases}\sum F_x=0, F_{Ax}=0\\ \sum F_y=0, F_{Ay}+F_B-P=0\\ \sum M_A(\boldsymbol{F})=0, F_B\cdot 2a-F\cdot a=0\end{cases}$$

解得

$$F_{Ax}=0, F_{Ay}=F_B=\frac{F}{2}$$

(2) 依次取各点为研究对象,计算内力。对于 A、D、C 三个节点,受力图如图 3.17(b)所示。三个节点中,A 节点的未知力是两个,故先对其进行分析,列出平衡方程

$$\sum F_x=0, F_1\cos 30^\circ+F_2=0$$

$$\sum F_y=0, F_{Ay}+F_1\sin 30^\circ=0$$

解得

$$F_1=-F, F_2=\frac{\sqrt{3}}{2}F$$

分析 C 节点,在上一步的基础上,列出平衡方程

$$\begin{cases}\sum F_x=0, -F_1\cos 30^\circ+F_4\cos 30^\circ=0\\ \sum F_y=0 \quad -(F_1+F_4)\sin 30^\circ-F_3=0\end{cases}$$

解得

$$F_3=F \quad F_4=-F$$

最后研究 D 节点,只有一个未知力。列平衡方程

$$\sum F_x=0, -F_2+F_5=0$$

解得

$$F_5=\frac{\sqrt{3}}{2}F$$

可再对 B 节点进行分析,校核一下答案的正确性。

2. 截面法

若只需求出某些杆件的内力,则以适当地选取一截面,假想地把桁架截开,取其中一部分为研究对象,用平面任意力系平衡方程求出这些内力,这种方法称为截面法。求解的步骤一般是先求出外部支反力,再假想地在未知力杆件处截断,使内

力变成为外力，利用平衡方程求解。注意一次只可求解三个未知力。

例 3.10 如图 3.18(a)所示平面桁架，各杆的长度均为 1m，所受外力 $F_1=100\text{kN}$，$F_2=70\text{kN}$。求杆件 1、杆件 2、杆件 3 的内力。

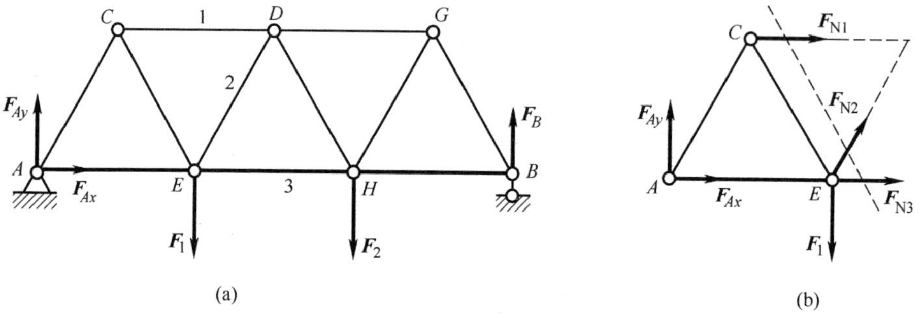

图 3.18

解：与前例相同，先求支座反力。取桁架整体为研究对象，列平衡方程：

$$\begin{cases}\sum F_x=0, F_{Ax}=0\\ \sum F_y=0, F_{Ay}+F_B-F_1-F_2=0\\ \sum M_B(\boldsymbol{F})=0, F_1\times 2+F_2\times 1-F_{Ay}\times 3=0\end{cases}$$

代入数值，求解得

$$F_{Ax}=0,\ F_{Ay}=90\text{kN},\ F_B=80\text{kN}$$

为求三根杆件的内力，可将三杆截断。取左半部为研究对象，桁架的内力现在变成了该研究对象的外力，如图 3.18(b)所示。列平衡方程：

$$\begin{cases}\sum F_y=0, F_{Ay}+F_{N2}\sin 60^\circ-F_1=0\\ \sum M_D(\boldsymbol{F})=0, F_1\times 0.5+F_{N3}\times 1\times\sin 60^\circ-F_{Ay}\times 1.5=0\\ \sum M_E(\boldsymbol{F})=0, -F_{N1}\times 1\times\sin 60^\circ-F_{Ay}\times 1=0\end{cases}$$

代入数值，求解得

$$F_{N1}=-10.4\text{kN}(压), F_{N2}=1.16\text{kN}(拉), F_{N3}=9.82\text{kN}(拉)$$

需要指出的是，平面一般力系只有三个独立方程，因此假想截面时，一般每次最多只能截断三根杆。另外，对于平面桁架的内力计算，也可将节点法和截面法联合应用。

思 考 题

3.1 试用力的平移定理说明图 3.19 所示力 $\boldsymbol{F}$ 与力偶($\boldsymbol{F}_1$，$\boldsymbol{F}_1'$) 对轮的作用有

何不同？在轴承 A、B 处的约束反力有何不同？已知 $F'=F''=\frac{1}{2}F$，两轮的半径均为 R。

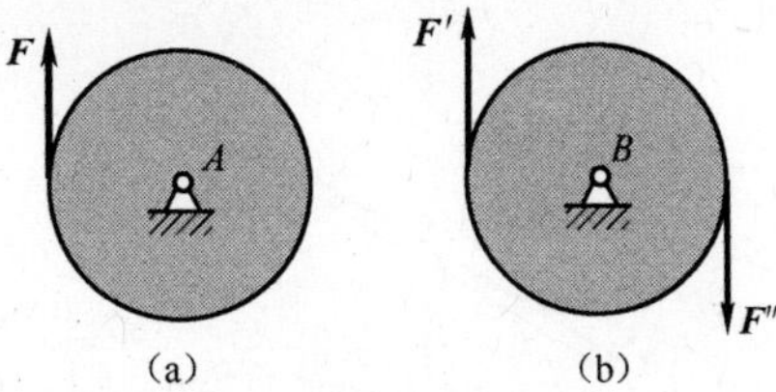

图 3.19

3.2　若平面一般力系向一点简化的结果为一个合力，如果适当选取作用面内的另一点为简化中心，能否得到一个力偶？为什么？

3.3　某平面一般力系向作用面内的 A、B 两点简化，所得到的主矩皆等于零，此力系可能最终简化为一个合力吗？可能最终简化为一个力偶吗？可能平衡吗？

3.4　试比较各种力系的平衡条件及平衡方程的形式。

习　　题

3.1　平面力系如图 3.20 所示，试求该力系的合力。

3.2　图 3.21 所示平面任意力系中，$F_1=40\sqrt{2}$N，$F_2=80$N，$F_3=40$N，$F_4=110$N，$M=2000$N·m，各力作用线如图所示。求：(1)力系向 O 点简化的结果；(2)力系最终的简化结果。

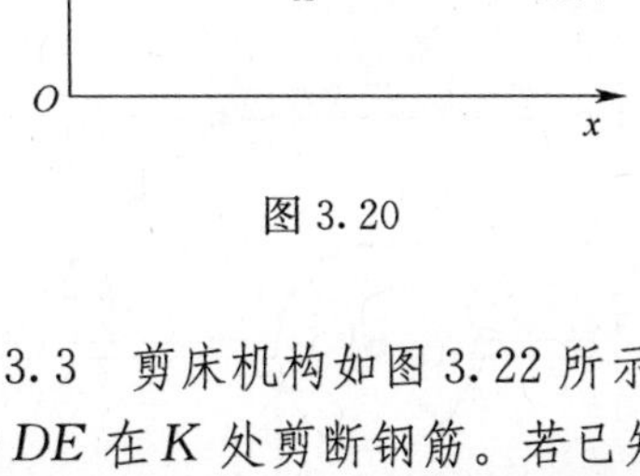

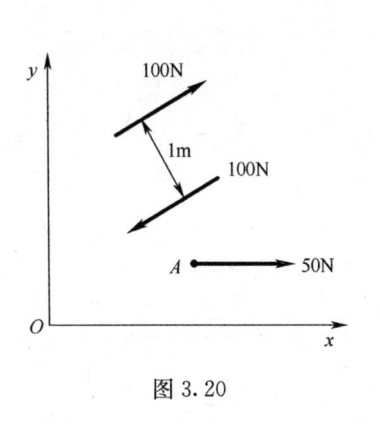

图 3.20

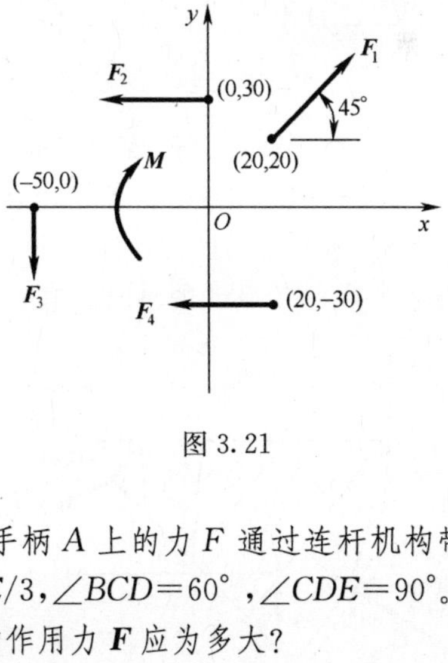

图 3.21

3.3　剪床机构如图 3.22 所示。作用在手柄 A 上的力 F 通过连杆机构带动刀片 DE 在 K 处剪断钢筋。若已知 $KE=DE/3$，$\angle BCD=60°$，$\angle CDE=90°$。如剪断钢筋需用力 $F_k=6$kN，试求垂直于手柄的作用力 $\boldsymbol{F}$ 应为多大？

3.4　如图 3.23 所示，已知 $F=400$N，$q=10$N/cm，$M=200$N·m，$a=50$cm。求 A、B 支座的约束反力。

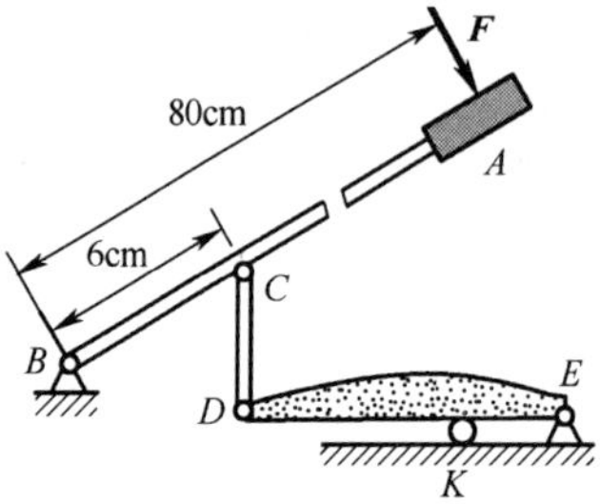

图 3.22

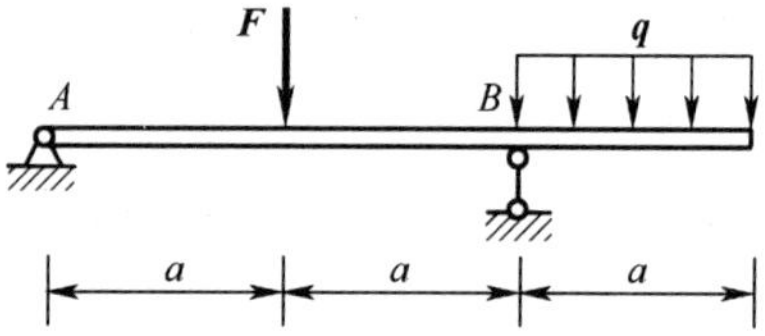

图 3.23

3.5 图 3.24 所示刚架中，已知 $F=6\sqrt{2}\,\mathrm{kN}$，$q=3\mathrm{kN/m}$，$M=10\mathrm{kN\cdot m}$。不计刚架的自重，求固定端 A 处的约束反力。

3.6 两端带有滚轮的均质杆，重为 500N，一端靠在光滑的铅直墙上，另一端用水平绳 CD 维持平衡，如图 3.25 所示。试求绳的张力以及墙和地面的反力。

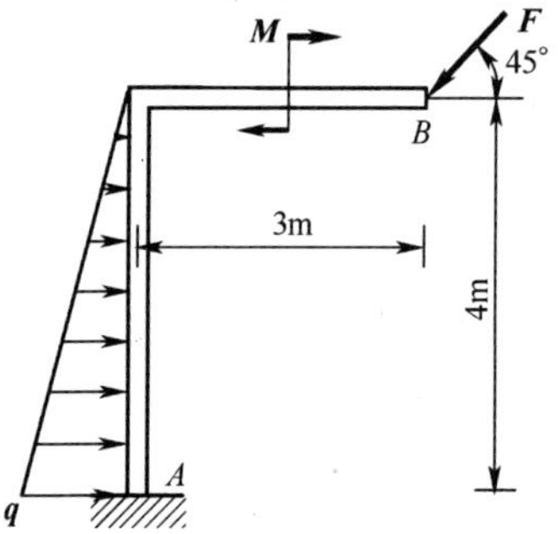

图 3.24

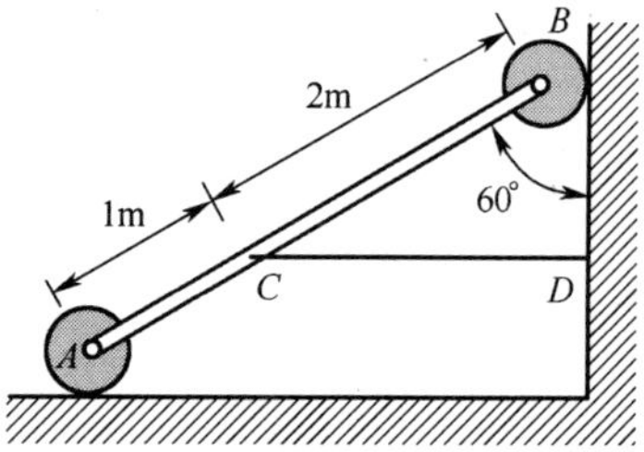

图 3.25

3.7 弧形闸门自重 $W=150\mathrm{kN}$，水压力 $F_{\mathrm{P}}=3000\mathrm{kN}$，铰 A 处摩擦力偶的矩 $M=60\mathrm{kN\cdot m}$（图 3.26）。求开始启门时的拉力 $\boldsymbol{F}_{\mathrm{T}}$ 及铰 A 的反力。

3.8 水平梁 AB 由铰链 A 和杆 BC 支持，如图 3.27 所示。在梁的 D 处用销子安装半径 $r=0.1\mathrm{m}$ 的滑轮。有一条跨过滑轮的绳子，一端水平系于墙上，另一

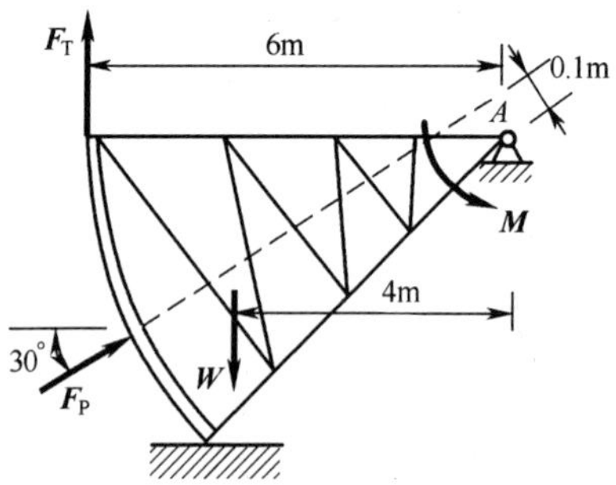

图 3.26

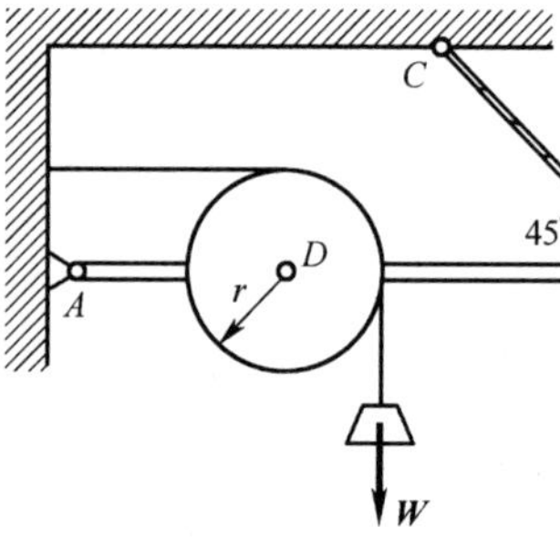

图 3.27

端悬挂有重 $W=1800\text{N}$ 的重物。如 $AD=0.2\text{m}$,$BD=0.4\text{m}$,且不计梁、杆、滑轮和绳的重量。求铰链 A 和杆 BC 对梁的约束力。

3.9　铰链支架由 AD、CE 两根杆和半径 $r=15\text{cm}$ 的滑轮组成,B 处是铰链连接,尺寸如图 3.28 所示。在滑轮上吊有 $W=1\text{kN}$ 的重物。不计各杆及滑轮自重,求固定支座 A 和 E 的约束反力。

3.10　无底圆柱形空筒放在光滑的水平面上,内放两个重球,如图 3.29 所示。每个球重为 $\boldsymbol{W}$,半径为 r;圆筒半径为 R,且有 $r<R<2r$,不计筒壁厚度,试求圆筒不致翻倾的最小重量 $\boldsymbol{Q}$。

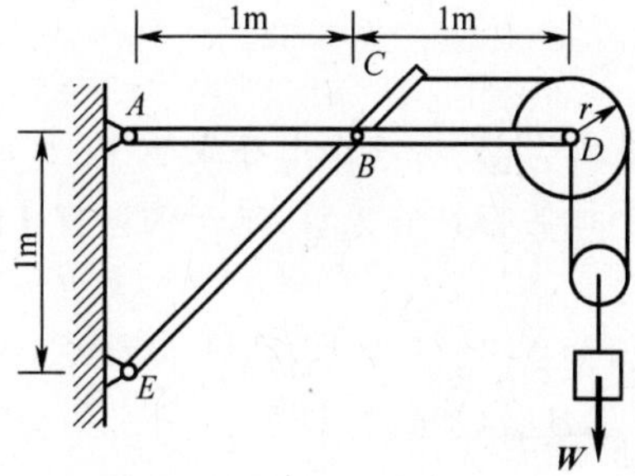

图 3.28

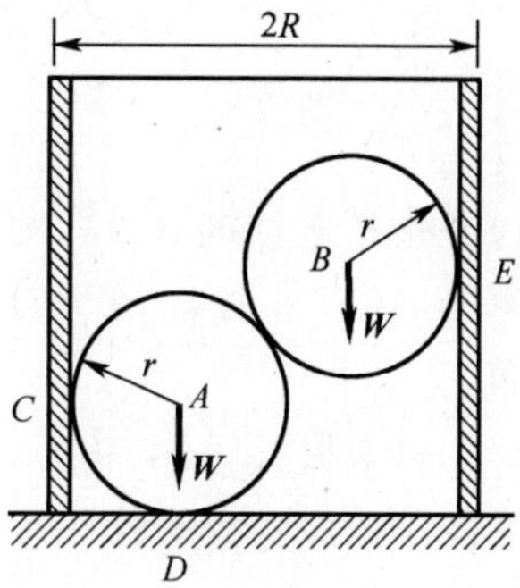

图 3.29

3.11　无重水平联合梁的支承和载荷如图 3.30(a)、(b)所示。已知 M、q、a、θ,不计梁的自重。求支座 A、B 和 C 处的约束力。

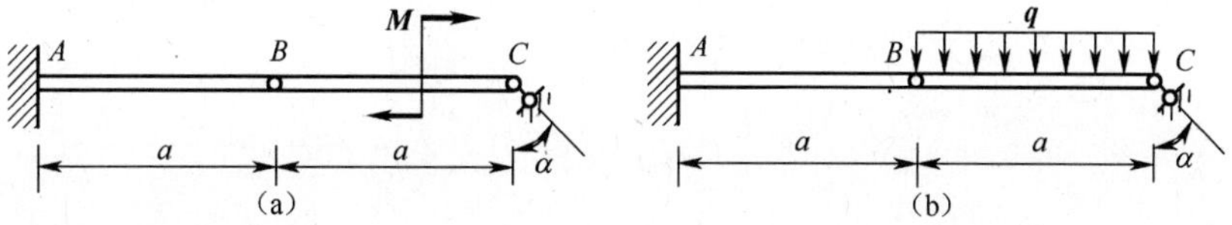

图 3.30

3.12　梯子由长度均为 l 的两部分 AC、AB 在点 A 铰接而成,又在 D、E 两点用水平绳连接,如图 3.31 所示。梯子放在光滑的水平面上,其一边作用有铅垂力 $\boldsymbol{F}$,尺寸如图所示。不计梯子自重,求绳子的拉力。

3.13　图 3.32 所示起重机的吊杆 AB 重为 981N,作用在吊杆的中点,平衡块重 D 为 3422.5N。试求当起吊重量为 735.75N 的重物时,为使吊杆在水平位置保持平衡,平衡块 D 至 A 端的距离 x 应为多大?若卸去重物,x 又为多大?

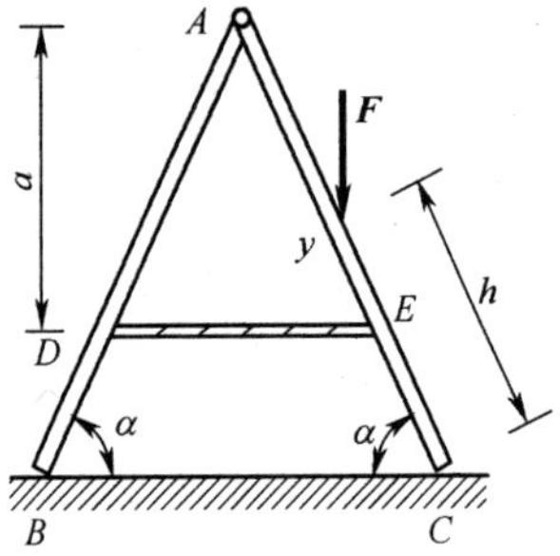

图 3.31

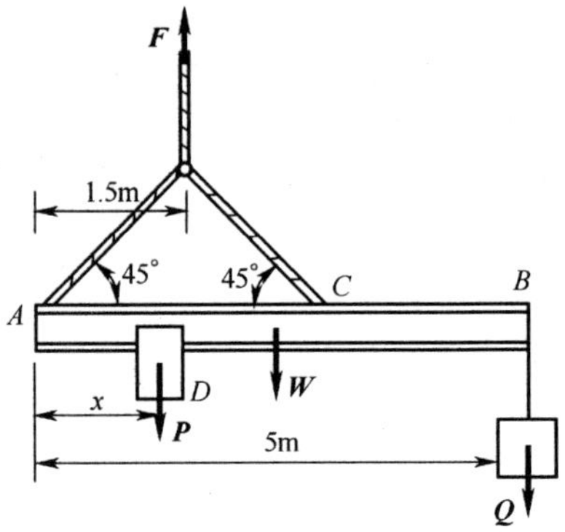

图 3.32

3.14 轮式拖拉机制动器的操纵机构如图 3.33 所示。作用在踏板 A 上的力 $\boldsymbol{F}_1$通过弯杆 AOB 和拉杆 BC 传给摇臂 CD。不计各构件的重量,求平衡时力 $\boldsymbol{F}_2$和 $\boldsymbol{F}_1$的比值。

3.15 构架由杆 AB,AC 和 DF 铰接而成,如图 3.34 所示,在杆 DEF 上作用一力偶矩为M 的力偶,不计各杆的重量。求杆 AB 上铰链 A、D 和 B 所受的力。

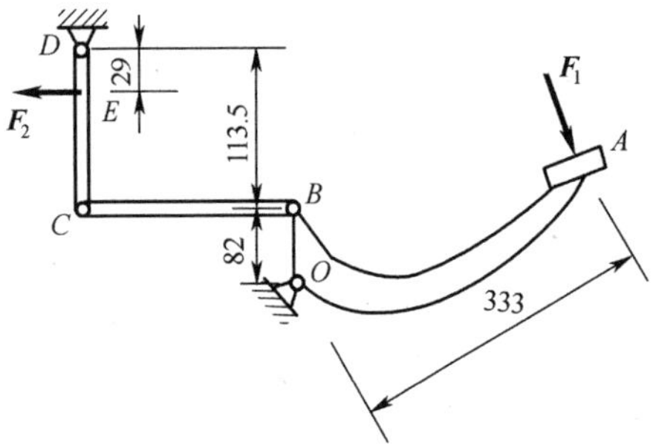

图 3.33

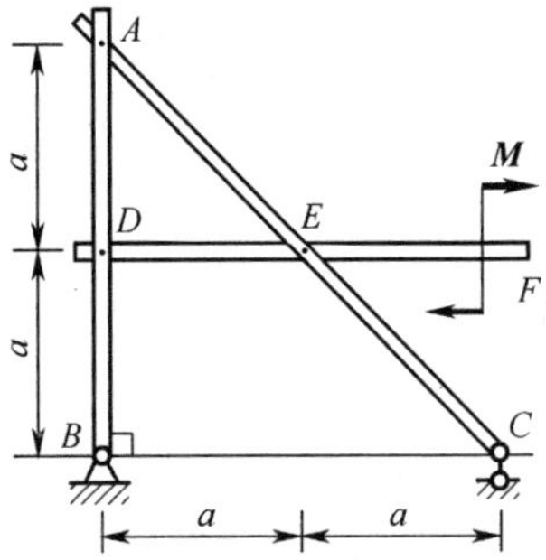

图 3.34

3.16 图 3.35 所示结构由直角弯杆 DAB 与直杆 BC、CD 铰接而成,并在 A、B 处分别用固定铰支座和可动铰支座支承。杆 DC 受均布载荷 q 的作用,杆 BC 受矩为 $M=qa^2$ 的力偶作用。不计各杆自重,求 A、B 处的约束反力和铰链 D 所受的力。

3.17 构架尺寸如图 3.36 所示,不计各杆件自重,载荷 $F=60\text{kN}$。求 A、E 铰链的约束力及杆 BD、BC 的内力。

3.18 图 3.37 所示构架中,物体重 $W=1200\text{N}$,由细绳跨过滑轮 E 而水平系于墙上，尺寸如图，不计杆和滑轮的重量。求支承 A、B 处的约束力，以及杆 BC 的内力。

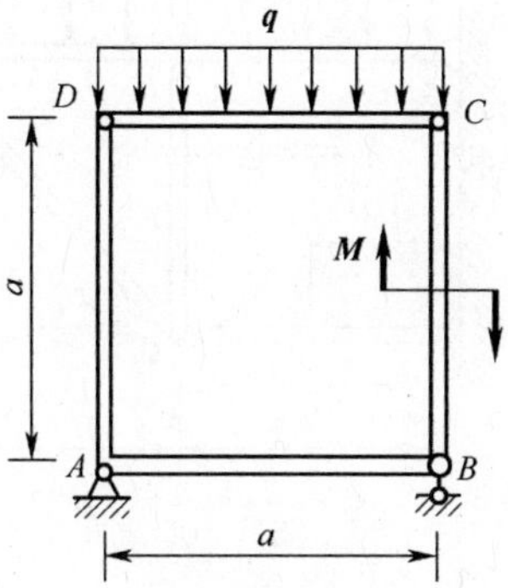

图 3.35

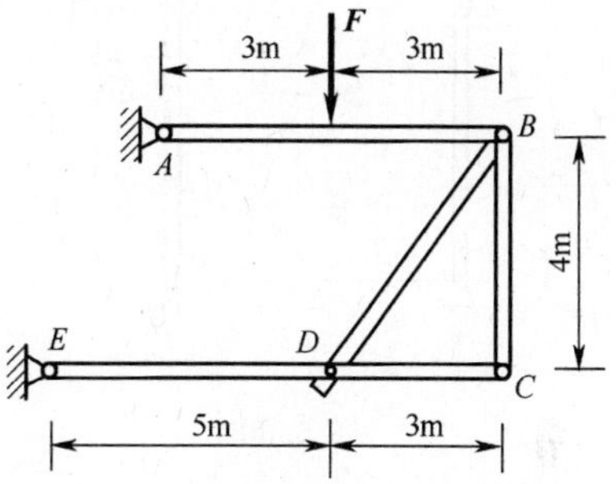

图 3.36

3.19　图 3.38 所示为汽车台秤，BCD 为整体台面，杠杆 AB 可绕 O 轴转动，AB 杆处于水平位置。不计摩擦，试求平衡时砝码的重量 $\boldsymbol{W}_1$ 与汽车重量 $\boldsymbol{W}_2$ 之间的关系。

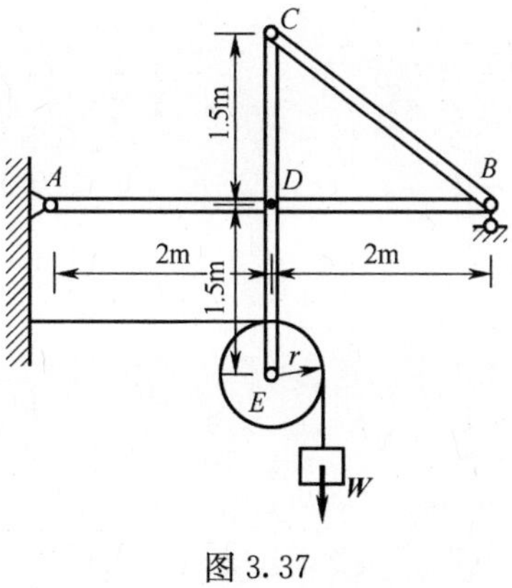

图 3.37

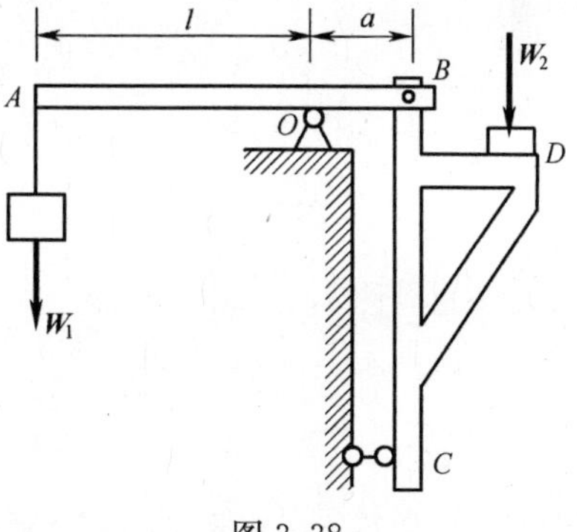

图 3.38

3.20　求图 3.39 示刚架支座 A、B 的约束反力。已知 $F=5\text{kN}$，$M=2.5\text{kN}\cdot\text{m}$。

3.21　图 3.40 所示结构由曲梁 $ABCD$ 和杆 CE、BE、GE 构成。A、B、C、E、G 均为光滑铰链。已知 $F=20\text{kN}$，$q=10\text{kN/m}$，$M=20\text{kN}\cdot\text{m}$，$a=2\text{m}$。各杆重量不计，试求 A、G 处的约束反力及杆 BE、CE 所受的力。

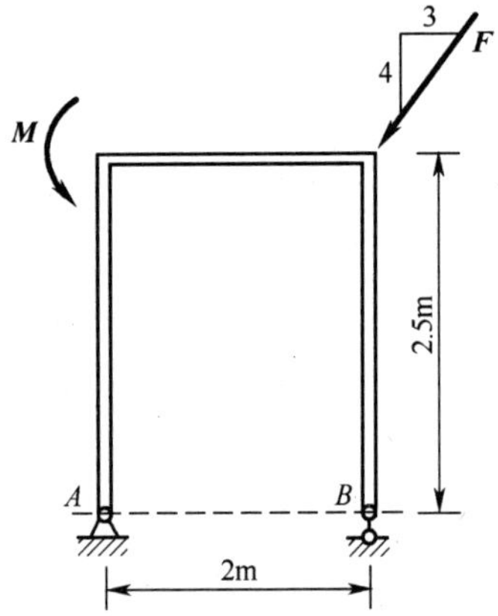

图 3.39

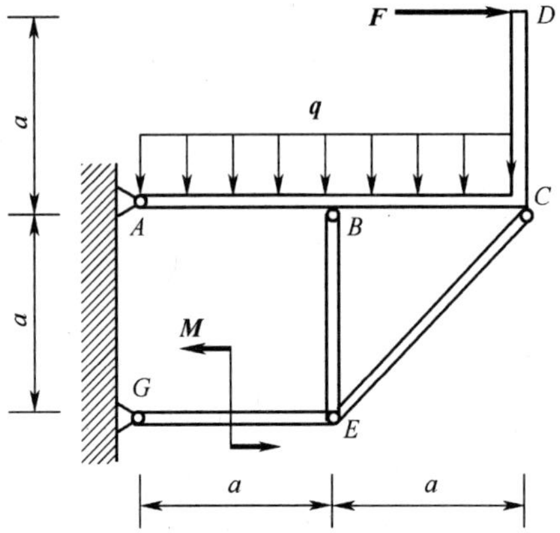

图 3.40

第 4 章　摩　　擦

在前面几章研究的问题中，均假设两个物体间的接触面是光滑的。但实际上，完全光滑的接触面是不存在的，两个物体间的接触面总会存在摩擦，只是当摩擦力很小，对问题的影响较小时，可以忽略不计而已。当摩擦力较大，已对研究问题的性质具有较大影响时，必须考虑摩擦因素的影响。

在生活和生产实际中，摩擦既有有害的一面，也有有利的一面。例如，产生运动阻力、消耗能量、使构件发生磨损失效等是摩擦有害的一面；但是，没有摩擦，我们将无法在路面上行走，皮带轮无法传递动力，车辆无法启动和刹车等，这些是摩擦有利的一面。研究摩擦的目的，就是要利用摩擦有利的一面，抑制其有害的一面。

按照接触物体之间相对运动的情况，摩擦可分为滑动摩擦和滚动摩擦两类。当两个物体接触处有相对滑动或相对滑动的趋势时，在接触处的公切面内所受到的阻碍称为滑动摩擦。如活塞在汽缸中运动时的阻力，轴在轴承中转动时遇到的阻力等属于滑动摩擦。当两个物体有相对滚动或滚动的趋势时，物体间产生的对滚动的阻碍称为滚动摩擦，如车轮在地面上滚动时遇到的阻力属于滚动摩擦。

必须指出，摩擦是一种复杂的物理现象，其产生的机理受诸多因素的影响，对其详细深入的研究需要物理、化学、力系、材料等多学科知识的综合利用，本章仅介绍工程中常用的近似理论和方法。

4.1　滑动摩擦

1. 静滑动摩擦

将重为 $\boldsymbol{W}$ 的物体放在水平面上并施加一个水平力 $\boldsymbol{F}$，如图 4.1(a)所示。根据经验可知，当 $\boldsymbol{F}$ 的大小不超过某一数值时，物体虽有滑动的趋势，但仍可保持静止。这表明水平面除对物体产生一个法向约束反力 $\boldsymbol{F}_N$外，还有一个水平(切向)约束力限制物体的移动，如图 4.1(b)所示。此摩擦力称为静摩擦力，用 $\boldsymbol{F}_s$表示。当物体有水平方向的滑动趋势滑动时，由水平方向的平衡条件 $\sum F_x=0, F-F_s=0$，可得 $F_s=F$。

静摩擦力 $\boldsymbol{F}_s$的大小随水平作用力 $\boldsymbol{F}$ 的增加而增大，当 $\boldsymbol{F}$ 增大到一定数值时，

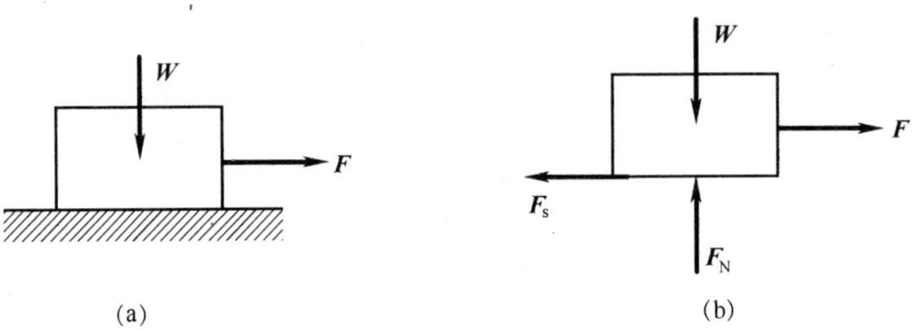

图 4.1

物体即将开始滑动。这说明静摩擦力不能无限增大，而是有一极限值。当静摩擦力增大到这一极限值时，物体处于将动未动的状态，这一状态称为临界状态，此时的静摩擦力称为最大静摩擦力，用 $\boldsymbol{F}_{smax}$ 表示。

由上可知，静摩擦力的大小取决于平衡条件，但只能介于零与最大静摩擦力之间，即

$$0 \leqslant F_s \leqslant F_{smax} \tag{4.1}$$

大量实验证明：最大静摩擦力的大小与接触面法向反力成正比，即

$$F_{smax} = f_s F_N \tag{4.2}$$

式中：f_s 为静滑动摩擦因数，为一无量纲常数，其大小与接触体的材料及接触面状况（如粗糙度、温度、湿度等）有关。各种材料的静滑动摩擦因数的大小可由实验测定，这些值可在工程手册中查到。表 4.1 中列出了一部分常用材料的摩擦因数。影响摩擦因数的因素很复杂，如果需用比较准确的数值，必须在具体条件下进行实验测定。

表 4.1 常用材料的滑动摩擦因数

材料名称	静摩擦因数		动摩擦因数	
	无润滑	有润滑	无润滑	有润滑
钢—钢	0.15	0.1～0.12	0.15	0.05～0.1
钢—软钢			0.2	0.1～0.2
钢—铸铁	0.3		0.18	0.05～0.15
钢—青铜	0.15	0.1～0.15	0.15	0.1～0.15
软钢—铸铁	0.2		0.18	0.05～0.15
软钢—青铜	0.2		0.18	0.07～0.15
铸铁—铸铁		0.18	0.15	0.07～0.12
铸铁—青铜			0.15～0.2	0.07～0.15
青铜—青铜		0.1	0.2	0.07～0.1
皮革—铸铁	0.3～0.5	0.15	0.6	0.15
橡皮—铸铁			0.8	0.5
木材—木材	0.4～0.6	0.1	0.2～0.5	0.07～0.15

式(4.2)称为静摩擦定律(又称库仑定律)。应该指出,该式仅是近似的,它远不能完全反映出摩擦现象的复杂性。但是,由于该公式简单,计算方便,并且又有足够的准确性,所以在工程实际中广泛应用。

静摩擦定律指出了利用摩擦和减少摩擦的途径。要增大最大静摩擦力,可以通过加大正压力或增大摩擦因数来实现。例如,汽车一般都用后轮驱动,因为后轮正压力大于前轮,这样可以允许产生较大的向前推动的摩擦力;火车在下雪后行驶时,要在铁轨上撒细沙,以增大摩擦因数,避免打滑等。

2. 动滑动摩擦

物体间有相对滑动时的摩擦力称为动摩擦力。动摩擦力与法向反力也有与式(4.2)类似的近似关系,即动摩擦力的大小与接触面间的正压力(法向反力)成正比。用公式表示为

$$F_{\mathrm{f}}=fF_{\mathrm{N}} \tag{4.3}$$

式中:f 为动滑动摩擦因数。

动摩擦力与静摩擦力不同,没有变化范围。动滑动摩擦因数的大小与接触物体的材料和表面状况有关,可由实验测定。通常动摩擦因数小于静摩擦因数,见表4.1,即

$$f<f_{\mathrm{s}}$$

在机器中,往往用降低接触表面的粗糙度或加入润滑剂等方法,使动摩擦因数 f 降低,以减小摩擦和磨损。

3. 摩擦角和自锁

当考虑摩擦时,支承面对平衡物体的约束反力除法向反力 $\boldsymbol{F}_{\mathrm{N}}$ 外,尚有切向约束反力 $\boldsymbol{F}_{\mathrm{s}}$,即静摩擦力。这两个分力的矢量和 $\boldsymbol{F}_{\mathrm{R}}=\boldsymbol{F}_{\mathrm{N}}+\boldsymbol{F}_{\mathrm{s}}$ 称为支承面对物体的全约束力,它的作用线与接触面的公法线成一偏角 φ,如图 4.2(a)所示。当物体处于平衡的临界状态时,静摩擦力达到由式(4.2)确定的最大值 $\boldsymbol{F}_{\mathrm{smax}}$,偏角 φ 也达到最大值 φ_{m},如图 4.2 所示。全约束反力与法线间的夹角的最大值 φ_{m} 称为摩擦角。由图 4.2 可见

$$F_{\mathrm{smax}}=F_{\mathrm{N}}\tan\varphi_{\mathrm{m}}, \quad \tan\varphi_{\mathrm{m}}=\frac{F_{\mathrm{smax}}}{F_{\mathrm{N}}}=\frac{f_{\mathrm{s}}F_{\mathrm{N}}}{F_{\mathrm{N}}}=f_{\mathrm{s}} \tag{4.4}$$

即摩擦角的正切等于静滑动摩擦因数。可见,摩擦角也是表示材料摩擦性质的物理量。

当通过接触点的不同方向作出临界状态下的全约束反力的作用线时,将得到一个以接触点为顶点的锥面,称为摩擦锥,如图 4.2(b)所示。如果物体间沿任何方向的摩擦因数都相同,即摩擦角都相同,则摩擦锥将是一个顶角为 $2\varphi_{\mathrm{m}}$ 的圆锥。由摩擦锥的物理意义可知,全约束力 $\boldsymbol{F}_{\mathrm{R}}$ 的作用线不可能在摩擦锥之外。所以,当物体所受的主动力的合力 $\boldsymbol{F}_{\mathrm{Q}}$ 的作用线位于摩擦锥之内时,不论主动力多大,物体

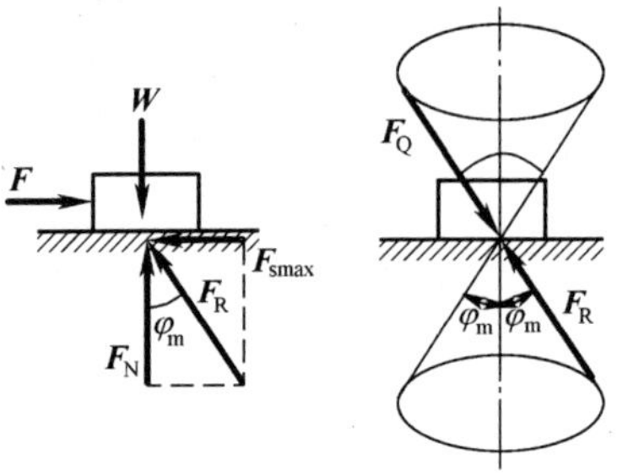

(a)　　(b)

图 4.2

都将保持静止，这种现象称为自锁。另外，当物体所受的主动力的合力 $\boldsymbol{F}_Q$的作用线位于摩擦锥之外时，不论主动力多小，物体都不可能保持平衡。

摩擦角及自锁的概念在工程上有广泛的应用，如螺杆的设计及土建工程中土压力的计算都涉及这些概念。螺旋千斤顶举起重物后不会自行落下就是自锁现象。与此相反，在另一些问题中，则要避免自锁现象，如水闸闸门启闭时，必须避免自锁现象。

4.2　考虑摩擦时物体的平衡

对于需要考虑摩擦力时的平衡问题，在加上摩擦力之后，与没有摩擦时的平衡问题一样。只是由于摩擦力的大小在零与最大静摩擦力 $\boldsymbol{F}_{smax}$之间变化，相应地使得物体平衡位置或所受力的大小也有一个范围，这是不同于不考虑摩擦力时的问题之处。有摩擦力时的问题可分为以下三种类型：

(1) 未达到临界状态的平衡。此时，摩擦力尚未达到最大静摩擦力，此时，它是一个未知的约束反力，其大小需根据平衡方程来确定。

(2) 临界状态的平衡问题。此时静摩擦力达到最大值，大小为 $F_{smax}=f_sF_N$，其方向可根据两接触物体的相对运动趋势来判断。这种情况下，摩擦力不再是一个独立的未知量。

(3) 平衡范围确定。有些问题需根据摩擦力的取值范围确定某些主动力和约束反力的取值范围。在此范围内，物体处于平衡状态。一个平衡范围问题可作为两个相反运动趋势的临界平衡问题来处理。

例 4.1　重为 $\boldsymbol{W}$ 的物块放在倾角为 θ 的斜面上，如图 4.3(a)所示。物块与斜面间的摩擦因数为 f_s，且有 $\tan\theta>f_s$。试求使物块保持平衡时，作用在物块上水平力 $\boldsymbol{F}$ 的大小。

解：由题意知，当 $\boldsymbol{F}$ 太小时，物块将下滑；当 $\boldsymbol{F}$ 太大时，物块将上滑。因此，本问题属于平衡范围的确定问题。

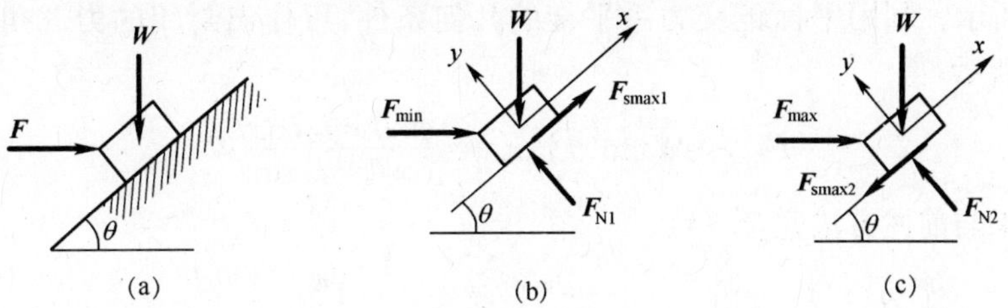

图 4.3

(1) 求物体不下滑的最小 $\boldsymbol{F}_{min}$。此时,物块处于向下滑动的临界状态,摩擦力为最大静摩擦力,方向向上。受力分析如图 4.3(b)所示。列平衡方程:

$$\begin{cases}\sum F_x=0, & F_{min}\cos\theta+F_{smax1}-W\sin\theta=0\\ \sum F_y=0, & F_{N1}-F_{min}\sin\theta-W\cos\theta=0\end{cases}$$

此外,由于处于临界状态,尚有补充方程,即

$$F_{smax1}=f_s F_{N1}$$

解上述方程组,可得

$$F_{min}=\frac{\sin\theta-f_s\cos\theta}{\cos\theta+f_s\sin\theta}W$$

(2) 求物体不上滑的最大 $\boldsymbol{F}_{max}$。此时,物块处于向上滑动的临界状态,摩擦力为最大静摩擦力,方向向上。受力分析如图 4.3(c)所示。列平衡方程:

$$\begin{cases}\sum F_x=0, & F_{max}\cos\theta-F_{smax2}-W\sin\theta=0\\ \sum F_y=0, & F_{N2}-F_{max}\sin\theta-W\cos\theta=0\end{cases}$$

此外,由于处于临界状态,尚有补充方程,即 $F_{smax2}=f_s F_{N2}$。

解上述方程组,可得

$$F_{max}=\frac{\sin\theta+f_s\cos\theta}{\cos\theta-f_s\sin\theta}W$$

综合以上结果,可得物块保持静止,力 $\boldsymbol{F}$ 所需满足的条件为

$$\frac{\sin\theta-f_s\cos\theta}{\cos\theta+f_s\sin\theta}W\leqslant F\leqslant\frac{\sin\theta+f_s\cos\theta}{\cos\theta-f_s\sin\theta}W$$

本题也可用摩擦角和全约束反力的概念求解,过程如下:

当物块处于向下滑动的临界状态时,摩擦力为最大静摩擦力,受力分析如图 4.4(a)所示。利用平面汇交力系平衡的几何条件,可作出封闭的力三角形,如图 4.4(b)所示,得

$$F_{min}=W\tan(\theta-\varphi_m)=\frac{\sin\theta-f_s\cos\theta}{\cos\theta+f_s\sin\theta}W$$

当物块处于向上滑动的临界状态时,摩擦力为最大静摩擦力,受力分析如图

4.4(c)所示。利用平面汇交力系平衡的几何条件,可作出封闭的力三角形,如图4.4(d)所示,得

$$F_{\max}=W\tan(\theta+\varphi_{\mathrm{m}})=\frac{\sin\theta+f_{\mathrm{s}}\cos\theta}{\cos\theta-f_{\mathrm{s}}\sin\theta}W$$

结果与前述方法完全一致。

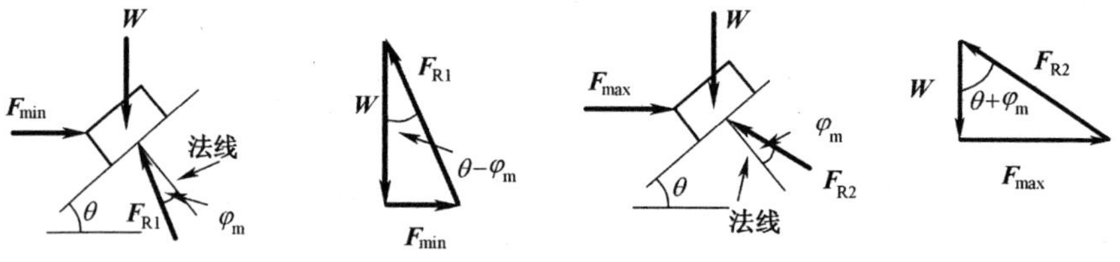

图 4.4

例 4.2 起重绞车的制动器由带制动块的手柄和制动轮组成,如图 4.5(a)所示。已知制动轮半径 $R=50\mathrm{cm}$,轮鼓半径 $r=30\mathrm{cm}$,制动轮与制动块间的静摩擦因数 $f_{\mathrm{s}}=0.4$,被提升的重物的重量 $W=1000\mathrm{N}$,手柄长 $L=300\mathrm{cm}$,$a=60\mathrm{cm}$,$b=10\mathrm{cm}$。不计手柄和制动轮的重量,求制动轮鼓所必需的力 F。

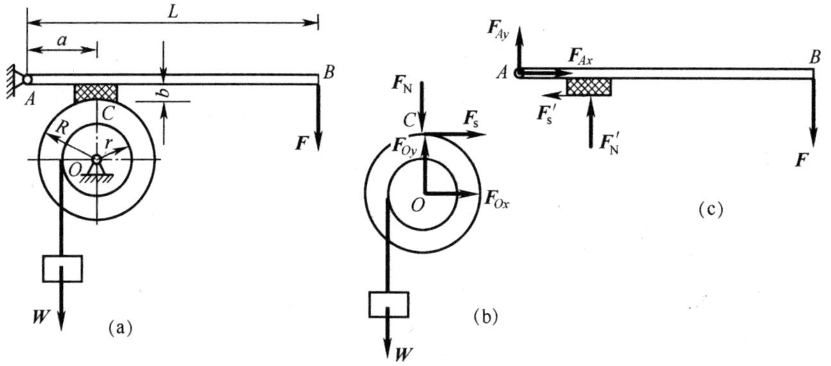

图 4.5

解:此问题属于临界状态的平衡问题。

先取轮鼓为研究对象,受力如图 4.5(b)所示,列平衡方程:

$$\sum M_O(\boldsymbol{F})=0,\quad -F_{\mathrm{s}}R+Wr=0$$

此外,由于处于临界状态,尚有补充方程,即 $F_{\mathrm{s}}=f_{\mathrm{s}}F_{\mathrm{N}}$。

可解得 $F_{\mathrm{N}}=1500\mathrm{N}$。

再取手柄为研究对象,受力如图 4.5(c)所示,列平衡方程:

$$\sum M_A(\boldsymbol{F})=0,\quad F'_{\mathrm{N}}a-F'_{\mathrm{s}}b-FL=0$$

由于处于临界状态，尚有补充方程，即 $F_s'=f_sF_N'$。

可解得 $F=280\text{N}$。

4.3 滚动摩擦简介

由实践知道，使滚子滚动比使它滑动省力。所以在工程中，为了提高效率，减轻劳动强度，常利用物体的滚动代替物体的滑动。早在殷商时代，人们就利用车子作为运输工具。平时常见当搬运笨重的物体时，在物体下面垫上管子，都是以滚代滑的应用实例。

当物体滚动时，存在什么阻力？它有什么特性？下面通过简单的实例来分析这些问题。设在水平面上有一个重量为 W 的滚子，在其中心 O 上作用一个水平力 $\boldsymbol{F}$，如图 4.6(a)所示。由经验知，当力 $\boldsymbol{F}$ 不大时，滚子仍保持静止。分析滚子的受力情况可知，在滚子与平面接触的点有法向反力 $\boldsymbol{F}_\text{N}$，它与 $\boldsymbol{W}$ 等值反向；另外，还有静滑动摩擦力 $\boldsymbol{F}_\text{s}$ 阻止滚子滑动，它与 $\boldsymbol{F}$ 等值反向，如图 4.6(b)所示。但如果平面的反力仅有 $\boldsymbol{F}_\text{N}$ 和 $\boldsymbol{F}_\text{s}$，则滚子不能保持平衡，因为静滑动摩擦力 $\boldsymbol{F}_\text{s}$ 与力 $\boldsymbol{F}$ 组成一个力偶，将使滚子发生滚动。但是，实际上当力 $\boldsymbol{F}$ 不大时，滚子是可以平衡的。可见，支承面对滚子除法向约束反力 $\boldsymbol{F}_\text{N}$ 和静摩擦力 $\boldsymbol{F}_\text{s}$ 外，一定还有一个由于接触处变形而产生的阻碍滚子滚动的反力偶，如图 4.6(b)所示。此反力偶称为滚动摩阻力偶，简称滚阻力偶。

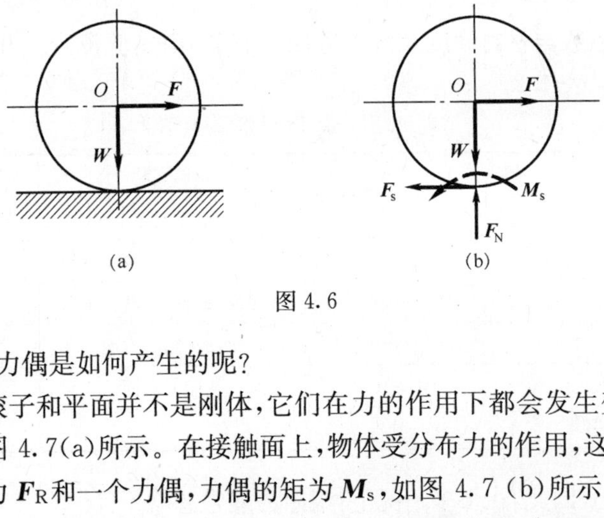

图 4.6

那么滚阻力偶是如何产生的呢？

事实上，滚子和平面并不是刚体，它们在力的作用下都会发生变形，二者有一个接触面，如图 4.7(a)所示。在接触面上，物体受分布力的作用，这些力向 A 点简化，得到一个力 $\boldsymbol{F}_\text{R}$ 和一个力偶，力偶的矩为 $\boldsymbol{M}_\text{s}$，如图 4.7 (b)所示。这个力 $\boldsymbol{F}_\text{R}$ 可分解为摩擦力 $\boldsymbol{F}_\text{s}$ 和正压力 $\boldsymbol{F}_\text{N}$，这个矩为 $\boldsymbol{M}_\text{s}$ 的力偶称为滚动摩阻力偶，它与力偶 $(\boldsymbol{F},\boldsymbol{F}_\text{s})$ 平衡，它的转向与滚动的趋势相反，如图 4.7 (c)所示。

与静滑动摩擦力相似，滚动摩阻力偶矩 $\boldsymbol{M}_\text{s}$ 随着主动力偶矩的增加而增大，当力 $\boldsymbol{F}$ 增加到某个值时，滚子处于将滚未滚的临界平衡状态；这时，滚动摩阻力偶矩

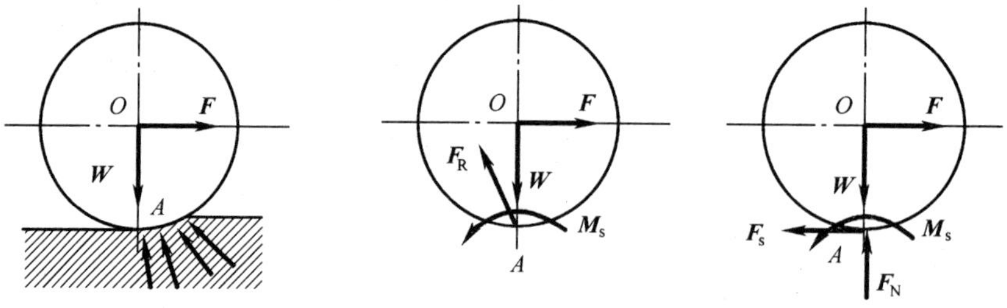

图 4.7

达到最大值，称为最大滚动摩阻力偶矩，用 $\boldsymbol{M}_{smax}$ 表示。若力 $\boldsymbol{F}$ 再增大一点，轮子就会滚动。在滚动过程中，滚动摩阻力偶矩近似等于 $\boldsymbol{M}_{smax}$。

由此可知，滚动摩阻力偶矩 M 的大小介于零与最大值之间，即

$$0 \leqslant M \leqslant M_{smax} \tag{4.5}$$

由实验证明：最大滚动摩阻力偶矩 M_{max} 与滚子半径无关，而与支承面的正压力(法向反力)$\boldsymbol{F}_N$ 的大小成正比，即

$$M_{smax} = \delta F_N \tag{4.6}$$

式中：δ 为滚动摩阻系数。

这就是滚动摩阻定律。由式(4.6)知，滚动摩阻系数具有长度量纲，单位一般用 mm。

滚动摩阻系数与材料硬度及湿度等因素有关，由实验测定。几种常用材料的滚动摩阻系数见表 4.2。

表 4.2 滚动摩阻系数 δ

材料名称	δ/mm	材料名称	δ/mm
铸铁—铸铁	0.5	软钢—钢	0.5
钢质车轮—钢轨	0.05	有滚珠轴承的料车—钢轨	0.09
木—钢	0.3～0.4	无滚珠轴承的料车—钢轨	0.21
木—木	0.5～0.8	钢质车轮—木面	1.5～2.5
软木—软木	1.5	轮胎—木面	2～10
淬火钢珠一钢	0.01		

由于 δ 较小，因此，在很多情况下，滚阻力偶常忽略不计。

例 4.3 轮胎半径 $R=400$mm，载重 $W=2000$N，轴传递来的推力为 $\boldsymbol{F}$，设静摩擦因数为 $f_s=0.6$，滚动系数 $\delta=2.4$mm。试求欲推动此轮胎前进所需的力 $\boldsymbol{F}$。

解：轮胎受力如图 4.8 所示，其受力有推力 $\boldsymbol{F}$，载重 $\boldsymbol{W}$，地面法向反力 $\boldsymbol{F}_N$，滑动摩擦力 $\boldsymbol{F}_s$，滚动阻力偶 $\boldsymbol{M}$，属于平面一般力系。列平衡方程。

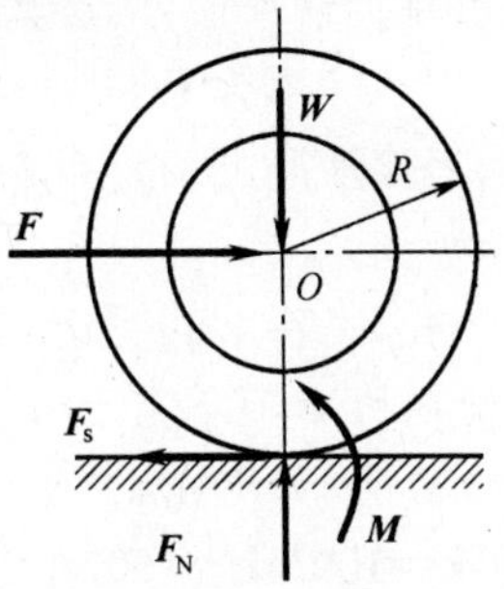

图 4.8

轮胎前进有两种可能，一种是滚动，另一种是滑动。

首先分析向前滚动的可能情况。

$$\sum F_x = 0,\quad F - F_s = 0$$

$$\sum F_y = 0,\quad F_N - W = 0$$

$$\sum M_A(\boldsymbol{F}) = 0,\quad M - Fr = 0$$

补充方程：

$$M_{max} = \delta F_N$$

解上述方程组，得

$$F = \frac{\delta}{r}W = \frac{2.4}{400}\times 2000 = 12(\mathrm{N})$$

可见，只要施加 12N 的水平力就可推动轮胎向前滚动。

再分析滑动的情况。

补充方程变为

$$F_{smax} = f_s F_N$$

可解得

$$F = f_s W = 0.6\times 2000 = 1200(\mathrm{N})$$

这说明需施加 1200N 的力才能使轮胎滑动，这是不可能的，因为推力达到 12N 时轮胎就向前滚动了。

思 考 题

4.1 已知一个物块重 $W=100\mathrm{N}$，用水平力 $F=500\mathrm{N}$ 的力压在一个铅直平面上，如图 4.9 所示，其静摩擦因数 $f_s=0.3$，问此时物块所受的摩擦力等于多大?

4.2 如图 4.20 所示，试比较用同样材料、在相同的粗糙度和相同的胶带压力 $\boldsymbol{F}$ 作用下，平胶带和三角胶带所能传递的最大拉力。

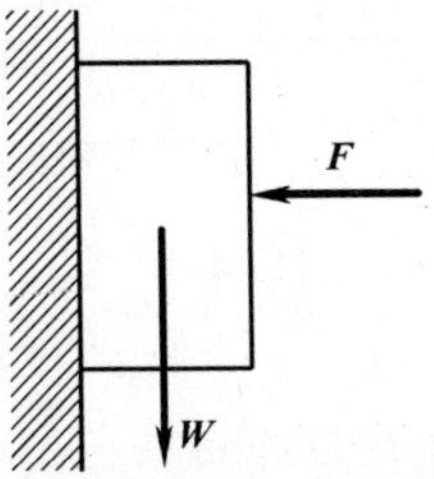

图 4.9

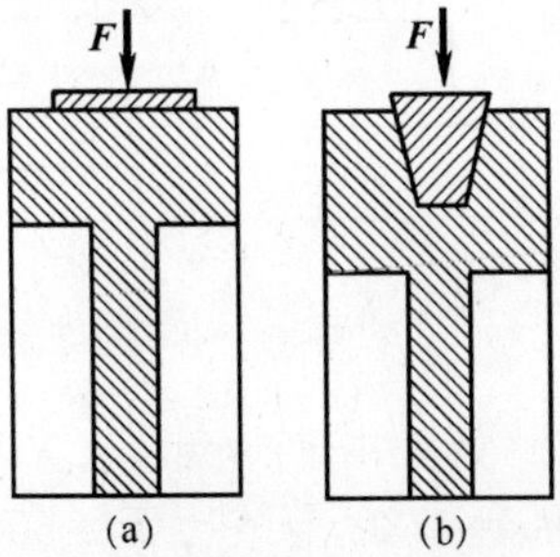

图 4.10

4.3 自行车前进时，假设后轮为驱动轮，试分别画出前、后轮的受力图，并分析其中的静摩擦力、动摩擦力。

4.4 重为 $\boldsymbol{W}$，半径为 R 的球放在水平面上，球与平面间的滑动摩擦因数是 f_s，而滚动摩阻系数为 δ。问在什么情况下，作用于球心的水平力 $\boldsymbol{F}$ 能使球匀速转动？

4.5 图 4.11 所示物块，重量 $W=2000\text{N}$，静摩擦系数 $f=0.4$。问物块可承受多大的力 $\boldsymbol{F}$ 而不至于沿水平面滑动？

4.6 如图 4.12 所示，重 $\boldsymbol{W}$ 的物块置于水平面上，其上作用一个水平力 $\boldsymbol{F}$。若 $W=100\text{N}$，$F=60\text{N}$，物块与水平面间的静摩擦系数为 0.5，动摩擦系数为 0.45。试求物块与水平面间的摩擦力。

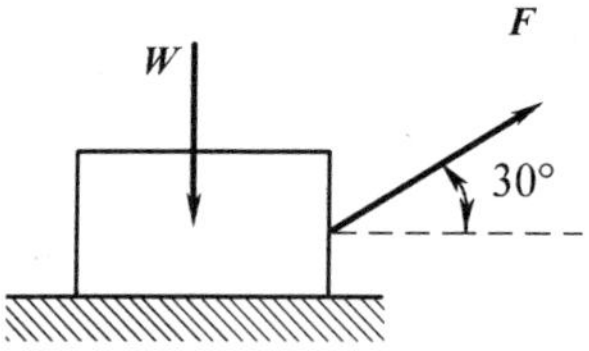

图 4.11

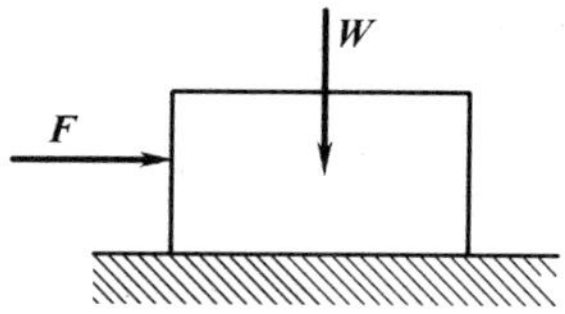

图 4.12

习　题

4.1 两个物块 A、B 重叠地放在水平面上，如图 4.13 所示。已知物块 A 重 $W_A=500\text{N}$，物块 B 重 $W_B=200\text{N}$；物块 A、B 间的静摩擦因数 $f_{s1}=0.25$，物块 B 与水平面间的静摩擦系数 $f_{s2}=0.20$。求拉动物块 B 的最小水平力 $\boldsymbol{F}$ 的大小。

4.2 将上题的物块 A 用一根水平绳拉住，如图 4.14 所示。除上题中给出的已知条件外，还有如下已知条件：物块 A、B 间的动摩擦因数 $f_1=0.20$，物块 B 与水平面间的动摩擦因数 $f_2=0.15$，水平力 $F=300\text{N}$。求所有接触面间的摩擦力。

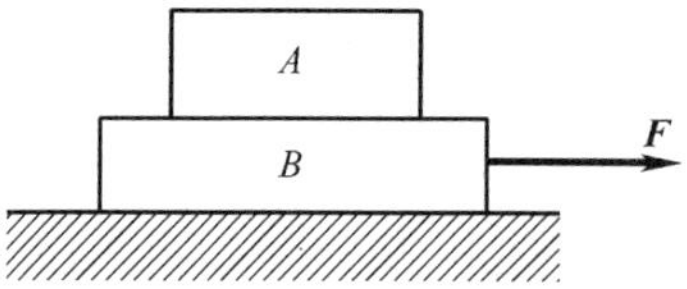

图 4.13

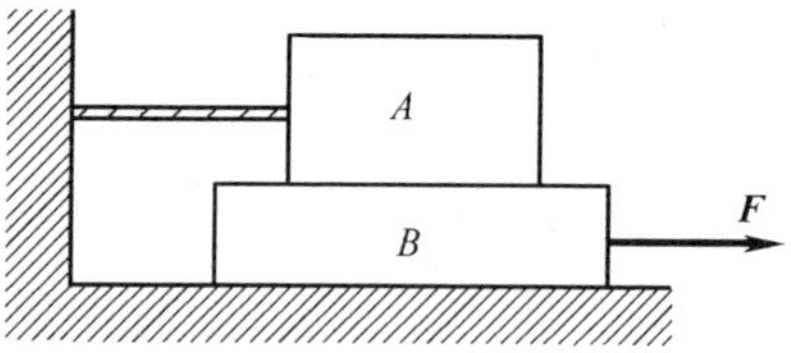

图 4.14

4.3 如图 4.15 所示，球重 $W=400\text{N}$，折杆自重不计，所有接触面间静摩擦因数均为 $f_s=0.20$，铅直力 $F=500\text{N}$，尺寸如图。问力 $\boldsymbol{F}$ 应作用在何处（即 x 为多大）时，球才不致下落？

4.4 轮鼓 O 重 $W=500\text{N}$，放在墙角里，如图 4.16 所示。已知轮鼓与水平地

板间的摩擦因数 $f=0.25$,墙壁是绝对光滑的。轮鼓上的绳索下端吊一个重物 A,设半径 $R=200\text{mm}$,$r=100\text{mm}$,求平衡时物体 A 的最大允许重量。

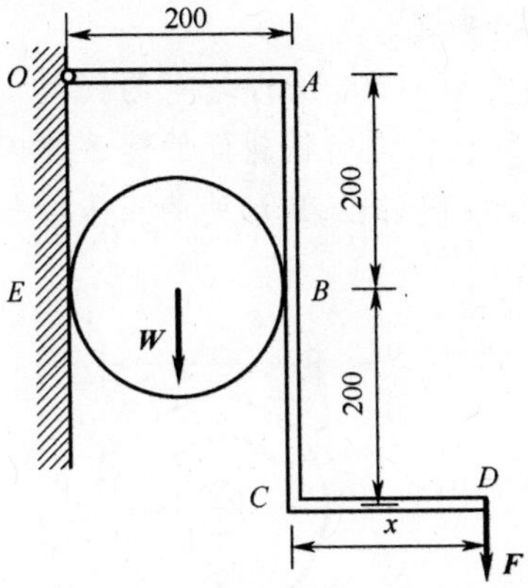

图 4.15

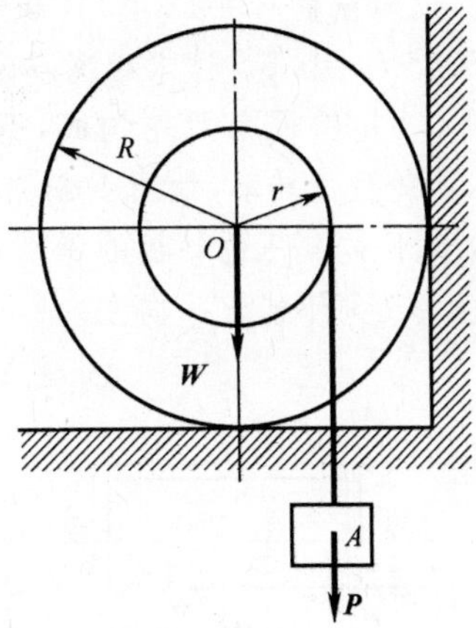

图 4.16

4.5 物块重 $\boldsymbol{W}$,一个力 $\boldsymbol{F}$ 作用在摩擦角之外,如图 4.17 所示。已知 $\theta=25°$,摩擦角 $\varphi_m=20°$,$F=W$。问物块是否滑动,为什么?

4.6 如图 4.18 所示,用钢楔劈物,接触面间的摩擦角为 φ_m。劈入后欲使楔不滑出,问钢楔两个平面间的夹角 θ 应为多大?钢楔重量不计。

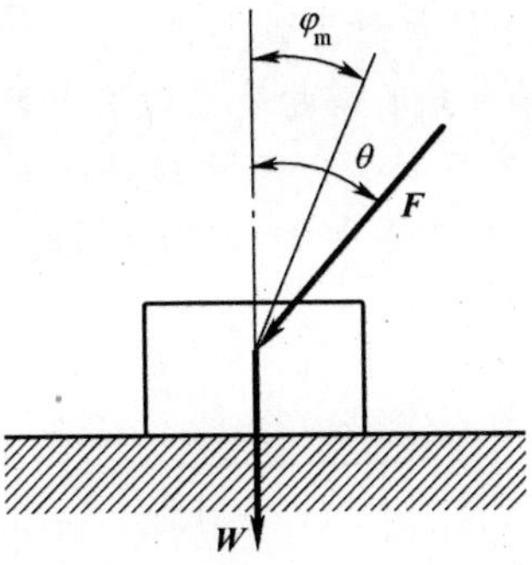

图 4.17

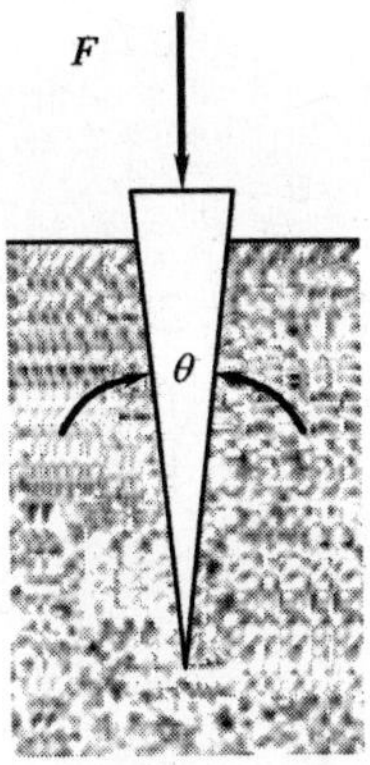

图 4.18

4.7 一块均匀平板 AB 与两个对称支柱 C、D 固结,搁在粗糙的水平面上,如图 4.19 所示。若板重 $W=100\text{N}$,两个支柱与水平面间的摩擦因数分别为 $f_1=0.2$,$f_2=0.3$,尺寸如图。求平板仍处于平衡时的最大水平

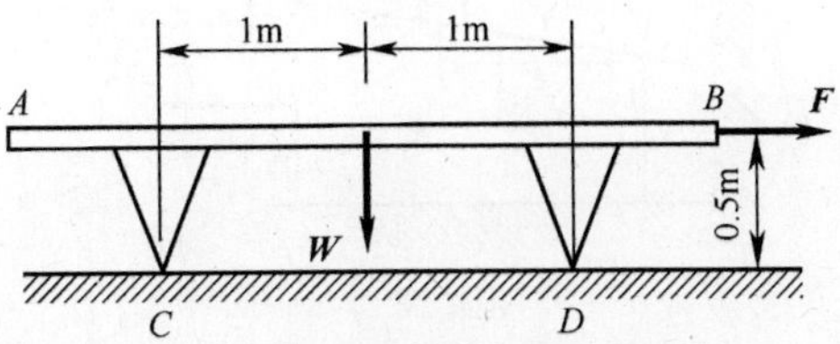

图 4.19

拉力 $\boldsymbol{F}$ 的大小。

4.8 砖夹的宽度为 0.25m，曲杆 ABG 与 $BCDE$ 在 B 点铰接，尺寸如图 4.20 所示。设砖重量 $W=120\text{N}$，提起砖的力 $\boldsymbol{F}$ 作用在砖夹的中心线上，砖夹与砖间的摩擦因数 $f_s=0.5$。试求距离 b 为多大才能把砖夹起。

4.9 轧压机由两轮构成，两轮的直径均为 $d=500\text{mm}$，轮间的间隙为 $a=5\text{mm}$，两轮反向转动，如图 4.21 所示。若烧红的铁板与铸铁轮间的静摩擦因数为 $f_s=0.1$，问能轧压的铁板的厚度 b 是多少？提示：作用在 A、B 处的正压力与摩擦力的合力必须不能水平向左。

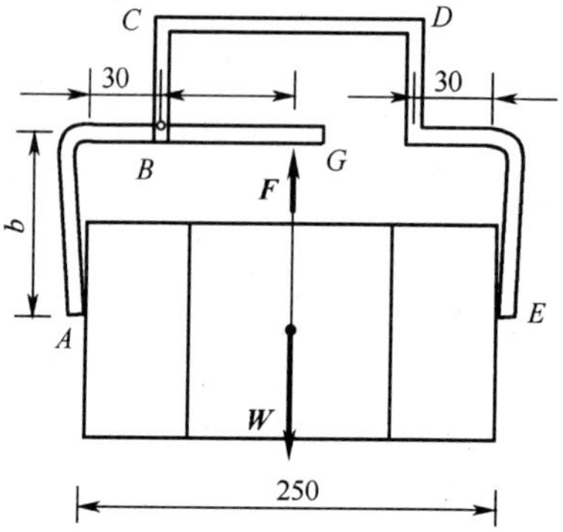

图 4.20

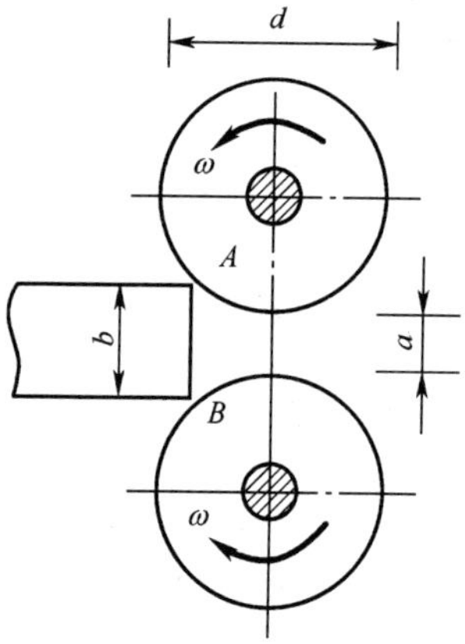

图 4.21

4.10 图 4.22 所示物块 A 重 $W=2\text{kN}$，物块 B 重量可以不计，各接触面间的静摩擦因数均为 $f_s=0.3$。试求欲使物块 A 开始上升所需的最小水平力 $\boldsymbol{F}$。

4.11 如图 4.23 所示，不计自重的拉门与上下滑道之间的静摩擦因数均为 f_s，门高为 h。若在门上 $2h/3$ 处用水平力 $\boldsymbol{F}$ 拉门而不会卡住，求门宽 b 的最小值。问门的自重对不被卡住的门宽最小值是否有影响。

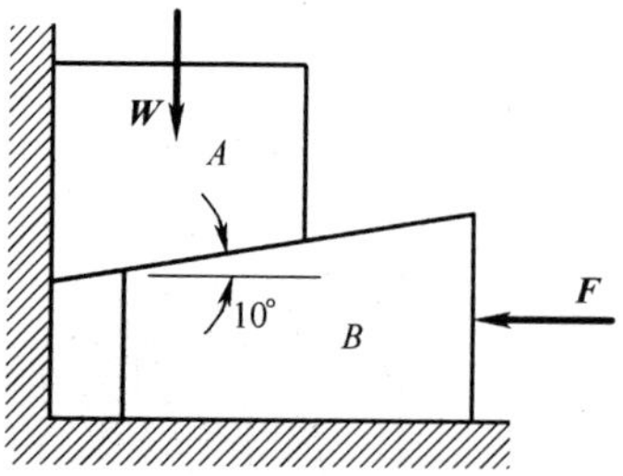

图 4.22

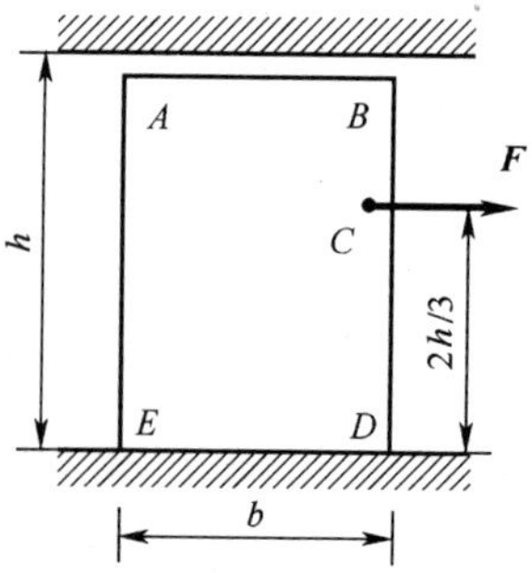

图 4.23

4.12　机床上为了迅速装卸工件，常采用如图4.24所示的偏心轮夹具。已知偏心轮直径为D，偏心轮与台面间的摩擦因数为f_s。今欲使偏心轮手柄上的外力去掉后，偏心轮不会自动脱落，求偏心距e应为多少？各铰链中的摩擦忽略不计。

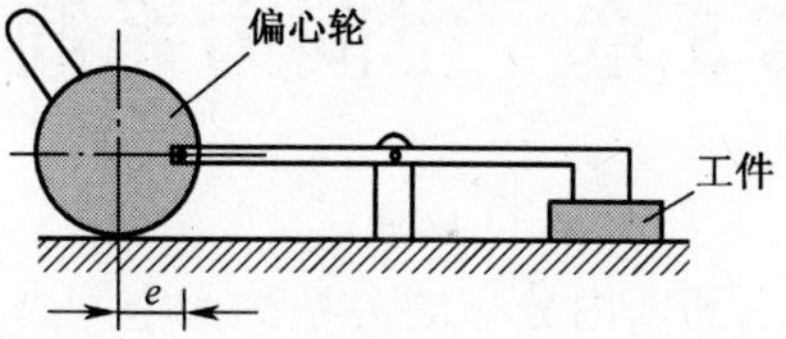

图4.24

4.13　半圆柱半径为R，重为$\boldsymbol{W}$，重心C到圆心的距离为$a=\frac{4R}{3\pi}$，如图4.25所示。若半圆柱体与水平面间的摩擦因数为f_s，求半圆柱体被拉动时所偏过的角度θ。

4.14　一个起重用的夹具由ABC和DEG两根相同的弯杆构成，并由杆BE连接，B、E都是铰链，尺寸如图4.26所示。试问要能提起重物，夹具与重物接触面处的静摩擦因数f_s应为多大？

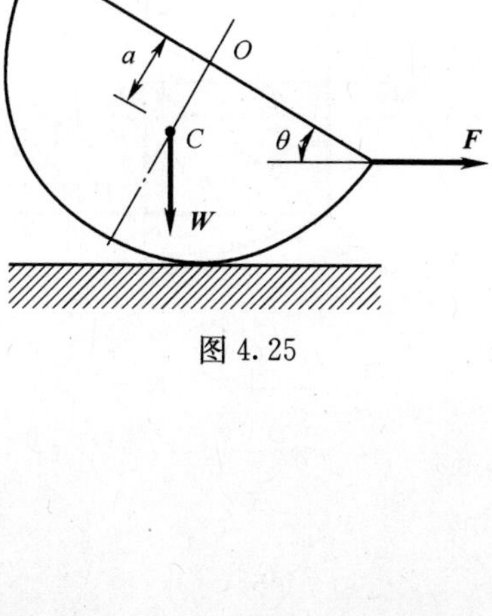

图4.25

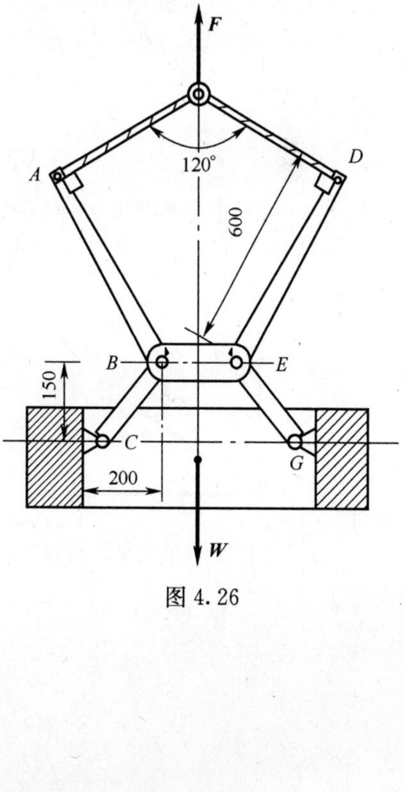

图4.26

第 5 章　空间力系简介

各力作用线不在同一平面内分布的力系称为空间力系。高压输电线塔、大型发动机转子等结构所受的均是空间力系。空间力系是最一般的力系，平面力系是它的特殊情况。

理论上，空间力系的分析可以采用几何法，但由于空间作图非常困难，通常用解析法处理空间力系问题。

5.1　空间汇交力系

1. 力在直角坐标系上的投影

若已知力 $\boldsymbol{F}$ 与坐标系 $Oxyz$ 三个坐标轴的夹角 α、β、γ，则可用直接投影法将力 $\boldsymbol{F}$ 向三个坐标轴投影，如图 5.1 所示，得

$$\begin{cases}F_x=F\cos\alpha\\F_y=F\cos\beta\\F_z=F\cos\gamma\end{cases}\tag{5.1}$$

当力 $\boldsymbol{F}$ 与三个坐标轴的夹角不全部知道，或不易求得时，可采用二次投影法，如图 5.2 所示。

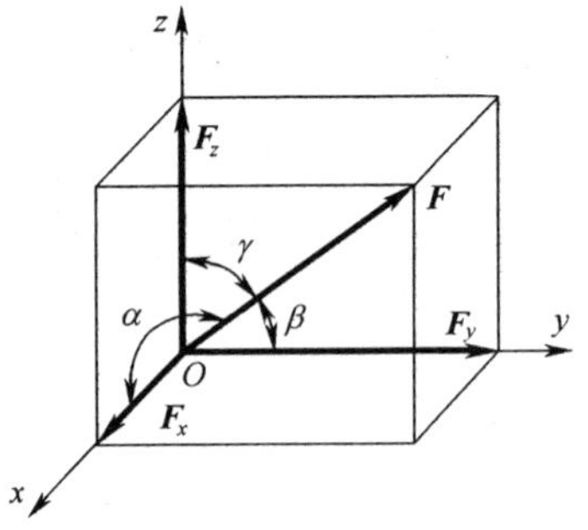

图 5.1

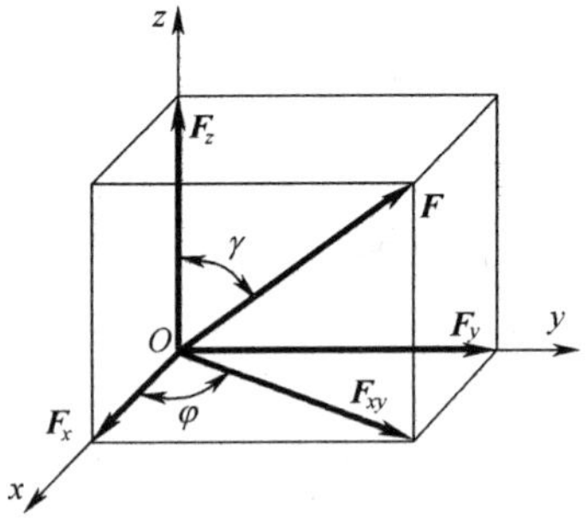

图 5.2

$$\begin{cases}F_x=F\sin\gamma\cos\varphi\\F_y=F\sin\gamma\sin\varphi\\F_z=F\cos\gamma\end{cases}\tag{5.2}$$

2. 空间汇交力系的合成

各力的作用线汇交于一点的空间力系称为空间汇交力系。当物体受到由 $\boldsymbol{F}_1$，$\boldsymbol{F}_2$，…，$\boldsymbol{F}_n$构成的空间汇交力系作用时，由矢量分析理论可由下式求其合力：

$$\boldsymbol{F}_{\mathrm{R}}=\boldsymbol{F}_1+\boldsymbol{F}_2+\cdots+\boldsymbol{F}_n=\sum \boldsymbol{F} \tag{5.3}$$

式(5.3)用解析法表示时，有

$$\boldsymbol{F}_{\mathrm{R}}=F_{\mathrm{R}x}\boldsymbol{i}+F_{\mathrm{R}y}\boldsymbol{j}+F_{\mathrm{R}z}\boldsymbol{k}$$

其中

$$\begin{cases}F_{\mathrm{R}x}=\sum F_x=F_{1x}+F_{2x}+\cdots+F_{nx}\\ F_{\mathrm{R}y}=\sum F_y=F_{1y}+F_{2y}+\cdots+F_{ny}\\ F_{\mathrm{R}z}=\sum F_z=F_{1z}+F_{2z}+\cdots+F_{nz}\end{cases} \tag{5.4}$$

合力的大小为

$$F_{\mathrm{R}}=\sqrt{F_{\mathrm{R}x}^2+F_{\mathrm{R}y}^2+F_{\mathrm{R}z}^2}=\sqrt{\left(\sum F_x\right)^2+\left(\sum F_y\right)^2+\left(\sum F_z\right)^2} \tag{5.5}$$

合力的方向由下式给出：

$$\begin{cases}\cos\alpha=\dfrac{F_{\mathrm{R}x}}{F_{\mathrm{R}}}=\dfrac{\sum F_x}{F_{\mathrm{R}}}\\ \cos\beta=\dfrac{F_{\mathrm{R}y}}{F_{\mathrm{R}}}=\dfrac{\sum F_y}{F_{\mathrm{R}}}\\ \cos\gamma=\dfrac{F_{\mathrm{R}z}}{F_{\mathrm{R}}}=\dfrac{\sum F_z}{F_{\mathrm{R}}}\end{cases} \tag{5.6}$$

3. 空间汇交力系的平衡方程

空间汇交力系平衡的充分必要条件为 $\boldsymbol{F}_{\mathrm{R}}=0$。由式(5.5)可知，空间汇交力系平衡的充分必要条件的解析表达式为

$$\begin{cases}\sum F_x=0\\ \sum F_y=0\\ \sum F_z=0\end{cases} \tag{5.7}$$

例 5.1　重为 W 的物体用杆 AB 和位于同一水平面内的绳索 AC、AD 支承，如图 5.3(a)所示。已知 $W=1000\mathrm{N}$，$CE=ED=12\mathrm{cm}$，$EA=24\mathrm{cm}$，$\beta=45°$。不计自重，求绳索的拉力和杆 AB 所受的力。

解：取铰链 A 为研究对象。其上作用有主动力 $\boldsymbol{W}$，绳索的拉力 $\boldsymbol{F}_{AD}$、$\boldsymbol{F}_{AC}$ 和 AB 杆对铰链的作用力 $\boldsymbol{F}_{AB}$。受力分析如图 5.3(b)所示。列平衡方程：

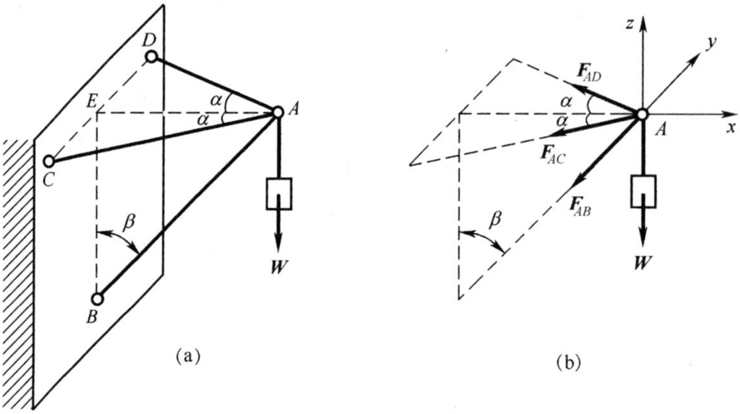

图 5.3

$$\begin{cases}\sum F_x=0, & -F_{AC}\cos\alpha-F_{AD}\cos\alpha-F_{AB}\sin\beta=0\\ \sum F_y=0, & F_{AD}\sin\alpha-F_{AC}\sin\alpha=0\\ \sum F_z=0, & -F_{AB}\sin\beta-W=0\end{cases}$$

其中

$$\sin\alpha=\frac{1}{\sqrt{5}},\quad \cos\alpha=\frac{2}{\sqrt{5}}$$

将已知数值代入方程组可解得

$$F_{AB}=-1414\text{N},\quad F_{AC}=F_{AD}=559\text{N}$$

由作用力与反作用力公理，三根杆的受力分别等于上述数值。

负号表示与实际受力方向相反，因此 AB 杆受压力。

5.2　力对点的矩与力对轴的矩

1. 力对点的矩

由矢量分析理论知，力 $\boldsymbol{F}$ 对 O 点的矩(图 5.4)可表示为

$$\boldsymbol{M}_O(\boldsymbol{F})=\boldsymbol{r}\times\boldsymbol{F}=\begin{pmatrix}\boldsymbol{i} & \boldsymbol{j} & \boldsymbol{k}\\ x & y & z\\ F_x & F_y & F_y\end{pmatrix}=$$

$$(yF_z-zF_y)\boldsymbol{i}+(zF_x-xF_z)\boldsymbol{j}+(xF_y-yF_x)\boldsymbol{k}\tag{5.8}$$

2. 力对轴的矩

鉴于 $\boldsymbol{i}$、$\boldsymbol{j}$、$\boldsymbol{k}$ 分别为坐标系 $Oxyz$ 三个坐标轴方向的单位矢量，所以由式(5.8)，$\boldsymbol{M}_O(\boldsymbol{F})$在三个坐标轴方向的投影分别为

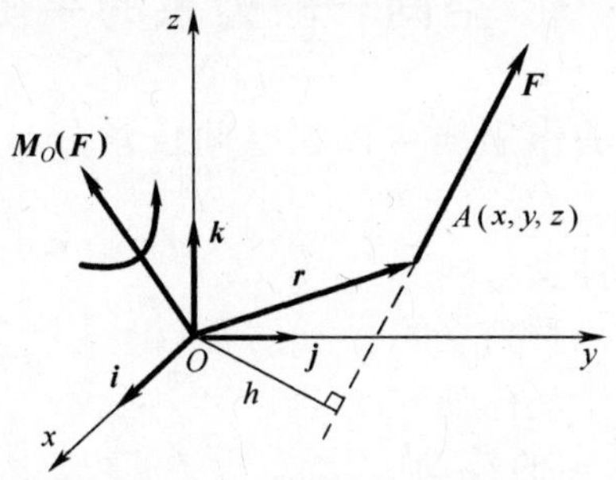

图 5.4

$$
\begin{cases}
[\boldsymbol{M}_O(\boldsymbol{F})]_x = M_x(\boldsymbol{F}) = yF_z - zF_y \\
[\boldsymbol{M}_O(\boldsymbol{F})]_y = M_y(\boldsymbol{F}) = zF_x - xF_z \\
[\boldsymbol{M}_O(\boldsymbol{F})]_z = M_z(\boldsymbol{F}) = xF_y - yF_x
\end{cases}
\tag{5.9}
$$

式中：$\boldsymbol{r}$ 为力 $\boldsymbol{F}$ 作用点的矢径；x、y、z 为力 $\boldsymbol{F}$ 作用点的坐标；F_x、F_y、F_z 为力 $\boldsymbol{F}$ 在 x、y、z 轴上的分量。计算力对点的矩时，可根据问题的特点，任选式(5.8)、式(5.9)中的一个。

3. 合力矩定理

当一个空间力系 $\boldsymbol{F}_1, \boldsymbol{F}_2, \cdots, \boldsymbol{F}_n$ 有合力 $\boldsymbol{F}_R$ 存在时，空间力系的合力对某轴之矩等于各分力对该轴之矩的代数和，即

$$
M_z(\boldsymbol{F}_R) = \sum M_z(\boldsymbol{F}) \tag{5.10}
$$

此即为空间力系的合力矩定理（证明略）。

例 5.2　图 5.5 所示长方体在 x、y、z 三坐标轴方向的尺寸分别为 a、b、c，在其右侧面作用力 $\boldsymbol{F}$ 如图 5.5 所示。求力 $\boldsymbol{F}$ 对各坐标轴之矩。

解：$F_x = F\sin\alpha = \dfrac{Fa}{\sqrt{a^2+c^2}}$

$$F_y = 0, F_z = -F\cos\alpha = -\frac{Fc}{\sqrt{a^2+c^2}}$$

$$M_x(\boldsymbol{F}) = yF_z - zF_y = -\frac{Fbc}{\sqrt{a^2+c^2}}$$

$$M_y(\boldsymbol{F}) = zF_x - xF_z = \frac{Fac}{\sqrt{a^2+c^2}}$$

$$M_z(\boldsymbol{F}) = xF_y - yF_x = -\frac{Fab}{\sqrt{a^2+c^2}}$$

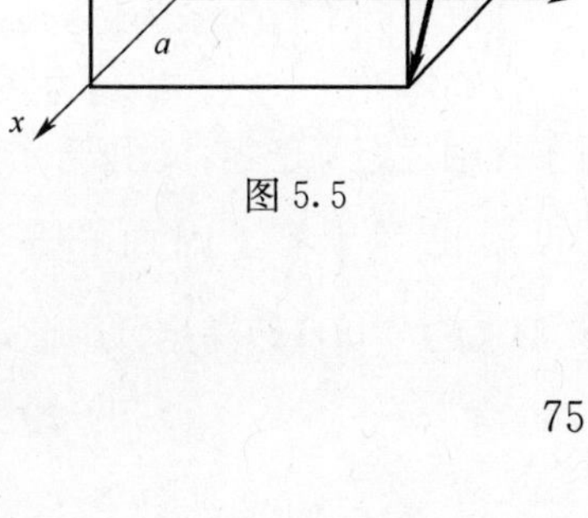

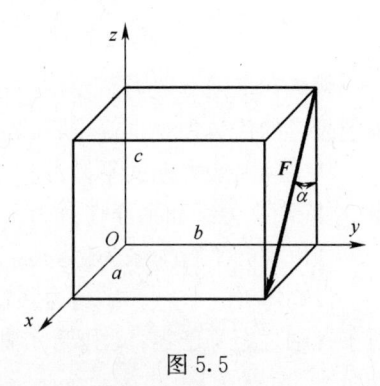

图 5.5

5.3 空间一般力系的平衡

当空间力系中各力的作用线可以在空间任意分布时,则称其为空间一般力系。

如图 5.6 所示,当物体受空间一般力系作用时,在空间有六种独立的运动,它们分别是沿着三个坐标轴方向的移动和绕三个坐标轴的转动。作用在物体上的各力在三个坐标轴上的投影之和为零,可以保证物体沿三个坐标轴方向不移动(没有加速度),而各力对三个坐标轴之矩的代数和分别为零则可以保证物体没有绕三个坐标轴的转动(没有角加速度)。此时,物体处于平衡状态。

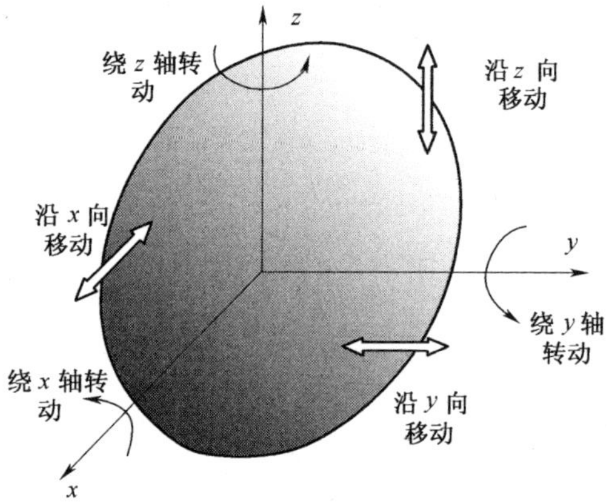

图 5.6

当物体受空间一般力系作用时,取物体上的任一点为简化中心,可以得到一个主矢和一个主矩。当物体处于平衡状态时,物体所受力系的主矢和主矩同时为零,即

$$\boldsymbol{F}'_{\mathrm{R}}=0, \quad \boldsymbol{M}_O=0$$

上式的解析表达式为

$$\begin{cases}\sum F_x=0, & \sum F_y=0, & \sum F_z=0 \\ \sum M_x(\boldsymbol{F})=0, & \sum M_y(\boldsymbol{F})=0, & \sum M_z(\boldsymbol{F})=0\end{cases} \tag{5.11}$$

物体在空间一般力系作用下平衡的充分必要条件是:力系中各力在三个坐标轴上投影的代数和分别等于零,各力对每个轴之矩的代数和也等于零。

从空间一般力系的平衡方程中可以导出特殊力系的平衡方程,如空间平行力系、空间汇交力系和平面任意力系等。

现以空间平行力系为例,其余情况读者可自行推导。

设物体受一个空间平行力系作用,如图 5.7 所示。令 z 轴与各力平行,则各力对于 z 轴之矩等于零;又由于 x 轴和 y 轴都与这些力垂直,所以各力在这两个轴上的投影也等于零。因而在平衡方程组(5.11)中,$\sum F_x=0$、$\sum F_y=0$、$\sum M_z(\boldsymbol{F})=0$ 自然满足。因此,空间平行力系只有三个平衡方程,即

$$\begin{cases} \sum F_z = 0 \\ \sum M_x(\boldsymbol{F}) = 0 \\ \sum M_y(\boldsymbol{F}) = 0 \end{cases} \tag{5.12}$$

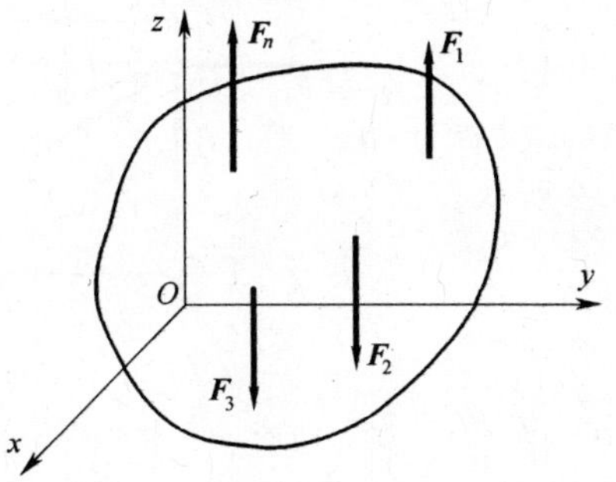

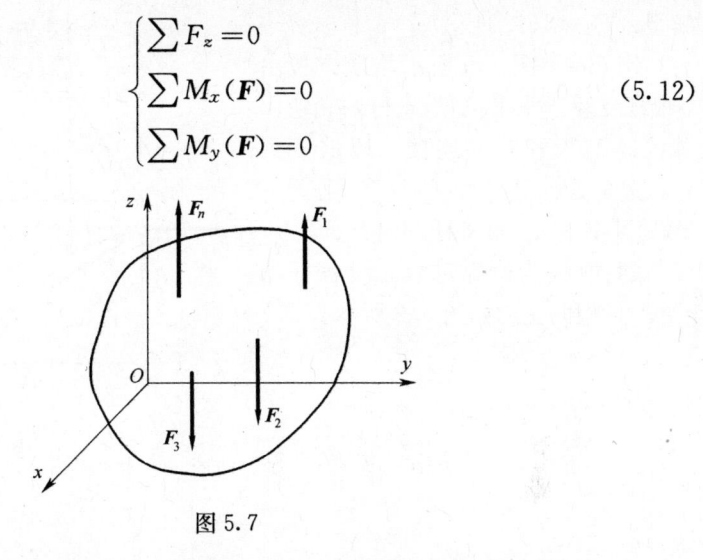

图 5.7

例 5.3　手推三轮车上装有一个重 W=400N 的重物，重力作用线通过车板上的 D 点，如图 5.8 所示。三轮车的自重不计，试求地面施予三个滚轮 A、B、C 的约束反力。

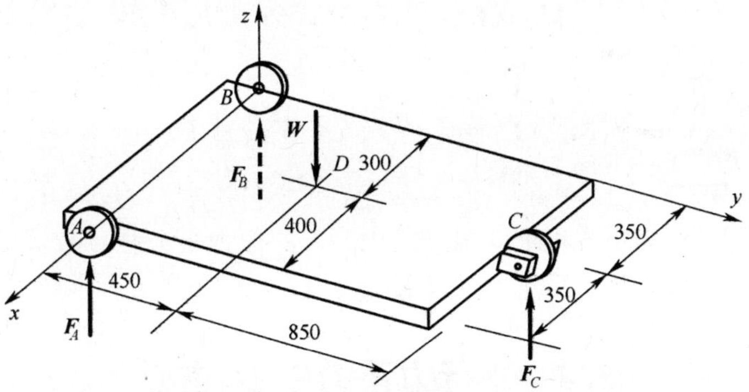

图 5.8

解：取三轮车为研究对象，受力分析如图 5.8 所示，为一个空间平行力系。建立坐标系，列平衡方程如下：

$$\sum M_x(\boldsymbol{F}) = 0,\quad F_C \times (0.45 + 0.85) - W \times 0.45 = 0$$

解得　F_C=138.46N。

$$\sum M_y(\boldsymbol{F}) = 0,\quad W \times 0.3 - F_C \times 0.35 - F_A \times (0.35 + 0.35) = 0$$

解得　F_A=102.2N。

$$\sum F_Z = 0,\quad F_A + F_B + F_C - W = 0$$

解得 $F_B=159.34\text{N}$。

例 5.4 图 5.9 所示均质方板由 6 根杆支承于水平位置，直杆两端各用球铰链与板和地面连接。板重量为 W，在 A 处作用一水平力 $\boldsymbol{F}$，且 $F=2W$。不计杆重，求各杆的内力。

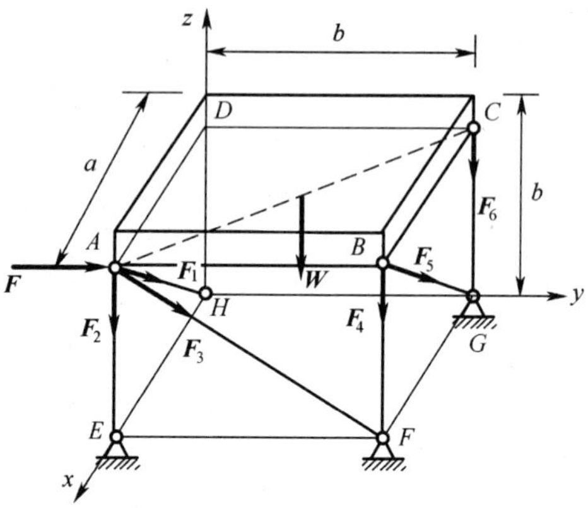

图 5.9

解：取板为研究对象。设各杆均受拉力，板的受力如图 5.9 所示。

由平衡方程

$$\begin{cases}\sum M_{AE}(\boldsymbol{F})=0, F_5=0\\ \sum M_{AB}(\boldsymbol{F})=0, -F_6a-W\dfrac{a}{2}=0\end{cases}$$

得 $F_6=-\dfrac{W}{2}$。

$$\begin{cases}\sum M_{EF}(\boldsymbol{F})=0, F_1=0\\ \sum M_{AC}(\boldsymbol{F})=0, F_4=0\\ \sum M_{DH}(\boldsymbol{F})=0, F_3a\cos 45^\circ+Fa=0\end{cases}$$

得 $F_3=-2.824W$。

$$\sum M_{FG}(\boldsymbol{F})=0, -F_2b-W\frac{b}{2}+Fb=0$$

得 $F_2=1.5W$。

此例中用 6 个力矩方程求 6 根杆的内力。一般力矩方程比较灵活，常可使一个方程只含一个未知数。当然也可以采用其他形式的平衡方程求解本例。

5.4 平行力系的中心、重心

1. 平行力系的中心

空间平行力系是一种常见的力系，如物体的重力、流体对固定平面的压力等。

平行力系的中心是其合力通过的一个点。设物体上 A、B 两点分别作用有力 $\boldsymbol{F}_1$、$\boldsymbol{F}_2$，如图 5.10 所示。由力系的简化理论可知，该力系可简化为一个合力 $\boldsymbol{F}_R=\boldsymbol{F}_1+\boldsymbol{F}_2$，其作用线位于 A、B 连线上的某一点 C。由合

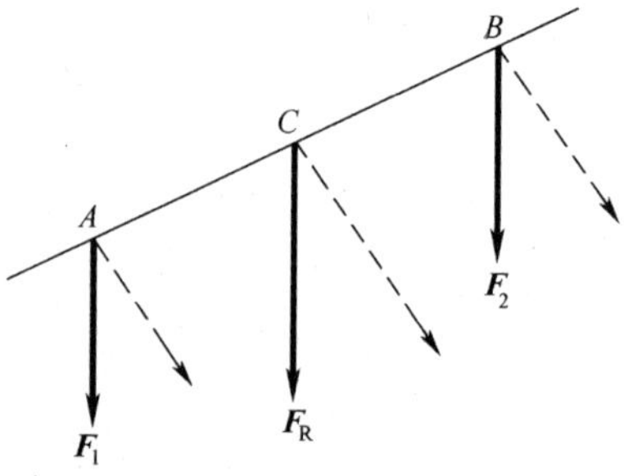

图 5.10

力矩定理有

$$M_C(F_R)=M_C(F_1)+M_C(F_2)=0$$

可得　$\frac{F_1}{BC}=\frac{F_2}{AC}=\frac{F_R}{AB}$。

显然，C 点的位置与原力系中各力的指向无关。若将原有各力的方向转过相同的角度，使它们仍然保持平行，则合力 $\boldsymbol{F}_R$ 也将转过相同的角度，且仍与各力平行，合力 $\boldsymbol{F}_R$ 的作用点不变，如图5.10所示。上述分析对于多个平行力构成的力系仍然适用。

由此可知，平行力系的合力作用点只与力系中各力的大小和作用点有关，而与各力的方向无关。合力的作用点称为平行力系的中心。

2. 重心

地球表面的物体都会受到地球对它的吸引作用，物体的重力即是地球作用于物体的吸引力。物体内每一微小部分都受到重量的作用，因此重力是一个分布力系。对于工程中一般的物体，它们的尺寸与地球相比非常之小，这种分布的重力可足够精确地视为空间平行力系，通常所说的重力就是这个空间平行力系的合力，合力的作用点就是物体的重心，即物体各部分所受重力的合力的作用点称为物体的重心。

在工程实际中，重心具有重要的意义。不论是物体的平衡还是运动变化，都与重心的位置密切相关。例如，重心的位置会影响物体的平衡和稳定，这对于飞机和船舶尤为重要；高速转动的转子，如果转轴不通过重心，将会引起强烈的振动，甚至引起破坏。相反，对有些转动零件，则要使它的重心偏离转动轴线一定的距离，使其产生某种可以利用的效果，如振动打桩机等。

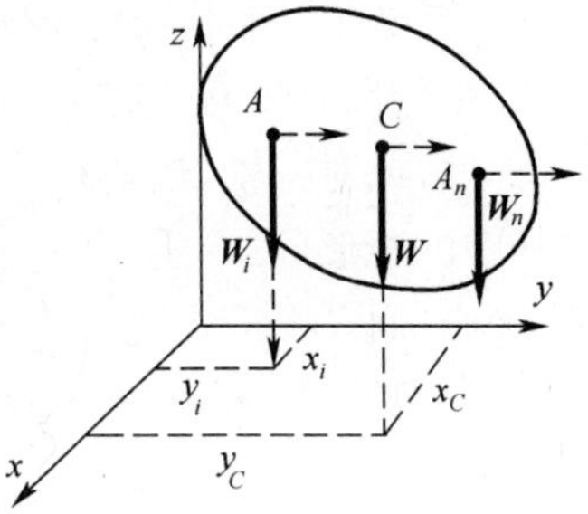

图5.11

设有一个物体，重为 $\boldsymbol{W}$，如图5.11所示。物体内任一微小部分的重力为 $\boldsymbol{W}_i$，物体的重力即是每个微小部分重力的合力，求重心位置就是求合力作用点的位置。

设微小部分 A_i 的坐标为 x_i、y_i、z_i，利用合力矩定理，有

$$x_C \cdot \boldsymbol{W}=\sum x_i \cdot \boldsymbol{W}_i$$

$$-y_C \cdot \boldsymbol{W}=-\sum y_i \cdot \boldsymbol{W}_i$$

由上式可求出 x_C、y_C。为求 z_C，利用平行力系中心位置与各力方向无关的特性，将物体连同坐标系绕 x 轴旋转90°，使 y 轴向下，这样，重力作用线与 y 轴平行，可用上面的办法得到

$$-z_C \cdot \boldsymbol{W} = -\sum z_i \cdot \boldsymbol{W}_i$$

于是得到求物体重心位置的普遍公式

$$x_C = \frac{\sum x_i W_i}{W}, y_C = \frac{\sum y_i W_i}{W}, z_C = \frac{\sum z_i W_i}{W} \tag{5.13}$$

如果物体是均质的,物体的重心即为物体的几何中心——形心。式(5.13)即可化为

$$x_C = \frac{\int_V x \mathrm{d}V}{V}, y_C = \frac{\int_V y \mathrm{d}V}{V}, z_C = \frac{\int_V z \mathrm{d}V}{V} \tag{5.14}$$

如果物体是均质且等厚度的板,则计算形心位置的公式化为

$$x_C = \frac{\int_A x \mathrm{d}A}{A}, y_C = \frac{\int_A y \mathrm{d}A}{A}, z_C = \frac{\int_A z \mathrm{d}A}{A} \tag{5.15}$$

对于等截面均质细长杆,计算其形心的公式为

$$x_C = \frac{\int_l x \mathrm{d}l}{l}, y_C = \frac{\int_l y \mathrm{d}l}{l}, z_C = \frac{\int_l z \mathrm{d}l}{l} \tag{5.16}$$

3. 确定重心位置的方法

1) 简单几何形状物体的重心

如果均质物体有对称面,或对称轴,或对称中心,该物体的重心必相应地在这个对称面,或对称轴,或对称中心上。图 5.12 所示的是工程中常用构件的截面形状,其中的矩形(图 5.12(a))、圆形(图 5.12(b))和工字形(图 5.12(c))截面都具有对称中心,而 T 形(图 5.12(d))和槽形(图 5.12(e))截面具有一个对称轴,其形心必然在它们的对称轴上。另外,正圆锥体或正圆锥面、正棱柱体或正棱柱面的重心都在其轴线上,椭球体或椭圆面的重心在其几何中心上,平行四边形的重心在其对角线的交点上等等。简单形状物体的重心可从工程手册上查到。表 5.1 列出了常见的几种简单形状物体的重心。工程中常用的型钢(如工字钢、角钢、槽钢等)的截面的形心,也可以从型钢表中查到。

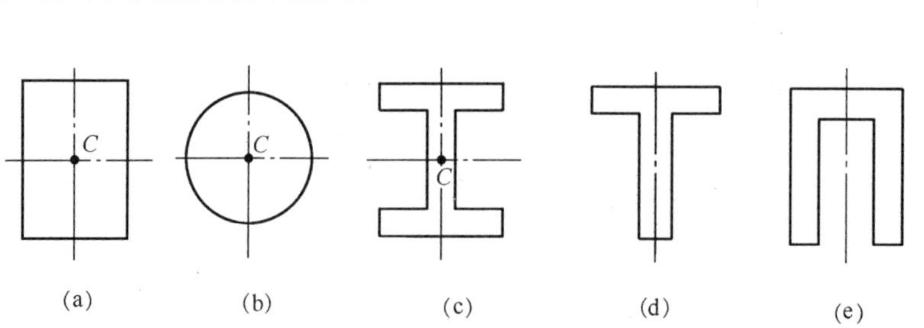

图 5.12

表 5.1　简单形体重心坐标公式

图　形	重 心 位 置
三角形 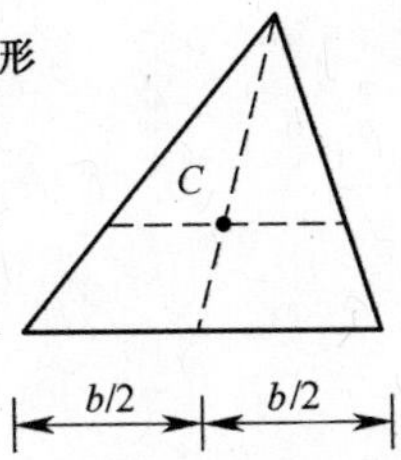	在中线的交点 $y_C=\frac{1}{3}h$
梯形 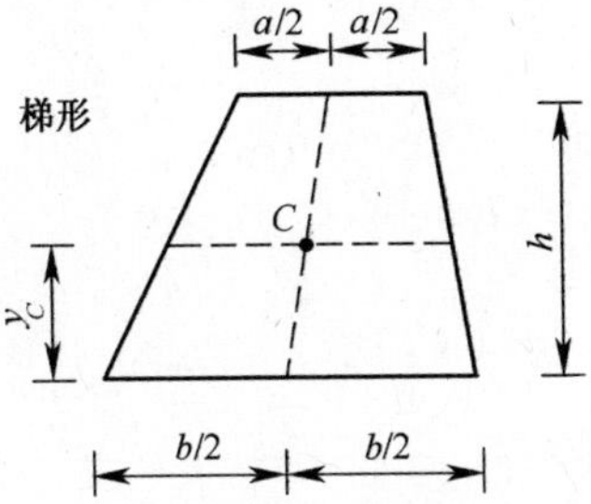	$y_C=\frac{h(2a+b)}{3(a+b)}$
圆弧 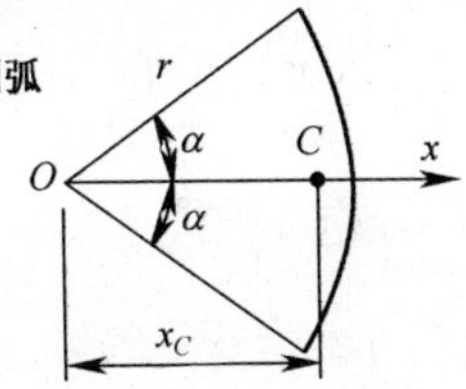	$x_C=\frac{r\sin\alpha}{\alpha}$ 对于半圆弧 $\alpha=\frac{\pi}{2}$，则　$x_C=\frac{2r}{\pi}$
弓形 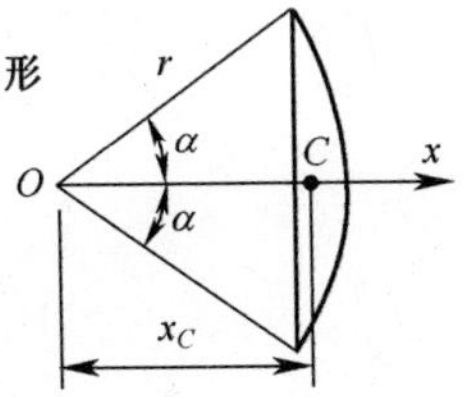	$x_C=\frac{2}{3}\frac{r^3\ \sin^3\alpha}{S}$ $\left[面积\ S=\frac{r^2(2\alpha-\sin2\alpha)}{2}\right]$
扇形 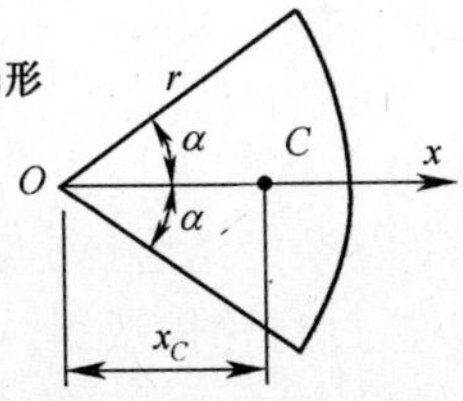	$x_C=\frac{2}{3}\frac{r\sin\alpha}{\alpha}$ 对于半圆 $\alpha=\frac{\pi}{2}$，则 $x_C=\frac{4r}{3\pi}$

（续）

图 形	重 心 位 置
部分圆环 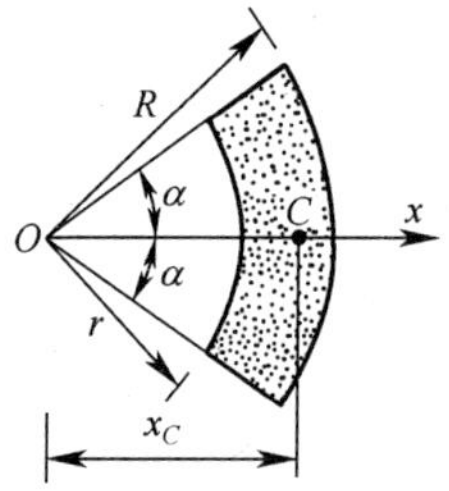	$x_C=\frac{2}{3}\frac{R^3-r^3}{R^2-r^2}\frac{\sin\alpha}{\alpha}$
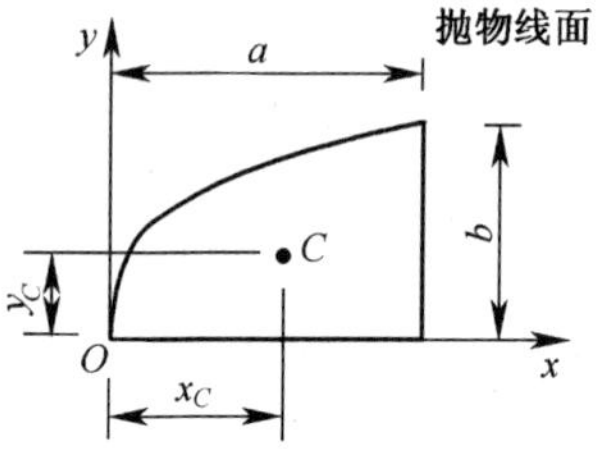	$x_C=\frac{3}{5}a$ $y_C=\frac{3}{8}b$
半圆球 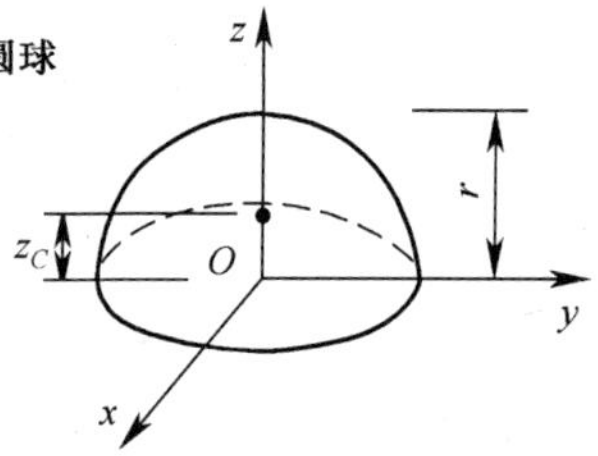	$z_C=\frac{3}{8}r$
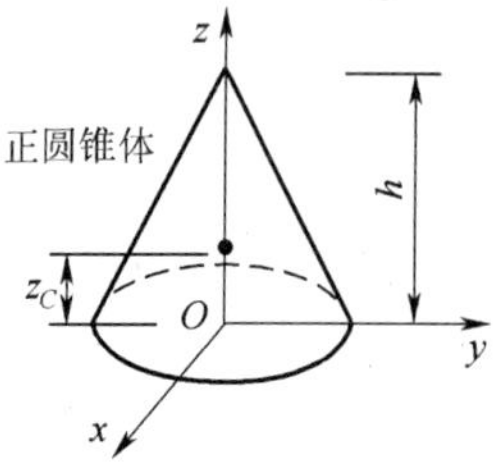	$z_C=\frac{1}{4}h$

2）组合形体的重心

（1）分割法。有些均质物体可以看成由若干个简单形状的物体组合而成，它们的重心位置的确定可采用分割法。分割法就是将一个复杂的组合体分割为若干个简单形状的物体，而每个简单形状的物体的重心可以通过对称性获得，或者可以通过查表甚至简单计算得到。

分割法的理论基础是高等数学中的分块积分。此时计算重心位置的公式化为

$$
\text{空间物体}\begin{cases} x_C=\dfrac{\sum x_iV_i}{\sum V_i} \\ y_C=\dfrac{\sum y_iV_i}{\sum V_i} \\ z_C=\dfrac{\sum z_iV_i}{\sum V_i} \end{cases} \tag{5.17}
$$

$$
\text{平面物体}\begin{cases} x_C=\dfrac{\sum x_iA_i}{\sum A_i} \\ y_C=\dfrac{\sum z_iA_i}{\sum A_i} \end{cases} \tag{5.18}
$$

$$
\text{等截面均质细长杆}\begin{cases} x_C=\dfrac{\sum x_il_i}{\sum l_i} \\ y_C=\dfrac{\sum z_il_i}{\sum l_i} \\ z_C=\dfrac{\sum z_il_i}{\sum l_i} \end{cases} \tag{5.19}
$$

例 5.5　求图 5.13 所示 L 形薄板的形心。

解：为求薄板的形心，将该板分为Ⅰ、Ⅱ两块，建立坐标系如图示。

由于Ⅰ、Ⅱ两块均为矩形，它们的形心可由对称性得到

$A_1=400\times40=16000\text{mm}^2$，$x_1=20\text{mm}$，$y_1=200\text{mm}$

$A_2=260\times40=10400\text{mm}^2$，$x_2=170\text{mm}$，$y_2=20\text{mm}$

所以

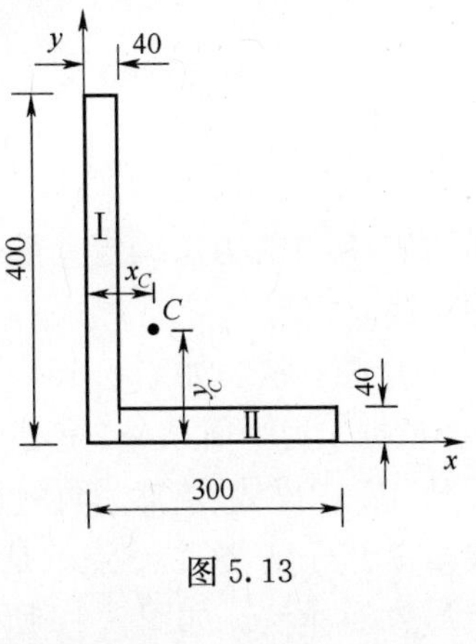

图 5.13

$$x_C=\frac{x_1A_1+x_2A_2}{A_1+A_2}=\frac{20\times16000+170\times10400}{16000+10400}=79.1(\text{mm})$$

$$y_C=\frac{y_1A_1+y_2A_2}{A_1+A_2}=\frac{200\times16000+20\times10400}{16000+10400}=129.1(\text{mm})$$

(2) 负面积、负体积法。物体有空缺部分时，有时候将空缺部分看做组合体的

一部分会使求解过程更为简单，只是在计算工程中需将空缺部分用负面积或负体积补充，这就是负面积或负体积法。这种方法本质上也是分割法。

如上例，把该板看做一块 400mm × 300mm 的板和一块面积为 360mm × 260mm 的板组成，用分割法计算形心坐标时，后一块板的面积代入负值即可。过程如下：

$$A_1=400\times300=120000\text{mm}^2, x_1=150\text{mm}, y_1=200\text{mm}$$

$$A_2=-360\times260=-93600\text{mm}^2, x_2=170\text{mm}, y_2=220\text{mm}$$

$$x_C=\frac{x_1A_1+x_2A_2}{A_1+A_2}==\frac{150\times120000-170\times93600}{120000-93600}=79.1(\text{mm})$$

$$y_C=\frac{y_1A_1+y_2A_2}{A_1+A_2}=\frac{200\times120000-220\times93600}{120000-93600}=129.1(\text{mm})$$

例 5.6 图 5.14 所示为有方孔的均质圆板，圆板半径为 R，方孔边长为 a，其中心在 $0.5R$ 处。求该圆板的中心位置。

解：将该图形分割为一块半径为 R 的圆板和一块边长为 a 的正方形板，取坐标系如图 5.14 所示。由于图形对称于 x 轴，所以其重心必在该轴上，即 $y_C=0$。

$$A_1=\pi R^2, x_1=0$$

$$A_2=-a^2, x_2=0.5R$$

重心为

$$x_C=\frac{x_1A_1+x_2A_2}{A_1+A_2}=\frac{0\times\pi R^2-0.5R\times a^2}{\pi R^2-a^2}=-\frac{Ra^2}{2(\pi R^2-a^2)}$$

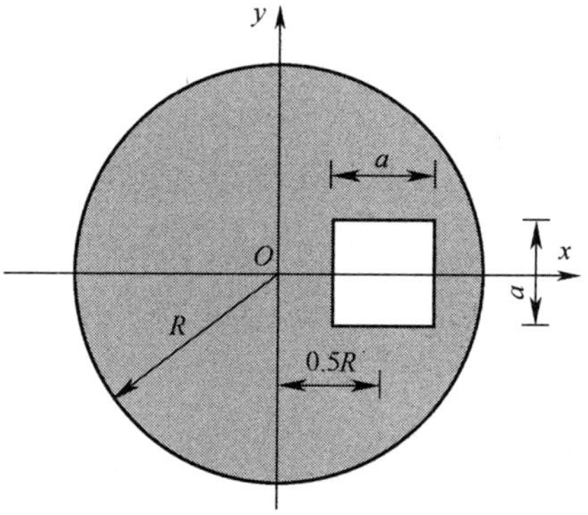

图 5.14

(3) 实验法。对于形状很复杂或非均质物体，用计算方法确定其重心的位置非常困难，这时常采用实验方法，如悬挂法、称重法。

① 悬挂法。如图 5.15(a)所示，求一块薄板的重心，可先将板悬挂于任一点 A。根据二力平衡条件，重心必在过悬挂点的铅直线上，于是可在板上画出此线(图 5.15 中虚线)。然后再将板悬挂于另一点 B，同样可画出另一条直线。两条直线相交于 C 点，这个 C 点就是重心，如图 5.15(b)所示。

② 称重法。如图 5.16 所示，为确定具有对称轴的内燃机连杆的重心坐标 x_C，先称出连杆的质量，再算出其重量 W，然后将其一端支承于 A 点，另一端放在磅秤 B 上。测得两支点的水平距离 l 及 B 处约束力 F_B。由平衡方程

$$\sum m_A(\boldsymbol{F})=0, -Wx_C+F_Bl=0$$

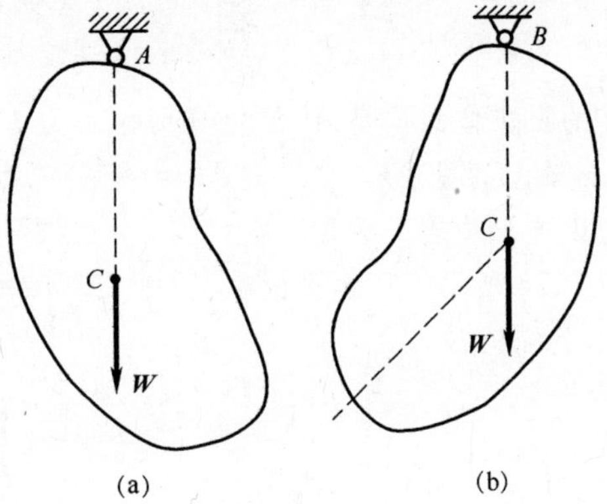

图 5.15

得

$$x_C = \frac{F_B l}{P} = \frac{G}{P} l$$

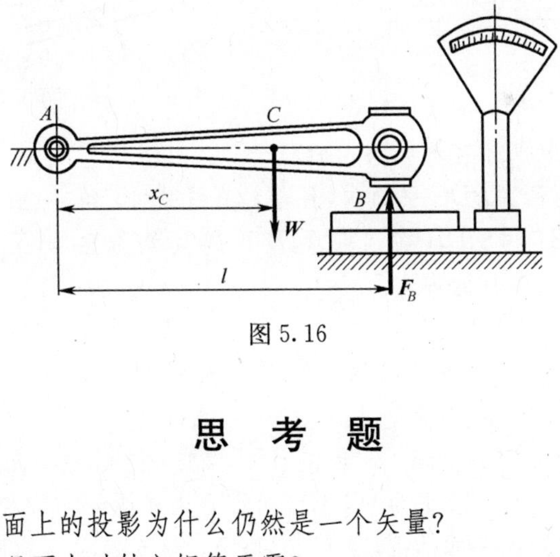

图 5.16

思　考　题

5.1　力在平面上的投影为什么仍然是一个矢量?

5.2　什么情况下力对轴之矩等于零?

5.3　计算一物体的重心,选取两个不同的坐标系,则对这两个不同的坐标系计算出来的结果会不会一样? 这是否意味着重心位置是随着坐标选择不同而改变?

5.4　物体的重心是否一定在物体上? 试举例说明。

5.5　用负面积法求物体的重心时,应该注意什么问题?

习 题

5.1 在边长为 a 的正方体的顶角 A、B 处分别作用力 $\boldsymbol{F}_1$ 和 $\boldsymbol{F}_2$，如图 5.17 所示。求此两力在 x、y、z 轴上的投影和对 x、y、z 轴的矩。

5.2 边长为 a 的正方形均质平板重心在 C 点，由三根绳子 AE、BE 和 DE 悬挂着并保持水平，如图 5.18 所示。已知平板重 $W=18\mathrm{kN}$，$a=2.4\mathrm{m}$，CE 垂直于平板且 $CE=2.4\mathrm{m}$。试求各绳的拉力。

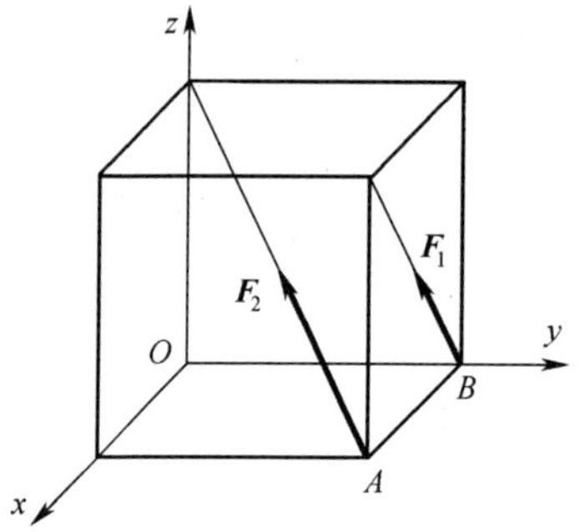

图 5.17

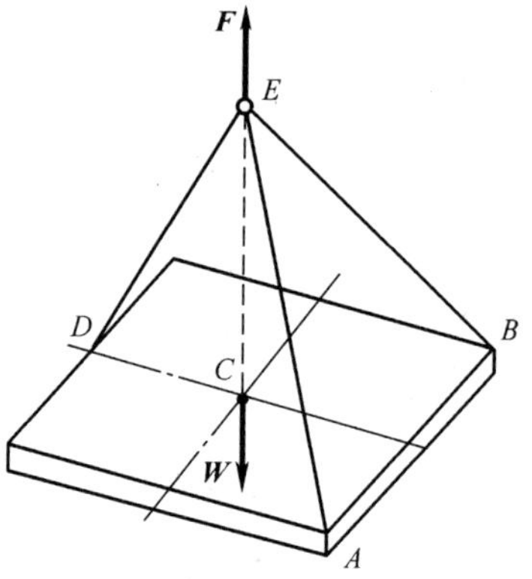

图 5.18

5.3 如图 5.19 所示空间桁架由六杆 1、2、3、4、5 和 6 构成。在节点 A 上作用一个力 $\boldsymbol{F}$，此力在矩形 $ABDC$ 平面内，且与铅直线成 45°角。$\triangle EAG=\triangle HBI$。等腰三角形 EAG、HBI 和 MDB 在顶点 A、B 和 D 处均为直角，又 $EC=CG=HD=DI$。若 $F=10\mathrm{kN}$，求各杆的内力。

5.4 水平圆盘的半径为 r，外缘 C 处作用有已知力 $\boldsymbol{F}$；力 $\boldsymbol{F}$ 位于圆盘 C 处的切平面内，且与 C 处圆盘切线夹角为 60°，其他尺寸如图 5.20 所示。求力 $\boldsymbol{F}$ 对 x、y、z 轴的矩。

5.5 小圆台用三只脚支承，三脚 A、B、C 构成一个等边三角形，且与圆心等距离。设三角形边长为 a，圆台重为 $\boldsymbol{W}$，中心通过台面中心 O。圆台俯视图如图 5.21 所示。今在 M 点作用一铅垂力 $\boldsymbol{F}$，且有 $DM=a$。试求圆台三脚所受的压力。

5.6 如图 5.22 所示，均质长方形薄板重量为 $W=200\mathrm{N}$，用球铰链 A 和蝶铰链 B 固定在墙上，并用绳子 CE 维持在水平位置。求绳子的拉力和支座反力。

5.7 电线杆长 10m，在其顶端 A 处受 $F=8.4\mathrm{kN}$ 的水平拉力。杆的底端 O 可视为球铰，并由 BC、BD 两钢索维持杆的平衡(图 5.23)。试求钢索的拉力和球铰 O 的约束反力。

5.8 一辆载重小车，在图 5.24 所示装置的牵引下，匀速地沿光滑斜面上升。

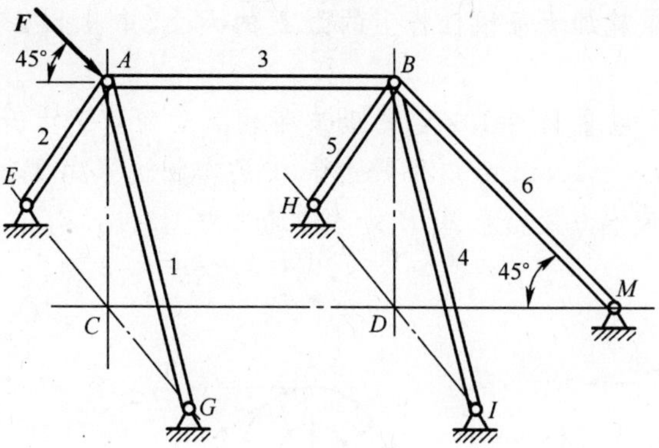

图 5.19

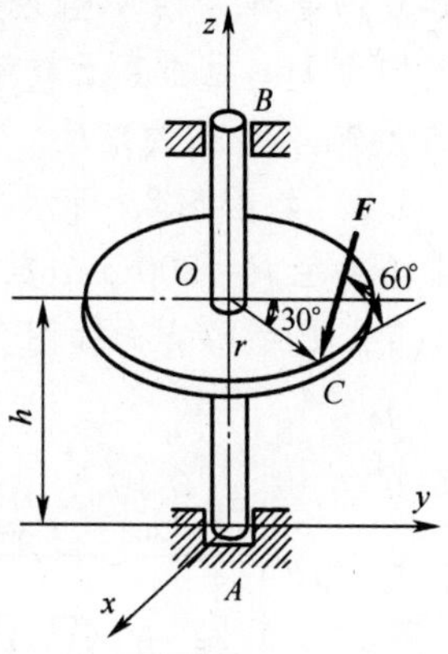

图 5.20

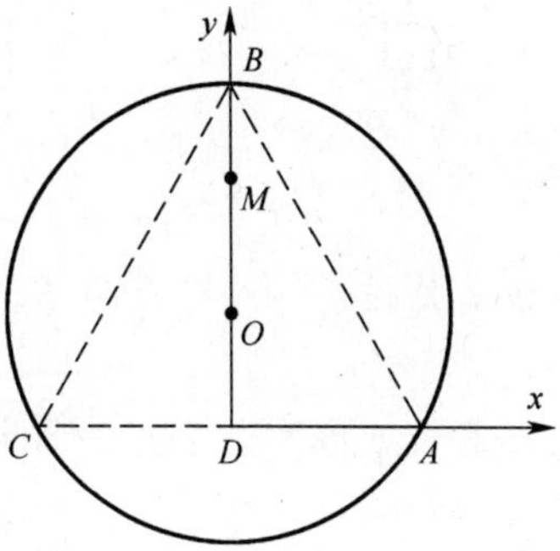

图 5.21

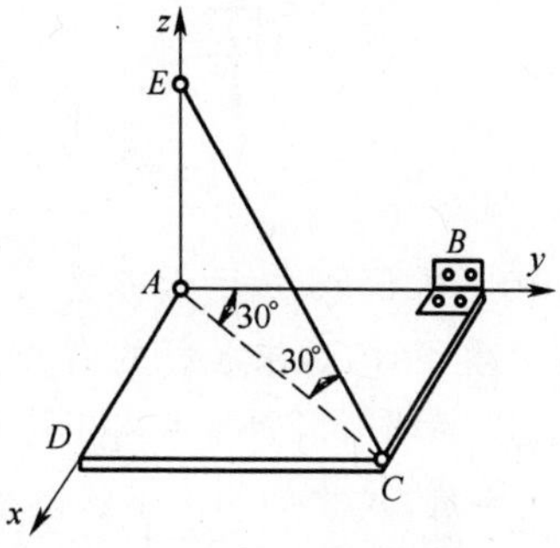

图 5.22

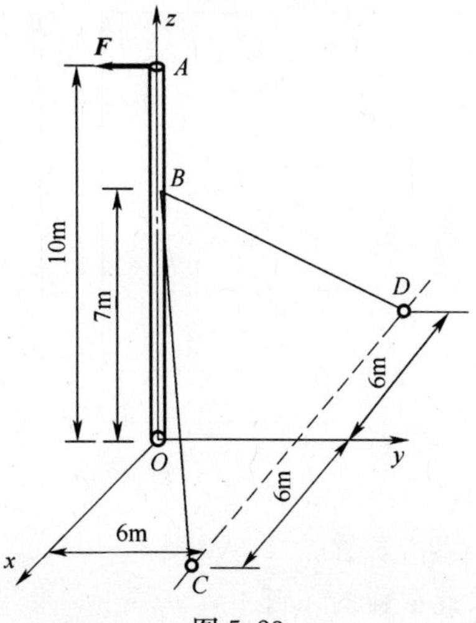

图 5.23

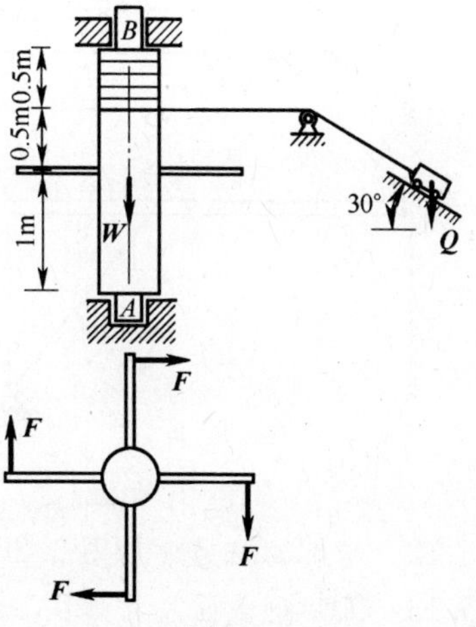

图 5.24

已知鼓轮重 $W=1\text{kN}$，直径 $d=0.24\text{m}$，小车重 $Q=10\text{kN}$；鼓轮上共装有四根杠杆，长度均为 1m，且垂直于鼓轮。试求施加于每根杠杆上的力 $\boldsymbol{F}$ 的大小，并求止推轴承 A 和轴承 B 的约束反力。

5.9　如图 5.25 所示，物体 G 重量 $W=10\text{kN}$，借助皮带轮转动而匀速上升。皮带轮半径 $R=200\text{mm}$，鼓轮半径 $r=100\text{mm}$；皮带紧边张力 $\boldsymbol{T}_1$ 与松边张力 $\boldsymbol{T}_2$ 之比为 $T_1/T_2=2$，方向如图。求皮带张力及轴承 A、B 处的匀速反力。

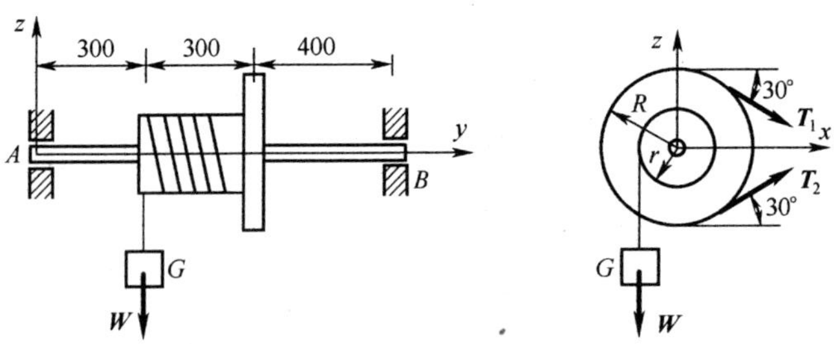

图 5.25

5.10　图 5.26 所示六杆支承一块水平板，在板角处作用一个铅直力 $\boldsymbol{F}$。设板及杆的自重不计，试求各杆的内力。

5.11　如图 5.27 所示均质薄板由一块 $2a\times4a$ 的长方形薄板挖出一个边长为 a 的方孔构成，尺寸如图。求该薄板的重心位置。

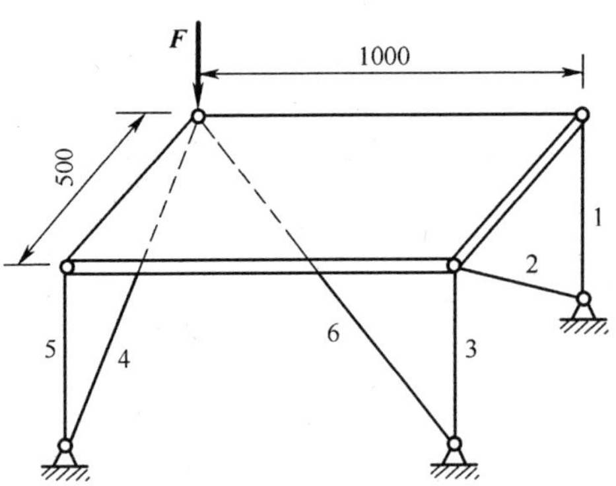

图 5.26

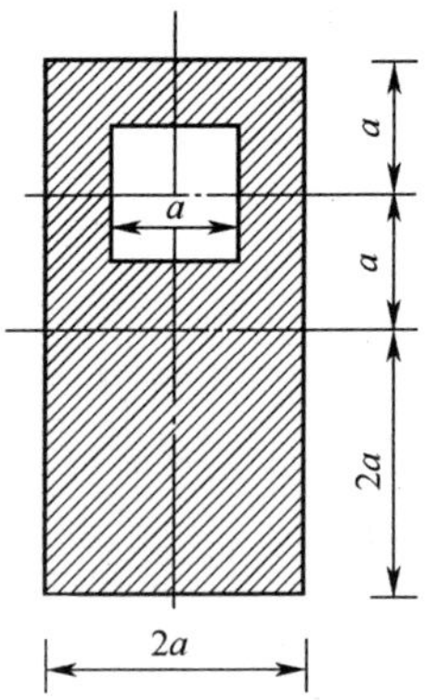

图 5.27

5.12　均质物块尺寸如图 5.28 所示，求其重心位置。

5.13　工字钢截面尺寸如图 5.29 所示，求此截面的几何中心。

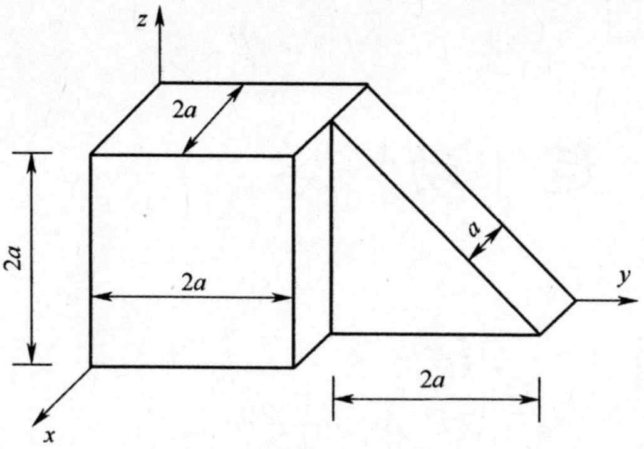

图 5.28

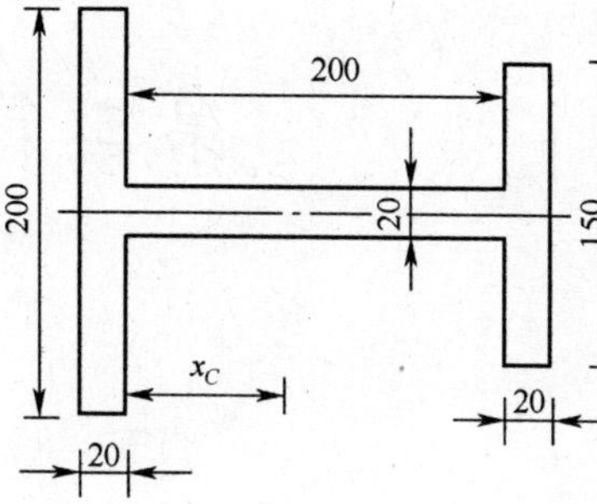

图 5.29

第二篇　运　动　学

引　　言

静力学研究物体在力系作用下的平衡问题。当作用在物体上的力系不平衡时，物体的运动状态将发生变化。运动学和动力学都是研究物体运动规律的科学，但两者研究的角度是不同的。运动学只是从几何的角度研究物体的运动，而不涉及物体运动的变化与作用在其上的力之间的关系。学习运动学的目的，一方面为学习动力学打下必要的基础，另一方面也可为直接解决工程技术中的有关问题提供理论依据。例如，在机械工程中，各种机械结构及零件的运动规律就要应用运动学的知识来分析研究。

运动是指物体在空间的位置随时间的变化。研究一个物体的机械运动，必须选取另一个物体作为参考，这个参考的物体称为参考体。与参考体固连的坐标系称为参考系。所选的参考系不同，物体的运动也不同。例如，坐在运动着的火车车厢里的人相对地面是运动的，但相对该车厢却是静止不动的，此即为物体运动的相对性。在力学中，描述任何物体的运动都需要指明参考系。一般工程问题中，都取与地面固连的坐标系为参考系。以后，如果不作特别说明就应如此理解。对于特殊的问题，应根据需要另选参考系，并加以说明。

运动学研究的对象有点和刚体两种模型。当物体的形状和尺寸的变化不起主要作用时，可将物体抽象为刚体；当物体的尺寸和几何形状对其运动没有影响或影响很小时，可把物体看做一个几何点。一个物体究竟应当看做是点还是刚体（抑或变形体），取决于所研究问题的性质，而不取决于物体本身的尺寸。例如，一辆运动着的汽车，当仅研究其整体的运动规律时，就可忽略其形状和尺寸的影响，将其看做一个几何点。精密仪器里的仪表指针尺寸虽小，但当研究其转动时，必须把它抽象为刚体。

针对研究对象的不同，运动学又可分为点的运动学和刚体运动学。由于刚体运动的分析是以点的运动学知识为基础的，所以，首先研究点的运动学。

第6章 点的运动

本章研究点相对一个坐标系的运动,即点的简单运动。内容包括点的运动方程、运动轨迹、速度和加速度。点的运动学既是研究物体运动的基础,又具有独立的应用意义。描述点的运动有多种方法,本章介绍常见的矢量法、直角坐标法及自然法。

6.1 矢量表示法

点在空间运动时,为了确定其任意时刻 t 在空间的位置 M,可在该空间任选一个固定点 O 为原点,则动点 M 的位置可以用矢径 $\boldsymbol{r}$(原点 O 至动点 M 的矢量)表示,如图 6.1 所示。当动点 M 运动时,矢径 $\boldsymbol{r}$ 随时间变化,因此,它是时间的矢函数,即

$$\boldsymbol{r}=\boldsymbol{r}(t) \tag{6.1}$$

此即为以矢量表示的点的运动方程。矢径 $\boldsymbol{r}$ 随时间 t 变化时,矢径末端描绘出的连续曲线称为矢径 $\boldsymbol{r}$ 的矢端曲线。显然,这也就是动点 M 的运动轨迹。

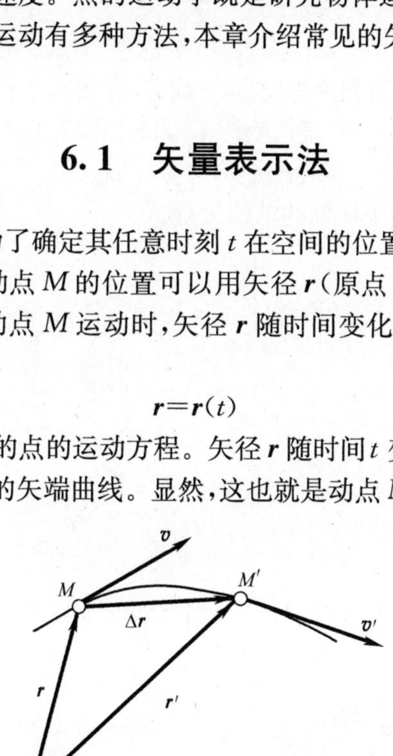

图 6.1

点的速度 $\boldsymbol{v}$ 等于矢径 $\boldsymbol{r}$ 对时间的一阶导数,即

$$\boldsymbol{v}=\lim_{\Delta t\to 0}\frac{\Delta \boldsymbol{r}}{\Delta t}=\frac{\mathrm{d}\boldsymbol{r}}{\mathrm{d}t}=\dot{\boldsymbol{r}} \tag{6.2}$$

显然,点的速度矢的方向是点的矢端曲线的切线方向,并与此点运动的方向一致。速度的单位是 m/s、cm/s 或 km/h。

点的速度矢对时间的一阶导数称为点的加速度,用 $\boldsymbol{a}$ 表示,即

$$a=\frac{\mathrm{d}\boldsymbol{v}}{\mathrm{d}t}=\frac{\mathrm{d}^2\boldsymbol{r}}{\mathrm{d}t^2}=\ddot{\boldsymbol{r}} \tag{6.3}$$

加速度的单位是 m/s^2、cm/s^2。

以矢量法描述点的运动简明、直接，且便于公式的推导，但不易理解。在具体建立动点的运动方程，并计算其速度和加速度时，常采用直角坐标法或自然法。

6.2 直角坐标表示法

1. 点的运动方程

过空间任一点 O 取一个固定的直角坐标系 $Oxyz$，则动点 M 在任意时刻 t 的空间位置可用它的三个直角坐标 x、y、z 确定，如图 6.2 所示。

可以看出，矢径 $\boldsymbol{r}$ 与三个直角坐标 x、y、z 有如下关系：

$$\boldsymbol{r}=x\boldsymbol{i}+y\boldsymbol{j}+z\boldsymbol{k}$$

式中：$\boldsymbol{i}$、$\boldsymbol{j}$、$\boldsymbol{k}$ 为沿三个定坐标轴的单位矢量。

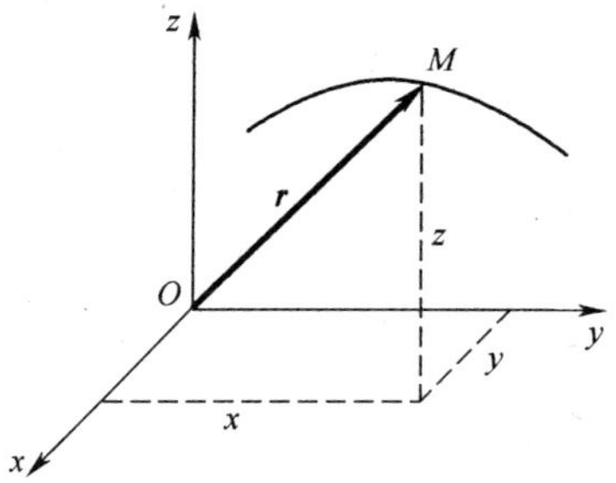

图 6.2

由于 $\boldsymbol{r}$ 是时间的单值连续函数，因此 x、y、z 也是时间的单值连续函数。运动方程也可写成

$$\begin{cases} x=f_1(t) \\ y=f_2(t) \\ z=f_3(t) \end{cases} \tag{6.4}$$

式(6.4)称为以直角坐标表示的点的运动方程。如果知道了点的运动方程式，可以求出任一时刻点的坐标 x、y、z 的值，也就完全确定了该时刻动点的位置。

式(6.4)为参数方程，给定点运动的时间历程，可以描出点的运动轨迹。从该方程中消去时间 t，即可得到点运动的轨迹方程。

在工程中，很多运动问题可归结为平面运动的情形，在此情形下，式(6.4)退化为

$$\begin{cases} x=f_1(t) \\ y=f_2(t) \end{cases} \tag{6.5}$$

从上述方程中消去时间 t，就可得到点在平面内运动的轨迹方程

$$f(x,y)=0 \tag{6.6}$$

2. 点的速度

由于 $\boldsymbol{i}$、$\boldsymbol{j}$、$\boldsymbol{k}$ 分别是三个恒定的矢量，因此得速度表达式为

$$\boldsymbol{v}=\frac{\mathrm{d}\boldsymbol{r}}{\mathrm{d}t}=\frac{\mathrm{d}x}{\mathrm{d}t}\boldsymbol{i}+\frac{\mathrm{d}y}{\mathrm{d}t}\boldsymbol{j}+\frac{\mathrm{d}z}{\mathrm{d}t}\boldsymbol{k} \tag{6.7a}$$

如果将动点的速度矢 $\boldsymbol{v}$ 在直角坐标轴上的投影分别用 v_x、v_y、v_z 表示，则有

$$\begin{cases} v_x=\dfrac{\mathrm{d}x}{\mathrm{d}t} \\ v_y=\dfrac{\mathrm{d}y}{\mathrm{d}t} \\ v_z=\dfrac{\mathrm{d}z}{\mathrm{d}t} \end{cases} \tag{6.7b}$$

因此，速度在各坐标轴上的投影等于动点的各对应坐标对时间的一阶导数。

由矢量运算法则可确定速度的大小及方向。

速度的大小为

$$v=\sqrt{v_x^2+v_y^2+v_z^2} \tag{6.8a}$$

速度的方向余弦为

$$\cos(\boldsymbol{v},\boldsymbol{i})=\frac{v_x}{v},\cos(\boldsymbol{v},\boldsymbol{j})=\frac{v_y}{v},\cos(\boldsymbol{v},\boldsymbol{k})=\frac{v_z}{v} \tag{6.8b}$$

3. 点的加速度

由式(6.7)得

$$\boldsymbol{a}=\frac{\mathrm{d}\boldsymbol{v}}{\mathrm{d}t}=\frac{\mathrm{d}^2\boldsymbol{r}}{\mathrm{d}t^2}=\frac{\mathrm{d}^2x}{\mathrm{d}t^2}\boldsymbol{i}+\frac{\mathrm{d}^2y}{\mathrm{d}t^2}\boldsymbol{j}+\frac{\mathrm{d}^2z}{\mathrm{d}t^2}\boldsymbol{k}=a_x\boldsymbol{i}+a_y\boldsymbol{j}+a_z\boldsymbol{k} \tag{6.9a}$$

$$\begin{cases} a_x=\dfrac{\mathrm{d}v_x}{\mathrm{d}t}=\dfrac{\mathrm{d}^2x}{\mathrm{d}t^2} \\ a_y=\dfrac{\mathrm{d}v_y}{\mathrm{d}t}=\dfrac{\mathrm{d}^2y}{\mathrm{d}t^2} \\ a_z=\dfrac{\mathrm{d}v_z}{\mathrm{d}t}=\dfrac{\mathrm{d}^2z}{\mathrm{d}t^2} \end{cases} \tag{6.9b}$$

因此，加速度在各坐标轴上的投影等于动点对应的速度投影对时间的一阶导数，或等于动点的各对应坐标对时间的二阶导数。

由矢量运算法则确定加速度的大小及方向。

加速度的大小为

$$a=\sqrt{a_x^2+a_y^2+a_z^2} \tag{6.10a}$$

加速度的方向余弦为

$$\begin{cases}\cos(\boldsymbol{a},\boldsymbol{i})=\dfrac{a_x}{a}\\ \cos(\boldsymbol{a},\boldsymbol{j})=\dfrac{a_y}{a}\\ \cos(\boldsymbol{a},\boldsymbol{k})=\dfrac{a_z}{a}\end{cases} \tag{6.10b}$$

例 6.1　椭圆规的曲柄OC可绕定轴O转动，其端点C与规尺AB的中点以铰链相连接，而规尺两端A、B分别在相互垂直的滑槽中运动，如图 6.3 所示。已知：$OC=AC=BC=l$，$MC=a$，$\varphi=\omega t$。试求规尺上M点的运动方程、运动轨迹、速度和加速度。

解：建立坐标系如图 6.3 所示。动点M的运动方程为

$$\begin{cases}x=(OC+CM)\cos\varphi=(l+a)\cos\omega t\\ y=AM\sin\varphi=(l-a)\sin\omega t\end{cases}$$

从运动方程中消去时间t，得到轨迹方程

$$\frac{x^2}{(l+a)^2}+\frac{y^2}{(l-a)^2}=1$$

由此可见，点M的运动轨迹是一个椭圆，长轴与x轴重合，短轴与y轴重合。

当点M在BC上时，椭圆的长轴将与y轴重合。读者可自行推算。

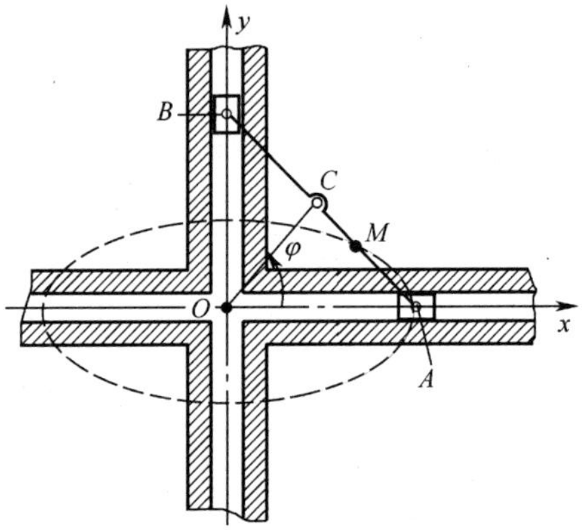

图 6.3

由式(6.7b)得M点的速度为

$$\begin{cases}v_x=\dfrac{dx}{dt}=-\omega(l+a)\sin\omega t\\ v_y=\dfrac{dy}{dt}=\omega(l-a)\cos\omega t\end{cases}$$

点M的速度大小为

$$v=\sqrt{v_x^2+v_y^2}=\sqrt{\omega^2\ (l+a)^2\ \sin^2\omega t+\omega^2\ (l-a)^2\ \cos^2\omega t}=\omega\sqrt{l^2+a^2-2al\cos2\omega t}$$

其方向余弦为

$$\cos(\boldsymbol{v},\boldsymbol{i})=\frac{v_x}{v}=\frac{-(l+a)\sin\omega t}{\sqrt{l^2+a^2-2al\cos2\omega t}}$$

$$\cos(\boldsymbol{v},\boldsymbol{j})=\frac{v_y}{v}=\frac{(l-a)\cos\omega t}{\sqrt{l^2+a^2-2al\cos2\omega t}}$$

由式(6.9b)，M点的加速度为

$$a_x=\frac{\mathrm{d}v_x}{\mathrm{d}t}=\frac{\mathrm{d}^2x}{\mathrm{d}t^2}=-\omega^2(l+a)\cos\omega t$$

$$a_y=\frac{\mathrm{d}v_y}{\mathrm{d}t}=\frac{\mathrm{d}^2y}{\mathrm{d}t^2}=-\omega^2(l-a)\sin\omega t$$

故点M的加速度大小为

$$a=\sqrt{a_x^2+a_y^2}=\sqrt{\omega^4\ (l+a)^2\ \cos^2\omega t+\omega^4\ (l-a)^2\ \sin^2\omega t}=$$
$$\omega^2\sqrt{l^2+a^2+2al\cos2\omega t}$$

其方向余弦为

$$\cos(\boldsymbol{a},\boldsymbol{i})=\frac{a_x}{a}=\frac{-(l+a)\cos\omega t}{\sqrt{l^2+a^2+2al\cos2\omega t}}$$

$$\cos(\boldsymbol{a},\boldsymbol{j})=\frac{a_y}{a}=\frac{-(l-a)\sin\omega t}{\sqrt{l^2+a^2+2al\cos2\omega t}}$$

例6.2 两个相同重量的重物A、B用跨过同一水平高度的两个小滑轮C、D的绳子连接，绳子中点E以等速u下降，运动开始时点E与E_0重合，如图6.4所示。设$CD=l$，不计滑轮大小，求两个物体上升的速度和加速度。

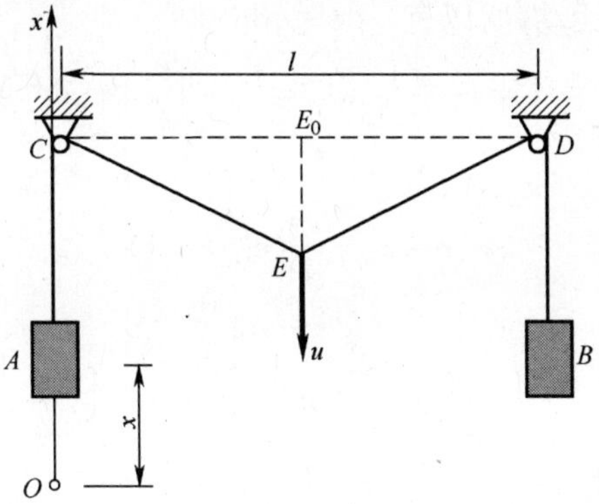

图6.4

解:依题意，A、B两个物体的运动情况是相同的，它们均做铅垂直线运动。以物体A为动点，取A的初始位置O为坐标原点，建立坐标系如图6.4所示。经简单分析可知

$$x=\overline{OA}=\overline{CE}-\overline{CE_0}=\sqrt{\left(\frac{l}{2}\right)^2+u^2t^2}-\frac{l}{2} \tag{a}$$

即

$$x=\frac{1}{2}\sqrt{l^2+4u^2t^2}-\frac{l}{2} \tag{b}$$

利用式(6.7)、式(6.9)，得物体A上升的速度、加速度分别为

$$v=\frac{\mathrm{d}x}{\mathrm{d}t}=\frac{2u^2t}{\sqrt{l^2+4u^2t^2}} \tag{c}$$

$$a=\frac{\mathrm{d}v}{\mathrm{d}t}=\frac{\mathrm{d}^2x}{\mathrm{d}t^2}=\frac{2u^2l^2}{\sqrt{l^2+4u^2t^2}} \tag{d}$$

物体 B 的运动方程、速度及加速度与物体 A 具有相同的形式。

上述两例均是已知点的运动规律求速度、加速度的问题，属于运动学的第一类问题。

例 6.3　一枚火箭沿直线飞行，它的加速度方程为 $a=c\mathrm{e}^{-\alpha t}$，其中 c 和 α 为常数。设初速度为 v_0，初始坐标位置为 x_0（图 6.5），求火箭的速度方程和运动方程。

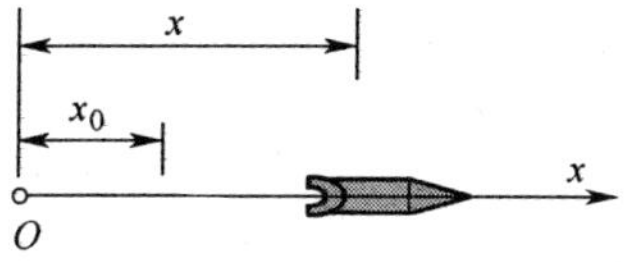

图 6.5

解：本题是已知点的加速度求速度及运动规律的问题，属于运动学的第二类问题，应用积分法。

由于火箭做直线运动，所以有　$\mathrm{d}v=a\mathrm{d}t$。

$$v=v_0+\int_0^t a\mathrm{d}t=v_0+\int_0^t c\mathrm{e}^{-\alpha t}\mathrm{d}t$$

得速度方程

$$v=v_0-\frac{c}{a}(\mathrm{e}^{-\alpha t}-1)$$

又

$$\mathrm{d}x=v\mathrm{d}t$$

$$x=x_0+v_0t+\int_0^t\left[\int_0^t a\mathrm{d}t\right]\mathrm{d}t=x_0+v_0t+\int_0^t\frac{c}{a}(1-\mathrm{e}^{-\alpha t})\mathrm{d}t$$

得火箭的运动方程

$$x=x_0+v_0t+\frac{c}{a}\left(t+\frac{1}{\alpha}\mathrm{e}^{-\alpha t}-\frac{1}{\alpha}\right)$$

6.3　自然表示法

1. 运动方程

在很多工程实际中，点的运动轨迹往往是已知的，如铁路就是火车运动的轨迹。要确定火车某一瞬时的位置，可以用铁路上某一车站作为计算距离的起点，沿着轨道某一方向量出火车与这一车站的距离，则火车的位置就确定了。这种以点的轨迹作为一根曲线坐标轴来确定动点位置的方法称为自然法。

设动点 M 沿已知的曲线运动，任选曲线上的 O 点为原点，并规定 O 点的一侧为正向，另一侧为负向，如图 6.6 所示。动点 M 在轨迹上的位置由弧长确定，视弧长 s 为代数量，称它为动点 M 在轨迹上的弧坐标。当动点 M 运动时，随着时间变化，它是时间的单值连续函数，即

$$s=f(t) \tag{6.11}$$

此即为用自然法表示的点的运动方程。自然法又称弧坐标法，在点的运动轨迹已知的情况下，用自然法确定点的运动规律是很简便的。

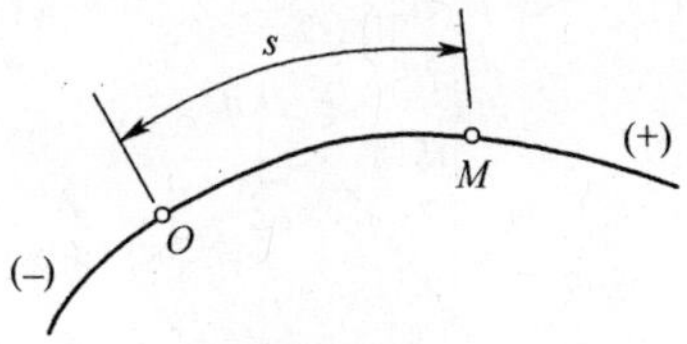

图 6.6

2. 自然轴系

曲线的弯曲程度常用曲率和曲率半径来度量。如图 6.7 所示，在一任意空间曲线上取相邻的两点 M 与 M'，分别作曲线在这两点的切线 MT 与 $M'T'$。再过 M 点作直线 MQ 平行于 $M'T'$，则 MT 与 MQ 的夹角 $\Delta\theta$ 称为邻角。设 MM' 的弧长为 Δs，则 M 点的曲率定义为

$$K=\lim_{\Delta s\to 0}\frac{\Delta\theta}{\Delta s}$$

曲率的倒数定义为曲率半径

$$\rho=\frac{1}{K}$$

圆周的曲率半径处处相等，就等于圆周半径，直线的曲率半径为∞。

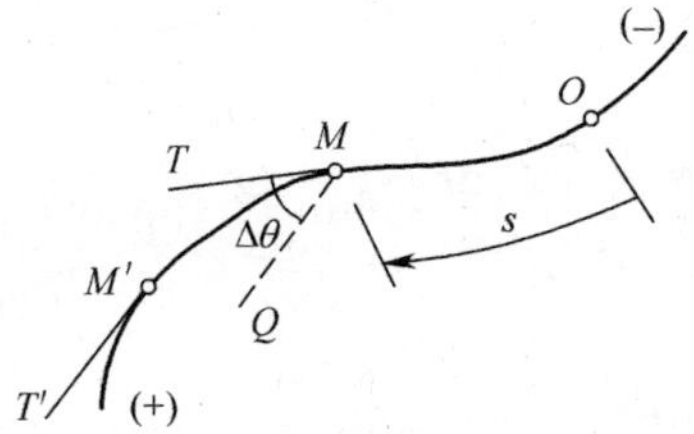

图 6.7

现在建立自然轴系。对图 6.7 所示的空间曲线，一般情况下切线 MT 与 $M'T'$ 不在一个平面内，而 MT 与 MQ 决定一平面。如果 M' 沿曲线不断接近 M，在此过程中，MQ 的方位将不断发生变化，致使 MT 与 MQ 所决定的平面绕 MT 不断地转动。当点 M' 无限接近 M 点时，上述平面获得极限位置，该处于极限位置的平面称

为曲线在 M 点的密切面。可以认为 M 点附近的一段曲线位于该密切面内。对平面曲线而言，密切面就是曲线所在的平面。

过点 M 作垂直于切线 MT 的平面称为曲线在 M 点的法面，如图 6.8 所示。在法面内，过 M 点的所有直线都是曲线在 M 点的法线。在密切面内的法线 MN 称为主法线；与密切面垂直的法线 MB 则称为副法线。在切线上取单位矢量 $\boldsymbol{\tau}$，正向指向弧坐标的正向；在主法线上取单位矢量 $\boldsymbol{n}$，正向指向轨迹凹向；在副法线上取单位矢量为 $\boldsymbol{b}$，且令

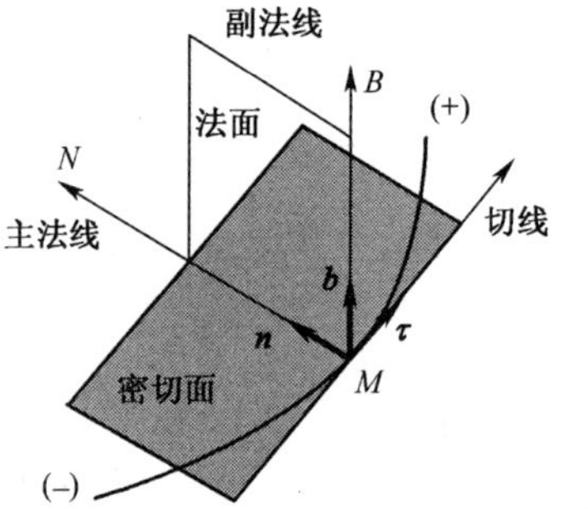

图 6.8

$$\boldsymbol{b}=\boldsymbol{\tau}\times\boldsymbol{n}$$

切线、主法线与副法线构成了一组正交轴系，此即为自然轴系。必须指出，自然轴系各轴的方向对曲线上的某一点而言是确定的，但对于曲线上不同的点，则具有不同的方向，即 $\boldsymbol{\tau}$、$\boldsymbol{n}$ 及 $\boldsymbol{b}$ 随着点的位置不同而不同。

3. 点的速度

建立了自然轴系后，利用式(6.2)可得点的速度为

$$\boldsymbol{v}=\frac{\mathrm{d}\boldsymbol{r}}{\mathrm{d}t}=\frac{\mathrm{d}\boldsymbol{r}}{\mathrm{d}s}\frac{\mathrm{d}s}{\mathrm{d}t}$$

矢量导数为

$$\frac{\mathrm{d}\boldsymbol{r}}{\mathrm{d}s}=\lim_{\Delta s\to 0}\frac{\Delta\boldsymbol{r}}{\Delta s}$$

其大小为

$$\left|\frac{\mathrm{d}\boldsymbol{r}}{\mathrm{d}s}\right|=\lim_{\Delta t\to 0}\left|\frac{\Delta\boldsymbol{r}}{\Delta s}\right|=\lim_{\Delta s\to 0}\left|\frac{\Delta\boldsymbol{r}}{\Delta s}\right|=1$$

它的方向是当 $\Delta t\to 0$ 时 $\Delta\boldsymbol{r}$ 的极限方向，即轨迹在 M 点的切线方向，如图 6.9 所示。于是点的速度可写为

$$\boldsymbol{v}=\frac{\mathrm{d}s}{\mathrm{d}t}\boldsymbol{\tau}=v\boldsymbol{\tau}\tag{6.12}$$

由此可得结论：速度的大小等于动点的弧坐标对时间的一阶导数的绝对值。

当$\frac{\mathrm{d}s}{\mathrm{d}t}>0$时，表示 s 随时间增加而增大，点沿轨迹的正向运动；当$\frac{\mathrm{d}s}{\mathrm{d}t}<0$时，表示点沿轨迹的负向运动。于是$\frac{\mathrm{d}s}{\mathrm{d}t}$的绝对值表示速度的大小，它的正负号表示点沿轨迹运动的方向。

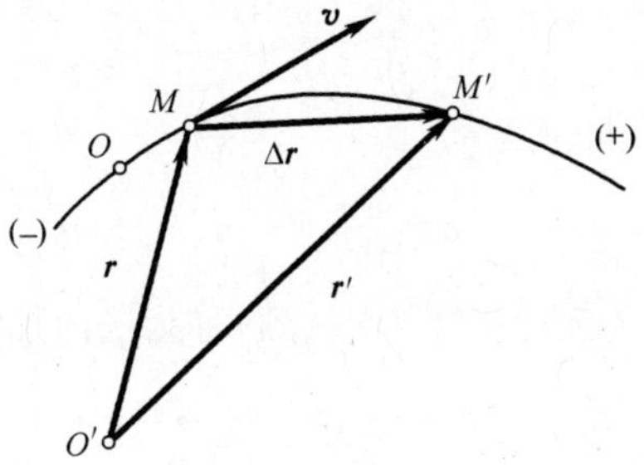

图 6.9

4. 点的加速度

将式(6.12)代入式(6.9a)，得

$$\boldsymbol{a}=\frac{\mathrm{d}\boldsymbol{v}}{\mathrm{d}t}=\frac{\mathrm{d}}{\mathrm{d}t}(v\boldsymbol{\tau})=\frac{\mathrm{d}v}{\mathrm{d}t}\boldsymbol{\tau}+v\frac{\mathrm{d}\boldsymbol{\tau}}{\mathrm{d}t} \tag{6.13}$$

第一项中的$\frac{\mathrm{d}v}{\mathrm{d}t}=\frac{\mathrm{d}^2 s}{\mathrm{d}t^2}$，方向沿轨迹的切线方向，称为切向加速度，用 $\boldsymbol{a}_\tau$ 表示。

第二项是由于速度方向的改变而产生的。先分析$\frac{\mathrm{d}\tau}{\mathrm{d}t}$的大小。

如图 6.10(a)所示，设瞬时 t 点在M，沿切线方向的单位矢量为 $\boldsymbol{\tau}$；在瞬时 $t+\Delta t$，点在M'，切线方向的单位矢量为 $\boldsymbol{\tau}'$。将单位矢量 $\boldsymbol{\tau}'$平移到点M，$\boldsymbol{\tau}$ 与平移后的 $\boldsymbol{\tau}'$之间的夹角为 $\Delta\theta$。可见，在 Δt 时间内，单位矢量 $\boldsymbol{\tau}$ 的增量 $\Delta\boldsymbol{\tau}=\boldsymbol{\tau}'-\boldsymbol{\tau}$。由于 $\boldsymbol{\tau}$ 与 $\boldsymbol{\tau}'$ 均为单位矢量，所以 $\boldsymbol{\tau}$、$\boldsymbol{\tau}'$及 $\Delta\boldsymbol{\tau}$ 构成一个等腰三角形(放大至图 6.10(b))，由此得

$$|\Delta\boldsymbol{\tau}|=2\times 1\times\sin\frac{|\Delta\theta|}{2}\approx|\Delta\theta|$$

于是有

$$\left|\frac{\mathrm{d}\boldsymbol{\tau}}{\mathrm{d}t}\right|=\lim_{\Delta t\to 0}\frac{|\Delta\tau|}{\Delta t}=\lim_{\Delta t\to 0}\frac{|\Delta\theta|}{\Delta t}=\lim_{\Delta t\to 0}\left(\frac{|\Delta\theta|}{|\Delta s|}\frac{|\Delta s|}{\Delta t}\right)=$$

$$\lim_{\Delta s\to 0}\frac{|\Delta\theta|}{|\Delta s|}\lim_{\Delta t\to 0}\frac{|\Delta s|}{\Delta t}$$

可得

$$\left|\frac{\mathrm{d}\boldsymbol{\tau}}{\mathrm{d}t}\right|=\frac{|v|}{\rho}$$

$\frac{\mathrm{d}\boldsymbol{\tau}}{\mathrm{d}t}$的方向是 Δt 趋于零时 $\Delta\boldsymbol{\tau}$ 的极限方向。Δt 趋于零时，$\Delta\theta$ 也趋于零，所以矢

量$\frac{d\boldsymbol{\tau}}{dt}$的方向与轨迹在$M$点的切线方向垂直。当$v>0$时，$\frac{d\boldsymbol{\tau}}{dt}$指向轨迹的凹方，即指向轨迹在$M$点的曲率中心；当$v<0$时，$\frac{d\boldsymbol{\tau}}{dt}$指向轨迹的凸方，即背离轨迹在$M$点的曲率中心。所以有

$$\frac{d\boldsymbol{\tau}}{dt}=\frac{v}{\rho}\boldsymbol{n} \tag{6.14}$$

代入式(6.13)得点的加速度为

$$\boldsymbol{a}=\frac{dv}{dt}\boldsymbol{\tau}+\frac{v^2}{\rho}\boldsymbol{n} \tag{6.15}$$

由于第二项方向与M点的法线方向一致，称为法向加速度，用$\boldsymbol{a}_n$表示，则

$$\boldsymbol{a}_\tau=\frac{dv}{dt}\boldsymbol{\tau}=a_\tau\boldsymbol{\tau},\boldsymbol{a}_n=\frac{v^2}{\rho}\boldsymbol{n}=a_n\boldsymbol{n} \tag{6.16}$$

副法线方向的加速度分量始终为零。

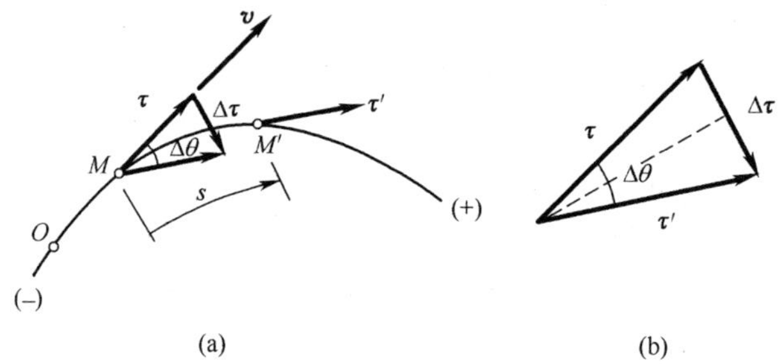

图 6.10

于是有如下结论：点的切向加速度反映点的速度大小对时间的变化率，它的代数值等于速度的代数值对时间的一阶导数，或弧坐标对时间的二阶导数，它的方向沿轨迹切线方向；点的法向加速度反映点的速度方向改变的快慢程度，它的大小等于点的速度平方除以曲率半径，它的方向沿着主法线方向，指向曲率中心；副法线方向的加速度分量始终为零。

切向加速度$\boldsymbol{a}_\tau$的指向可由代数值$\frac{dv}{dt}$的正负号确定，当$\frac{dv}{dt}>0$时，$\boldsymbol{a}_\tau$与$\boldsymbol{\tau}$同向；当$\frac{dv}{dt}<0$时，$\boldsymbol{a}_\tau$与$\boldsymbol{\tau}$反向。另外，当a_τ与v的符号相同时，动点做加速运动；当a_τ与v的符号相反时，动点做减速运动。

全加速度是切向加速度和法向加速度的矢量和，如图 6.11 所示，其大小及方向分别为

$$a=\sqrt{a_\tau^2+a_n^2},\tan\alpha=\frac{|a_\tau|}{a_n}$$

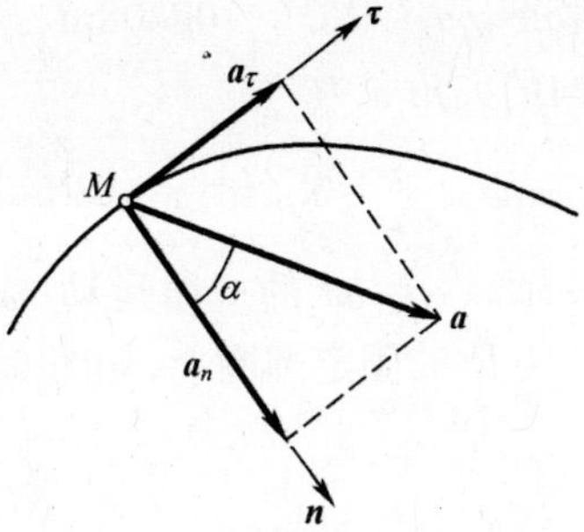

图 6.11

对于匀速曲线运动，有

$$v=v_0, s=s_0+vt, a_\tau=0, a_n=\frac{v^2}{\rho}$$

对于匀变速曲线运动，a_τ为常量，则有

$$v=v_0+a_\tau t, s=s_0+v_0t+\frac{1}{2}a_\tau t^2$$

从上两式消去时间 t，得

$$v^2-v_0^2=2a_\tau(s-s_0)$$

例 6.4 列车沿半径为 $R=800\text{m}$ 的圆弧轨道做匀加速运动。如初速度为零，经过 2min 后，速度达到 54km/h。求起点和末点的加速度。

解：由于列车沿圆弧轨道做匀加速运动，切向加速度 a_τ等于恒量。于是有

$$\frac{\mathrm{d}v}{\mathrm{d}t}=a_\tau=\text{常量}$$

积分一次，有

$$\int_0^v \mathrm{d}v=\int_0^t a_\tau \mathrm{d}t$$

得 $v=a_\tau t$

当 $t=2\text{min}=120\text{s}$ 时，$v=54\text{km/h}=15\text{m/s}$，得

$$a_\tau=\frac{15}{120}=0.125\text{m/s}^2$$

在起点 $v=0$，因此法向加速度等于零，列车只有切向加速度

$$a_\tau=0.125\text{m/s}^2$$

在末点时速度不等于零，既有切向加速度，又有法向加速度，则

$$a_\tau=0.125\text{m/s}^2$$

$$a_n=\frac{v^2}{R}=\frac{15^2}{800}(\text{m/s}^2)=0.281(\text{m/s}^2)$$

末点的全加速度大小为

$$a=\sqrt{a_\tau{}^2+a_n{}^2}=0.308\text{m/s}^2$$

末点的全加速度与法向的夹角 α 为

$$\tan\alpha=\frac{a_\tau}{a_n}=0.443, \alpha=23°54'$$

例 6.5 细杆 OA 绕 O 轴以 $\varphi=\omega t$ 的规律运动(ω 为常量),杆上套一个小环 M,小环 M 同时又套在半径为 R 的固定圆圈上,如图 6.12 所示。试求小环的速度及加速度。

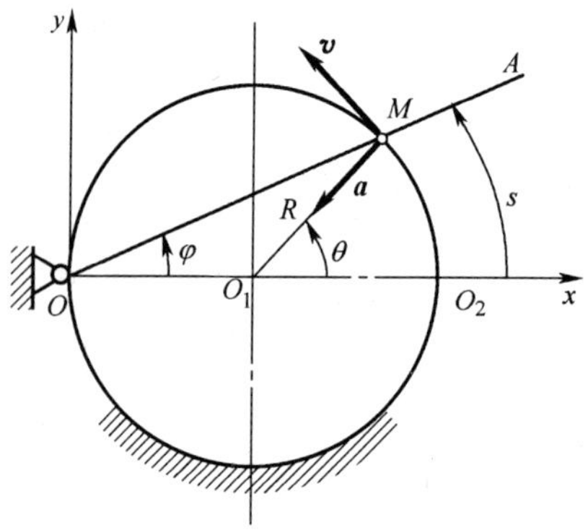

图 6.12

解:(1) 直角坐标法。依图 6.12,建立小环 M 的运动方程如下:

$$x=\overline{OM}\cos\varphi=2R\cos^2\varphi=R(1+\cos2\varphi)=R(1+\cos2(\omega t)) \tag{a}$$

$$y=\overline{OM}\sin\varphi=2R\sin\varphi\cos\varphi=R\sin2\varphi=R\sin(2\omega t) \tag{b}$$

利用式(6.7),得

$$v_x=\frac{\mathrm{d}x}{\mathrm{d}t}=-2R\omega\sin(2\omega t) \tag{c}$$

$$v_y=\frac{\mathrm{d}y}{\mathrm{d}t}=2R\omega\cos(2\omega t) \tag{d}$$

所以,速度的大小为

$$v=\sqrt{v_x^2+v_y^2}=\sqrt{(-2R\omega\sin(2\omega t))^2+(2R\omega\cos(2\omega t))^2}=2R\omega \tag{e}$$

速度的方向余弦为

$$\cos(\boldsymbol{v},\boldsymbol{i})=\frac{v_x}{v}=\frac{-2R\omega\sin(2\omega t)}{2R\omega}=-\sin(2\omega t)=-\sin2\varphi \tag{f}$$

$$\cos(\boldsymbol{v},\boldsymbol{j})=\frac{v_y}{v}=\frac{R\omega\cos(2\omega t)}{2R\omega}=\cos(2\omega t)=\cos2\varphi \tag{g}$$

由式(e)~式(g)可以看出,小环 M 的速度 $\boldsymbol{v}$ 的大小为常量 $2R\omega$,方向如图 6.12 所示。

由式(c)、式(d)得 M 点的加速度

$$a_x=\frac{\mathrm{d}v_x}{\mathrm{d}t}=-4R\omega^2\cos(2\omega t) \tag{h}$$

$$a_y=\frac{\mathrm{d}v_y}{\mathrm{d}t}=-4R\omega^2\sin(2\omega t) \tag{i}$$

于是，加速度的大小为

$$a=\sqrt{a_x^2+a_y^2}=4R\omega^2 \tag{j}$$

加速度的方向为

$$\cos(\boldsymbol{a},\boldsymbol{i})=\frac{a_x}{a}=-\cos(2\omega t)=-\cos 2\varphi \tag{k}$$

$$\cos(\boldsymbol{a},\boldsymbol{j})=\frac{a_y}{a}=-\sin(2\omega t)=-\sin 2\varphi \tag{l}$$

由式(j)～式(l)可以看出，小环 M 的加速度 $\boldsymbol{a}$ 的大小为常量 $4R\omega^2$，方向与半径一致，指向圆心 O_1。

(2) 自然法。由于动点 M 的运动轨迹已知，本题可采用自然法求解。取 O_2 为起点，则动点 M 的运动方程为

$$s=R\theta=R2\varphi=2R\omega t$$

利用式(6.16)，得动点 M 的速度大小为

$$v=\frac{\mathrm{d}s}{\mathrm{d}t}=2R\omega$$

速度的方向沿切线，指向运动方向，如图 6.12 所示。

利用式(6.20)，得动点 M 的加速度大小为

$$a_\tau=\frac{\mathrm{d}v}{\mathrm{d}t}=0$$

$$a_n=\frac{v^2}{R}=\frac{4R^2\omega^2}{R}=4R\omega^2$$

动点切向加速度为零，动点做匀速圆周运动，加速度等于法向加速度，方向指向圆心。

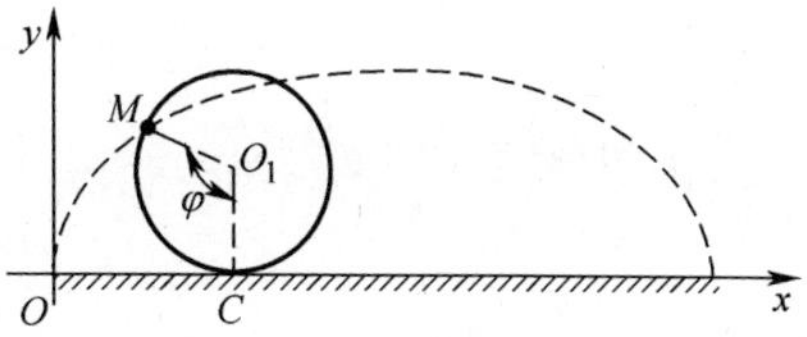

图 6.13

例 6.6 半径为 r 的轮子沿直线轨道无滑动地滚动(称为纯滚动)，设轮子转角 $\varphi=\omega t$(ω 为常值)，如图 6.13 所示。求用直角坐标和弧坐标表示的轮缘上任一点 M 的运动方程，并求该点的速度、切向加速度及法向加速度。

解: 取 $\varphi=0$ 时点 M 与直线轨道的接触点 O 为原点，建立直角坐标系 Oxy 如图 6.13 所示。当轮子转过 φ 时，轮子与直线轨道的接触点为 C。由于是纯滚动，有

$$OC=MC=r\omega t$$

则用直角坐标表示的 M 点的运动方程为

$$\begin{cases}x=OC-O_1M\sin\varphi=r(\omega t-\sin(\omega t))\\y=O_1C-O_1M\cos\varphi=r(1-\cos(\omega t))\end{cases} \tag{a}$$

式(a)对时间求导，得 M 点的速度沿坐标轴的投影

$$\begin{cases}v_x=r\omega(1-\cos(\omega t))\\v_y=r\omega\sin\omega t\end{cases} \tag{b}$$

M 点速度的大小为

$$v=\sqrt{v_x^2+v_y^2}=r\omega\sqrt{2-2\cos(\omega t)}=2r\omega\sin\frac{\omega t}{2}(0\leqslant\omega t\leqslant 2\pi) \tag{c}$$

运动方程式(a)实际上也是 M 点运动轨迹的参数方程(以 t 为参变量)。这是一个摆线(或称旋轮线)方程，这表明 M 点的运动轨迹是摆线，如图 6.13 所示。

取 M 的起始点 O 作为弧坐标原点，将式(c)的速度 v 积分，得用弧坐标表示的运动方程

$$s=\int_0^t 2r\omega\sin\frac{\omega t}{2}\mathrm{d}t=4r\left(1-\cos\frac{\omega t}{2}\right)(0\leqslant\omega t\leqslant 2\pi)$$

将式(b)对时间求导，得加速度在直角坐标系上的投影

$$\begin{cases}a_x=\ddot{x}=r\omega^2\sin\omega t\\a_y=\ddot{y}=r\omega^2\cos\omega t\end{cases} \tag{d}$$

由此得到全加速度：

$$a=\sqrt{a_x^2+a_y^2}=r\omega^2$$

将式(c)对时间求导，即得点 M 的切向加速度：

$$a_\tau=\dot{v}=r\omega^2\cos\frac{\omega t}{2}$$

法向加速度：

$$a_n=\sqrt{a^2-a_\tau^2}=r\omega^2\sin\frac{\omega t}{2} \tag{e}$$

由于 $a_n=\dfrac{v^2}{\rho}$，于是还可由式(c)及式(e)求得轨迹的曲率半径：

$$\rho=\frac{v^2}{a_n}=\frac{4r^2\omega^2\sin^2\dfrac{\omega t}{2}}{r\omega^2\sin\dfrac{\omega t}{2}}=4r\sin\frac{\omega t}{2}$$

现在讨论一个特殊情况。当 $t=2\pi/\omega$ 时，$\varphi=2\pi$，动点 M 运动到与地面相接触的位置。由式(c)知，此时点 M 的速度为零，这表明沿地面做纯滚动的轮子与地面

接触点的速度为零。另外，由于点M全加速度的大小恒为$r\omega^2$，因此纯滚动的轮子与地面接触点的速度虽然为零，但加速度却不为零。将$t=2\pi/\omega$代入式(d)，得

$$a_x=0, a_y=r\omega^2$$

可见，此时动点M的加速度方向向上。

思考题

6.1　$\dfrac{d\boldsymbol{r}}{dt}$与$\dfrac{dr}{dt}$，$\dfrac{d\boldsymbol{v}}{dt}$与$\dfrac{dv}{dt}$有何不同？各自的物理意义是什么？

6.2　切向加速度、法向加速度的物理意义是什么？请指出下述情况下动点分别做何种运动。

(1) $a_\tau=0, a_n=0$；　(2) $a_\tau=0, a_n\neq0$；

(3) $a_\tau\neq0, a_n=0$；　(4) $a_\tau\neq0, a_n\neq0$。

6.3　已知点沿轨迹的运动方程为$s=a+bt$，式中(a与b为常量)，是否可以断定：

(1) 点的轨迹是直线；

(2) 点的加速度等于零。

6.4　加速度$\boldsymbol{a}$的方向是否表示点的运动方向？加速度的大小是否表示点的运动快慢程度？

6.5　点做曲线运动，如图6.14所示。试就下列三种情况画出加速度的大致方向。

(1) 在M_1处做匀速运动；

(2) 在M_2处做加速运动；

(3) 在M_3处做减速运动。

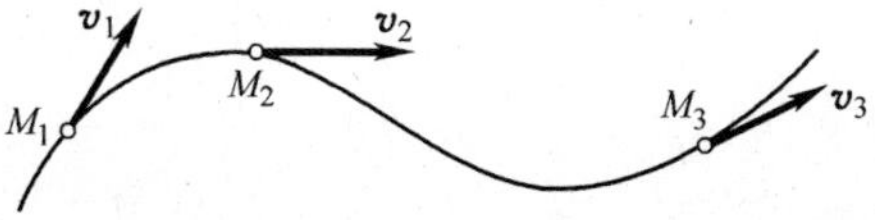

图6.14

习　题

6.1　飞轮加速旋转时，其轮缘上一点M的运动规律为$s=0.2t^3$，s、t的单位分别为m、s，飞轮的半径$R=0.4$m。求该点的速度达到$v=6$m/s时，它的切向及法向加速度。

6.2　图6.15所示缆绳一端系在一只小船上，另一端跨过距水面高$h=20$m

的小滑轮被一人拉住。设滑轮左侧的绳长 $l=40\mathrm{m}$，在岸上的人以水平方向匀速 $\boldsymbol{v}=3\mathrm{m/s}$ 拉绳使船靠岸。试求经过 5s 时，小船的速度及走过的距离。

6.3　图 6.16 所示摇杆机构的滑杆 AB 在某段时间内以匀速 $\boldsymbol{u}$ 向上运动。试建立摇杆上 C 点的运动方程及 $\varphi=45°$ 时该点的速度的大小。设初瞬时 $\varphi=0°$。

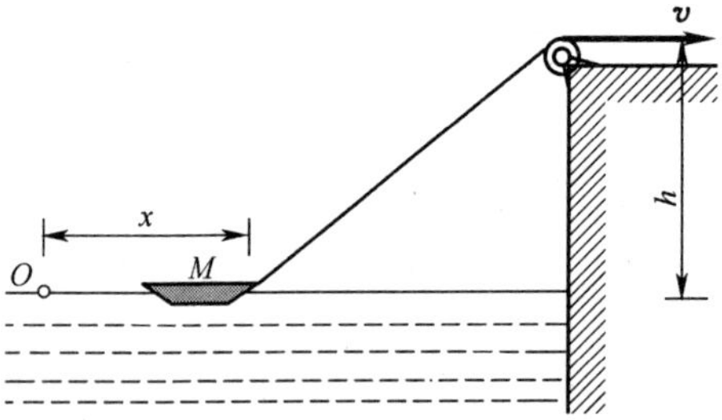

图 6.15

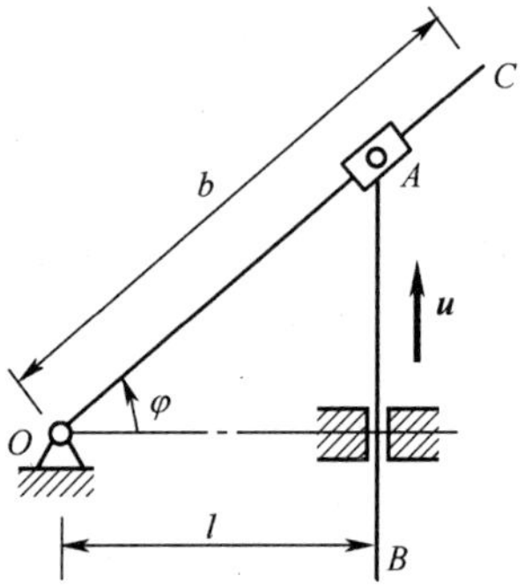

图 6.16

6.4　已知图 6.17 所示机构中，$OA=AB=l$，$CM=DM=AC=AD=a$，$\varphi=\omega t$（ω 为常量）。求点 M 的运动方程及轨迹方程。

6.5　套管 A 由绕过定滑轮 B 的绳索牵引而沿导轨上升，滑轮中心到导轨的距离为 l，如图 6.18 所示。设绳索以等速 $\boldsymbol{u}$ 拉下，忽略滑轮尺寸，求套管 A 的速度和加速度与距离 x 的关系式。

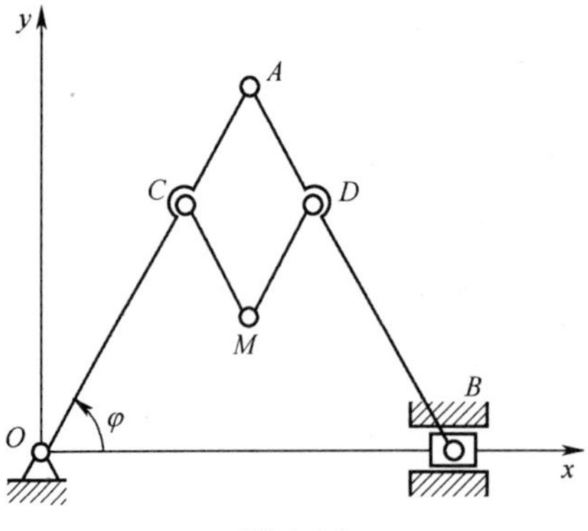

图 6.17

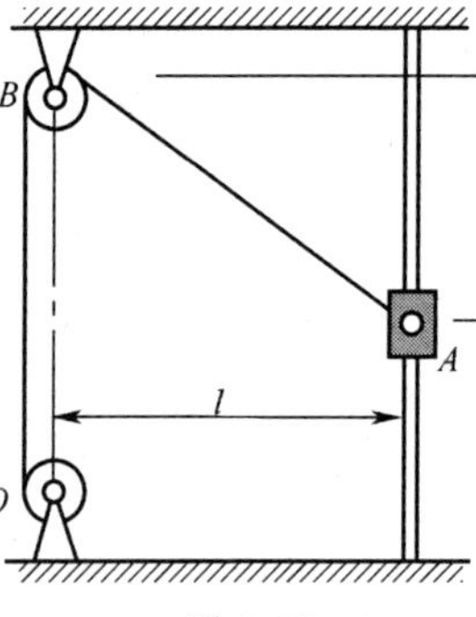

图 6.18

6.6　如图 6.19 所示，偏心凸轮半径为 R，绕 O 轴转动，转角 $\varphi=\omega t$（ω 为常量），偏心距为 $OC=e$，凸轮带动顶杆 AB 沿铅垂直线做往复运动。试求顶杆的运动方程及速度。

6.7　小环 M 在铅垂面内沿曲杆 $ABCE$ 从 A 点由静止开始运动。在直线段 AB 上，小环的加速度为 g；在圆弧段 BCE 上，小环的切向加速度为 $a_\tau=g\cos\varphi$。曲杆尺寸如图 6.20 所示，求小环在 C、D 两处的速度和加速度。

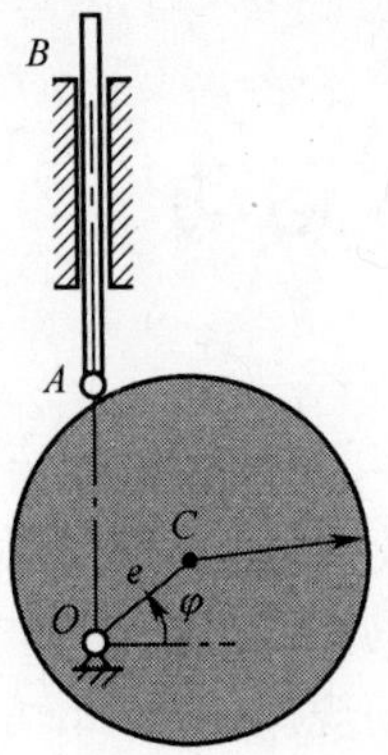

图 6.19

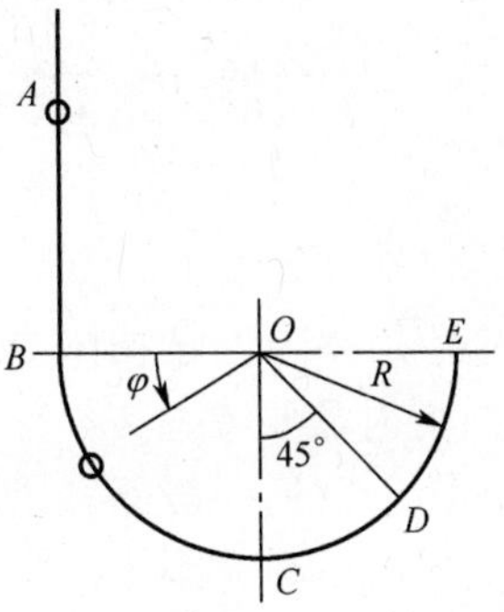

图 6.20

6.8 曲柄 OA 长 r，在平面内绕 O 轴转动，如图 6.21 所示。杆 AB 通过固定于点 C 的套筒与曲柄 OA 铰接于点 A。设 $\varphi=\omega t$（ω 为常量），杆 AB 长 $l=2r$，求点 B 的运动方程、速度和加速度。

6.9 如图 6.22 所示，列车沿环山铁路做匀加速运动。已知在 M_1 位置时，速度 $v_1=18\text{km/h}$，曲率半径 $C_1M_1=600\text{m}$；在 M_2 位置时，速度 $v_2=54\text{km/h}$，曲率半径 $C_2M_2=800\text{m}$，$\overset{\frown}{M_1M_2}$ 弧长为 $s=1000\text{m}$。试求列车从 M_1 到 M_2 所经过的时间及其在 M_1、M_2 两点处的加速度。

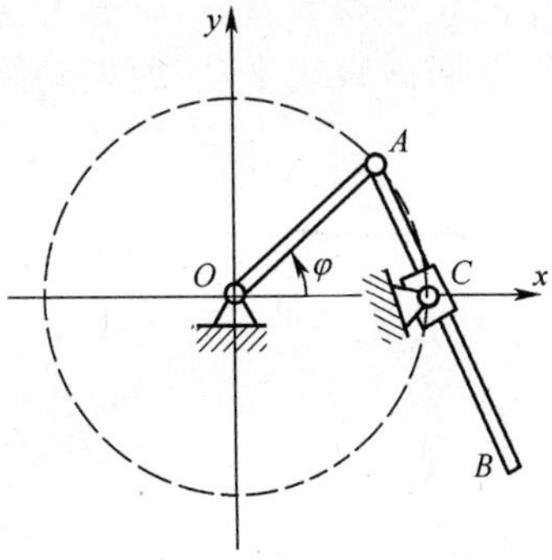

图 6.21

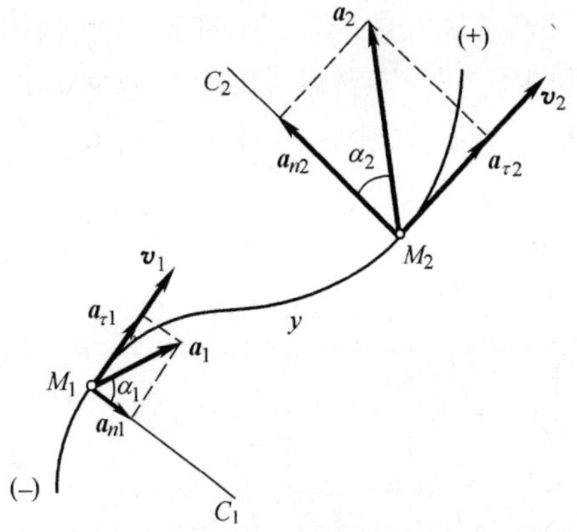

图 6.22

第 7 章　刚体的基本运动

在工程实际中，当把物体看做是一个点时，有时并不能全面描述要分析物体的运动规律，此时需要考虑其本身的几何形状与尺寸大小，即把其看做刚体。刚体是由无数个点组成的，一般而言，刚体运动时，其内各点的运动情况各不相同，但彼此又有联系。因此，研究刚体运动就要研究其整体的运动规律，并在此基础上研究刚体内各点运动之间的关系。刚体最简单的运动形式是平动和定轴转动，两者既是常见的物体运动形式，又是研究更复杂运动的基础。

7.1　刚体的平行移动

刚体在运动时，若刚体上任意一条线段始终与其初始位置保持平行，则刚体的这种运动称为平行移动，简称平动。工程实际中有很多刚体平动的实例，例如，沿直线轨道行驶的火车车厢的运动(图 7.1)，当车厢由图 7.1(a)位置运动到图 7.1(b)位置时，车厢上任意直线 AB 虽然运动到了新位置 $A'B'$，但与原位置仍然平行；振动筛筛体的运动(图 7.2)也有相似的性质。上两例都具有上述平行移动的共同特点，因而都是平动。刚体平动时，其上各点的轨迹如为直线，则称为直线平动；如为曲线，则称为曲线平动。上面列举的火车车厢做直线平动，而振动筛筛体的运动为曲线平动。

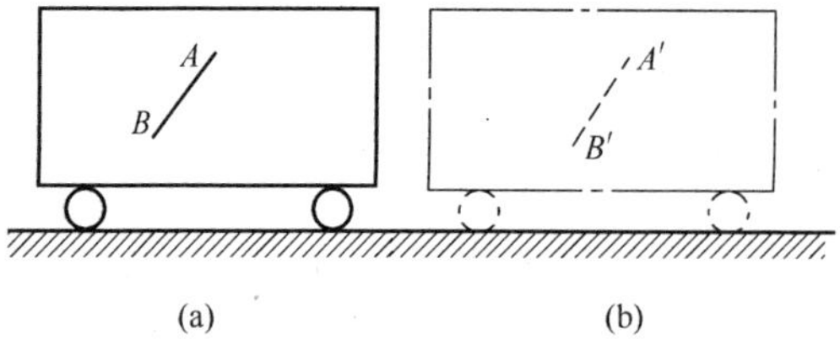

图 7.1

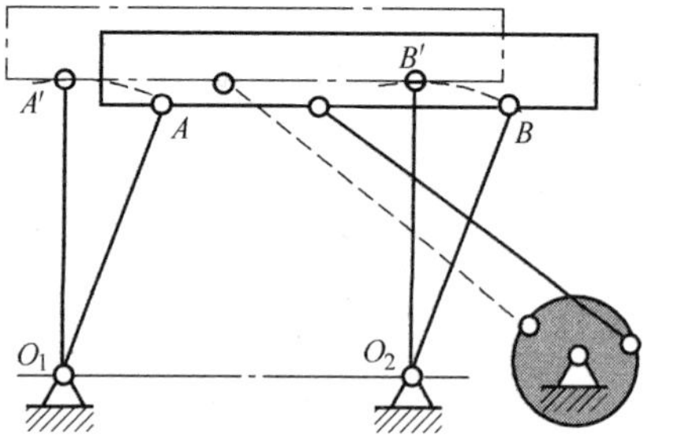

图 7.2

现在来研究刚体平动时，其内各点的轨迹、速度和加速度之间的关系。

设刚体相对于定坐标系 $Oxyz$ 做平动(图 7.3)，在刚体上任取两点 A、B，并连接两点成一线段 AB。在任意时刻 t 线段的位置为 AB。经过一段时间后，该线段

运动到 A_nB_n。两点的轨迹为图中的曲线。令 A、B 两点的矢径分别为 $\boldsymbol{r}_A$ 和 $\boldsymbol{r}_B$，则有

$$\boldsymbol{r}_B=\boldsymbol{r}_A+\overrightarrow{AB} \tag{7.1}$$

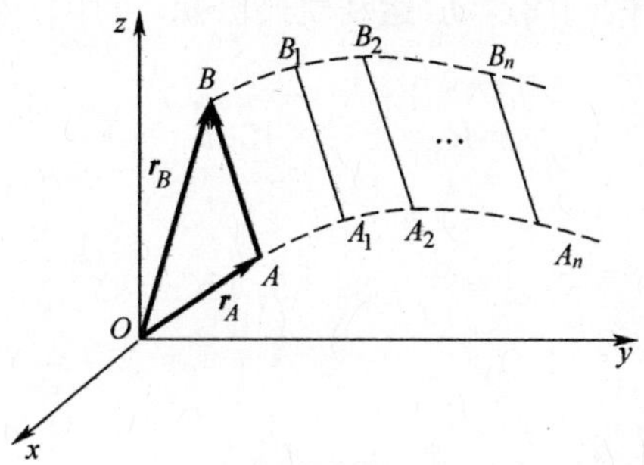

图 7.3

显然，由于 A、B 是刚体上的点，线段 AB 的长度不会改变。又因刚体做平动，矢量 $\overrightarrow{AB}$ 的方向也不会改变，故 $\overrightarrow{AB}$ 为常矢量。

将式(7.1)两端分别对时间 t 求一阶和二阶导数。注意到 $\overrightarrow{AB}$ 是常矢量，于是得

$$\boldsymbol{v}_B=\boldsymbol{v}_A,\boldsymbol{a}_B=\boldsymbol{a}_A \tag{7.2}$$

式(7.2)表明，在任一时刻，A、B 两点的速度相同，加速度也相同。由于 A、B 为任取的两点，因此可得结论：刚体平动时，其上各点的轨迹形状相同，同一时刻各点的速度、加速度也分别相同，只要知道刚体上任一点的运动，就可确定刚体的运动。研究刚体的平动，可通过研究刚体上任一点的运动来进行。

例 7.1　如图 7.4 所示，一块凸形平板 ABC 和两个曲柄 O_1A、O_2B 用铰链连接在一起，已知曲柄 O_1A 按 $\varphi=15\pi t$（式中 φ 以 rad 计，t 以 s 计）规律运动，且 $O_1A=O_2B=R=0.2\text{m}$，$O_1O_2=AB$。求任意瞬时凸形平板上点 C 的速度和加速度。

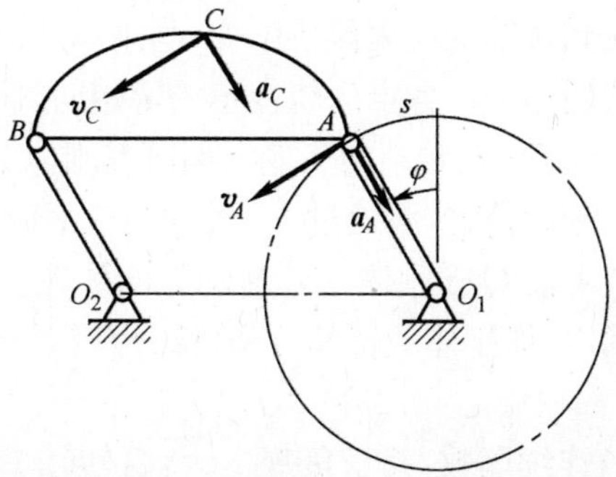

图 7.4

解：由于 $O_1A=O_2B=R$，$O_1O_2=AB$。所以 O_1ABO_2 为平行四边形。机构运

动时，AB 总是与 O_1O_2 平行，因此，凸形平板做平动。其上 C 点的速度、加速度分别等于 A 点的速度和加速度。为此，求 C 点的速度、加速度转化为求 A 点的速度和加速度。

由于 A 点绕 O_1 点做圆周运动，运动轨迹已知，可用自然法建立 A 点的运动方程如下：

$$s=R\varphi=0.2\times 15\pi t=3\pi t$$

A 点的速度为

$$v_A=\frac{\mathrm{d}s}{\mathrm{d}t}=3\pi=9.42(\mathrm{m/s})$$

方向如图 7.4 所示。

A 点的切向加速度为

$$a_\tau=\frac{\mathrm{d}v_A}{\mathrm{d}t}=0$$

A 点的法向加速度为

$$a_n=\frac{v_A^2}{R}=\frac{(3\pi)^2}{0.2}=444(\mathrm{m/s^2})$$

方向如图 7.4 所示。所以 A 点的加速度等于其法向加速度。

根据平动的特点，有

$$v_C=v_A=9.42(\mathrm{m/s}),a_C=a_A=a_n=444(\mathrm{m/s^2})$$

7.2　刚体的定轴转动

当刚体运动时，刚体内(或其外延部分)有一条直线相对定参考系始终保持不动，这种运动称为刚体的定轴转动，保持不动的直线称为转动轴。在工程实际中，刚体的定轴转动是很普遍的，如电机转子、齿轮、传动轴的运动等，都是定轴转动的实例。由于刚体上各点到转轴的距离保持不变，当刚体转动时，其上每一点都沿着各自的轨迹绕转轴做圆周运动。各点的轨迹不一定相同，速度、加速度也不一定相同。下面以图 7.5 所示绕 Oz 轴转动的飞轮为例研究刚体定轴转动的规律。

为确定飞轮任意时刻的位置，取通过 Oz 轴的两个平面 P、Q，平面 P 为参考平面，固定在静参考系上，平面 Q 随刚体一起转动。刚体在任一时刻的位置可由 P、Q 两平面的夹角 φ 来确定，即刚体的转动方程可写为

$$\varphi=\varphi(t) \tag{7.3}$$

式中：φ 为时间 t 的单值连续函数，其正负规定为：自转轴 z 的正端向负端看，刚体逆时针转动时，转角 φ 取正值，反之为负。在国际单位制中，转角 φ 的单位是弧度(rad)。

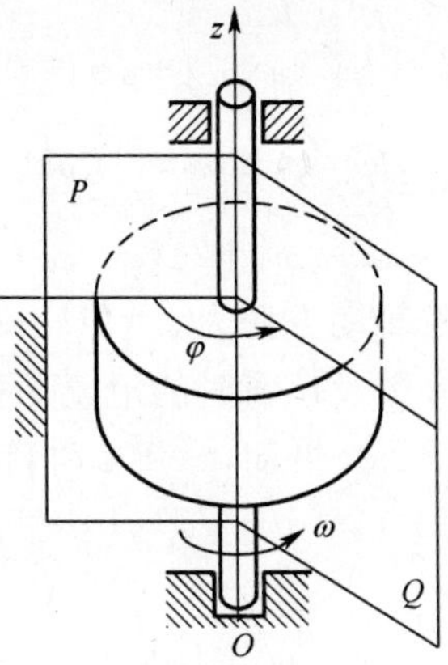

图 7.5

刚体绕定轴转动的角速度是用来描述刚体转动的快慢和转动方向的物理量。设在时间间隔 Δt 内，刚体转过角度 $\Delta\varphi$，对照点的速度的定义，则刚体在时刻 t 的角速度定义为

$$\omega=\lim_{\Delta t\to 0}\frac{\Delta\varphi}{\Delta t}=\frac{\mathrm{d}\varphi}{\mathrm{d}t} \tag{7.4}$$

即刚体转动的角速度等于转角对时间的一阶导数。角速度 ω 是代数量，其正负表示了刚体转动的方向。由角速度的定义可以看出，当 φ 随时间而递增时，ω 为正；反之，ω 为负。所以，从转动轴 z 的正向观察，若刚体做逆时针转动，ω 则为正，反之则为负。角速度 ω 的单位是弧度/秒(rad/s)。

工程中常用转速 n，即用每分钟的转数(r/min)表示转动的快慢。角速度 ω 与转速 n 之间的关系为

$$\omega=\frac{2\pi n}{60}=\frac{\pi n}{30} \tag{7.5}$$

设在时间间隔 Δt 内，刚体的角速度 ω 改变了 $\Delta\omega$，则刚体在任一时刻 t 的角加速度定义为

$$\alpha=\lim_{\Delta t\to 0}\frac{\Delta\omega}{\Delta t}=\frac{\mathrm{d}\omega}{\mathrm{d}t}=\frac{\mathrm{d}^2\varphi}{\mathrm{d}t^2} \tag{7.6}$$

即刚体转动的角加速度等于角速度对时间的一阶导数，或等于转角对时间的二阶导数，它表明角速度改变的快慢。角加速度 α 也是代数量，其正负号规定如下：从转轴 z 的正向看去，逆时针方向 α 为正值；反之则为负。当 α 与 ω 同号时，刚体加速转动；当 α 与 ω 异号时，刚体减速转动。角加速度的单位是 $\mathrm{rad/s^2}$。

匀速转动时：

$$\varphi=\varphi_0+\omega t$$

匀变速转动时：

$$\omega=\omega_0+\alpha t$$

$$\varphi=\varphi_0+\omega_0 t+\frac{1}{2}\alpha t^2$$

$$\omega^2=\omega_0^2+2\alpha(\varphi-\varphi_0)$$

例 7.2　已知电机转子的转动方程为 $\varphi=2t^2+3t$(式中 φ 以 rad 计，t 以 s 计)。试求 $t=10$s 时，转子转过的转数及该瞬时的角速度和角加速度。

解：由转动方程为 $\varphi=2t^2+3t$ 可知，$t=10$s 时转子的转角为

$$\varphi|_{t=10}=(2\times10^2+3\times10)=230(\text{rad})$$

则转子转过的转数为

$$N=\frac{\varphi}{2\pi}=\frac{230}{2\pi}=36.6$$

转子的角速度为

$$\omega=\frac{\mathrm{d}\varphi}{\mathrm{d}t}=4t+3$$

$t=10$s 时转子的角速度为

$$\omega|_{t=10}=4\times10+3=43$$

转子的角加速度为

$$\alpha=\frac{\mathrm{d}\varphi}{\mathrm{d}t}=4(\text{rad/s})$$

α 与 ω 同号，刚体做加速转动。

7.3　定轴转动刚体内各点的速度和加速度

工程实际中，不但要求知道定轴转动刚体的角速度和角加速度，而且常常需要知道刚体内某些点的速度和加速度。转角、角速度和角加速度等都是描述刚体整体运动的特征量， 当转动刚体的运动确定后，就可以求刚体内各点的速度和加速度。刚体做定轴转动时，体内各点都在垂直于转动轴的平面内做圆周运动，圆心就在转动轴上。在图 7.5 所示的转动刚体上任取一垂直于转动轴的平面，如图 7.6(a)所示，在该平面任取一点 M 来讨论。

设 M 点到转动轴的距离为 r，则其轨迹是半径为 r 的一个圆，如图 7.6(a)所示；取固定平面 P 与该圆的交点 O' 为弧坐标的原点。可见 M 点的弧坐标 s 与位置角 φ 有如下的关系：

$$s=r\varphi(t)$$

这是用自然法表示的 M 点的运动方程。于是，可用自然法求 M 点的速度及

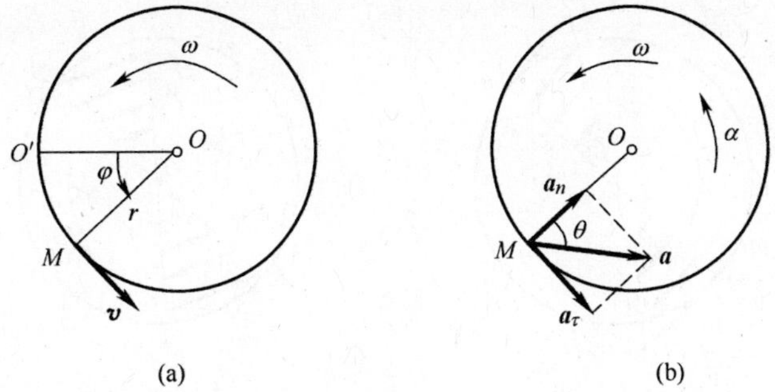

图 7.6

加速度。

M 点速度的代数值为

$$v=\frac{\mathrm{d}s}{\mathrm{d}t}=r\frac{\mathrm{d}\varphi}{\mathrm{d}t}=r\omega \tag{7.7}$$

即转动刚体内任一点的速度大小等于刚体的角速度与该点转动半径的乘积，其方向垂直于转动半径，指向与 ω 的转向一致，如图 7.6(a)所示。

M 点的切向加速度和法向加速度分别为

$$a_\tau=\frac{\mathrm{d}v}{\mathrm{d}t}=r\frac{\mathrm{d}\omega}{\mathrm{d}t}=r\alpha \tag{7.8}$$

$$a_n=\frac{v^2}{\rho}=\frac{(r\omega)^2}{R}=r\omega^2 \tag{7.9}$$

即转动刚体内任一点的切向加速度的大小等于刚体的角加速度与该点转动半径的乘积，其方向垂直于转动半径，指向与角加速度 α 的转向一致；而法向加速度的大小等于角速度的平方与转动半径的乘积，其方向沿着转动半径指向圆心，如图 7.6 (b)所示。

M 点全加速度的大小与方向为

$$a=\sqrt{a_\tau^2+a_n^2}=r\sqrt{\alpha^2+\omega^4} \tag{7.10}$$

$$\tan\theta=\frac{|a_\tau|}{a_n}=\frac{|\alpha|}{\omega^2} \tag{7.11}$$

可见，在同一瞬时，刚体内各点的速度和加速度的大小与各点到转轴的距离成正比，且垂直于各自的转动半径；各点的加速度与转动半径的夹角相同。同一瞬时转动刚体内通过转轴的任一直线上各点的速度和加速度按线性规律分布(图 7.7)。

例 7.3　图 7.8 所示卷扬机转筒，其半径 $r=0.2\text{m}$，转筒在制动阶段的转动方程为 $\varphi=4t-t^2$(式中 φ 以 rad 计，t 以 s 计)。一条不可伸长的钢丝绳绕过定滑轮 B，并提吊重物 A。试求当体 $t=1\text{s}$ 时，转筒边缘上任一点 M 以及物体 A 的速度和加速度。

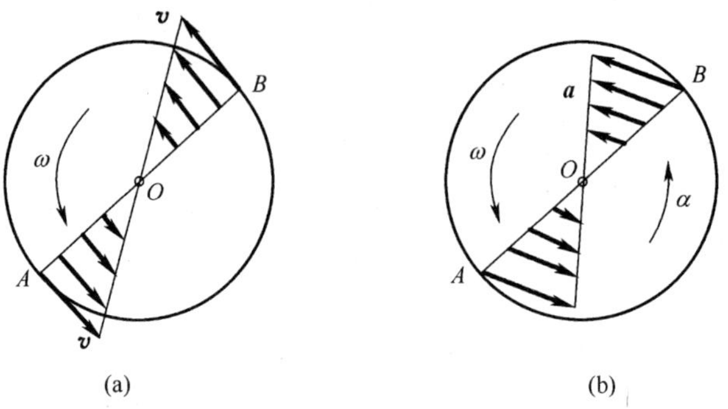

图 7.7

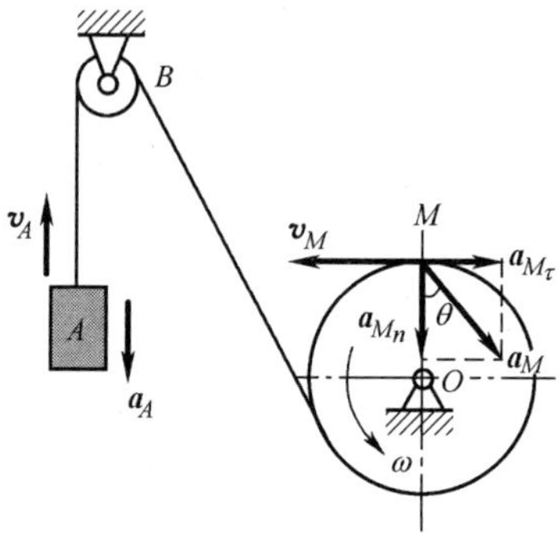

图 7.8

解:要求点 M 及物体 A 的速度和加速度,必须先求转筒的角速度和角加速度。依题意,转筒在任一瞬时的角速度和角加速度为

$$\omega=\frac{\mathrm{d}\varphi}{\mathrm{d}t}=4-2t(\mathrm{rad/s})$$

$$\alpha=\frac{\mathrm{d}\omega}{\mathrm{d}t}=\frac{\mathrm{d}^2\varphi}{\mathrm{d}t^2}=-2(\mathrm{rad/s^2})$$

将 $t=1\mathrm{s}$ 代入以上两式,得

$$\omega|_{t=1}=4-2\times1=2(\mathrm{rad/s})$$

$$\alpha|_{t=1}=-2(\mathrm{rad/s^2})$$

α 与 ω 异号,所以转筒做减速转动。

对转筒边缘上的 M 点,其速度、切向加速度及法向加速度大小为

$$v_M=r\omega=0.2\times2=0.4(\mathrm{m/s})$$

$$a_{M_\tau}=r\alpha=0.2\times(-2)=-0.4(\mathrm{m/s^2}),a_{M_n}=r\omega^2=0.2\times2^2=0.8(\mathrm{m/s^2})$$

M 点的全加速度为

$$a=\sqrt{a_\tau^2+a_n^2}=\sqrt{(-0.4)^2+0.8^2}=0.894(\mathrm{m/s^2})$$

$$\tan\theta=\frac{|a_{M_\tau}|}{a_{M_n}}=\frac{|-2|}{2^2}=0.5$$

由于不计钢丝绳的伸长，钢丝绳与转筒间无滑动，所以重物 A 上升的距离 x_A 与转筒上任一点 M 在同一时间所走过的弧长相等，即有

$$x_A=s_M=r\varphi$$

分别对上式求一阶、二阶导数，得

$$v_A=r\omega=v_M,a_A=r\alpha=a_{M_\tau}$$

所以有 $t=1\text{s}$ 时，重物 A 的速度、加速度分别为

$$v_A=v_M=0.4(\text{m/s}),a_A=a_{M_\tau}=-0.4(\text{m/s}^2)$$

重物 A 的速度为正，而加速度为负，说明该瞬时重物 A 做减速运动。

7.4　定轴轮系的传动比

齿轮传动、皮带轮传动以及摩擦传动是工程中常见的定轴轮系传动装置。利用轮系可以使转速得到有效提高或降低。为了表示轮系传动中的变速程度，引进传动比的概念。对图 7.9 中的皮带轮传动及图 7.10 中的齿轮传动两个简单轮系，轴 O_1、O_2 均是固定轴，故称为定轴轮系。轮系中起主动作用的轮子称为主动轮，被动的轮子称为从动轮；主动轮与从动轮角速度之比称为传动比，用 i_{12} 表示，即

$$i_{12}=\frac{\omega_1}{\omega_2}\text{或}\ i_{12}=\frac{n_1}{n_2}$$

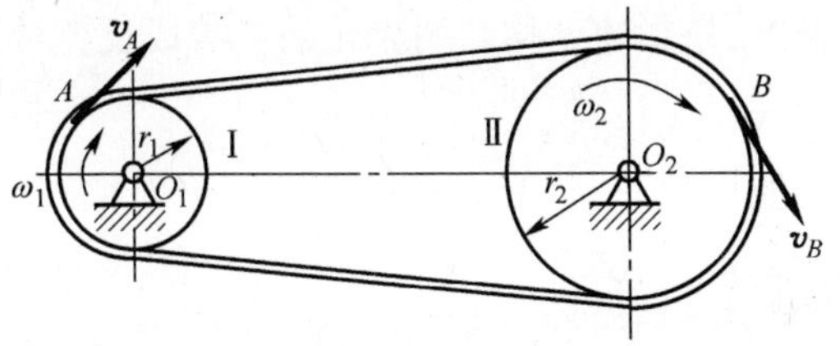

图 7.9

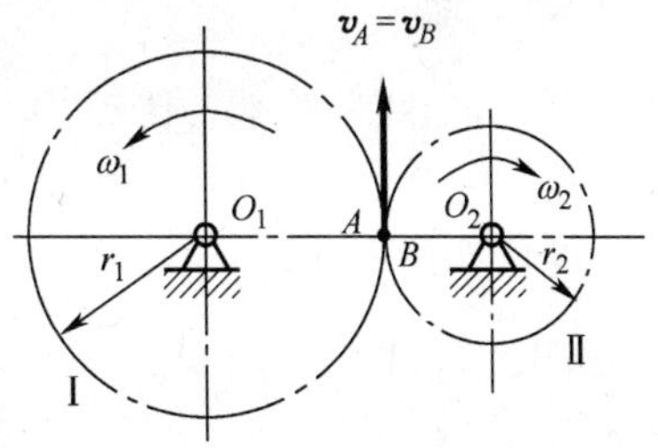

图 7.10

1. 皮带轮传动

由于皮带轮传动本身的特性，使其在工程实际中被广泛应用。如图 7.9 所示，电动机的带轮Ⅰ为主动轮，工作机的带轮Ⅱ是从动轮。设主动轮Ⅰ的半径为 r_1，以转速 ω_1 绕定轴 O_1 转动，通过皮带带动半径为 r_2 的从动轮Ⅱ绕定轴 O_2 转动。在传动过程中，如不考虑胶带的厚度，设皮带不可伸长，且带与带轮之间不打滑。因此，在同一时刻，带上各点的速度大小都相同，带与轮缘接触点的速度(切向加速度)大小应相同，则有

$$r_1\omega_1=r_2\omega_2, r_1\alpha_1=r_2\alpha_2$$

于是带轮的传动比公式为

$$i_{12}=\frac{\omega_1}{\omega_2}=\frac{n_1}{n_2}=\frac{\alpha_1}{\alpha_2}=\frac{r_2}{r_1} \tag{7.12}$$

即两轮的角速度及角加速度与其半径成反比。

2. 齿轮传动

由于具有许多皮带轮传动所没有的优点，机械系统中常用齿轮作为传动部件。现以一对啮合的圆柱齿轮（图 7.10）为例分析其传动比。

设两个齿轮各自绕固定轴 O_1、O_2 转动。已知其啮合圆半径各为 r_1、r_2；齿数各为 z_1、z_2；角速度各为 ω_1 和 ω_2；角加速度各为 α_1 和 α_2。令 A 和 B 分别是两个齿轮啮合圆的接触点，由于两齿轮之间没有相对滑动，故两者在啮合点的速度和切向加速度相同，即

$$v_A=v_B, a_{A\tau}=a_{B\tau}$$

因此有

$$r_1\omega_1=r_2\omega_2, r_1\alpha_1=r_2\alpha_2$$

或

$$\frac{\omega_1}{\omega_2}=\frac{\alpha_1}{\alpha_2}=\frac{r_2}{r_1}$$

由于齿轮在啮合圆上的齿距相等，它们的齿数与半径成正比，易知有

$$\frac{\omega_1}{\omega_2}=\frac{\alpha_1}{\alpha_2}=\frac{r_2}{r_1}=\frac{z_2}{z_1}$$

可见，当两齿轮啮合传动时，其角速度、角加速度均与两齿轮的齿数成反比（或与两轮的啮合圆半径成反比）。

设轮Ⅰ是主动轮，轮Ⅱ是从动轮，传动比用 i_{12} 来表示，则

$$i_{12}=\frac{\omega_1}{\omega_2}=\frac{\alpha_1}{\alpha_2}=\frac{r_2}{r_1}=\frac{z_2}{z_1} \tag{7.13}$$

式（7.13）也适用于圆锥齿轮传动、摩擦轮传动等。

在有些场合，为了区分轮系中各轮的转向，对各轮都规定统一的转动正向，这时各轮的角速度可取代数值，从而传动比也取代数值，即

$$i_{12}=\frac{\omega_1}{\omega_2}=\frac{\alpha_1}{\alpha_2}=\pm\frac{r_2}{r_1}=\pm\frac{z_2}{z_1} \tag{7.14}$$

式（7.14）中，正号表示主动轮与从动轮转向相同（内啮合），负号表示转向相反（外啮合）。

对于多级齿轮传动系统，易推出总传动比对于各级传动比之积。

例 7.4 图 7.11 所示的减速箱，由四个齿轮组成，其齿数分别为 $z_1=12$，$z_2=$

60，$z_3=12$，$z_4=60$。求减速箱的总传动比 i_{13}；如果 $n_1=3000$r/min，求 n_3。

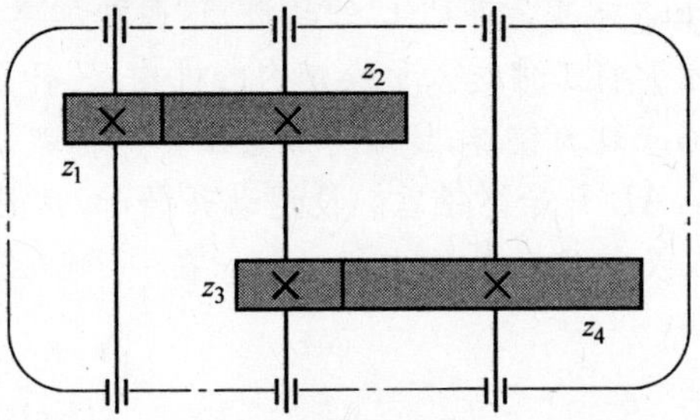

图 7.11

解：各轮都做定轴转动，问题是定轴轮系的传动问题。

先求Ⅰ轴与Ⅱ轴的传动比 i_{12}，由传动比式(7.13)得

$$i_{12}=\frac{n_1}{n_2}=\frac{z_2}{z_1}$$

再求Ⅱ轴到Ⅲ轴的传动比 i_{23}，即

$$i_{23}=\frac{n_2}{n_3}=\frac{z_4}{z_3}$$

从Ⅰ轴到Ⅲ轴的总传动比 i_{13} 为

$$i_{13}=\frac{n_1}{n_3}=\frac{n_1}{n_2}\times\frac{n_2}{n_3}=i_{12}\times i_{23}=\frac{z_2}{z_1}\times\frac{z_4}{z_3}=\frac{60\times60}{12\times12}=25$$

所以有

$$n_3=\frac{n_1}{i_{13}}=\frac{3000}{25}=120(\text{r/min})$$

思　考　题

7.1　刚体平动的特征是什么？请举出一些生产和生活实际中平动的实例。

7.2　为什么刚体的平动可简化为一个点的运动？刚体作平动时，其上各点的轨迹是否一定为直线或平面曲线？

7.3　当 $\omega<0$，$\alpha<0$ 时，物体是越转越快还是越转越慢？为什么？

7.4　飞轮匀速转动，若半径增大 1 倍，边缘上点的速度和加速度是否都增大 1 倍？若飞轮转速增大 1 倍，边缘上点的速度和加速度是否也增大 1 倍？

习　　题

7.1　两根平行且杆长相等的杆 AB、DE 分别绕定轴 A、D 摆动，带动托架

EBF 而提升重物，如图 7.12 所示。设某瞬时杆的角速度 $\omega=4\text{rad/s}$，角加速度 $\alpha=2\text{rad/s}^2$。杆长 $r=20\text{cm}$。求重物重心 C 的轨迹、速度和加速度。

7.2 图 7.13 所示为将工件送入干燥炉内的机构，叉杆 $OA=1.5\text{m}$，在铅垂面内转动；杆 $AB=0.8\text{m}$，A 端为铰链，B 端为放置工件的框架。在机构运动时，工件的速度恒为 0.05rad/s，AB 杆始终铅垂。设运动开始时，角 $\varphi=0°$。求运动过程中角 φ 与时间 t 的关系以及点 B 的轨迹方程。

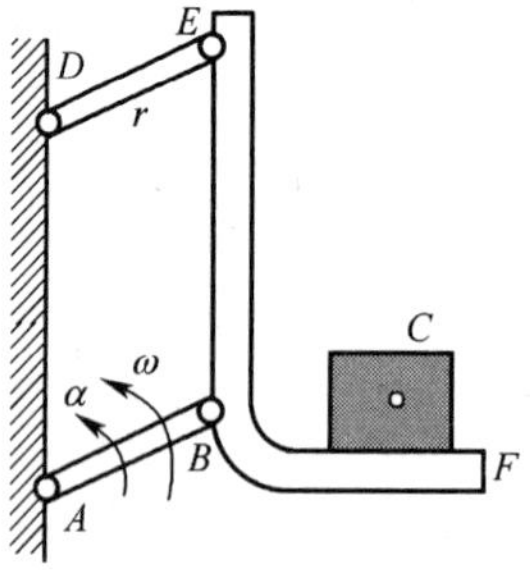

图 7.12

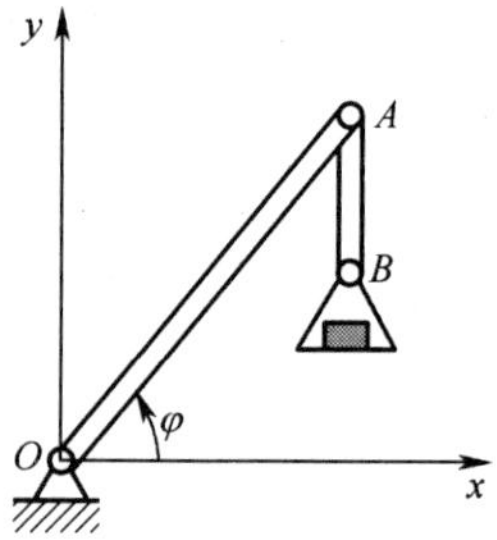

图 7.13

7.3 揉茶机的揉筒由三个曲柄支持，曲柄的支座 A、B、C 与支轴 a、b、c 都恰成等边三角形，如图 7.14 所示。三个曲柄长度相等，均为 $l=150\text{mm}$，并以相同的转速 $n=45\text{r/min}$ 分别绕其支座在图示平面内旋转。求揉筒中心点 O 的速度和加速度。

7.4 机构如图 7.15 所示，假定杆 AB 以匀速 $\boldsymbol{u}$ 运动，开始时 $\varphi=0°$。求当 $\varphi=\pi/4$ 时，摇杆 OC 的角速度和角加速度。

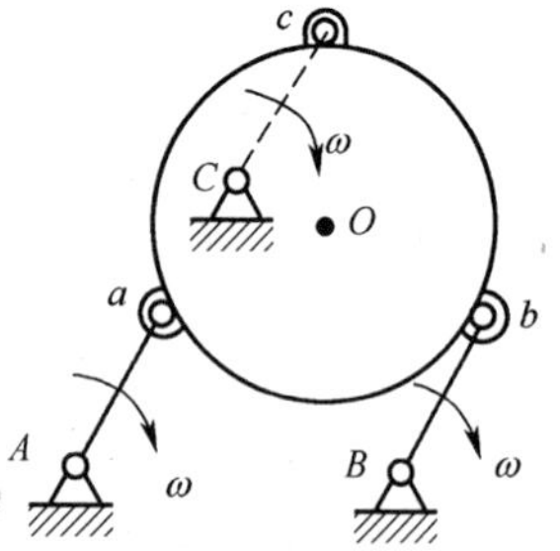

图 7.14

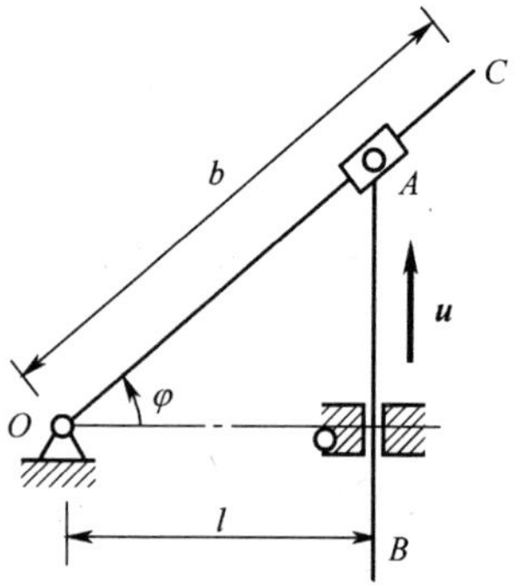

图 7.15

7.5 刨床上的曲柄连杆机构如图 7.16 所示，曲柄 OA 以等角速度 ω_0 绕 O 轴转动，其转动方程为 $\varphi=\omega_0 t$。滑块 A 带动摇杆 O_1B 绕轴 O_1 转动。设 $OO_1=a$，$OA=r$。求摇杆的转动方程。

7.6 已知图 7.17 所示两刚体的转动角速度 ω 和角加速度 α。试分析点 A 和

点 B 的速度、加速度的大小及方向。

7.7　图 7.18 所示升降机由半径 $R=50\text{cm}$ 的鼓轮带动。已知被升降物体的运动方程为 $x=5t^2$(式中 x 以 m 计，t 以 s 计)，试求鼓轮的角速度、角加速度以及任一瞬时鼓轮边缘上一点的全加速度。

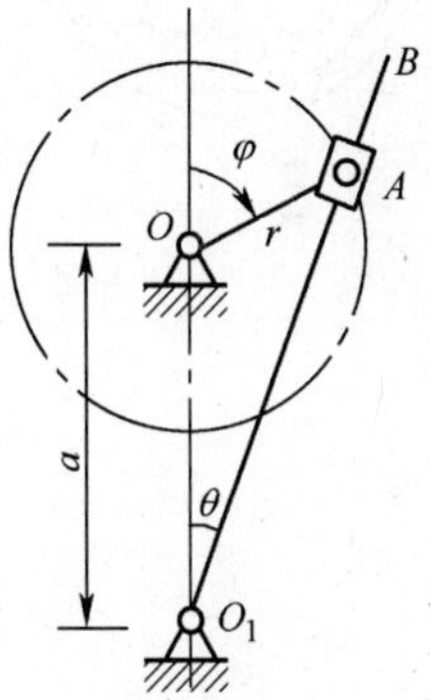

图 7.16

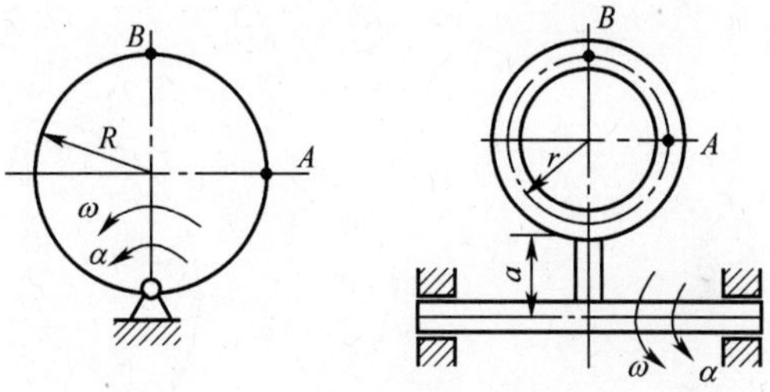

图 7.17

7.8　槽杆 OA 可绕 O 轴转动，槽内插有钉在方块上的销钉 B，如图 7.19 所示。设方块以匀速 $\boldsymbol{u}$ 沿水平方向运动，$t=0$ 时，杆 OA 恰在铅垂位置，尺寸 b 已知。试求杆 OA 的转动方程、角速度和角加速度。

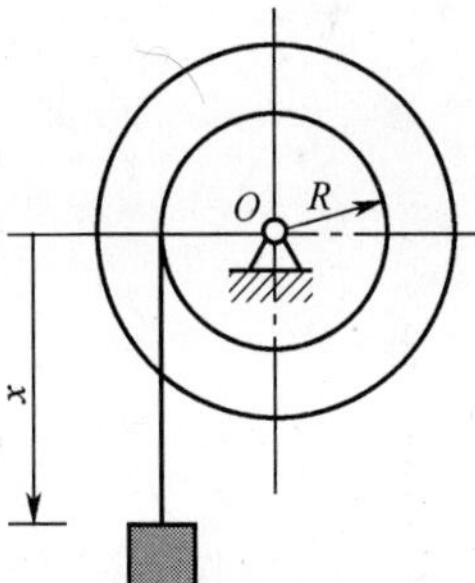

图 7.18

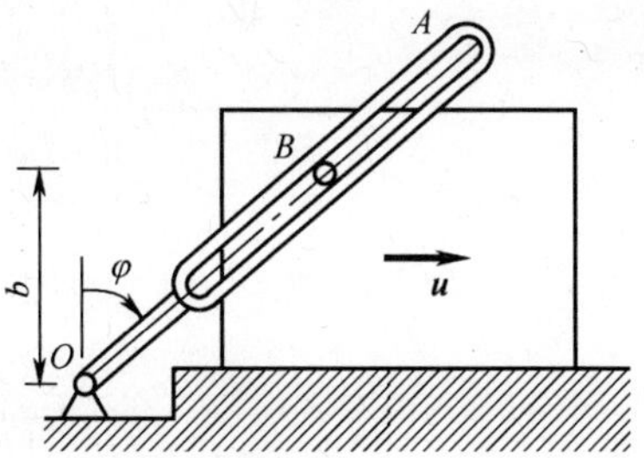

图 7.19

7.9　钢材放在滚筒式传送带上运输，各滚筒直径 $d=20\text{cm}$，由电动机驱动，如图 7.20 所示。设钢材与滚筒间无相对滑动，若要使钢材在 0.5min 内以匀速度移动 50m，滚筒转速应为多大?

7.10　如图 7.21 所示，一个飞轮绕固定轴 O 转动，其轮缘上任一点的全加速度在某段运动过程中与轮半径的夹角为 60°。当运动开始时，其转角为零，角速度为 ω_0。求飞轮的转动方程及角速度与转角之间的关系。

7.11　两个内啮合齿轮Ⅰ和Ⅱ，如图 7.22 所示。已知轮Ⅰ的齿数为 $z_1=36$，转速 $n_1=100\text{r/min}$，如轮Ⅱ的转速为 $n_2=300\text{r/min}$，求轮Ⅱ的齿数及传动比。

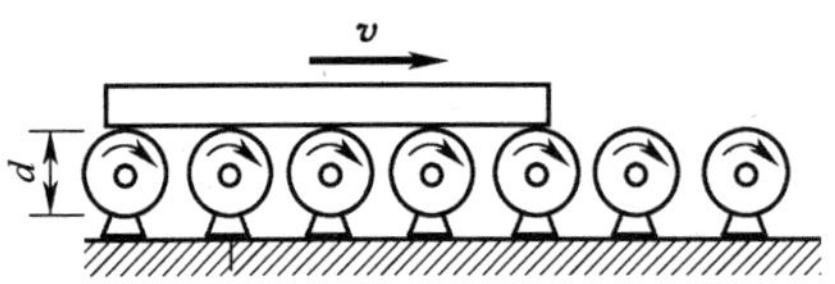

图 7.20

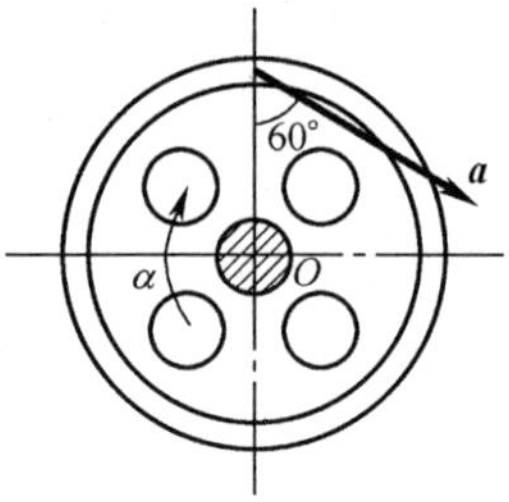

图 7.21

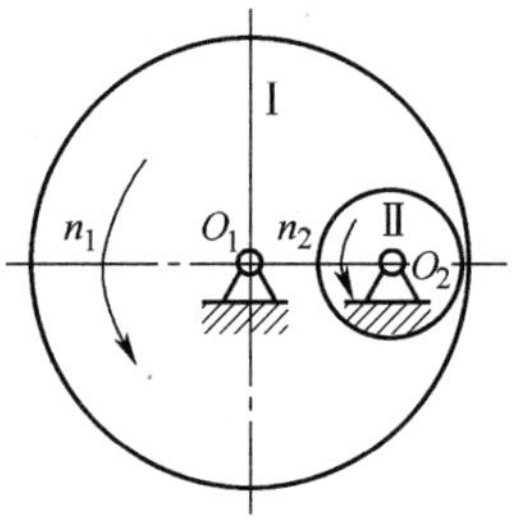

图 7.22

第 8 章　点的合成运动

通过建立点的运动方程研究点的运动具有很多优点，这在点的运动情况比较简单的时候是相当方便的。当点的运动情况比较复杂时，直接建立点的运动方程非常困难，且有时只是分析点在某特定位置的运动情况，没有必要建立运动方程。此时可采用本章讨论的点的合成运动的知识。

8.1　合成运动的概念

前曾指出，物体运动特征的描述是相对于某一个参考系而言的，同一物体相对于不同的参考系，其运动特征是不同的，此即物体运动的相对性，在日常生活和工程实际中经常遇到这样一类问题。例如，在无风的天气情况下观察雨点运动的情况，站在地面上的人看到雨点是垂直下落的，但坐在运动的汽车里面的人看到的却是倾斜下落的；在做升降运动的直升机上，人们看到水平螺旋桨端点做圆周运动，而站在地面上的人却看到该点在做螺旋线运动；沿直线轨道滚动的车轮(图 8.1)，对地面上的人而言，其轮缘上一点的运动轨迹是摆线(或旋轮线)，但对站在运动车厢上的人而言，其运动轨迹却是圆周运动。也就是说，我们常常会遇到这样一类问题：动点相对两个坐标系做不同的运动，那么，这些不同运动之间存在着什么联系呢？这就是本章将要研究的问题。

由上述例子极易想到，当点的运动相对某一参考系比较复杂时，可以将其看做相对其他参考系的简单运动合成而成。例如，直升机螺旋桨端点相对地面的螺旋线运动就可看做相对于直升机的圆周运动与直升机相对地面垂直运动的合成，这种运动称为合成运动。反之，也可以将点的复杂运动分解为几个简单的运动。

在运动学中，常常根据具体情况，设某一个坐标系为静坐标系(定坐标系或绝对坐标系)，以 $Oxyz$ 表示；将另一个相对静坐标系有运动的坐标系作为动坐标系(相对坐标系)，以 $O'x'y'z'$ 表示。习惯上将固结于地球表面的坐标系 $Oxyz$ 称为静坐标系，简称定系；将固结于相对地面运动的物体上的坐标系 $O'x'y'z'$ 称为动坐标系，简称动系。

动点相对于定系的运动(或站在定系上看到的动点的运动)称为绝对运动；动点相对于动坐标系的运动(或站在动系上看到的动点的运动)称为相对运动；动系

相对于定系的运动(或站在定系上看到的动系的运动)称为牵连运动。如图 8.1 所示,轮缘上 M 点相对于固结于地面的坐标系 $Oxyz$ 的运动称为绝对运动,动点 M 相对固连于车厢坐标系 $O'x'y'z'$ 的运动称为相对运动,车厢的运动为牵连运动;图 8.2 所示的桥式吊车,水平桥架静止不动,小车沿水平梁运动,同时带动重物 M 向上运动。取重物 M 为动点,定系固结于地面(或桥架)上,动系固结于小车上,则动点 M 相对于地面的平面曲线运动为绝对运动,重物相对小车的铅直运动为相对运动,小车的水平运动为牵连运动。

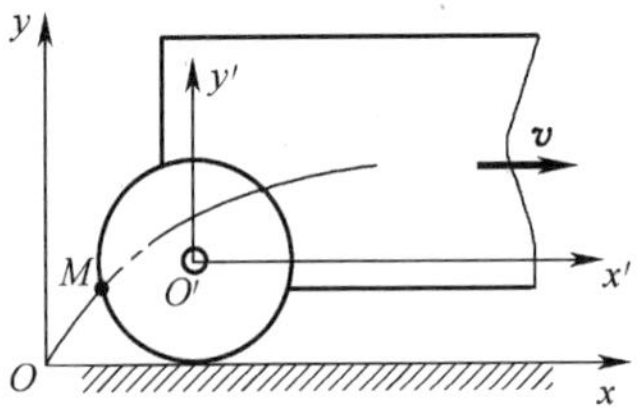

图 8.1

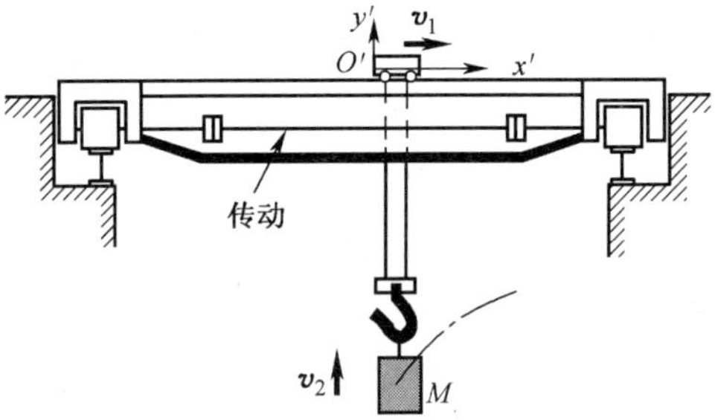

图 8.2

通过以上对绝对运动、相对运动和牵连运动的分析可知,若没有牵连运动,也就无动系,则动点的相对运动就是它的绝对运动;若没有相对运动,则动点被动系牵连的运动就是它的绝对运动;若既有相对运动又有牵连运动,则动点的绝对运动就是这两种运动的合成。所以,又称这种类型的运动为点的合成运动、复合运动或复杂运动。

如前所述,在不同坐标系中描述同一点的运动,将得到不同的结果。显然,动点对不同坐标系的运动轨迹、速度和加速度也将不同。我们将动点相对于定系运动的轨迹、速度和加速度称为动点的绝对轨迹、绝对速度和绝对加速度,绝对速度和绝对加速度分别以$\boldsymbol{v}_a$和 $\boldsymbol{a}_a$表示;动点对于动系运动的轨迹、速度和加速度称为动点的相对轨迹、相对速度和相对加速度,相对速度和相对加速度分别以$\boldsymbol{v}_r$和 $\boldsymbol{a}_r$表示。描述点的绝对运动和相对运动,计算动点的绝对速度和绝对加速度、相对速度和相对加速度都可以利用点的运动一章的知识进行。

应予特别注意的是如何定义动点的牵连速度和牵连加速度。除非做平动,一般情况下,同一瞬时动系上各点的速度和加速度是不同的,因此必须明确以动系上哪一点的速度和加速度作为牵连速度及牵连加速度。动系上直接牵连着动点运动的是动系上与动点重合的那一点。为此定义在某瞬时,动系上与动点重合的那一点为动点在此瞬时的牵连点,牵连点的速度和加速度定义为该瞬时的牵连速度和牵连加速度,并用$\boldsymbol{v}_e$和 $\boldsymbol{a}_e$表示。

现举例说明牵连速度和牵连加速度的概念。图 8.3 所示圆盘,滑块 M 在转动着的圆盘上沿直槽由 O 向外滑动。选定系 Oxy 固结在地面上，动坐标轴 $O'x'$ 沿直槽固结在圆盘上。滑块 M(动点)的相对轨迹为沿 x' 轴的直线。在 t 瞬时，滑块 M 位于圆盘上的 A 点，它的牵连速度 $\boldsymbol{v}_e$ 和牵连加速度 $\boldsymbol{a}_e$ 等于该瞬时 A 点的速度和加速度。设此时圆盘的角速度为 ω，角加速度为 α，则有 $\boldsymbol{v}_e=OA\cdot\omega$，$\boldsymbol{a}_{e\tau}=OA\cdot\alpha$，$\boldsymbol{a}_{en}=OA\cdot\omega^2$，$\boldsymbol{v}_e$、$\boldsymbol{a}_{e\tau}$、$\boldsymbol{a}_{en}$ 的方向分别如图 8.3 所示。

例 8.1　如图 8.4 所示，杆 OA 以角速度 $\omega=t^2$ 绕垂直于图面的 O 轴转动，点 M 沿着 OA 杆按 $x'=3t^2$ 的规律运动(两式中 ω 以 rad/s 计，x' 按 cm 计，t 以 s 计)。如将动系固结于杆 OA 上，求 $t=2$s 时，点 M 的相对速度 $\boldsymbol{v}_r$、相对加速度 $\boldsymbol{a}_r$ 和牵连速度 $\boldsymbol{v}_e$、牵连加速度 $\boldsymbol{a}_e$。

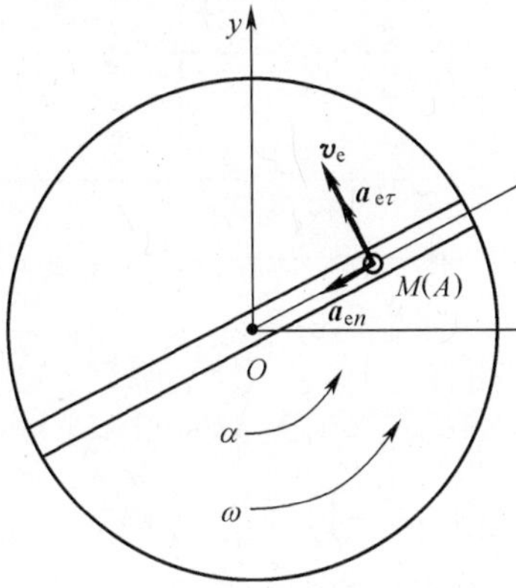

图 8.3

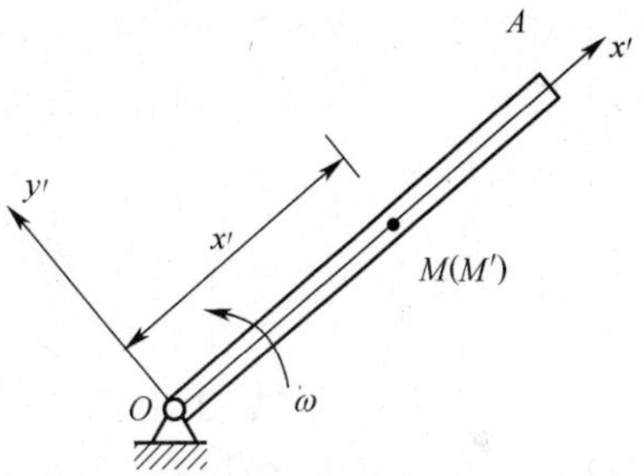

图 8.4

解：定系固结于地面上(不加特殊说明，定系都固结于地面上)，动系固结于 OA 杆上，所以动点 M 相对于地面的运动是绝对运动，沿着 OA 杆的运动是相对运动，动系随 OA 杆的转动是牵连运动。因此 $t=2$s 时，动点 M 的相对速度、相对加速度分别为

$$v_r\big|_{t=2}=\frac{\mathrm{d}x'}{\mathrm{d}t}\Big|_{t=2}=6t\big|_{t=2}=12(\mathrm{cm/s})$$

$$a_r\big|_{t=2}=\frac{\mathrm{d}v_r}{\mathrm{d}t}\Big|_{t=2}=\frac{\mathrm{d}^2x'}{\mathrm{d}t^2}\Big|_{t=2}=6\ (\mathrm{cm/s^2})$$

动点 M(动系上与其重合的点为 M')的牵连速度、牵连加速度计算如下：

$t=2$s 时动点 M 的位置为

$$OM'=OM=x'\big|_{t=2}=3t^2\big|_{t=2}=12(\mathrm{cm})$$

$t=2$s 时动系(杆 OA)的角速度、角加速度分别为

$$\omega\big|_{t=2}=t^2\big|_{t=2}=2^2=4(\mathrm{rad/s}),\alpha\big|_{t=2}=\frac{\mathrm{d}\omega}{\mathrm{d}t}\Big|_{t=2}=2t\big|_{t=2}=4\ (\mathrm{rad/s^2})$$

$t=2$s 时动点 M 的牵连速度为

$$v_e = v_{M'} = OM' \cdot \omega = 12 \times 4 = 48 (\text{cm/s})$$

$t=2\text{s}$ 时动点 M 的牵连切向加速度、法向加速度分别为

$$a_{e\tau} = OM' \cdot \alpha = 12 \times 4 = 48 (\text{cm/s}^2), a_{en} = OM' \cdot \omega^2 = 12 \times 4^2 = 192 (\text{cm/s}^2)$$

需要指出的是，点的绝对运动和相对运动的分析计算是点的运动学问题，它可能是直线运动，也可能是曲线运动；牵连运动的分析计算一般是刚体运动学问题，它可能是平动、定轴转动或更复杂的运动。

一般而言，若已知动系运动的规律，即牵连运动的规律，则可以通过坐标变换来建立点在定系中的坐标（或矢径）与在动系中坐标（或矢径）的关系，如设坐标系 $O'x'y'$ 在定系平面内运动（图 8.5）。已知其运动规律（即牵连运动规律）为

$$x_{O'} = x_{O'}(t), \quad y_{O'} = y_{O'}(t), \quad \varphi = \varphi(t)$$

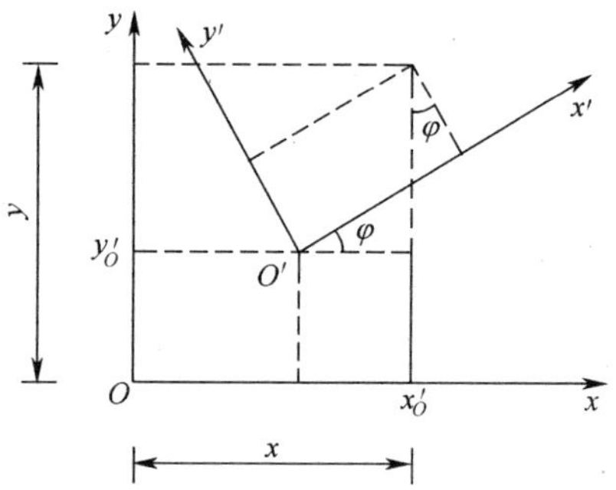

图 8.5

利用坐标变换关系，可得定系与动系之间的变换关系为

$$\begin{cases} x = x_{O'} + x'\cos\varphi - y'\sin\varphi \\ y = y_{O'} + x'\sin\varphi + y'\cos\varphi \end{cases} \tag{8.1}$$

利用上述关系式，可由给定的牵连运动方程和相对运动方程求出绝对运动方程；反之，若给定牵连运动方程和绝对运动方程，则可求出相对运动方程。根据绝对运动方程和相对运动方程就可以确定动点的绝对轨迹和相对轨迹。

8.2　点的速度合成定理

8.1 节讨论了点的绝对运动、相对运动和牵连运动的概念，本节研究这三种运动的速度之间的关系。

设动点 M 按某一规律沿已知曲线 C 运动，而曲线 C 又相对于地面做任意运动。以 M 为动点，动系 $O'x'y'z'$ 固连于曲线 C，定系 $Oxyz$ 固连于地面，如图 8.6 所示。设在瞬时 t，动点位于相对轨迹上的 M 点，此时动点在动系上的重合点就是曲线 C 上的 M 点，经过时间间隔 Δt 后，曲线 C 随同动系 $O'x'y'z'$ 一起运动到新位置 C'。动点最后到达 M' 点，而动点的重合点到达 M_1 点。在定系上来看，动点沿轨迹 $\overset{\frown}{MM'}$ 运动，$\overset{\frown}{MM'}$ 为绝对运动轨迹；在动系上来看，动点沿轨迹 $\overset{\frown}{M_1M'}$ 运动，相对运动轨迹为曲线 C，在这段时间内，动点的重合点沿轨迹 $\overset{\frown}{MM_1}$ 运动。显然，矢量 $\overrightarrow{MM'}$ 和 $\overrightarrow{M_1M'}$ 分别代表了动点在 Δt 时间内的绝对位移和相对位移，而矢量 $\overrightarrow{MM_1}$ 为动点在 t 时刻与动系相重

合的那一点(称为牵连点)在 Δt 时间内的位移,此即为动点的牵连位移。

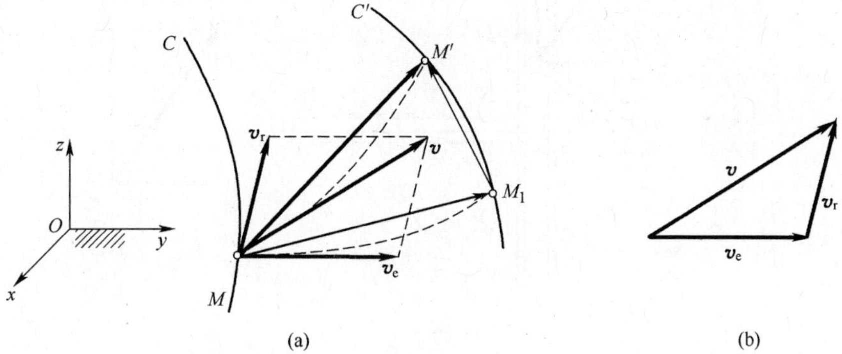

图 8.6

根据图 8.6(a),易得到这三个位移的关系为

$$\overrightarrow{MM'}=\overrightarrow{MM_1}+\overrightarrow{M_1M'}$$

即动点的绝对位移等于牵连位移和相对位移的矢量和。将上式两端同除以时间间隔 Δt,令 $\Delta t\to 0$,取极限得

$$\lim_{\Delta t\to 0}\frac{\overrightarrow{MM'}}{\Delta t}=\lim_{\Delta t\to 0}\frac{\overrightarrow{MM_1}}{\Delta t}+\lim_{\Delta t\to 0}\frac{\overrightarrow{M_1M'}}{\Delta t} \tag{8.2a}$$

由绝对速度、相对速度和牵连速度的定义可知

$$\boldsymbol{v}_a=\lim_{\Delta t\to 0}\frac{\overrightarrow{MM'}}{\Delta t},\boldsymbol{v}_e=\lim_{\Delta t\to 0}\frac{\overrightarrow{MM_1}}{\Delta t},\boldsymbol{v}_r=\lim_{\Delta t\to 0}\frac{\overrightarrow{M_1M'}}{\Delta t}$$

于是,式(8.2a)成为

$$\boldsymbol{v}_a=\boldsymbol{v}_e+\boldsymbol{v}_r \tag{8.2b}$$

式(8.2b)表明,动点的绝对速度等于牵连速度和相对速度的矢量和。换句话说就是,动点的绝对速度可以由牵连速度和相对速度为边所作的平行四边形的对角线来表示。此即为点的速度合成定理。该平行四边形称为速度平行四边形。

应该指出,在这个定理的推导过程中,并没有对动系的运动作任何限制,因此,这个定理适用于牵连运动为平动、转动或其他较复杂的运动。此外,式(8.2)是一个矢量式,在平面问题中,它等同于两个代数方程。因此,在表示 $\boldsymbol{v}_a$、$\boldsymbol{v}_e$ 及 $\boldsymbol{v}_r$ 三个矢量的大小和方向共六个要素中,已知其中的任意四个,就可求解另外两个要素。

例 8.2　图 8.7(a)所示为曲柄滑道导杆机构。曲柄长 $OA=r$,以匀角速度 ω 绕 O 轴转动,并通过滑块 A 带动导杆做往复运动。求当曲柄与导杆轴线成 θ 角时导杆的速度。

解:(1) 选取动点和动系。由题意可知,滑块与导杆彼此有相对运动。当曲柄转动时,滑块在导杆的滑槽中做往复运动,并带动导杆使其往复运动。故选取滑块

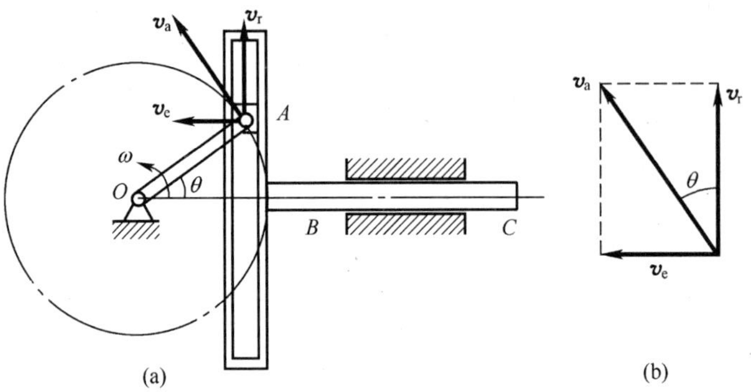

图 8.7

A 为动点，动系固结于导杆上（或选导杆为动系），定系固结于地面（以后若不加说明定系均固结于地面）。

(2) 分析三种运动与三种速度。依题意，经分析易知，绝对运动为动点 A 绕 O 轴的匀速圆周运动。绝对速度的大小为$\boldsymbol{v}_a = r\omega$，方向沿圆周切线方向；相对运动为动点相对于动系的运动即动点 A 在导杆槽里的直线运动，相对运动轨迹是直线，相对速度$\boldsymbol{v}_r$的方向向上，大小未知；牵连运动就是导杆的运动（直线平动）。导杆上和动点相重合的那一点的速度就是动点的牵连速度。由于导杆做平动，其上各点的速度相同，其方向向左，大小未知。

(3) 求解。由速度合成定理，作速度平行四边形如图 8.7(b)所示。

$$\boldsymbol{v}_a = \boldsymbol{v}_e + \boldsymbol{v}_r$$

大小：√　？　？　（√表示已知，以后同）

方向：√　√　√　（？表示未知，以后同）

上式中，三个速度矢量只有两个要素即$\boldsymbol{v}_e$和$\boldsymbol{v}_r$的大小是未知的。

由几何关系，可得导杆在图示位置时的速度大小为

$$v_e = v_a \sin\theta = r\omega \sin\theta$$

例 8.3 图 8.8 所示偏心凸轮，偏心距 $OC = e$，半径 $r = \sqrt{3}e$。设凸轮以匀角速度 ω_0 绕 O 轴转动，试求 OC 垂直于 CA 瞬时，杆 AB 的速度。

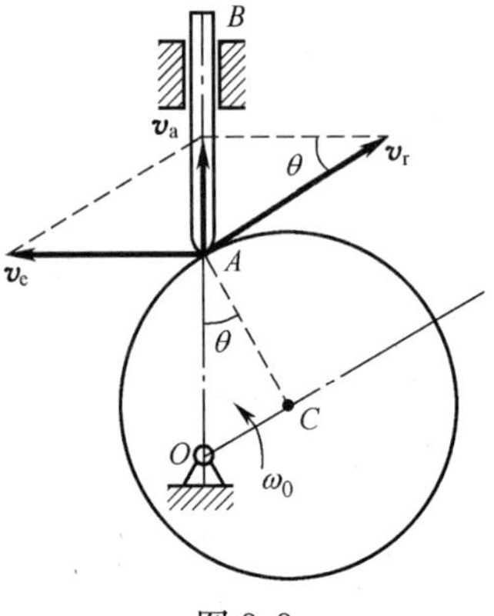

图 8.8

解：显然，凸轮为定轴转动，AB 杆为直线平动。只要求出 A 点的速度就可以知道 AB 杆各点的速度。由于 A 点始终与凸轮接触，因此，它相对于凸轮的相对运动轨迹为已知的圆。选 AB 杆上的 A 点为动点，动系固结于凸轮上，则 A 点的绝对运动是直线运动，相对运动是以 C 为圆心的圆周

运动，牵连运动是凸轮的定轴转动，速度分析如图 8.8 所示。

由速度合成定理得

$$\boldsymbol{v}_a = \boldsymbol{v}_e + \boldsymbol{v}_r$$

大小：√　?　?

方向：√　√　√

依题意，经分析可知 $v_e = OA \cdot \omega_0 = 2e\omega_0$

$\boldsymbol{v}_a$的大小、方向及$\boldsymbol{v}_e$、$\boldsymbol{v}_r$的方向已知，因而可求出$\boldsymbol{v}_e$、$\boldsymbol{v}_r$的大小。

由速度三角形关系可得

$$v_a = v_e \tan\theta = v_e \frac{OC}{CA} = 2e\omega_0 \frac{e}{\sqrt{3}e} = 1.155e\omega_0$$

$\boldsymbol{v}_a$的方向竖直向上。

本题中，选择 AB 杆的 A 点为动点，动系与凸轮固结。因此，三种运动特别是相对运动轨迹十分明显、简单，使问题得以顺利解决。反之，若选凸轮上的点(如与 A 重合之点)为动点，而动系与 AB 杆固结，这样，相对运动轨迹不仅难以确定，而且其曲率半径未知。这将导致求解(特别是求加速度)复杂化。

通过以上例题，可以将应用点的速度合成定理解题的方法和步骤总结如下：

(1) 选取动点和动系　如果研究的是机构，在选取动点、动系之前，必须先分析机构中各构件的运动情况及运动传递的关系。动点、动系的选取必须同时进行。其基本原则是：①动点对动系必须有相对运动，即动点和动系不能选在同一个物体上；②动点的相对运动轨迹要明显；③动点要是一个“恒点”，即在运动过程中，一直是某一个构件上的同一个点。

(2) 分析三种运动与三种速度　在分析三种运动时，要注意动点的绝对运动、相对运动各是什么样的运动，是直线运动、圆周运动还是某种曲线运动；牵连运动又是什么样的运动，是平动还是定轴转动(甚至是更复杂的运动)。分析三种速度时，要明确动点三种速度的六个要素(各速度的大小和方向)中，哪些是已知的，哪些是待求的。

(3) 由速度合成定理的矢量关系，作出速度平行四边形，由几何关系解出待求量。

例 8.4　在图 8.9 所示机构中，曲柄 $OA = 12\text{cm}$，当 OA 绕轴 O 以匀角速度$\omega = 7\text{rad/s}$转动时，滑套 A 带动杆 O_1B 绕轴 O_1 转动。已知 $OO_1 = 20\text{cm}$，求当 OA 处于水平位置时，杆 O_1B 的角速度。

解：由于滑套 A 为传递运动的点，且在传递运动的过程中具有相对运动，因此选取滑套 A 为动点，将动系固结在杆 O_1B 上。绝对运动为滑套 A 绕 O 轴的匀速圆周转动。动点的绝对速度的大小为 $v_a = OA \cdot \omega$，方向垂直于 OA，指向与 ω 转向一致；相对运动为动点 A 沿 O_1B 方向的直线运动，相对速度的方向沿 O_1B，大小未知;牵连运动为摇杆 O_1B 绕 O 轴的摆动。牵连速度就是 O_1B 杆上与滑套 A 相重合的点的速度,它的方向垂直于 O_1B,大小未知。

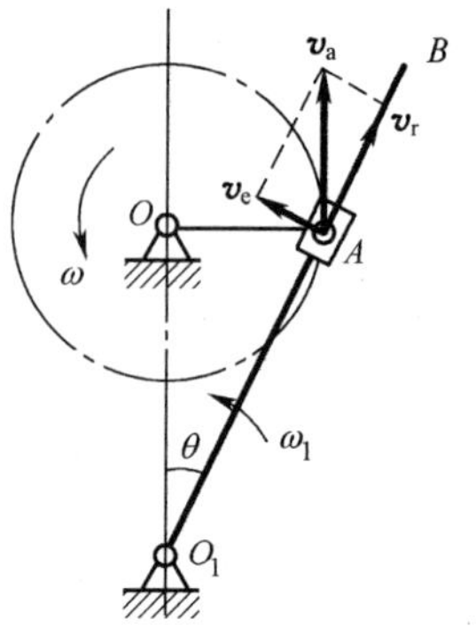

图 8.9

根据速度合成定理,作速度平行四边形求未知量。

$$\boldsymbol{v}_a=\boldsymbol{v}_e+\boldsymbol{v}_r$$

大小:√　?　?

方向:√　√　√

因式中共有四个要素已知,故可以作出速度四边形,根据 $\boldsymbol{v}_a$ 为合矢量,可以确定 $\boldsymbol{v}_e$、$\boldsymbol{v}_r$ 的正确指向,如图 8.9 所示。根据几何关系,可求出 $\boldsymbol{v}_e$ 的大小为

$$v_e=v_a\sin\theta=OA\cdot\omega\cdot\frac{OA}{O_1A}=\frac{(OA)^2}{\sqrt{(OA)^2+(O_1O)^2}}\omega$$

设摇杆 O_1B 在此时刻的角速度为 ω_1,则有

$$\omega_1=\frac{v_e}{O_1A}=\frac{(OA)^2}{(OA)^2+(O_1O)^2}\omega=1.85(\text{rad/s})$$

例 8.5　如图 8.10(a)所示,物块 M 相对于楔块 A 沿斜面下滑的运动规律为 $x'=2t+3t^2$(x'按 cm 计,t 以 s 计)。同时,楔块又以匀速率 $u=10\text{cm/s}$ 向右做直线平动。楔块的倾角 $\alpha=45°$,求 $t=1\text{s}$ 时物块 M 相对于地面的运动速度。

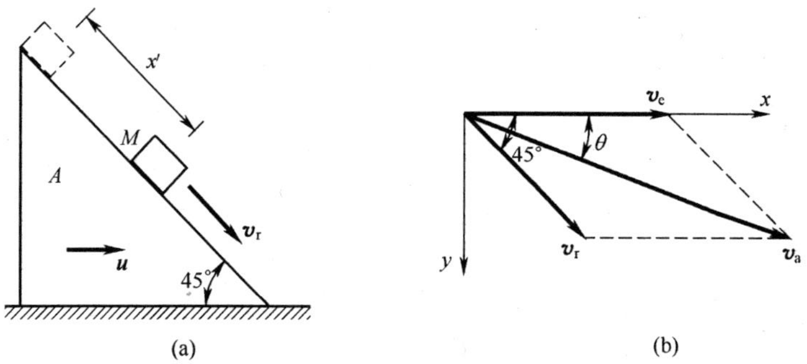

图 8.10

解:物块 M 相对于楔块 A 运动,而楔块 A 又相对于地面运动,待求的是物块 M 相对于地面的速度。据此,应取物块 M 为动点,动系固结于楔块 A 上。显然,物块 M 相对于地面的运动为绝对运动,轨迹是未知的;物块 M 相对于楔块的直线运动为相对运动;楔块相对于地面的直线运动是牵连运动。

物块的牵连速度为 $v_e=\boldsymbol{u}=10\text{cm/s}$,方向向右;$t=1\text{s}$ 时的相对速度为

$$v_r\big|_{t=1}=\frac{\mathrm{d}x'}{\mathrm{d}t}\Big|_{t=1}=2+6t\big|_{t=1}=8(\text{cm/s})$$

速度分析图如图 8.10(b)所示。

由速度合成定理，有

$$\boldsymbol{v}_{\rm a}=\boldsymbol{v}_{\rm e}+\boldsymbol{v}_{\rm r}$$

大小：?　√　√

方向：?　√　√

绝对速度的大小、方向均未知，可由解析法求出。为此，建立坐标系如图 8.10(b)所示，由上式可得

$$v_{ax}=v_{ex}+v_{rx}=10+8\cos 45^\circ=15.656(\text{cm/s})$$

$$v_{ay}=v_{ey}+v_{ry}=0+8\sin 45^\circ=5.656(\text{cm/s})$$

所以有

$$v_{\rm a}=\sqrt{v_{ax}^2+v_{ay}^2}=\sqrt{15.656^2+5.656^2}=16.6(\text{cm/s})$$

$$\tan\theta=\frac{v_{ay}}{v_{ax}}=\frac{5.656}{15.656}=0.361$$

$$\theta\approx 19.9^\circ$$

本题也可用余弦定理求解，过程如下：

由几何关系得

$$v_{\rm a}=\sqrt{v_{\rm e}^2+v_{\rm r}^2+2v_{\rm e}v_{\rm r}\cos 45^\circ}=$$

$$\sqrt{10^2+8^2+2\times 10\times 8\times\cos 45^\circ}=16.6(\text{cm/s})$$

方向如图 8.10 所示。

本例告诉我们另一种求解点的合成运动速度方法。即当要求未知量的方向未知时，用解析法或许更简单些。这一思路对以后的加速度、刚体的平面运动等问题的分析同样如此。

8.3　牵连运动为平移时点的加速度合成定理

点的速度合成定理建立了点的绝对速度、相对速度和牵连速度之间的关系，不论牵连运动是什么形式的运动，定理都是适用的。在加速度之间也存在着一定的关系，且这种关系与牵连运动的形式有关。本节先讨论比较简单的情况，即牵连运动为平动时点的加速度合成定理。

为使推导过程简单易懂，这里采用平面坐标系。对于空间坐标系，只是表达式的后面多一项 z 方向的分量，没有本质的差别。

如图 8.11 所示，动系 $O'x'y'$ 在定系 Oxy 中做平动，同时动点 M 又相对于动系做任意曲线运动，其在动系中的相对矢径为

$$\boldsymbol{r}'=x'\boldsymbol{i}'+y'\boldsymbol{j}' \tag{a}$$

式中：x'、y' 为动点 M 在动系中的位置坐标；$\boldsymbol{i}'$、$\boldsymbol{j}'$ 为沿动系坐标轴的单位矢量。根

据相对速度的定义，$\boldsymbol{v}_r$是动点相对于动系运动的速度，也就是将动系看做静止不动时，相对矢径对时间 t 的变化率。由于将动系看做静止不动，动系的单位矢量 $\boldsymbol{i}'$、$\boldsymbol{j}'$ 应视为常量，其对时间的变化率为零，因此动点的相对速度为

$$\boldsymbol{v}_r = \frac{dx'}{dt}\boldsymbol{i}' + \frac{dy'}{dt}\boldsymbol{j}' \tag{b}$$

动点的相对加速度为

$$\boldsymbol{a}_r = \frac{d\boldsymbol{v}_r}{dt} = \frac{d^2x'}{dt^2}\boldsymbol{i}' + \frac{d^2y'}{dt^2}\boldsymbol{j}' \tag{c}$$

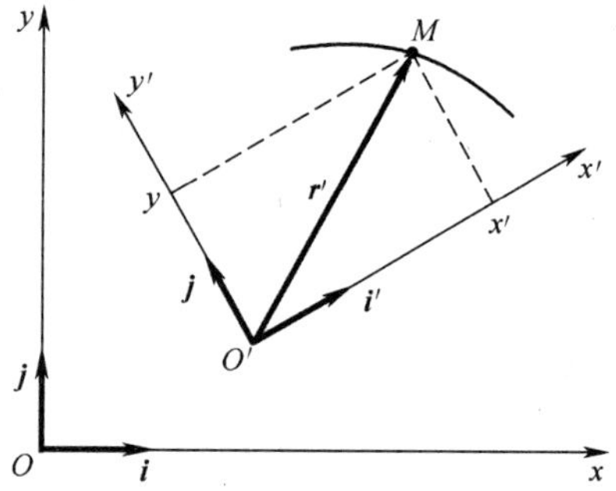

图 8.11

根据牵连速度的概念，$\boldsymbol{v}_e$是动系上与动点重合的那一点的速度。由于动系做平动，其上各点的速度相等，都等于动系坐标原点的速度；各点的加速度也相等，都等于动系坐标原点的加速度，即有

$$\boldsymbol{v}_e = \boldsymbol{v}_{O'}, \boldsymbol{a}_e = \boldsymbol{a}_{O'} = \frac{d\boldsymbol{v}_{O'}}{dt} \tag{d}$$

由速度合成定理，得

$$\boldsymbol{v}_a = \boldsymbol{v}_e + \boldsymbol{v}_r = \boldsymbol{v}_{O'} + \frac{dx'}{dt}\boldsymbol{i}' + \frac{dy'}{dt}\boldsymbol{j}' \tag{e}$$

将式(e)对时间 t 求一阶导数，并考虑到动系做平动，单位矢量为常量，得

$$\boldsymbol{a}_a = \frac{d\boldsymbol{v}_a}{dt} = \frac{d\boldsymbol{v}_{O'}}{dt} + \frac{d\boldsymbol{v}_r}{dt} = \frac{d\boldsymbol{v}_{O'}}{dt} + \frac{d^2x'}{dt^2}\boldsymbol{i}' + \frac{d^2y'}{dt^2}\boldsymbol{j}' \tag{f}$$

由式(c)、式(d)、式(f)，可得

$$\boldsymbol{a}_a = \boldsymbol{a}_e + \boldsymbol{a}_r \tag{8.3}$$

式(8.3)表示的是牵连运动为平动时点的加速度合成定理：当牵连运动为平动时，动点在某时刻的绝对加速度等于该时刻它的牵连加速度与相对加速度的矢量和。即牵连运动为平动时，点的绝对加速度可由牵连加速度和相对加速度所构成的平行四边形的对角线来确定。

例 8.6 曲柄滑道机构如图 8.12(a)所示。曲柄半径为 R，以匀角速度 ω 绕 O 轴转动，并带动圆弧形滑道移动。求图示瞬时滑道的加速度及滑块 A 相对于滑道

的加速度。

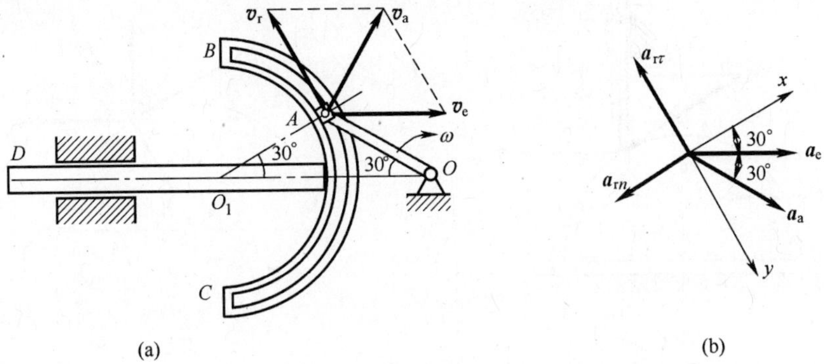

图 8.12

解：取滑块 A 为动点，动系与滑道固连，定系与机座固连。动系做水平直线平动，故牵连速度、牵连加速度方向均沿水平方向，大小未知。相对运动为动点（滑块）沿圆弧形滑道的圆周运动，相对速度沿圆弧切线，相对加速度有切向与法向两个分量。绝对运动为动点（滑块）绕 O 轴的匀速圆周运动，故绝对速度垂直于 OA，大小为 $v_a = R\omega$，其速度平行四边形如图 8.12 (a)所示。由点的速度合成定理，有

$$\boldsymbol{v}_a = \boldsymbol{v}_e + \boldsymbol{v}_r \tag{a}$$

由所构成的平行四边形几何关系可知

$$v_e = v_r = v_a = R\omega \tag{b}$$

由牵连运动为平动时点的加速度合成定理，有

$$\boldsymbol{a}_a = \boldsymbol{a}_e + \boldsymbol{a}_{r\tau} + \boldsymbol{a}_{rn} \tag{c}$$

其加速度矢量如图 8.12(b)所示。其中

$$a_a = a_{an} = R\omega^2, a_{rn} = \frac{v_r^2}{R} = R\omega^2 \tag{d}$$

将式(c)向 x 轴、y 轴方向投影，得

$$\begin{aligned} a_a\cos60° &= a_e\cos30° - a_{rn} \\ a_a\cos30° &= a_e\cos60° - a_{r\tau} \end{aligned} \tag{e}$$

将式(d)代入上述方程组，求解得

$$a_e = \sqrt{3}R\omega^2, a_{r\tau} = 0, a_{rn} = R\omega^2$$

例 8.7　在图 8.13(a)所示凸轮导杆机构中，凸轮是半径 $R = 100\text{cm}$ 的半圆形。在图示时刻，凸轮的平动速度为 $v = 60\text{cm/s}$，加速度为 $a = 45\text{cm/s}^2$，$\theta = 60°$。求此时刻导杆 AB 的速度和加速度。

解：因为导杆 AB 在滑槽中做平动，其上各点运动相同，且 A 点对凸轮的相对运动轨迹是半径为 R 的圆，故选导杆上的 A 点为动点，动系固结于凸轮上。经分析易知，绝对运动是铅垂直线运动，绝对速度的方向沿铅直方向，大小未知；相对运

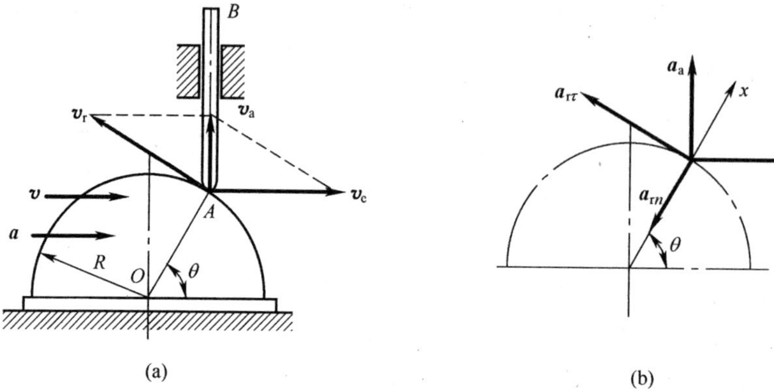

图 8.13

动是动点 A 相对凸轮的运动，其相对运动轨迹是半径为 R 的半圆；相对速度的方向沿半圆在 A 点的切线方向，其大小未知；牵连运动为凸轮的平动，故动点 A 的牵连速度等于凸轮的平动速度 v。

根据速度合成定理，作速度平行四边形，求未知量。

$$\boldsymbol{v}_a=\boldsymbol{v}_e+\boldsymbol{v}_r$$

大小：?　√　?

方向：√　√　√

上式中，因三个速度矢量中只有两个未知要素，可解，作速度平行四边形，如图 8.13(a)所示。由几何关系得导杆的速度大小为

$$v_a=v_e\cot\theta=v\cot\theta=60\cot 60°=34.6(\text{cm/s}) \qquad \text{(b)}$$

动点 A 的相对速度大小为

$$v_r=\frac{v_e}{\sin\theta}=\frac{v}{\sin\theta}=\frac{60}{\sin 60°}=69.3(\text{cm/s}) \qquad \text{(c)}$$

由加速度分析可知，动点 A 的绝对加速度的方向沿铅直方向，设其方向向上，其大小未知；由于相对运动是圆周运动，故相对加速度包括相对切向加速度和相对法向加速度；因为牵连运动是平动，所以牵连加速度等于凸轮的平动加速度。

根据加速度合成定理

$$\boldsymbol{a}_a=\boldsymbol{a}_e+\boldsymbol{a}_{r\tau}+\boldsymbol{a}_{rn} \qquad \text{(d)}$$

大小：?　√　?　√

方向：√　√　√　√

加速度矢量分析如图 8.13(b)所示。其中

$$a_e=a=45\ (\text{cm/s}^2),\ a_{rn}=\frac{v_r^2}{R}=\frac{69.3^2}{100}=48\ (\text{cm/s}^2)$$

因为不需求 $a_{r\tau}$，故将上式各矢量向垂直于 $\boldsymbol{a}_{r\tau}$ 的 x 轴投影，得投影式

$$a_a \sin\theta = a_e \cos\theta - a_{rn} \tag{e}$$

将 a_e、a_{rn} 代入式(e)可解得

$$a_a = -30.6 \text{cm/s}^2$$

式中:负号表示导杆在此瞬时的加速度方向与图 8.13 上假设的方向相反。

例 8.8　靠模 D 移动时将带动轮 A 和顶杆 AB 运动,如图 8.14 所示。已知图示位置时靠模的速度为 v,加速度为 a,半径为 r 的轮与靠模无相对滑动。求顶杆 AB 的速度、加速度以及轮 A 的角速度、角加速度。

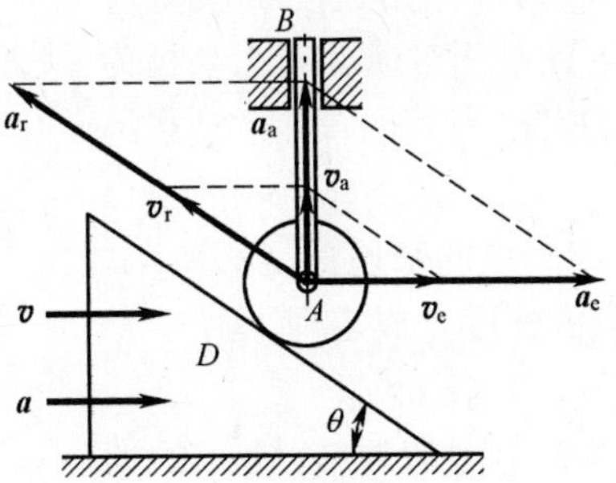

图 8.14

解:取 AB 上的 A 为动点,动系固连于靠模 D 上。动系做水平直线平动,故动点 A 的牵连速度、牵连加速度均为水平且为已知;动点 A 的相对运动轨迹为过 A 点平行于靠模斜面的直线,故相对速度、相对加速度的方向均沿此直线,其大小未知;动点 A 的绝对运动轨迹为 AB 直线,故绝对速度、绝对加速度的方向均沿 AB,大小未知。速度平行四边形和加速度矢量图如图 8.14 所示。

由点的速度合成定理,有

$$\boldsymbol{v}_a = \boldsymbol{v}_e + \boldsymbol{v}_r$$

利用图示的几何关系,得顶杆 AB 的速度为

$$v_{AB} = v_a = v_e \tan\theta = v\tan\theta, v_r = \frac{v_e}{\cos\theta} = \frac{v}{\cos\theta}$$

轮 A 的角速度为

$$\omega_A = \frac{v_r}{r} = \frac{v}{r\cos\theta}$$

由点的加速度合成定理,有

$$\boldsymbol{a}_a = \boldsymbol{a}_e + \boldsymbol{a}_r$$

利用图示的几何关系,得顶杆 AB 的加速度为

$$a_{AB} = a_a = a_e \tan\theta = a\tan\theta, a_r = \frac{a_e}{\cos\theta} = \frac{a}{\cos\theta}$$

轮 A 的角加速度为

$$\alpha_A=\frac{a_r}{r}=\frac{a}{r\cos\theta}$$

8.4 牵连运动为转动时点的加速度合成定理

牵连运动为转动时点的加速度合成定理与牵连运动为平动时的情况是不相同的。让我们先看一实例。

图 8.15 所示为一个圆盘以匀角速度 ω 绕垂直于盘面的 O 轴转动，动点 M 以相对速度 $\boldsymbol{v}_r$ 在半径为 r 的圆槽内顺 ω 转向做匀速圆周运动。求 M 动点绝对加速度。

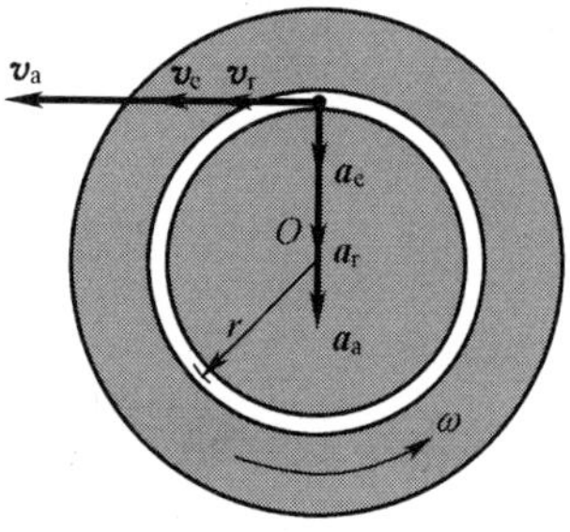

图 8.15

取动系与圆盘固连，则动点的牵连速度 $\boldsymbol{v}_e=r\omega$，方向与 $\boldsymbol{v}_r$ 相同。于是由点的速度合成定理，有

$$\boldsymbol{v}_a=\boldsymbol{v}_e+\boldsymbol{v}_r=r\omega+\boldsymbol{v}_r$$

因 $\boldsymbol{v}_e$、$\boldsymbol{v}_r$ 方向相向，其大小均为常量，故 $\boldsymbol{v}_a$ 的大小也是常量。所以，动点 M 的绝对运动轨迹是半径为 r 的圆，动点 M 沿此圆做匀速圆周运动。

动点 M 的牵连加速度是圆盘上与动点重合之点的加速度。因圆盘做匀速转动，故牵连加速度只有法向加速度，其方向指向 O 轴，其大小为

$$a_e=r\omega^2$$

动点 M 的相对运动轨迹是半径为 r 的圆，动点沿此圆做匀速圆周运动，相对加速度也只有法向分量，方向指向 O 轴，大小为

$$a_r=\frac{v_r^2}{r}$$

动点的绝对加速度的大小为

$$a_a=\frac{v_a^2}{r}=\frac{(r\omega+v_r)^2}{r}=r\omega^2+2\omega v_r+\frac{v_r^2}{r}$$

可见动点 M 的绝对加速度不只是牵连加速度与相对加速度队的矢量和，而多出一个附加项 $2\omega\,\boldsymbol{v}_r$。这一附加项是由于转动的牵连运动与相对运动相互影响的结果而产生的一种附加的加速度。这一附加加速度是 1835 年由法国数学家科里奥利(G. Coriolis)发现的，因而命名为科里奥利加速度，简称科氏加速度，用记号 $\boldsymbol{a}_C$ 表示。

于是，牵连运动为转动时点的加速度合成定理为

$$\boldsymbol{a}_a=\boldsymbol{a}_e+\boldsymbol{a}_r+\boldsymbol{a}_C \tag{8.4}$$

即牵连运动为转动时，动点的绝对加速度等于该瞬时的牵连加速度、相对加速度和科氏加速度的矢量和。这里略去了定理的证明过程，读者可参阅有关《理论力

学》教科书。

以上仅以特例说明了牵连运动为转动时会出现附加加速度，即科氏加速度。在一般情况下，科氏加速度的表达式为

$$\boldsymbol{a}_C = 2\boldsymbol{\omega} \times \boldsymbol{v}_r \tag{8.5}$$

式中：$\boldsymbol{\omega}$ 为动坐标系转动的角速度矢量，其方向用右手螺旋法则确定；$\boldsymbol{v}_r$为动点的相对速度。若 $\boldsymbol{\omega}$ 与$\boldsymbol{v}_r$之间的夹角为 θ，则科氏加速度 $\boldsymbol{a}_C$的大小为

$$a_C = 2\omega_e v_r \sin\theta$$

在自然界中，可以观察到科氏加速度的一些表现。如果将在地球上运动的物体作为动点，动坐标系与地球固连，只考虑地球绕地轴自转，就是牵连运动为转动的情况。一般工程问题是将地球看做固定不动的，但有些情况应考虑地球自转的影响。

例如，火车在北半球以速度 v 行驶时，不论其行驶方向如何，总有大小为 $2\omega v\sin\theta$ 的科氏加速度存在（θ 为当地纬度），而且总是从运动方向的右侧指向左侧。例如，图 8.16 中 A、B、C、D 四点分别表示火车向北、南、东、西行驶时的情况（在 C、D 点，v 与纸面垂直、向后）。在 A、B 两点，科氏加速度方向沿纬线；在 C、D 点，$\boldsymbol{a}_C$有一个水平分量 $\boldsymbol{a}'_C = \sin\theta$，在所有情况下，$\boldsymbol{a}_C$或 $\boldsymbol{a}'_C$都是指向火车前进方向的左侧。于是右轨必须给车轮一个向左的力，在铁路复线上，天长日久，右轨将比左轨磨损严重。

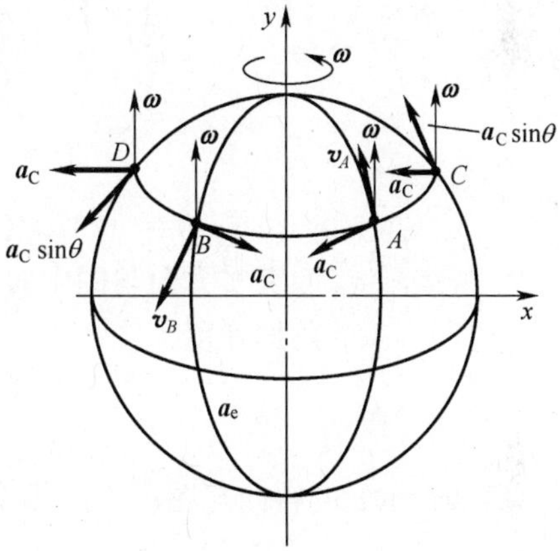

图 8.16

同样道理，北半球的河流，顺水流方向看，右岸必须给水流一个向左的力，由作用与反作用定律可知，右岸也受此力作用，故其冲刷也甚于左岸。

例 8.9　求例 8.4 中摇杆 O_1B 在图 8.17 所示位置时的角加速度。

解：速度分析同例。由速度平行四边形可求得相对速度

$$v_r = v_a\cos\theta = 72(\text{cm/s})$$

根据加速度合成定理，作加速度矢量分析图，如图所示。

欲求摇杆 O_1B 的角加速度 α，只需求出 $\boldsymbol{a}_{e\tau}$即可。现在分别分析上式中的各项。

动点的绝对运动是以 O 为圆心的匀速圆周运动，故只有法向加速度，方向如图所示，大小为

$$a_a = OA\omega^2 = 588(\text{cm/s}^2)$$

牵连加速度是摇杆上与动点重合的那一点的加速度。摇杆摆动，其上点 A 的切向加速度为 $\boldsymbol{a}_{e\tau}$，方向垂直于杆 O_1A，假设指向如图所示；法向加速度为 $\boldsymbol{a}_{en}$，它的大小为 $a_{en}=O_1A\cdot\omega^2$，方向如图所示。在例 8.4 中已求得 $\omega_1=1.85\text{rad/s}$。

因相对轨迹为直线，故 $\boldsymbol{a}_r$ 沿 O_1A，假设指向如图所示，其大小未知。

由于动系转动，因此有科氏加速度 $\boldsymbol{a}_C$，根据 $\boldsymbol{a}_C=2\boldsymbol{\omega}_e\times\boldsymbol{v}_r$ 知

$$a_C=2\omega_1 v_r\sin 90°=2\omega_1 v_r=266.4(\text{cm/s}^2)$$

方向如图 8.17 所示。

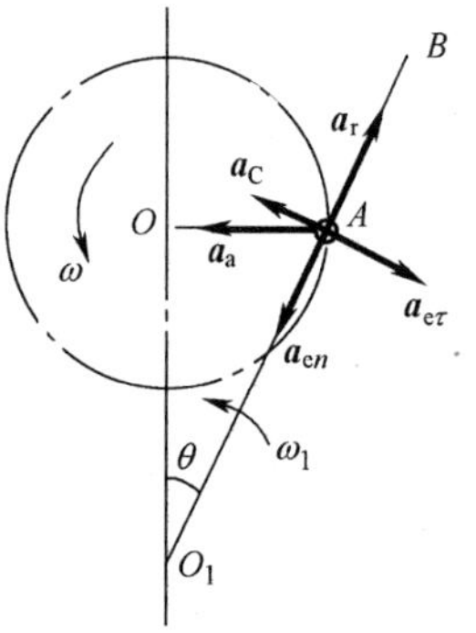

图 8.17

因为动系做定轴转动，因此加速度合成定理为

$$\boldsymbol{a}_a=\boldsymbol{a}_{e\tau}+\boldsymbol{a}_{en}+\boldsymbol{a}_r+\boldsymbol{a}_C$$

大小：√ ？ √ ？ √

方向：√ √ √ √ √

为了求得 $\boldsymbol{a}_{e\tau}$，应将加速度合成定理向 $\boldsymbol{a}_{e\tau}$ 方向投影，得

$$-a_a\cos\theta=a_{et}-a_C$$

解得

$$a_{e\tau}=a_C-a_a\cos\theta=-237.4(\text{cm/s}^2)$$

负号表示 $\boldsymbol{a}_{e\tau}$ 的真实方向与图中假设的指向相反。

摇杆 O_1A 的角加速度为

$$\alpha=\frac{a_{et}}{O_1A}=\frac{-237.4}{\sqrt{12^2+20^2}}=-10.2(\text{rad/s}^2)$$

负号表示 α 的转向与图示方向相反，α 的真实转向为逆时针方向。

思 考 题

8.1 何谓绝对运动、相对运动？绝对速度、相对速度？绝对加速度、相对加速度？

8.2 何谓牵连运动、牵连点？何谓牵连速度、牵连加速度？

8.3 图 8.18 所示汽车以速度 $\boldsymbol{v}$ 在水平路面上行驶，以路上的行人 M 为动点，动系固连在汽车上，试分析：

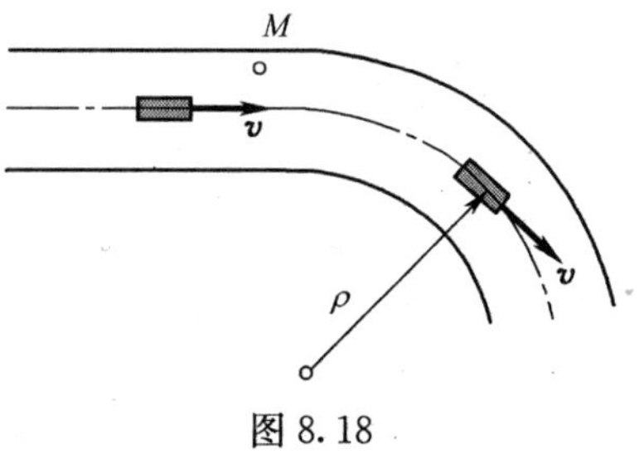

图 8.18

(1) 当汽车直线行驶时，动点 M 的牵连速度；

(2) 当汽车沿半径为 ρ，中心为 O 的圆弧运动时，动点 M 的牵连速度。

8.4 应用点的合成运动理论研究运动

时，选取动点、动系一般应注意什么？

8.5　在动系平动时，为什么可以说动系的速度就是动点的牵连速度，而动系转动时就不能这样说？

8.6　应用加速度合成定理时，为什么要明了动系做什么运动？

8.7　科氏加速度的大小和方向如何求？当科氏加速度为零时，动系是否为平动？

8.8　应用速度、加速度合成定理的矢量式求解时，在什么情况下选用几何法求解简便，什么情况下选用投影法（解析式）求解更为适宜？

习　题

8.1　图8.19所示导杆OA绕O轴转动，转动规律为$\varphi=\pi t^2$（式中φ以rad计，t以s计）。滑块M在导杆上滑动，运动规律为$s=1+2t$（式中s以cm计）。试求$t=0.5$s时，滑块M的绝对速度。

8.2　曲柄OA以匀角速度绕O轴转动，并带动直角折杆O_1BC绕O_1轴转动。试求图8.20所示位置时折杆O_1BC的角速度。

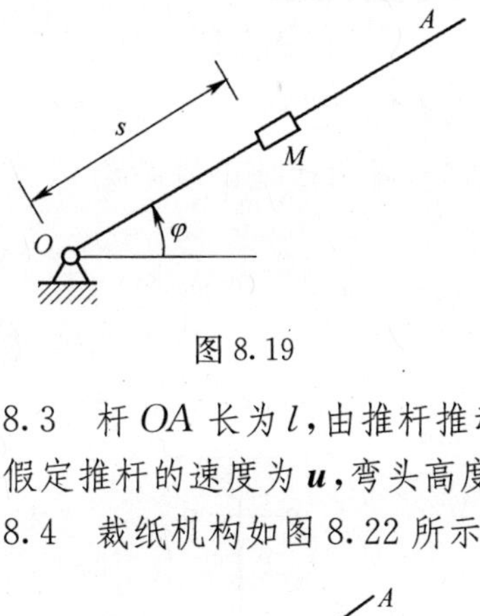

图8.19

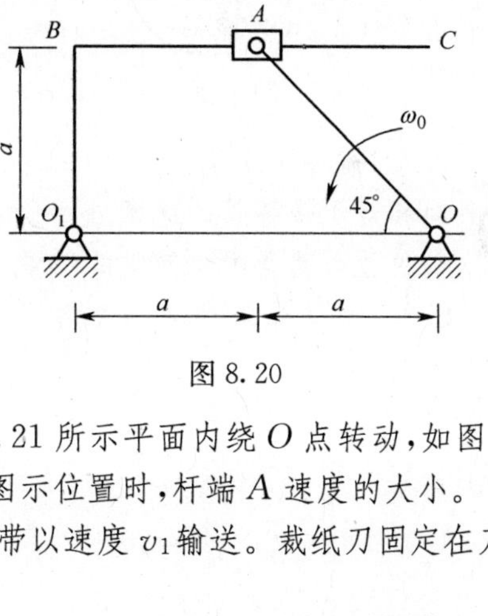

图8.20

8.3　杆OA长为l，由推杆推动而在图8.21所示平面内绕O点转动，如图所示。假定推杆的速度为$\boldsymbol{u}$，弯头高度为a。求图示位置时，杆端A速度的大小。

8.4　裁纸机构如图8.22所示，纸由传送带以速度v_1输送。裁纸刀固定在刀

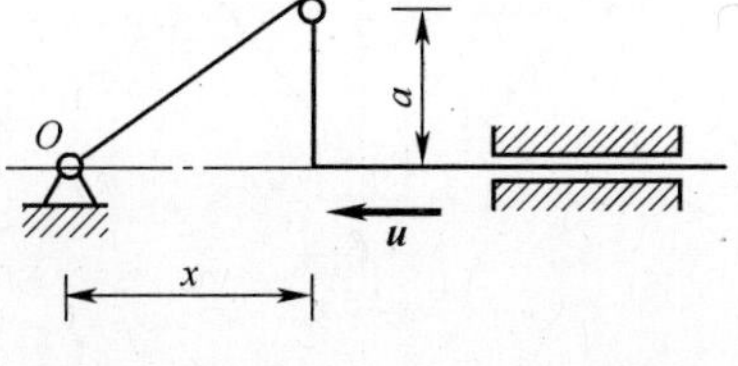

图8.21

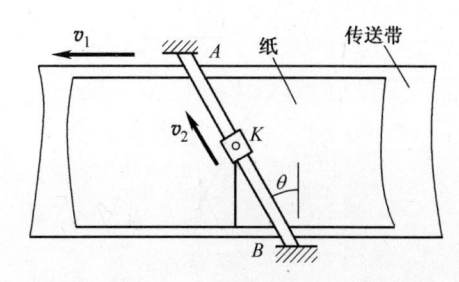

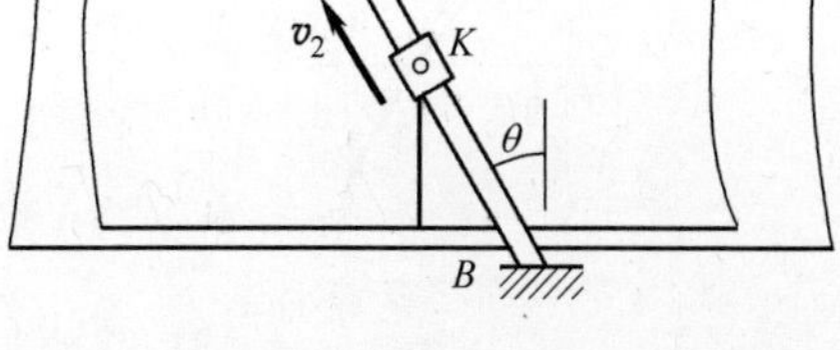

图8.22

架 K 上，刀架 K 以速度 v_2 沿固定杆 AB 移动。若 $v_1=5\text{cm/s}$，$v_2=13\text{cm/s}$，欲使裁出的纸为矩形，试问 AB 杆的安装角 θ 应为多大？

8.5　平面顶杆凸轮机构如图 8.23 所示，顶杆 AB 可沿导槽上下移动，偏心轮绕 O 轴转动，轴 O 位于顶杆轴线上，工作时顶杆的平底始终与凸轮表面接触。该凸轮半径为 R，偏心距为 $OC=e$，凸轮转动的加速度为 ω，OC 与水平线夹角为 φ。求 $\varphi=0°$ 时，顶杆的速度。

8.6　如图 8.24 所示，物块 M 从传送带 A 落到另一传送带 B 上，站在地面上观察物块 M 下落的速度为 $v_1=4\text{m/s}$，方向与铅直线成 30°；传送带 B 水平传动，其速度为 $v_2=3\text{m/s}$。求物块 M 相对于传送带 B 的速度。

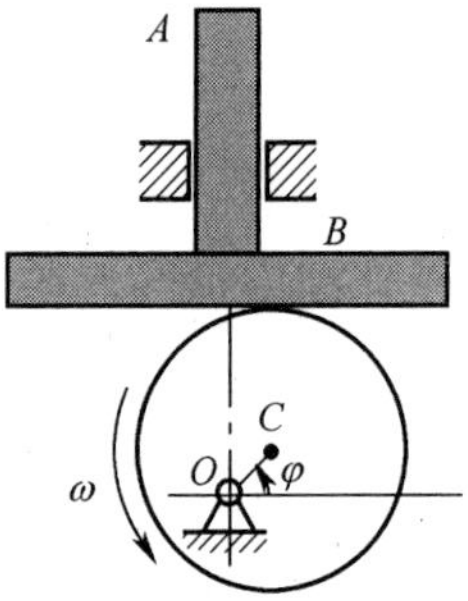

图 8.23

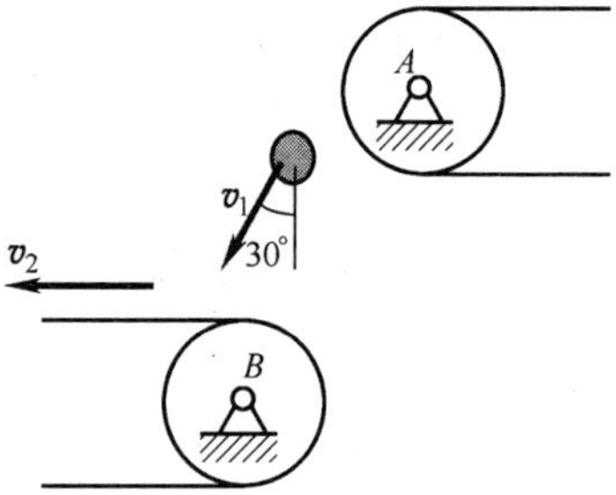

图 8.24

8.7　播种机以匀速率 $v_1=1\text{m/s}$ 直线前进，如图 8.25 所示。种子脱离输种管时具有相对于输种管的速度 $v_2=2\text{m/s}$。求此时种子相对于地面的速度，及落至地面上的位置与离开输种管时的位置之间的距离。

8.8　如图 8.26 所示，瓦特离心调节器以角速度 ω 绕铅垂轴转动。由于机器负荷的变化，调速器重球以角速度 ω_1 向外张开。如 $\omega=10\text{rad/s}$，$\omega_1=1.2\text{rad/s}$；球柄与铅垂轴所成的交角 $\alpha=30°$。求此时重球 M 的绝对速度。已知 $l=50\text{cm}$，$e=5\text{cm}$。

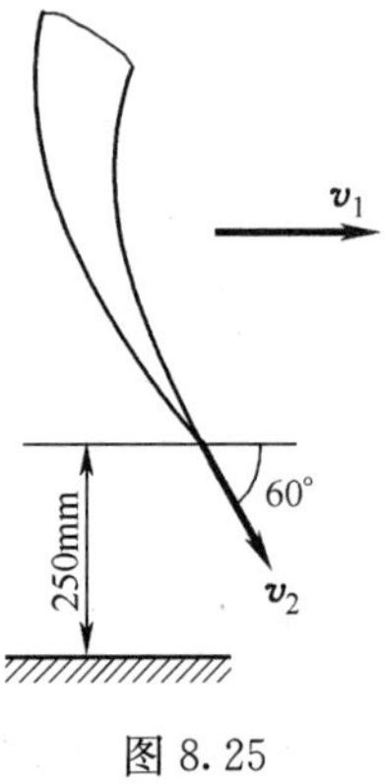

图 8.25

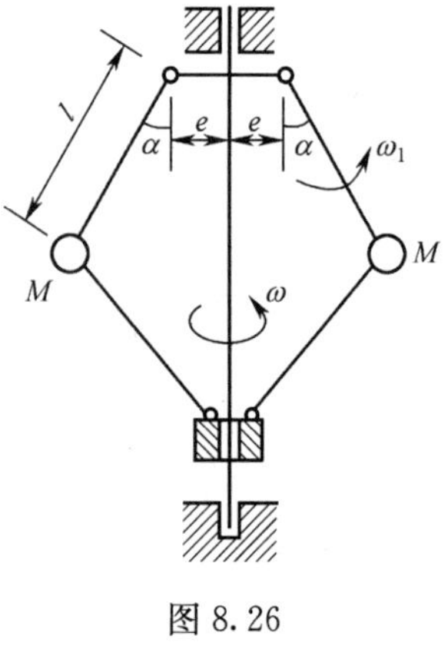

图 8.26

8.9　图 8.27 所示曲柄滑道机构中，杆 BC 水平，而杆 DE 保持铅直。曲柄长 $OA=0.1\text{m}$ 并以匀角速度 $\omega=20\text{rad/s}$ 绕 O 轴转动，通过滑块 A 使杆 BC 做往复运动。求当曲柄与水平线间交角 $\varphi=30°$ 时，杆 BC 的速度、加速度。

8.10　机构如图 8.28 所示，曲柄长 $OA=40\text{cm}$，以等角速度 $\omega=0.5\text{rad/s}$ 绕 O 轴逆时针转动。由于曲柄的 A 端推动水平板 B，而使滑杆 C 沿铅直方向上升。求当曲柄与水平线间的夹角 $\varphi=30°$ 时，滑杆 C 的速度和加速度。

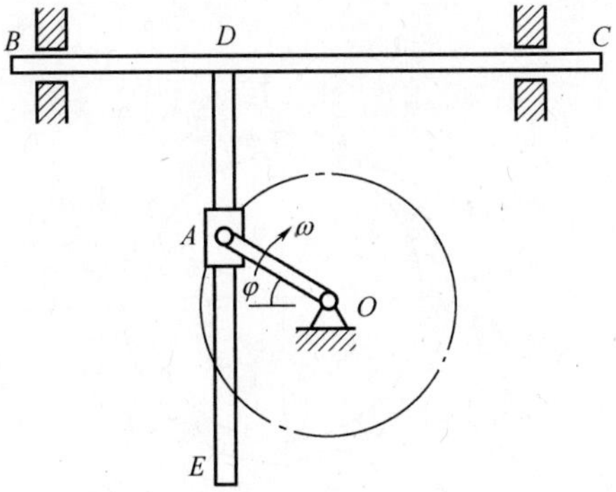

图 8.27

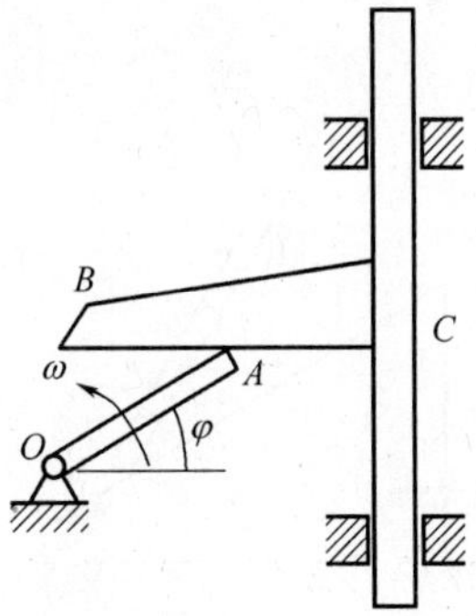

图 8.28

8.11　在如图 8.29 所示的铰接四连杆机构中，$O_1A=O_2B=10\text{cm}$，且有 $O_1O_2=AB$，杆 O_1A 以等角速度 $\omega=2\text{rad/s}$ 绕轴 O_1 转动。杆 AB 上有一套筒 C，此套筒与杆 CD 相铰接。机构的各部件都在同一铅直面内。求当 $\varphi=60°$ 时，杆 CD 的速度和加速度。

8.12　如图 8.30 所示，在水平导轨运动的滑板上有半径为 $r=10\text{cm}$ 的圆弧槽，杆 OA 长为 10cm，一端可绕垂直于图面的 O 轴转动，另一端所连圆柱销可在圆弧槽内运动。在图示瞬时，杆 OA 与水平线的夹角为 $\varphi=30°$，滑板的速度为 $v=10\text{cm/s}$，方向向右，加速度为 $a=20\text{cm/s}^2$。试求此瞬时杆 OA 的角速度和角加速度。

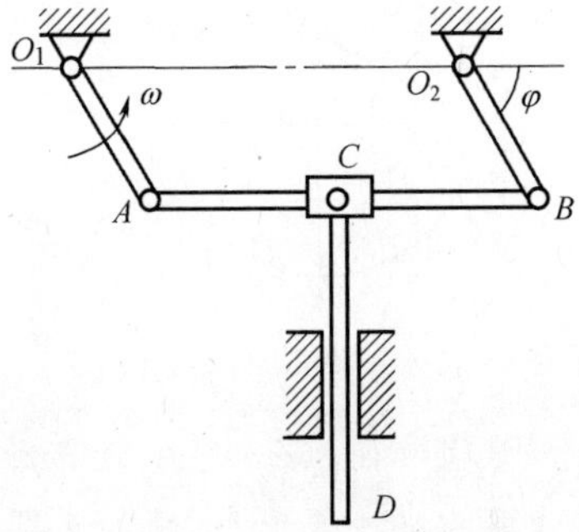

图 8.29

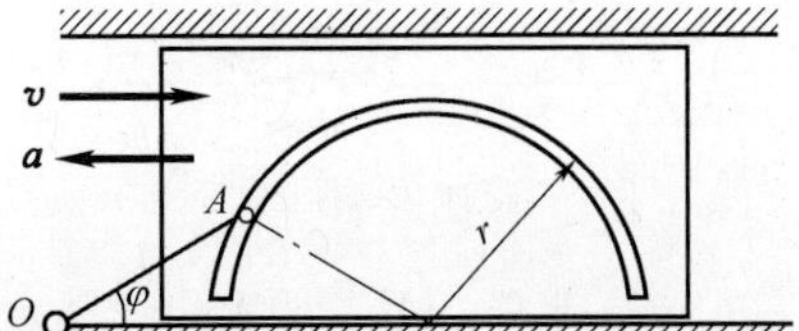

图 8.30

8.13 图 8.31 所示倾角 $\varphi=30°$ 的尖劈 A 以匀速 $u=20\text{cm/s}$ 沿水平面向右运动，从而使杆 OB 绕定轴 O 转动，已知 $r=20\sqrt{3}\,\text{cm}$。求当 $\theta=\varphi$ 时，杆 OB 的角速度和角加速度。

8.14 一个半径 $r=20\text{cm}$ 的圆盘，绕通过 A 点垂直于图 8.32 所示平面的轴转动。物块 M 以相对于圆盘的匀速率 $v_r=40\text{cm/s}$ 沿圆盘边缘运动。在图示位置，圆盘的角速度 $\omega=2\text{rad/s}$，角加速度 $\alpha=4\text{rad/s}^2$。求此时物块 M 的绝对速度和绝对加速度。

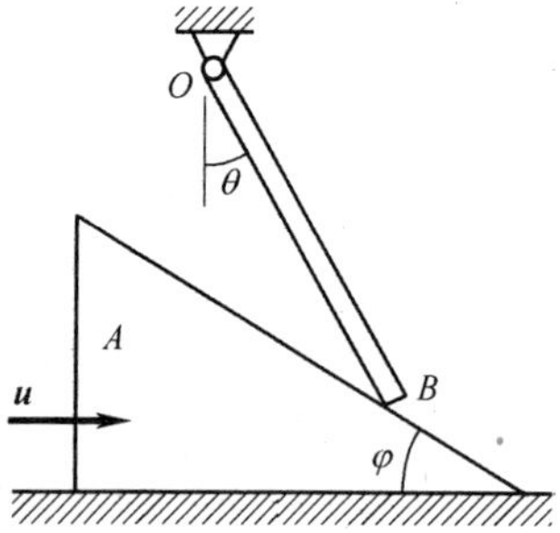

图 8.31

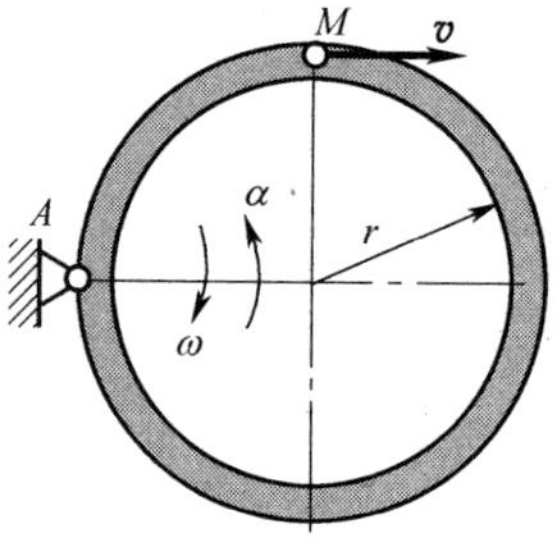

图 8.32

8.15 图 8.33 所示偏心轮摇杆机构中，摇杆 O_1A 借助弹簧压在半径为 R 的偏心轮 C 上。偏心轮 C 绕轴 O 往复摆动，从而带动摇杆绕 O_1 摆动。设 $OC \perp OO_1$ 时，轮 C 的角速度为 ω，角加速度 $\alpha=0$，$\varphi=60°$。求此时摇杆 O_1A 的角速度 ω_1 和角加速度 α_1。

8.16 大圆环固定不动，其半径 $R=0.5\text{m}$，小圆环 M 套在杆 AB 及大圆环上，如图 8.34 所示。当 $\varphi=30°$ 时，AB 杆转动的角速度为 $\omega=2\text{rad/s}$，角加速度 $\alpha=4\text{rad/s}^2$。求此时小环 M 的绝对速度和绝对加速度。

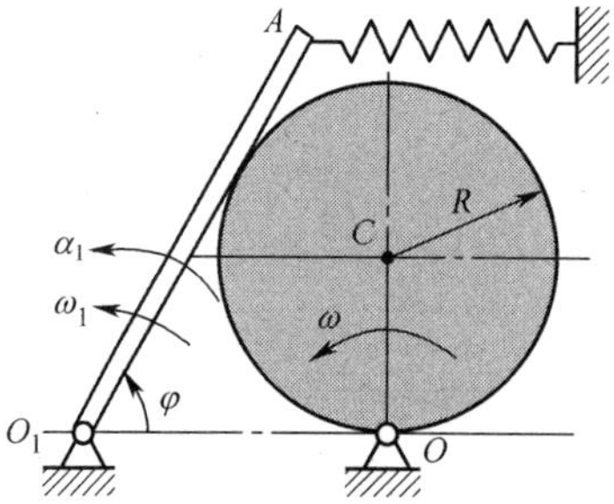

图 8.33

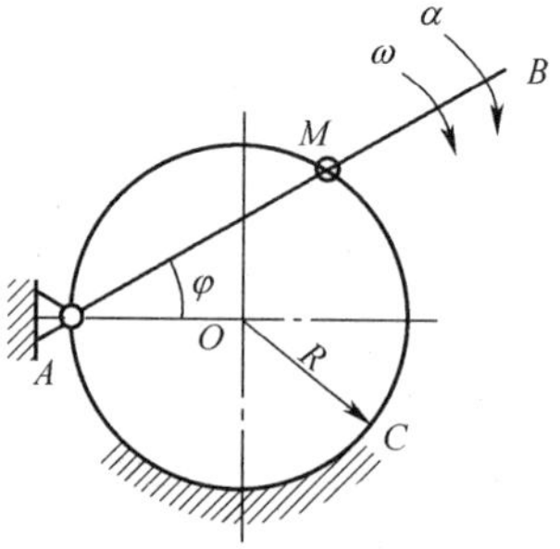

图 8.34

8.17 曲柄 OA 长为 $2r$，绕固定轴 O 转动。圆盘半径为 r，绕 A 轴转动。已知 $r=10\text{cm}$，在图 8.35 所示位置，曲柄 OA 的角速度为 $\omega_1=4\text{rad/s}$，角加速度 $\alpha_1=3\text{rad/s}^2$，圆盘相对于 OA 的角速度 $\omega_2=6\text{rad/s}$，角加速度 $\alpha_2=4\text{rad/s}^2$。求圆盘上

M 点和 N 点的绝对速度和绝对加速度。

8.18　在图8.36所示机构中，已知 $AA'=BB'=r=0.25\text{m}$，且 $AB=A'B'$。连杆 AA' 以匀角速度 $\omega=2\text{rad/s}$ 绕 A' 转动，当 $\varphi=60°$ 时，摇杆 CE 在铅直位置。求此时 CE 的角速度和角加速度。

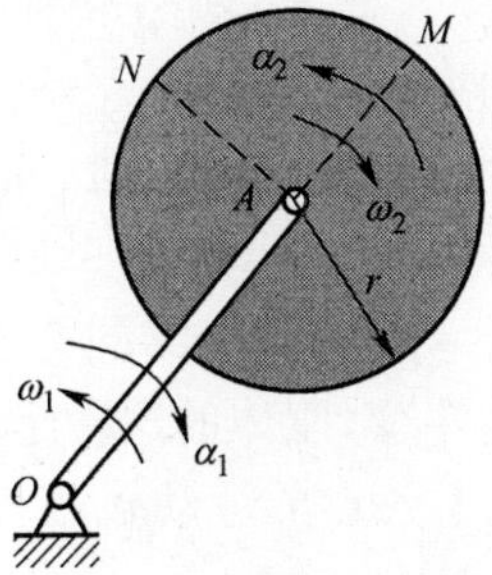

图8.35

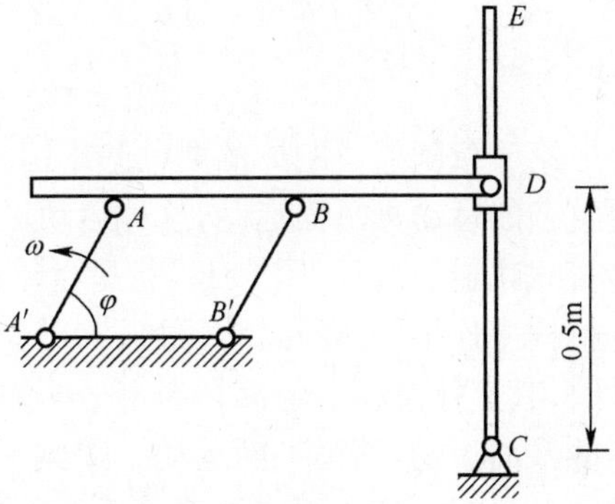

图8.36

8.19　如图8.37所示，直角曲杆 OBC 绕 O 轴转动，使套在其上的小环 M 沿固定直杆 OA 滑动。已知：$OB=0.1\text{m}$，$OB\perp BC$，曲杆的角速度 $\omega=0.5\text{rad/s}$，角加速度为零。求当 $\varphi=60°$ 时，小环 M 的速度和加速度。

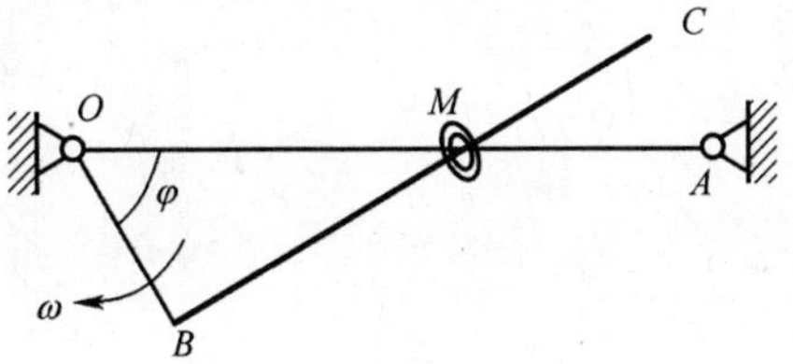

图8.37

第 9 章　刚体的平面运动

第 7 章阐述了刚体的两种基本运动：平动(平移)和转动。除此之外，刚体还有更复杂的运动一平面运动，这种运动也是工程实际中一种常见的运动。例如，车轮沿直线轨道的滚动(图 9.1)，行星齿轮机构中行星齿轮 A 的运动(图 9.2)，曲柄连杆机构中连杆 AB 的运动(图 9.3)等。这些刚体的运动具有一个共同特点：刚体运动时，其上任意一点与某一固定平面的距离始终保持不变，刚体的这种运动称为刚体的平面运动，简称平面运动。刚体平面运动时，其上各点的运动轨迹各不相同，但都是平行于某一固定平面的平面曲线。

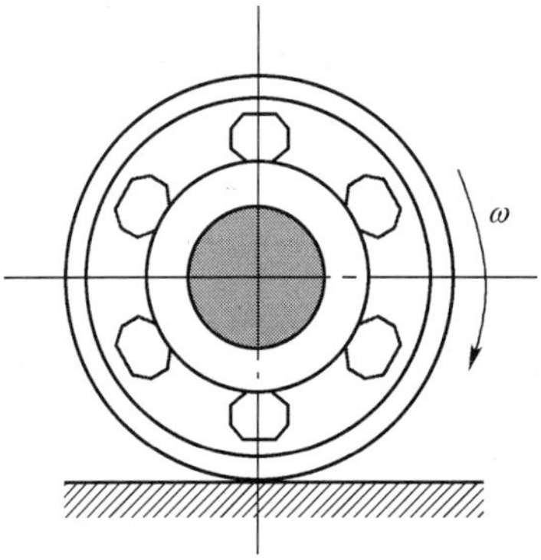

图 9.1

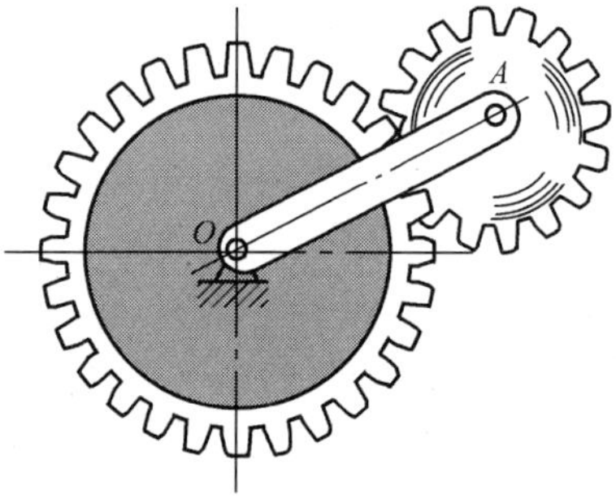

图 9.2

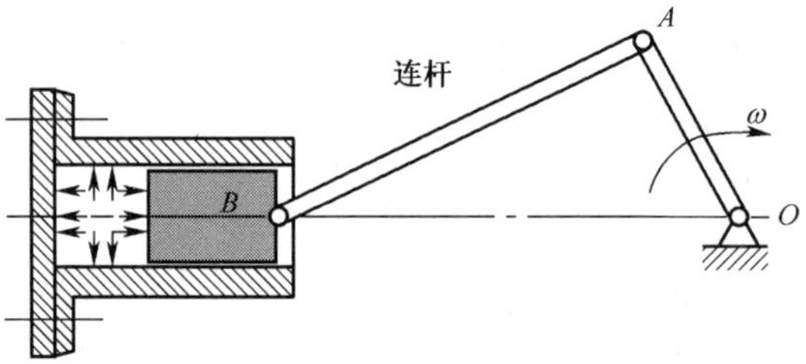

图 9.3

机械系统中有很多机构的构件都是做平面运动的。此外，对土建工程中的平面结构进行机动分析时，也要以平面运动的理论为依据。因此，研究刚体的平面运动具有重要的理论与实际意义。本章将用合成运动的方法研究刚体平面运动，同时对做平面运动刚体上的点的速度和加速度进行分析。本章采取的研究方法，对研究刚体更复杂的运动也具有借鉴意义。

9.1　刚体的平面运动方程

图 9.4 所示做平面运动的刚体，假设其运动时到平面Ⅰ的距离保持不变。作平面Ⅱ平行于平面Ⅰ，并与刚体交截出一平面图形 S（如图 9.4 中阴影部分）。由平面运动的特点知，刚体做平面运动时，图形 S 始终在固定平面Ⅱ内运动。在刚体内取与平面图形 S 垂直的直线 A_1A_2，研究它的运动。由于图形 S 始终在平面Ⅱ内运动，所以直线 A_1A_2 始终垂直于这个平面。所以，直线 A_1A_2 做平动。由平动的特性可知，直线 A_1A_2 上各点的运动是相同的，可以用直线上任意点（如直线 A_1A_2 与图形 S 的交点 A）的运动来代表整个直线的运动。于是，直线 A_1A_2 上各点的运动就可以用图形 S 上的 A 点的运动来代替。推而广之，要研究刚体的平面运动，只需研究平面图形 S 上各点的运动就行了。因此，刚体的平面运动就转化为平面图 S 在其自身平面内的运动。也就是说，刚体的平面运动问题的研究转化为对平面图形 S 运动的研究。

如图 9.5 所示，设平面图形 S 在定坐标系 Oxy 平面内运动，如何确定任意时刻该平面图形的位置呢？为此，在平面图形 S 上任取一段直线 $O'A$。如能确定该直线在任意瞬时的位置，则平面图形 S 的大致位置显然也就确定了。这样，实际上又把平面图形 S 的运动简化成直线 $O'A$ 的运动了，而直线 $O'A$ 的位置可由点 O' 的坐标（$x_{O'}$、$y_{O'}$）及这条直线的方位角 φ 来决定。O'称为基点，当平面图形 S 运动时，O'的位置坐标（$x_{O'}$、$y_{O'}$）及方位角 φ 都将随时间而改变，它们可以表示为时间 t 的单值连续函数，即

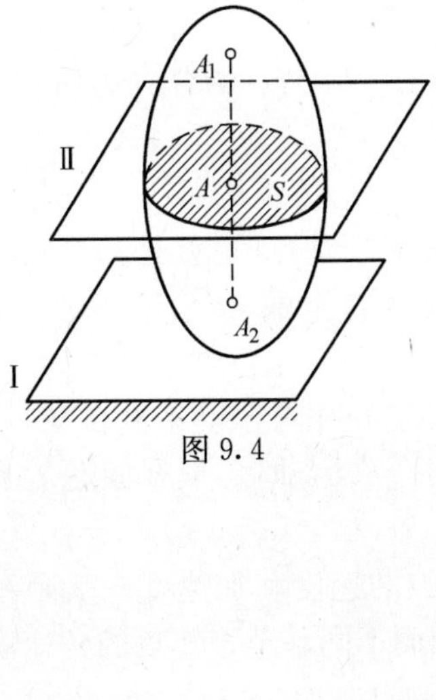

图 9.4

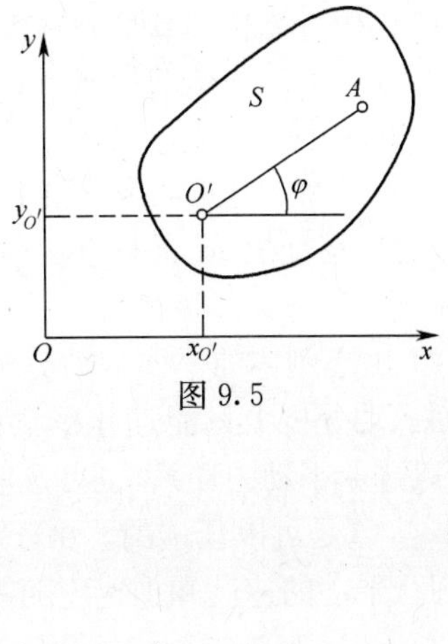

图 9.5

$$\begin{cases} x_{O'}=f_1(t) \\ y_{O'}=f_2(t) \\ \varphi=f_3(t) \end{cases} \tag{9.1}$$

式(9.1)称为刚体平面运动的运动方程。

由式(9.1)可以看出，若 φ 等于常数，则平面图形 S 上任一直线在运动过程中始终保持与原来位置平行，所以平面图形 S(即刚体)做平动；若 $x_{O'}$ 与 $y_{O'}$ 等于常数，即基点 O' 固定不动，则平面图形 S(刚体)绕 O' 做定轴转动。由此可见，刚体的平面运动包含着刚体基本运动的两种形式：平动和转动。一般情况下，$x_{O'}$、$y_{O'}$ 及 φ 都随时间变化。因此，刚体的平面运动可以看成是平动与定轴转动的合成。那么，如何将刚体的平面运动分解为平动和定轴转动呢？

选定一个做平动的坐标系，则刚体的平面运动可以分解为随该平动坐标系一起的平动和相对于平动坐标系的定轴转动。例如，火车轮子沿直线轨道行驶时，站在地面上看，车轮做平面运动。但是，站在车厢上看，由于车轮固定在车厢上，车轮绕车厢上某点做定轴转动，而车厢相对于地面做平动。如果将动系固连于车厢上，则车轮的平面运动就可分解为随车厢的平动和相对车厢的定轴转动。对于一个单独的车轮沿直线轨道运动的情况，与上述车轮一样。问题是如何选取平动的坐标系。

对于图 9.6 所示的平面图形 S，在其上任选一点 O' 做基点，以基点 O' 为原点，取一个做平动的坐标系 $O'x'y'$。则由平动的特征知，在任意瞬时，动系上各点的速度、加速度都分别等于基点 O' 的速度和加速度，基点 O' 的运动代表了平动坐标系 $O'x'y'$ 的运动。有鉴于此，就可以将平面图形相对于定系的平面运动(绝对运动)分解为随动系(随基点 O')的平动(也就是牵连运动)和相对于动系的转动(绕基点 O' 的转动，即相对运动)。

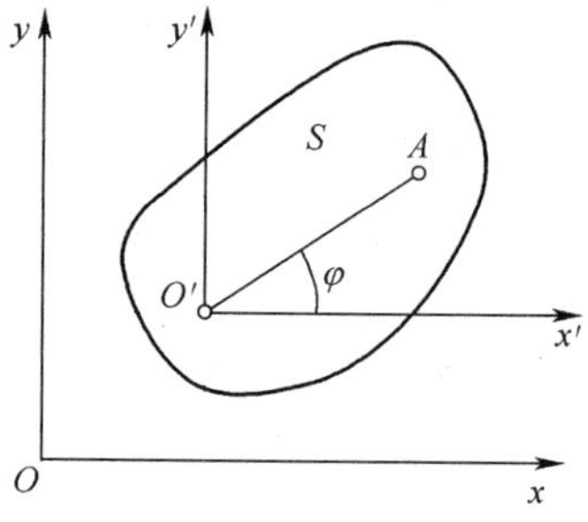

图 9.6

需要特别指出的是，这里的运动分解是整个刚体运动的分解。因此，不仅牵连运动，而且相对运动和基点运动都是刚体的运动。同时，与点的合成运动一章里的动系相比，这里的动系的选取也有其特殊性，主要表现在：

(1) 在刚体平面运动分析中，动系只是以所研究刚体上的某一点(基点)为原点，或动系只通过基点与刚体连接，该刚体可以相对于基点(也就是动系)转动；而在点的合成运动里，通常是将动系整个固连在某个刚体上的，该刚体相对于动系无运动。

(2) 由于刚体的平面运动分解为随动系的平动和相对于动系的转动，所以刚体平面运动分析中只能选作平动的动系；在点的合成运动里，根据问题的具体情况，可以选取平动的动系，也可选取转动的动系。

基点 O' 是可以任选的。由于平面图形中各点的速度和加速度一般是不相同的，因此，平动的速度和加速度随基点选取的不同而不同。至于转动的角速度和角加速度则与基点的选择无关。现证明如下：

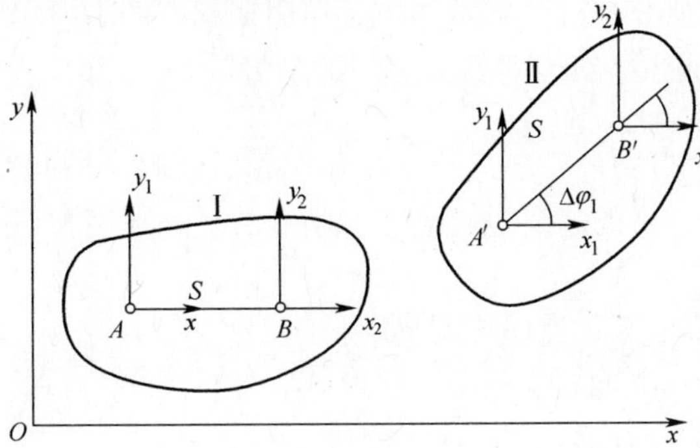

图 9.7

对图 9.7 所示的平面图形 S，不论以任意点 A 为基点，选取动系 Ax_1y_1，还是以任意点 B 为基点，选取动系 Bx_2y_2，由于动系做平动，当经过时间间隔 Δt 后，平面图形 S 从位置Ⅰ移动到位置Ⅱ，任意直线相对于两个动系的角位移总是相等的，即有

$$\Delta\varphi_1 = \Delta\varphi_2$$

当 Δt 趋于零时，有

$$\lim_{\Delta t \to 0} \frac{\Delta\varphi_1}{\Delta t} = \lim_{\Delta t \to 0} \frac{\Delta\varphi_2}{\Delta t}$$

即

$$\omega_1 = \omega_2$$

上式两边同时对时间 t 取一阶导数，得

$$\alpha_1 = \frac{\mathrm{d}\omega_1}{\mathrm{d}t} = \frac{\mathrm{d}\omega_2}{\mathrm{d}t} = \alpha_2$$

由此可见，在同一瞬时，平面图形绕 A、B 两点转动的角速度和角加速度均相等。且由于 A、B 两点是任取的，这就证明了转动的角速度和角加速度与基点选择无关，即在同一瞬时，平面图形绕任一基点转动的角速度和角加速度都是相同的。因此，在讲平面图形中的角速度和角加速度时，可以直接称为平面图形的角速度和角加速度，而无须指明它们是对哪个基点而言的。

另外，虽然基点可以任意选取，但在解决实际问题时，往往习惯于选取运动情况已知的点作为基点，且为了应用方便，通常取与定系平行的动系。

9.2　平面图形各点的速度分析

由 9.1 节可知，平面图形的运动可以分解为随基点的平动（牵连运动）和绕基点的转动(相对运动),于是图形上各点的运动同样可以分解为上述两种运动。因此,可以根据点的合成运动的知识来分析平面图形上的速度。主要的方法有基点法(合成法)、速度投影法及速度瞬心法,下面分别介绍。

1. 基点法(合成法)

既然平面图形(刚体)的平面运动可视为随同基点的平动和绕基点转动的合成运动,那么图形上任一点的速度也应是随同基点的平动速度和该点随同刚体绕基点转动速度的合成。

设已知平面图形上某一点 A 的运动,某一瞬时该点的速度为$\boldsymbol{v}_A$,平面图形的角速度为 ω,其转向如图 9.8 所示。若选 A 为基点,动系为固结于 A 点的平动坐标系(以后不再在图中画出),则平面图形上任一点 B 的运动可以分解为随同基点 A 的平动和绕基点 A 的转动。于是 B 点的绝对速度可由点的速度合成定理得到,即

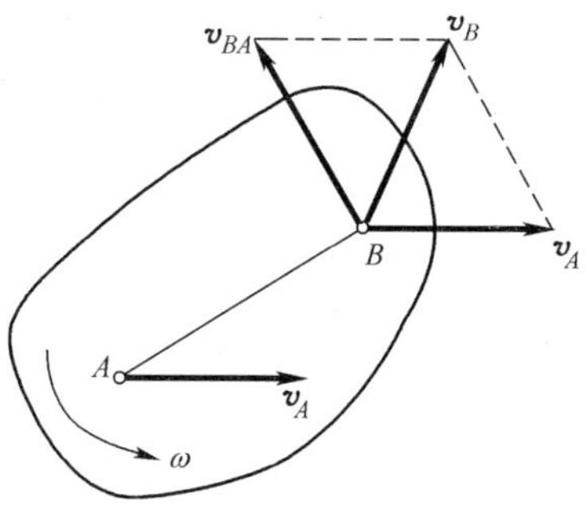

图 9.8

$$\boldsymbol{v}_B=\boldsymbol{v}_e+\boldsymbol{v}_r \quad \text{(a)}$$

牵连速度是动系上与动点 B 重合的点 B' 的运动速度。由于动系与 A 点固连且做平动,所以有

$$\boldsymbol{v}_e=\boldsymbol{v}_{B'}=\boldsymbol{v}_A \quad \text{(b)}$$

B 点的相对速度就是平面图形绕 A 点转动时 B 点的速度,所以有

$$\boldsymbol{v}_r=\boldsymbol{v}_{BA} \quad \text{(c)}$$

$\boldsymbol{v}_{BA}$ 的大小等于 $BA\cdot\omega$,方向垂直于 BA,且与 ω 的转向一致。

综合式(a)~式(c),得点 B 的绝对速度为

$$\boldsymbol{v}_B=\boldsymbol{v}_A+\boldsymbol{v}_{BA} \quad (9.2)$$

即刚体平面运动时,平面图形内任一点的速度等于基点的速度与该点随图形绕基点转动速度的矢量和。这种用速度合成定理由基点的速度求另一点的速度的方法称为基点法或称为速度合成法,它是分析平面图形内各点速度之间关系的最基本的方法。

式(9.2)是矢量式,其中包含 3 个矢量$\boldsymbol{v}_B$、$\boldsymbol{v}_A$及$\boldsymbol{v}_{BA}$,各有大小、方向 2 个要素,共计 6 个要素,若已知其中 4 个,可求其余 2 个。

例 9.1 杆 AB 长为 l,放置如图 9.9 所示。已知 A 端的速度$\boldsymbol{v}_A$,方向如图 9.9 所示。求图示瞬时 B 端的速度和杆 AB 的角速度。

解:杆 AB 做平面运动。现已知 A 端速度的大小、方向,且 B 端只能沿墙滑动,故其速度方向已知,需求 B 端速度大小及杆的角速度这 2 个未知量。取 A 为基点,由式(9.2)得

$$\boldsymbol{v}_B=\boldsymbol{v}_A+\boldsymbol{v}_{BA}$$

速度矢量分析如图 9.9 所示。由几何关系易得

$$v_B=\frac{v_A}{\tan\varphi},v_{BA}=\frac{v_A}{\sin\varphi}$$

所以有

$$\omega_{BA}=\frac{v_{BA}}{l}=\frac{v_A}{l\sin\varphi}$$

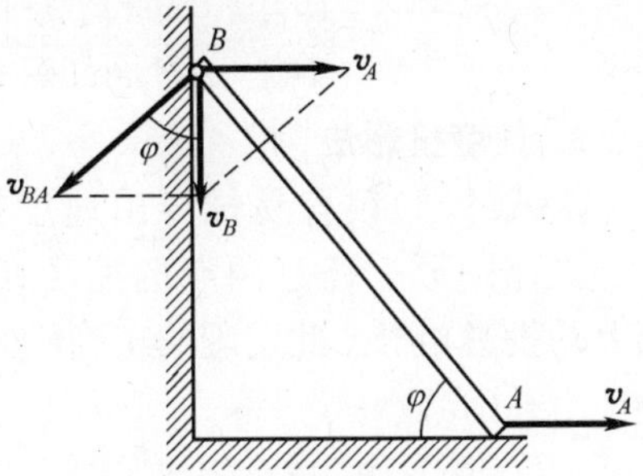

图 9.9

例 9.2　破碎机构如图 9.10(a)所示，设曲柄 OA 的长度 $R=0.5\text{m}$，连杆 AB 的长度 $AB=1\text{m}$，圆轮以角速度 $\omega=4\text{rad/s}$ 沿顺时针方向转动。试求当 $AB\perp BC$，$\theta=60°$时，点 B 的速度及杆 AB 和杆 BC 的角速度。

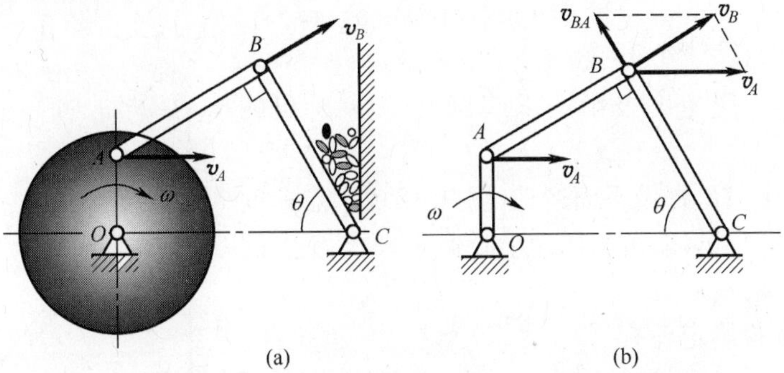

图 9.10

解：依题意可知，该破碎机构可简化为图 9.10(b)所示的四连杆机构。连杆 AB 做平面运动，连杆上的 A、B 两点分别做绕 O、C 的定轴转动，且 A 点速度已知，B 点速度的方向已知。所以，取 A 点为基点，速度分析图如图 9.10(b)所示。由式(9.5)有

$$\boldsymbol{v}_B=\boldsymbol{v}_A+\boldsymbol{v}_{BA}$$

由简单的几何关系知

$$v_B=v_A\cos 30°=R\omega\cos 30°=0.5\times4\times\frac{\sqrt{3}}{2}=1.732(\text{m/s})$$

$$v_{BA}=v_A\sin 30°=R\omega\sin 30°=0.5\times4\times\frac{1}{2}=1(\text{m/s})$$

所以 AB 杆的角速度为

$$\omega_{AB}=\frac{v_{BA}}{AB}=\frac{1}{1}=1(\text{rad/s})$$

由于 B 点绕 C 点做定轴转动，所以 BC 杆的角速度为

$$\omega_{BC}=\frac{v_B}{BC}=\frac{v_B}{AB\tan 30°+OA/\sin 60°}=\frac{1.73}{1.15}=1.5(\text{rad/s})$$

2. 速度投影法

由式(9.2)很容易推导出速度投影定理：同一平面图形上任意两点的速度在这两点连线上的投影相等。此定理的正确性显而易见。

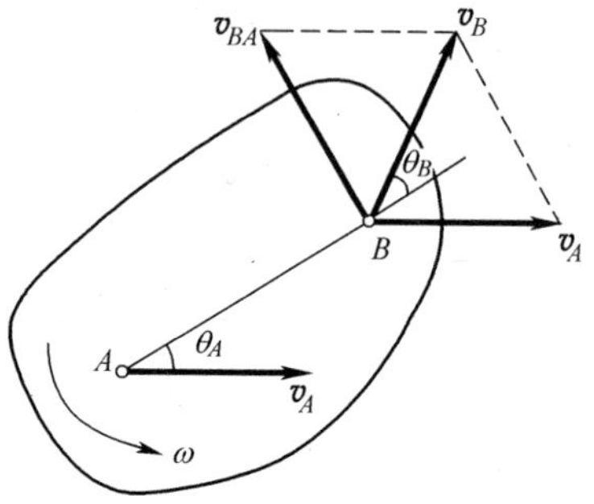

图 9.11

由式(9.5)

$$\boldsymbol{v}_B=\boldsymbol{v}_A+\boldsymbol{v}_{BA}$$

等式左边在 A、B 两点连线方向的投影等于等式右边在同一方向的投影(图 9.11)。由于 $\boldsymbol{v}_{BA}$ 总是与 AB 垂直，其 AB 在方向的投影为零，因此必然有

$$v_B\cos\theta_B=v_A\cos\theta_A \tag{9.3}$$

定理得证。

例 9.3 用速度投影法求解例 9.1 中 B 点的速度。

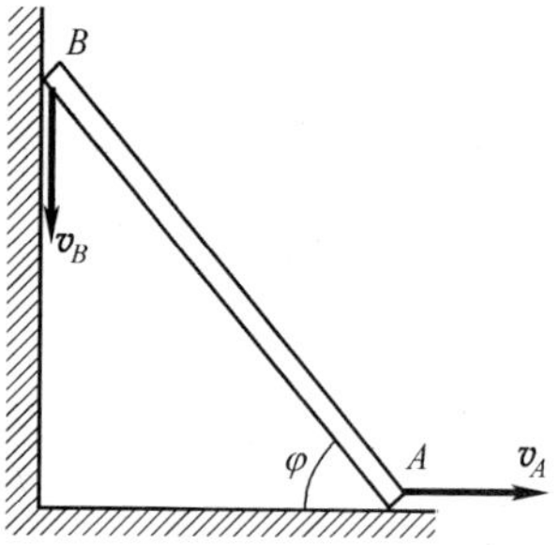

图 9.12

解:由于 AB 杆做平面运动(图 9.12)，A 点速度的大小、方向均已知，可采用速度投影定理求 B 点的速度，过程如下：

由速度投影定理有

$$v_B\cos(90°-\varphi)=v_A\cos\varphi$$

所以有

$$v_B=\frac{v_A\cos\varphi}{\sin\varphi}=\frac{v_A}{\tan\varphi}$$

需要注意的是，虽然用速度投影定理很方便地求出了 B 点的速度 v_B，但要求 AB 杆的角速度还必须先用合成法求出 v_{BA}。

3. 速度瞬心法

利用基点法求平面图形上任一点的速度时，基点的选取是任意的。显然，如果能选取速度为零的点作为基点，那么在此瞬时，该问题转化为定轴转动问题，求解将大为简化。于是很自然地提出这样一个问题：在任一时刻，平面图形上是否存在一个速度为零的点？回答是肯定的。下面来讨论这个问题。

定理:一般情况下，在每一瞬时，平面图形(包括其外延部分)都唯一地存在一个速度为零的点。这个点称为平面图形的瞬时速度中心，简称速度瞬心。

证明:设有一个平面图形 S，如图 9.13 所示。已知 A 点的速度为 $\boldsymbol{v}_A$，图形的角速度为 ω，转向如图 9.13 所示。取图形上的点 A 为基点，由合成法，图形上任一点

M 的速度为

$$\boldsymbol{v}_M=\boldsymbol{v}_A+\boldsymbol{v}_{MA}$$

过 A 点沿 $\boldsymbol{v}_A$ 的方向引一条直线 AN，并将其按 ω 的转向转过 90°，如图 9.13 所示。如果点 M 在直线 AN 上，易知 $\boldsymbol{v}_{MA}$ 和 $\boldsymbol{v}_A$ 在同一直线上，而方向相反，故 $\boldsymbol{v}_M$ 的大小为

$$v_M=v_A-AM\cdot\omega$$

由上式可知，随着点 M 在直线 AN 上位置的不同，$\boldsymbol{v}_M$ 的大小也不同，因此总可以找到一点 P，使得该点的瞬时速度等于零。如果令 $AP=v_A/\omega$，则有

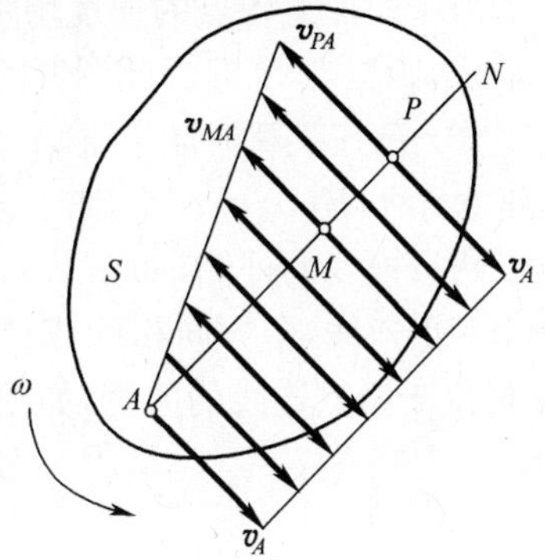

图 9.13

$$v_P=v_A-AP\cdot\omega=0$$

定理得证。

根据上述定理，每一瞬时在平面图形内可找到速度等于零的一个点 P，有 $v_P=0$。选取 P 作为基点，则平面图形各点的速度为

$$\boldsymbol{v}_A=\boldsymbol{v}_P+\boldsymbol{v}_{AP}=\boldsymbol{v}_{AP}$$
$$\boldsymbol{v}_B=\boldsymbol{v}_P+\boldsymbol{v}_{BP}=\boldsymbol{v}_{BP}$$
$$\boldsymbol{v}_C=\boldsymbol{v}_P+\boldsymbol{v}_{CP}=\boldsymbol{v}_{CP}$$
$$\cdots$$

由此得结论：平面图形内任一点的速度等于该点随平面图形绕瞬时速度中心转动的速度。

由于在同一瞬时(图 9.14)，平面图形只有一个角速度，即平面图形绕任意点转动的角速度都相等，因此平面图形绕速度瞬心 P 转动的角速度就等于平面图形绕基点转动的角速度，即

$$\omega_P=\omega_A=\omega_B=\omega_C=\cdots$$

所以有

$$v_A=\omega\cdot AP,v_B=\omega\cdot BP,v_C=\omega\cdot DP,\cdots$$

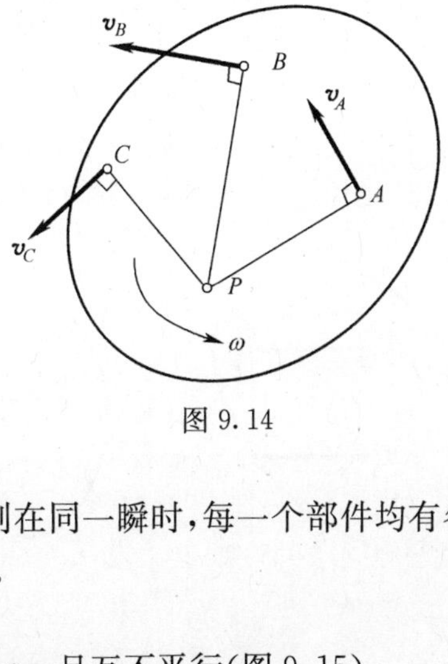

图 9.14

应特别指出的是，刚体做平面运动时，在每一个瞬时，平面图形必有一个速度瞬心，在不同瞬时平面图形速度瞬心是不同的。还应指明的是，若运动机构中有若干个做平面运动的部件，则在同一瞬时，每一个部件均有各自不同的速度瞬心，或有各自不同的转动角速度。

下面介绍几种常用的确定速度瞬心的方法。

(1) 已知某瞬时图形上 A、B 两点的速度 $\boldsymbol{v}_A$、$\boldsymbol{v}_B$，且互不平行(图 9.15)。

由于图形上各点的速度均垂直于该点与瞬心的连线，过此两点分别作其速度的垂线，则交点 P 即为此图形的速度瞬心。

(2) 已知某瞬时图形上 A、B 两点的速度 $\boldsymbol{v}_A$、$\boldsymbol{v}_B$，互相平行且垂直于两点连线，速度大小不等($v_A \neq v_B$)，则两点连线与速度端点连线的交点即为速度瞬心，瞬心 P 位于两点连线的外侧，如图 9.16(a)所示；若 A、B 两点的速度 $\boldsymbol{v}_A$、$\boldsymbol{v}_B$ 互相平行且垂直于两点连线，但方向相反，则两点连线与速度端点连线的交点即为速度瞬心，瞬心 P 位于两点连线的内侧，如图 9.16(b)所示。

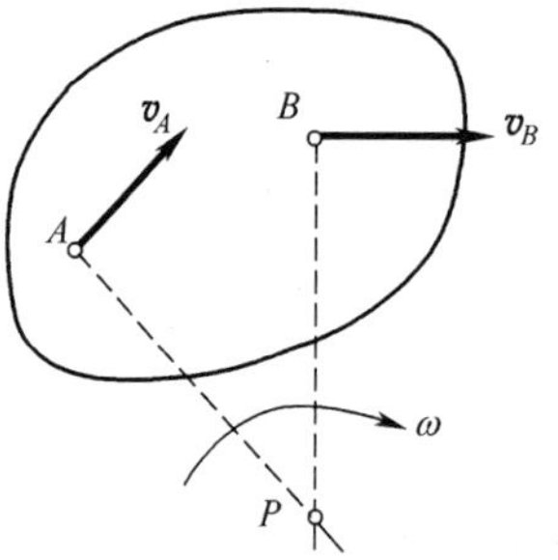

图 9.15

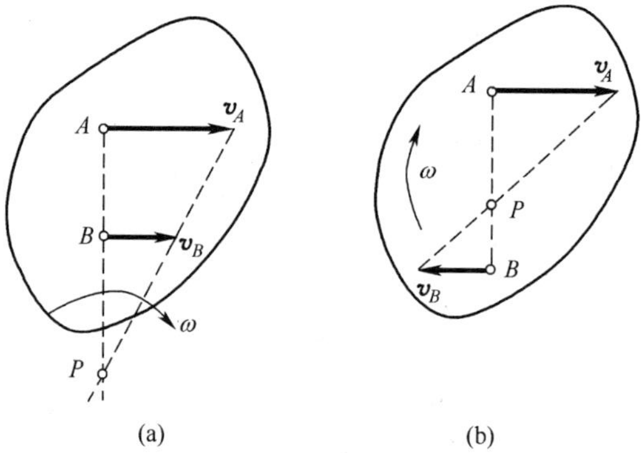

图 9.16

(3) 若 A、B 两点的速度 $\boldsymbol{v}_A$、$\boldsymbol{v}_B$ 互相平行且垂直于两点连线、方向相同且大小相等，则两点连线与速度端点连线互相平行永不相交，如图 9.17(a)所示；或 A、B 两点的速度 $\boldsymbol{v}_A$、$\boldsymbol{v}_B$ 互相平行且大小相等，方向相同但与两点连线不垂直，如图 9.17(b)所示。这两种情况下，速度瞬心均在无穷远处，因而此瞬时平面图形的角速度为零。故图形上各点的速度均相等。这种情况称瞬时平动。必须注意，此瞬时各点速度虽然相同，但加速度不同。

(4) 当平面图形沿一个固定平面(或曲面)做无滑动滚动(纯滚动)时(图 9.18)，图形与固定面的接触点 P 就是图形的速度瞬心。因为，此瞬时点 P 与地面

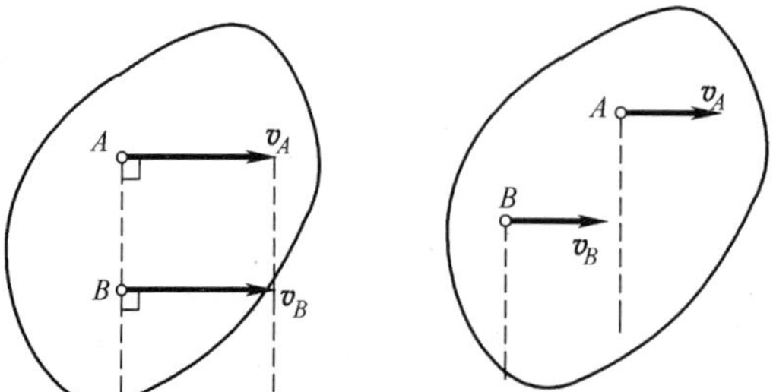

图 9.17

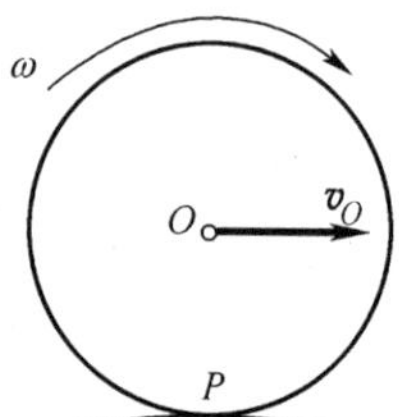

图 9.18

接触处无相对滑动，它相对于地面的速度为零，故其绝对速度为零。

例 9.4　仍以例 9.1 为例，用速度瞬心法计算 B 端速度和 AB 杆的角速度。

解：AB 杆做平面运动，A 端速度大小、方向均已知，B 端速度的方向已知(图 9.19)，所以宜用速度瞬心法求解本题。

根据瞬心的确定方法，分别作 $\boldsymbol{v}_A$、$\boldsymbol{v}_B$ 的垂线交于 P 点，该点即为 AB 杆的瞬心。

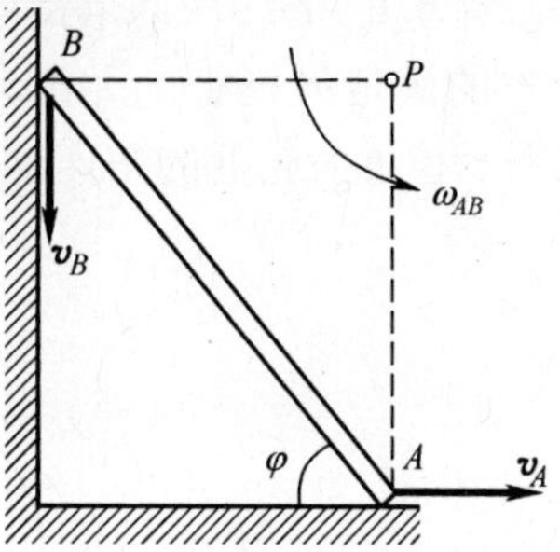

图 9.19

由速度瞬心法得

$$v_A = v_{AP} = AP \cdot \omega_{AB}$$

则 AB 杆的角速度为

$$\omega_{AB} = \frac{v_A}{AP} = \frac{v_A}{l\sin\varphi}$$

$$v_B = BP \cdot \omega_{AB} = l\cos\varphi \frac{v_A}{l\sin\varphi} = \frac{v_A}{\tan\varphi}$$

例 9.5　半径为 R 的圆轮沿直线轨道做纯滚动，如图 9.20 所示。已知轮心 O 的速度 $\boldsymbol{v}$，试求轮缘上 A、B、C 点的速度。

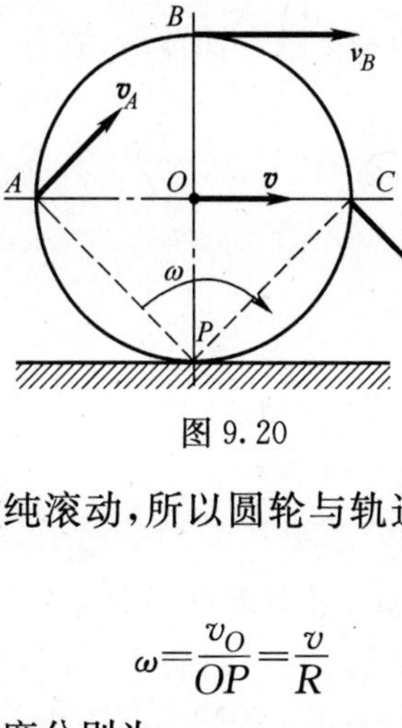

图 9.20

解：因为圆轮沿轨道做纯滚动，所以圆轮与轨道接触点就是速度瞬心 P。所以，圆轮的角速度为

$$\omega = \frac{v_O}{OP} = \frac{v}{R}$$

轮缘上 A、B、C 点的速度分别为：

$$v_A = \omega \cdot AP = \frac{v}{R}\sqrt{2}R = \sqrt{2}v，方向垂直于 AP；$$

$$v_B = \omega \cdot BP = \frac{v}{R}2R = 2v，方向垂直于 BP；$$

$$v_C = \omega \cdot CP = \frac{v}{R}\sqrt{2}R = \sqrt{2}v，方向垂直于 CP。$$

一辆沿直线行走的自行车，车轮上离瞬心越远的地方，速度越大。故自行车行驶速度较快时，车轮辐条上各点的速度各不相同，导致某部分辐条可以看清，而某些部分却不能看清。

例 9.6 图 9.21 所示为外啮合行星轮机构。半径为 r_2 的行星齿轮Ⅱ在半径为 r_1 的固定齿轮Ⅰ上无滑动地滚动。已知曲柄 OA 绕 O 轴转动的角速度为 ω_0。求图示位置时轮Ⅱ的角速度及其上 M、N 点的速度。

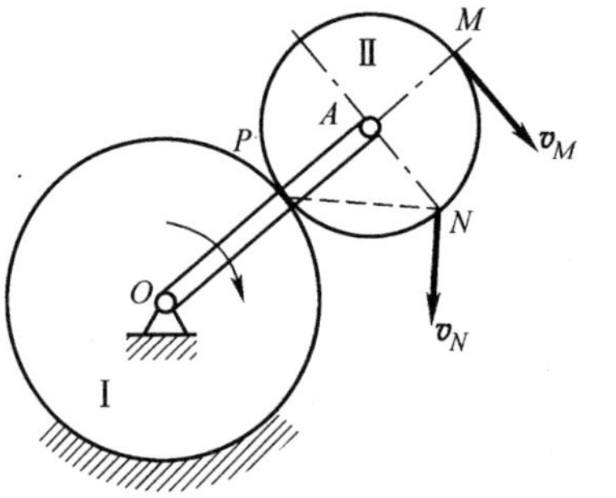

图 9.21

解：曲柄 OA 做定轴转动，齿轮Ⅱ做平面运动。因齿轮Ⅱ在固定齿轮Ⅰ上做无滑动的滚动，故齿轮Ⅱ上与齿轮Ⅰ的啮合点 P 即为齿轮Ⅱ的速度瞬心。行星轮轮心 A 又是曲柄 OA 上的点，曲柄 OA 做定轴转动，故有

$$v_A=(r_1+r_2)\omega_0$$

由于 P 是行星轮Ⅱ的瞬心，故有

$$v_A=r_2\omega_2$$

可得

$$\omega_2=\frac{v_A}{r_2}=\frac{r_1+r_2}{r_2}\omega_0$$

所以，M、N 点的速度分别为：

$v_M=\omega_2 2r_2=2(r_1+r_2)\omega_0$，方向垂直于 PM；

$v_N=\omega_2\sqrt{2}r_2=\sqrt{2}(r_1+r_2)\omega_0$，方向垂直于 PN。

例 9.7 用速度瞬心法求解例 9.2。曲柄 OA 的长度 $R=0.5\text{m}$，连杆 AB 的长度 $AB=1\text{m}$，圆轮以角速度 $\omega=4\text{rad/s}$ 沿顺时针方向转动。试求当 $AB\perp BC$，$\theta=60°$时，点 B 的速度及杆 AB 和杆 BC 的角速度。

解：连杆 AB 做平面运动，连杆上的 A、B 两点分别做绕 O、C 的定轴转动，且 A 点速度已知，B 点速度的方向已知，如图 9.22 所示。根据瞬心的确定方法。过 A、B 两点分别作 $\boldsymbol{v}_A$、$\boldsymbol{v}_B$ 的垂线，它们的交点 P 即为 AB 杆的速度瞬心。所以有

$$v_A=v_{AP}=AP\cdot\omega_{AB}$$

则 AB 杆的角速度为

$$\omega_{AB}=\frac{v_A}{AP}=\frac{v_A}{AB/\cos 60^\circ}=\frac{0.5\times 4}{1\times 2}=1(\text{rad/s})$$

$$v_B=\omega_{AP}\cdot BP=\omega_{AP}\sqrt{3}AB=1\times\sqrt{3}=1.732(\text{m/s})$$

由于 B 点绕 C 点做定轴转动，所以 BC 杆的角速度为

$$\omega_{BC}=\frac{v_B}{BC}=\frac{v_B}{AB\tan 30^\circ+OA/\sin 60^\circ}=\frac{1.73}{1.15}=1.5(\text{rad/s})$$

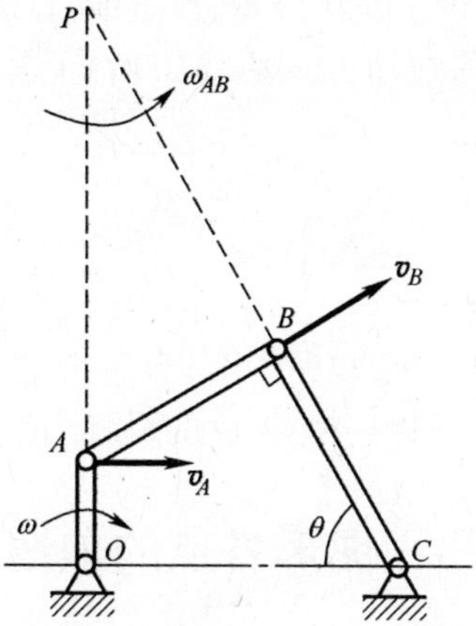

图 9.22

例 9.8　图 9.23 所示机构中，曲柄 O_1A 的长度 $R=25\text{cm}$，以角速度 $\omega_1=5\text{rad/s}$ 绕 O_1 轴匀速转动。$BD=O_2D=3R$。试求图示位置时，连杆上 C 点的速度及摇杆 O_2D 的角速度 ω_2。

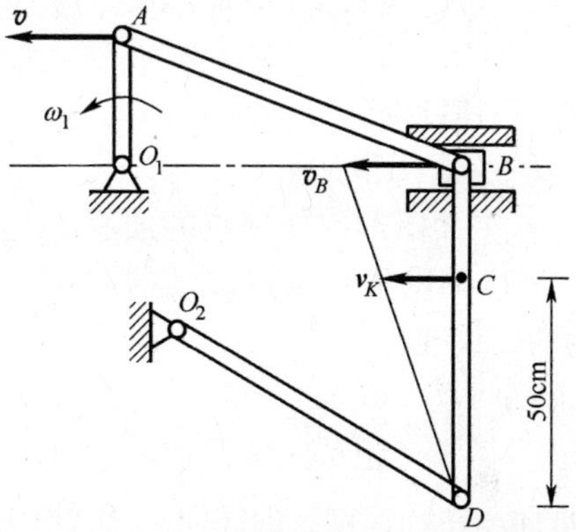

图 9.23

解：对于复杂的机构，首先要分析题意，明确各机构的运动情况后再确定解题思路。

本题中，曲柄 O_1A、摇杆 O_2D 做定轴转动，连杆 AB、BD 做平面运动。主动件

O_1A 的运动已知，可以通过 A 点进一步分析连杆 AB 的运动，求得 B 点的速度，进而通过 B 点分析 BD 杆的运动情况，最后通过 D 点分析摇杆 O_2D 的运动情况。

先分析 AB 杆。由 A、B 两点的运动情况易知，此瞬时 AB 杆为瞬时平动。所以有

$$v_A = v_B = R\omega_1 = 5\times 25 = 125(\text{cm/s})$$

再分析 BD 杆，其上 B 点的速度已知，D 点的速度方向已知，过 B、D 两点分别作其速度的垂线，它们的交点正好在 D 点，D 点即为 BD 杆的瞬心，D 点速度为零。此瞬时 BD 杆绕 D 点做瞬时转动。该瞬时 BD 杆上各点的速度分布如图 9.23 所示。所以有

$$\omega_{BD} = \frac{v_B}{BD} = \frac{125}{3\times 25} = 1.67(\text{rad/s})$$

BD 杆上 C 点的速度为

$$v_C = \omega_{BD}\cdot CD = 1.67\times 50 = 83.3(\text{cm/s})$$

由于 D 点的速度为零，所以摇杆 O_2D 的瞬时角速度 ω_2 也为零。

9.3 平面图形各点的加速度分析

现在讨论平面图形内各点的加速度。

据前所述，如图 9.24 所示平面图形的运动可分解为随基点 O' 的平动（牵连运动）和绕基点 O' 的转动（相对运动）。于是，平面图形内任一点 B 的运动也是由两个运动的合成，它的加速度可以用点的加速度合成定理求出。因为牵连运动为平动，点 B 的绝对加速度等于牵连加速度与相对加速度的矢量和，即

$$\boldsymbol{a}_B = \boldsymbol{a}_a = \boldsymbol{a}_e + \boldsymbol{a}_r = \boldsymbol{a}_A + \boldsymbol{a}_{BA}^{\tau} + \boldsymbol{a}_{BA}^{n} \qquad (9.4)$$

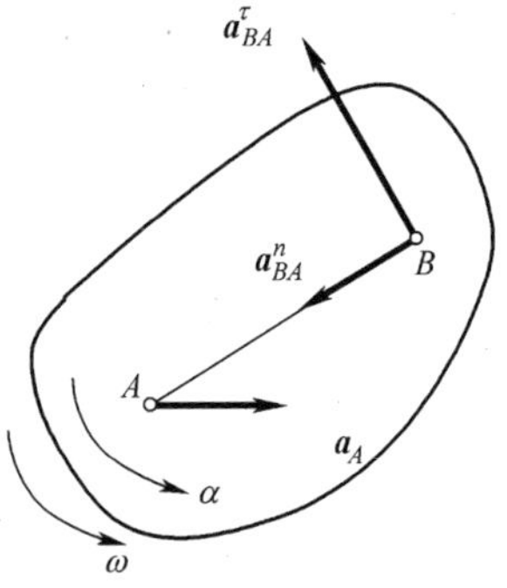

图 9.24

即刚体做平面运动时，平面图形内任一点的加速度等于基点的加速度与该点随图形绕基点转动的切向加速度和法向加速度的矢量和。

式中切向加速 $\boldsymbol{a}_{BA}^{\tau}$ 的大小为

$$a_{BA}^{\tau} = AB\cdot\alpha$$

方向与 AB 连线垂直，指向与角加速度 α 的转向一致；法向加速度 $\boldsymbol{a}_{BA}^{n}$ 的大小为

$$a_{BA}^{n} = AB\cdot\omega^2$$

方向沿 AB 连线并指向基点 A。

应用式(9.4)求解时，因方程中涉及的矢量较多，因此不宜用几何法求解，一般采用解析法。即将该矢量等式的两边向任选的两坐标轴投影后，可得到两个代数

式，最多只能求解两个未知量。

应该特别指明的是：求平面图形的加速度也有加速度瞬心法。前已讲过，速度瞬心 I 点速度为零，但加速度并不为零，也就是说，速度瞬心并不是加速度瞬心。加速度瞬心或瞬时加速度中心，是指某一瞬时，在平面图形或其外延部分上加速度为零的一个点。由于速度瞬心与加速度瞬心并不重合，必须另外找。寻找加速度瞬心的位置不十分简单，因此在求刚体平面运动的加速度时一般用合成法。

例 9.9　在例 9.1 中，若 A 端的加速度为 $\boldsymbol{a}_A$，其余条件不变(图 9.25)，求 B 端的加速度及 AB 杆的角加速度。

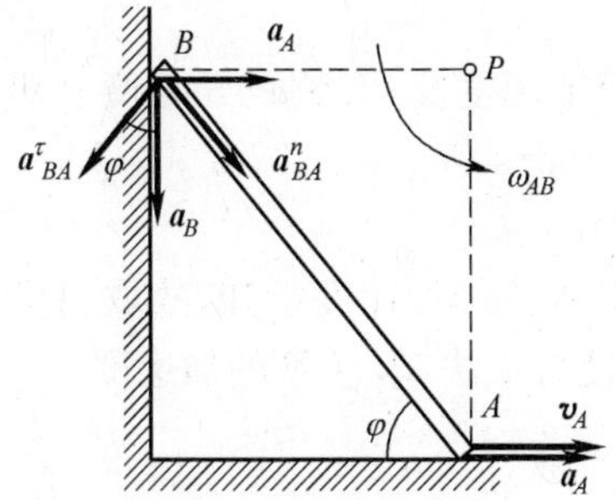

图 9.25

解：B 端的速度及 AB 杆的角速度已在前面计算出来，这里只列出结果，过程不再重复。

$$\left\{\omega_{AB}=\frac{v_A}{l\sin\varphi},v_B=\frac{v_A}{\tan\varphi}\right. \tag{a}$$

取 A 为基点，则由式(9.4)，B 端加速度为

$$\boldsymbol{a}_B=\boldsymbol{a}_A+\boldsymbol{a}_{BA}^{\tau}+\boldsymbol{a}_{BA}^{n} \tag{b}$$

矢量分析图见图 9.25，其中只有 $\boldsymbol{a}_B$ 和 $\boldsymbol{a}_{BA}^{\tau}$ 的大小未知。$\boldsymbol{a}_{BA}^{n}$ 的大小为

$$\boldsymbol{a}_{BA}^{n}=AB\cdot\omega_{AB}^2=l\times\left(\frac{v_A}{l\sin\varphi}\right)^2=\frac{v_A^2}{l\sin^2\varphi} \tag{c}$$

将式(b)向 $\boldsymbol{a}_{BA}^{n}$ 方向投影，得

$$a_B\sin\varphi=a_{BA}^{n}+a_A\cos\varphi \tag{d}$$

解之得

$$a_B=\frac{v_A^2}{l\sin^3\varphi}+\frac{a_A}{\tan\varphi}$$

将式(b)向 $\boldsymbol{a}_A$ 方向投影，得

$$0=a_A+a_{BA}^{n}\cos\varphi-a_{BA}^{\tau}\sin\varphi$$

解之得

$$a_{BA}^{\tau}=\frac{a_A}{\sin\varphi}+\frac{v_A^2\cos\varphi}{l\sin^3\varphi}$$

所以有

$$\alpha_{BA}=\frac{a_A}{l\sin\varphi}+\frac{v_A^2\cos\varphi}{l^2\sin^3\varphi}$$

例 9.10　例 9.2 已知条件不变(曲柄 OA 的长度 $R=0.5\text{m}$,连杆 AB 的长度 $AB=1\text{m}$,圆轮以角速度 $\omega=4\text{rad/s}$ 沿顺时针方向转动)。试求当 $AB\perp BC$,$\theta=60°$ 时,BC 杆的角加速度。

解:B 点的速度及 BC 杆的角速度在前面已经求出,这里只列出结果,过程不再重复。

AB 杆的角速度、B 点的速度及 BC 杆的角速度分别为

$$\omega_{AB}=1\text{rad/s}\ ,v_B=1.732\text{m/s},\omega_{BC}=1.5\text{rad/s}$$

BC 杆的长度为 1.15m。

作加速度矢量图。因 A 点的加速度已知,故取 A 点为基点作加速度矢量图,如图 9.26 所示。由加速度合成法,求点 B 的加速度

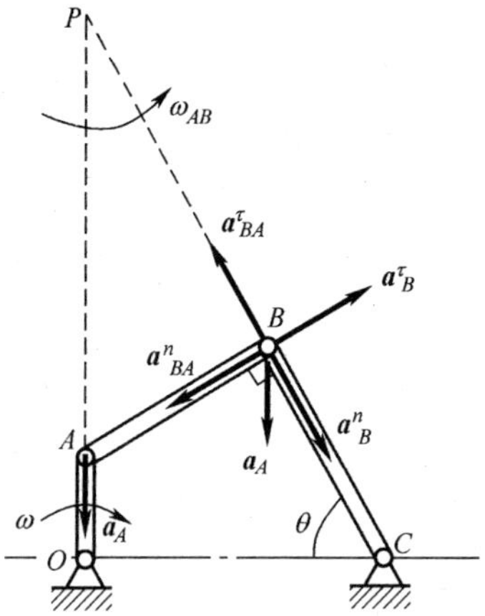

图 9.26

$$\boldsymbol{a}_B^{\tau}+\boldsymbol{a}_B^{n}=\boldsymbol{a}_A+\boldsymbol{a}_{BA}^{\tau}+\boldsymbol{a}_{BA}^{n} \tag{a}$$

式中:

$a_A=R\omega^2=0.5\times4^2=8(\text{m/s}^2)$,方向沿 AO 方向指向 O;

$a_B^n=BC\omega_{BC}^2=1.15\times1.5^2=2.59(\text{m/s}^2)$,方向沿 BC 指向 C;

a_B^{τ}大小未知,方向垂直于 BC;

$\boldsymbol{a}_{BA}^{\tau}$ 的方向垂直于 AB,大小未知,假设方向如图 9.26 所示;

$a_{BA}^{n}=AB\cdot\omega_{AB}^{2}=1\times1^{2}=1(\mathrm{m/s^{2}})$，方向沿 BA 指向 A。

将式(9.12)向 $\boldsymbol{a}_{B}^{\tau}$ 方向投影得

$$a_{B}^{\tau}=-a_{A}\sin30^{\circ}-a_{BA}^{n} \tag{b}$$

解之得

$$a_{B}^{\tau}=-5\mathrm{m/s^{2}}$$

负号表示 $\boldsymbol{a}_{B}^{\tau}$ 的实际方向与图中假设方向相反。故杆 BC 的角加速度为

$$a_{BC}=\frac{a_{B}^{\tau}}{BC}=-\frac{5}{1.15}=-4.33(\mathrm{rad/s^{2}})$$

负号表示 a_{BC} 的实际转向为逆时针方向。

例 9.11　如图 9.27(a)所示，车轮沿直线滚动。已知车轮半径为 R，中心 O 的速度为 $\boldsymbol{v}_{O}$，加速度为 $\boldsymbol{a}_{O}$。设车轮与地面接触无相对滑动。求车轮上速度瞬心的加速度。

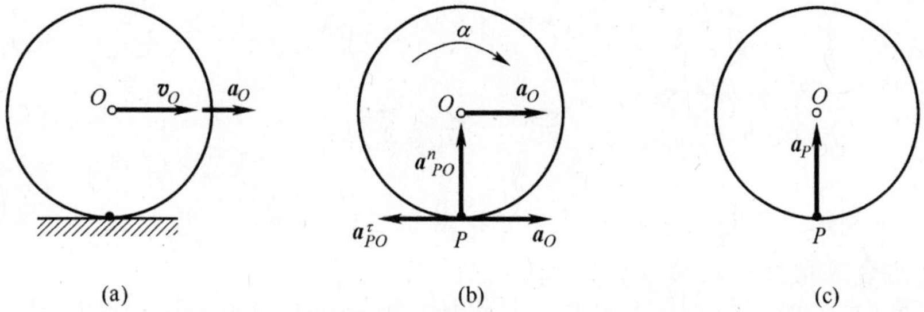

图 9.27

解：车轮只滚不滑时，车轮与地面的接触点 P 为速度瞬心，其角速度可按下式计算：

$$\omega=\frac{v_{O}}{R}$$

车轮的角加速度 α 等于角速度 ω 对时间 t 的一阶导数。上式对任何瞬时均成立，故可对时间求导，得

$$\alpha=\frac{\mathrm{d}\omega}{\mathrm{d}t}=\frac{\mathrm{d}}{\mathrm{d}t}\left(\frac{v_{O}}{R}\right)$$

因为 R 是常量，于是有

$$\alpha=\frac{1}{R}\frac{\mathrm{d}v_{O}}{\mathrm{d}t}$$

又因轮心 O 做直线运动，所以它的速度 v_{O} 对时间的一阶导数等于这一点的加速度 a_{O}。于是

$$\alpha=\frac{a_{O}}{R}$$

角加速度 α 的转向与 $\boldsymbol{a}_O$的指向相同,如图 9.27(b)所示。

因 O 点的加速度已知,故取 O 点为基点作加速度矢量图,如图 9.27(b)所示。由加速度合成法,求点 P 的加速度

$$\boldsymbol{a}_P=\boldsymbol{a}_O+\boldsymbol{a}_{PO}^{\tau}+\boldsymbol{a}_{PO}^{n}$$

式中:$\boldsymbol{a}_P$大小、方向未知;而 $\boldsymbol{a}_O$大小、方向均已知;$\boldsymbol{a}_{PO}^{\tau}$的方向垂直于 PO,指向与角加速度 α 的转向相同,大小为

$$a_{PO}^{\tau}=PO\cdot\alpha=R\frac{a_O}{R}=a_O$$

$\boldsymbol{a}_{PO}^{n}$的方向沿 PO 指向 O,大小为

$$a_{PO}^{n}=PO\cdot\omega^2=R\omega^2=\frac{v_O^2}{R}$$

由图 9.27 可见,$\boldsymbol{a}_{PO}^{\tau}$的方向与 $\boldsymbol{a}_O$ 相反,于是得

$$a_P=a_{PO}^{n}=\frac{v_O^2}{R}$$

思 考 题

9.1 刚体平面运动分解为两个分运动所引进的动系与基点有何关系?该动系与点的合成运动中的动系有何区别?

9.2 平面图形的运动可以视为平面图形绕瞬心的瞬时转动,其上各点的速度分布规律与定轴转动时相同。其上各点加速度分布规律也与定轴转动时相同吗?

9.3 刚体做瞬时平动时其上各点的速度相同。既然速度矢量的一阶导数是加速度矢量,那么该瞬时其上各点的加速度也相同,这种说法对吗?为什么?

9.4 如图 9.28 所示,平面图形上两点 A、B 的速度方向可能是这样的吗?为什么?

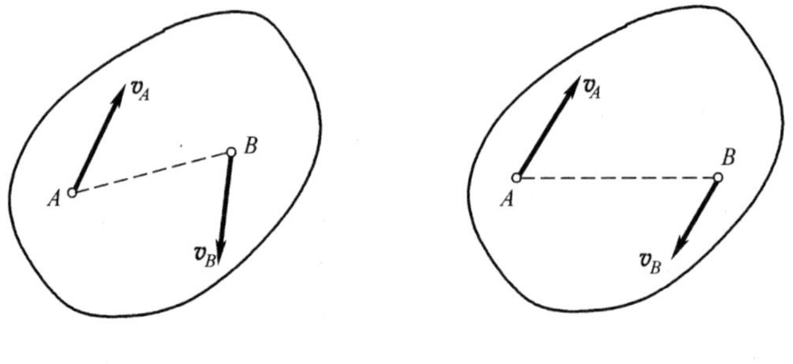

图 9.28

9.5 试画出图 9.29 中各杆在图示位置的瞬心(A、B 均为铰接点)。

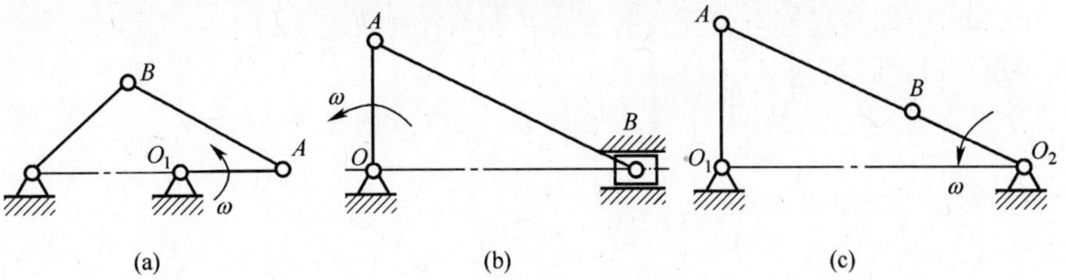

图 9.29

9.6 刚体做平面运动时的瞬时平动与刚体的平动有何区别?

9.7 平面图形绕速度瞬心的瞬时转动与刚体的定轴转动有何区别?

9.8 两轮半径均为 r,板 AB 搁置在Ⅰ轮上,并在 O 处与轮Ⅱ铰接,如图 9.30 所示。已知板的速度为 $\boldsymbol{v}$,试问两轮的角速度是否相等?设每个接触处均无相对滑动。

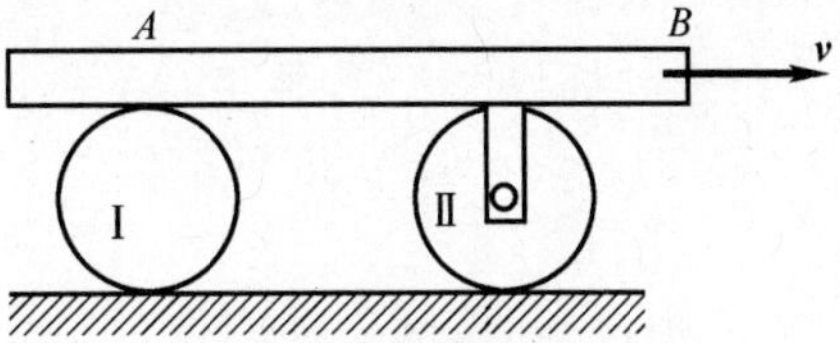

图 9.30

习 题

9.1 椭圆规尺 AB 由曲柄 OC 带动,曲柄以匀角速度 ω_0 绕 O 轴转动,如图 9.31 所示。如果 $OC=BC=AC=r$,并取 C 为基点,求椭圆规尺 AB 的平面运动方程。

9.2 半径为 r 的齿轮Ⅱ由曲柄 OA 带动,沿半径为 R 的固定齿轮Ⅰ滚动,如图 9.32 所示。如果曲柄 OA 以匀角加速度 α 绕 O 轴转动,且当运动开始时,角速度 $\omega_0=0$,转角 $\varphi=0$,求动齿轮以中心 A 为基点的平面运动方程。

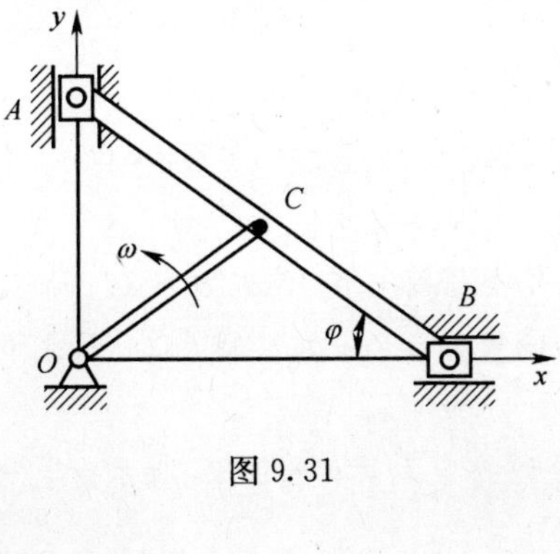

图 9.31

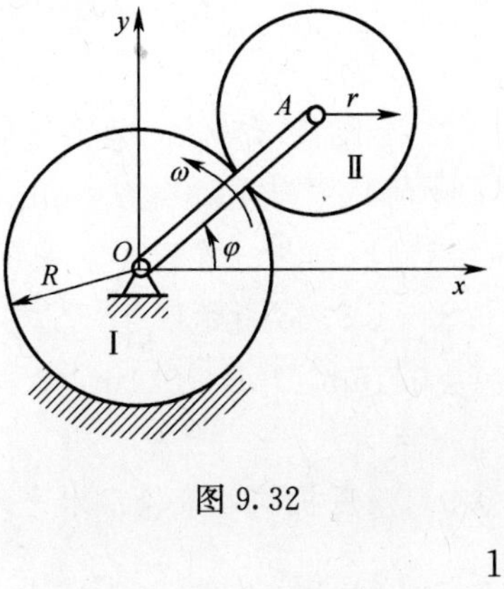

图 9.32

9.3 杆 AB 斜靠在高为 h 的台阶角 C 处，一端 A 以匀速 v_0 沿水平向右运动，如图 9.33 所示，试以杆与铅垂线的夹角 θ 表示杆的角速度。

9.4 四连杆机构 $ABCD$ 的尺寸（长度单位为 mm）和位置如图 9.34 所示。杆 AB 以匀角速度 $\omega=1\text{rad/s}$ 绕 A 轴转动，求 C 点的速度。

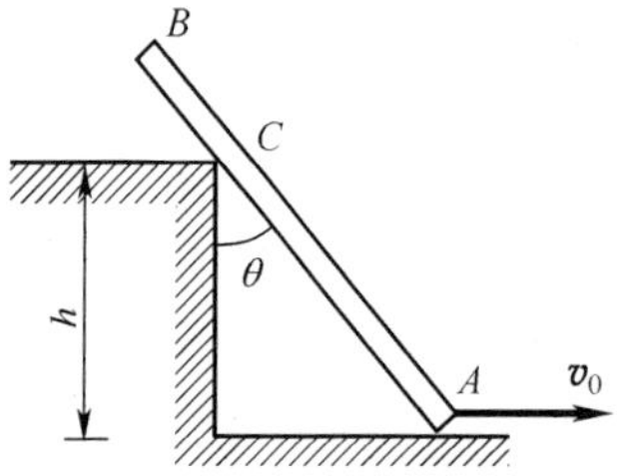

图 9.33

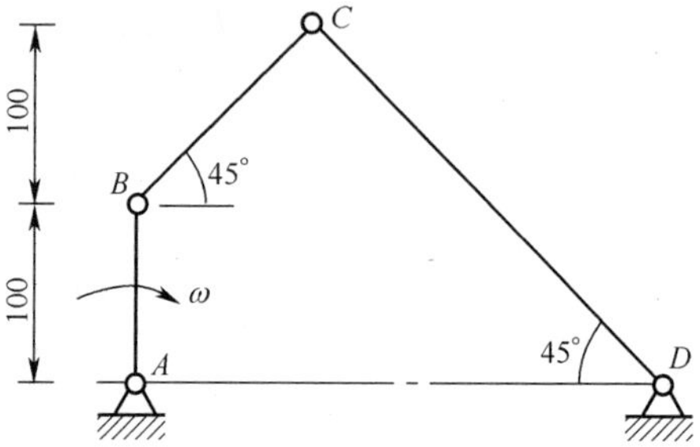

图 9.34

9.5 图 9.35 所示曲柄连杆机构中，已知曲柄 $OA=0.2\text{m}$，$AB=1\text{m}$，OA 以匀角速度 $\omega=10\text{rad/s}$ 绕 O 轴转动。求在图 9.35 所示位置滑块 B 的速度及连杆 AB 的角速度。

9.6 两个物体 M、N 用铰 C 连接，做平面运动。已知 $AC=BC=60\text{cm}$，在图 9.36 所示位置 $v_A=20\text{cm/s}$，$v_B=10\text{cm/s}$，方向如图 9.36 所示。试求 C 点的速度。

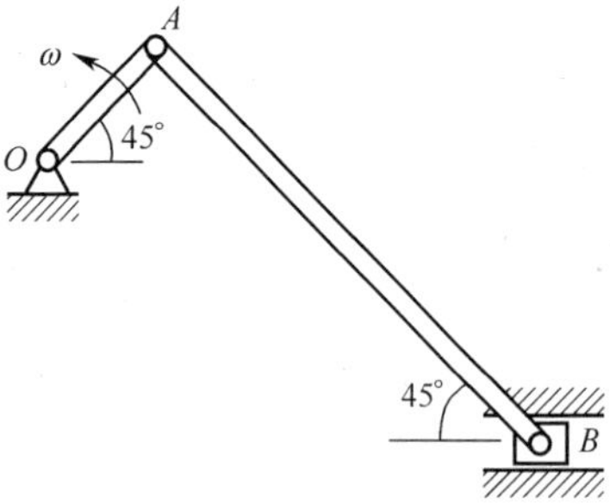

图 9.35

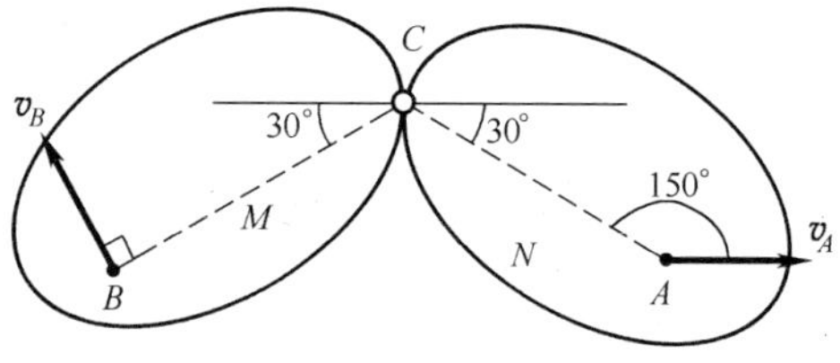

图 9.36

9.7 如图 9.37 所示，在筛动机构中，筛子的摆动是由曲柄连杆所带动。已知曲柄 OA 的转速为 $n_{OA}=40\text{r/min}$，$OA=30\text{cm}$，$O_1C=O_2B$，且 $O_1C/\!/O_2B$。当筛子 BC 运动到与点 O 在同一水平线上时有 $AB\perp OA$。求此时筛子 BC 的速度。

9.8 图 9.38 所示四连杆机构，当 OA 往复摇摆时可使杆 O_1B 绕 O_1 轴转动。设 $OA=0.15\text{m}$，$O_1B=0.1\text{m}$，在图 9.38 所示位置 $\omega=2\text{rad/s}$。试求 O_1B 杆的角速度。

9.9 滚压机构的滚轮沿水平地面做无滑动的滚动，如图 9.39 所示。已知曲

柄 $OA=0.15\text{m}$，绕 O 轴的转速 $n_{OA}=60\text{r/min}$，滚轮的半径 $R=0.15\text{m}$。求当曲柄与水平面的夹角为 60°，且曲柄与连杆垂直时，滚轮的角速度。

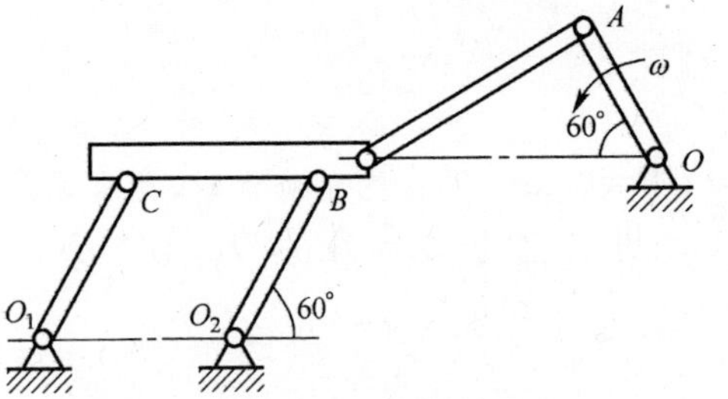

图 9.37

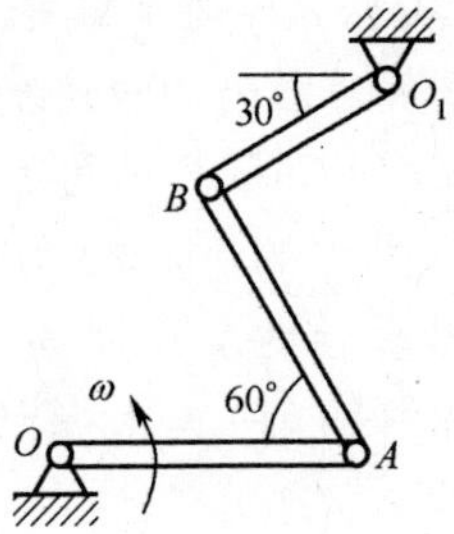

图 9.38

9.10　图 9.40 所示机构中，曲柄 $OA=15\text{cm}$，$AB=20\text{cm}$，$BC=30\text{cm}$，在图 9.40 所示位置时 $OA\perp OO_1$，$AB\perp OA$，$O_1B\perp BC$，曲柄 OA 的角速度 $\omega=4\text{rad/s}$。求此瞬时 B、C 点的速度及 AB、BC 杆的角速度。

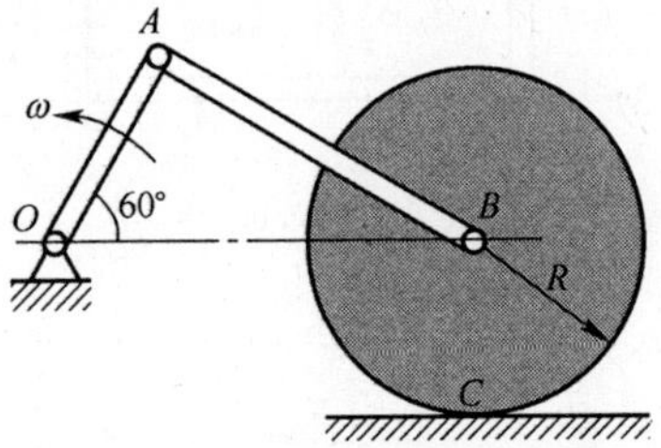

图 9.39

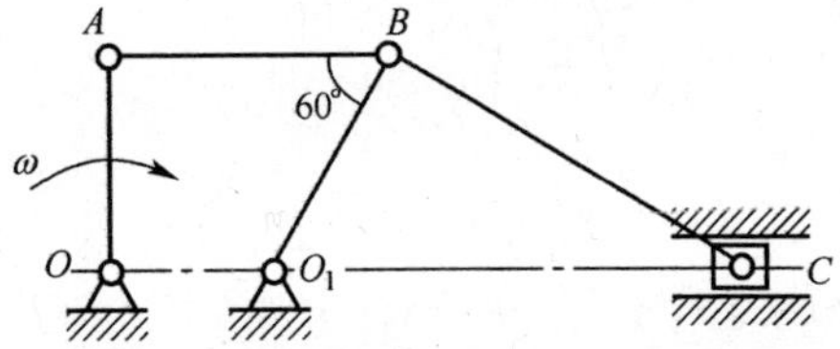

图 9.40

9.11　图 9.41 所示四连杆机构 $OABO_1$，其中 $OA=O_1B=0.5AB$，曲柄 OA 以角速度 $\omega=3\text{rad/s}$ 转动，求当 $\varphi=90°$，而曲柄 O_1B 重合于 OO_1 的延长线时，连杆 AB 的角速度、曲柄 O_1B 的角速度和角加速度。

9.12　图 9.42 所示四连杆机构，曲柄 OA 以匀角速度 ω 绕 O 轴转动，且有 $OA=O_1B=r$。求当 $\angle AOO_1=90°$，$\angle BAO=\angle BO_1O=45°$ 时，曲柄 O_1B 的角速度和角加速度。

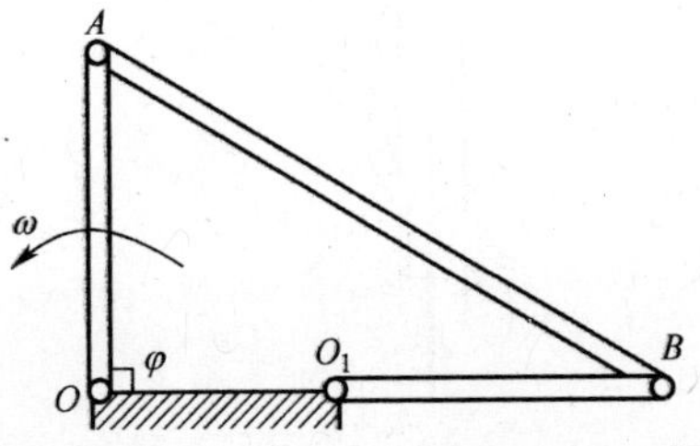

图 9.41

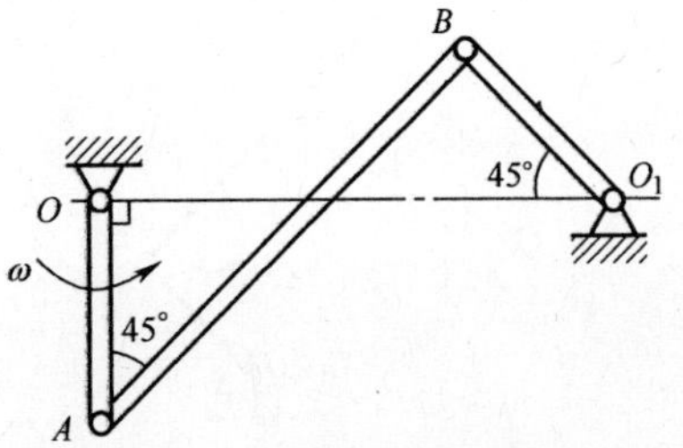

图 9.42

9.13 平面机构如图 9.43 所示。已知 $OA=AB=20\text{cm}$，半径 $r=5\text{cm}$ 的圆轮可沿铅垂面做纯滚动。在图 9.43 所示位置时，OA 水平，其角速度 $\omega=2\text{rad/s}$、角加速度为零，杆 AB 处于铅垂。试求：

(1) 该瞬时圆轮的角速度和角加速度；

(2) 该瞬时 AB 杆的角加速度。

9.14 图 9.44 所示直角刚性杆，$AC=CB=0.5\text{m}$，设在图示位置时，两端滑块沿水平与铅垂轴的加速度如图 9.44 所示，大小分别为 $a_A=1\text{m/s}^2$，$a_B=3\text{m/s}^2$。求此时直角杆的角速度和角加速度。

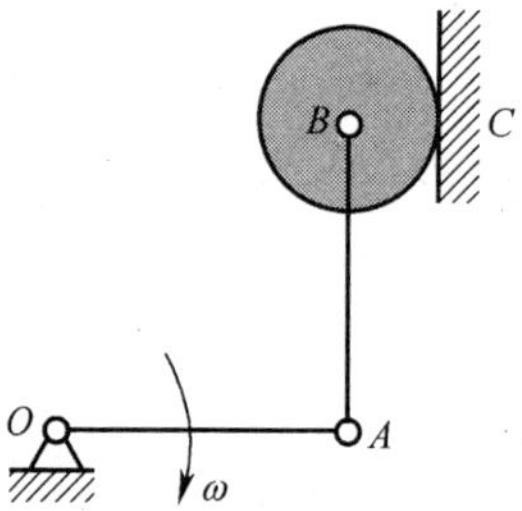

图 9.43

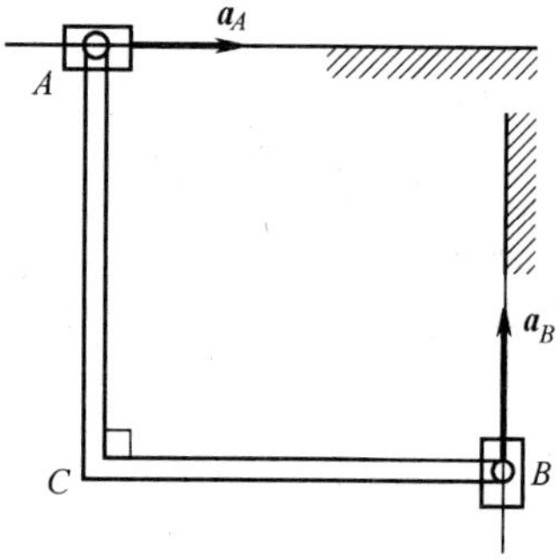

图 9.44

9.15 图 9.45 所示曲柄 OA 长 20cm，以匀角速度 $\omega_0=10\text{rad/s}$ 绕 O 轴转动，连杆 AB 长为 100cm。求当曲柄与连杆相互垂直且与水平线夹角 $\varphi=45°$ 时，连杆 AB 的角速度以及滑块 B 的速度和加速度。

9.16 滑块以匀速度 $v=2\text{m/s}$ 沿铅垂滑槽向下滑动，通过连杆 AB 带动轮子 A 沿水平面做纯滚动，如图 9.46 所示。设连杆 AB 长为 $l=80\text{cm}$，轮子半径 $r=20\text{cm}$。当 AB 与铅垂线成 $\theta=30°$ 时，求此瞬时 A 点的加速度及连杆、轮子的角加速度。

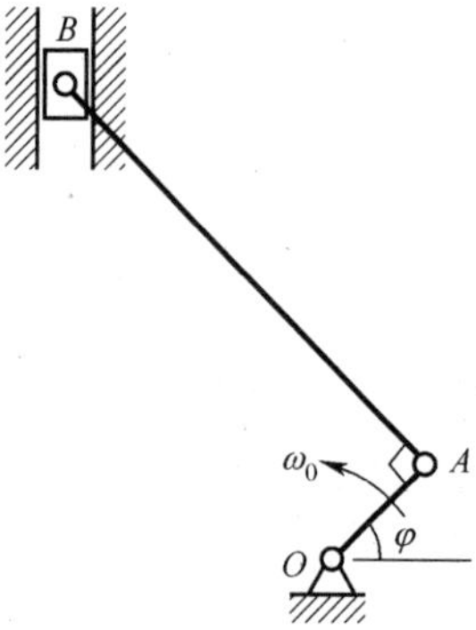

图 9.45

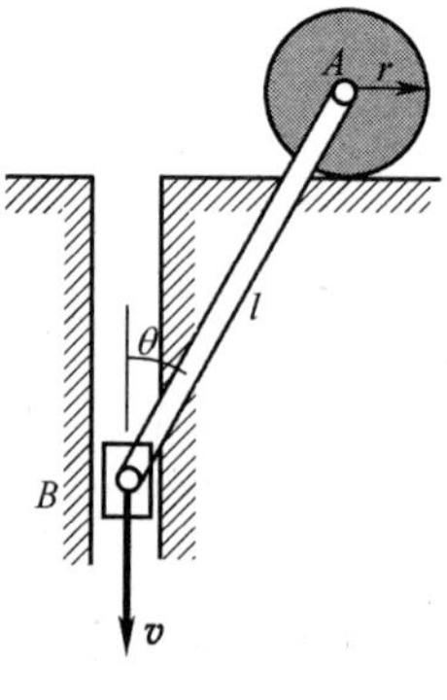

图 9.46

9.17　如图 9.47 所示，已知曲柄 OA 长 $r=20\text{cm}$，绕 O 轴转动，带动长 $l=40\text{cm}$ 的直杆 AB。在运动过程中 AB 杆端点 B 始终沿水平面运动。在图 9.47 所示位置，即 OA 杆处于铅直位置，$\theta=30°$，求 B 点的速度及 AB 杆的角加速度。已知在图 9.47 所示位置时，OA 曲柄的角速度 $\omega=2\text{rad/s}$，角加速度 $\alpha_0=10\text{rad/s}$。

9.18　在如图 9.48 所示的机构中，圆轮在地面上只滚动不滑动，与杆 AB 铰链连接，已知轮半径 $r=1\text{m}$，杆长 $l=3\text{m}$，$AO=0.5\text{m}$。轮心 O 以匀速 $v_O=2\text{m/s}$ 向右运动，求在图 9.48 所示位置时 B 点的速度和加速度。

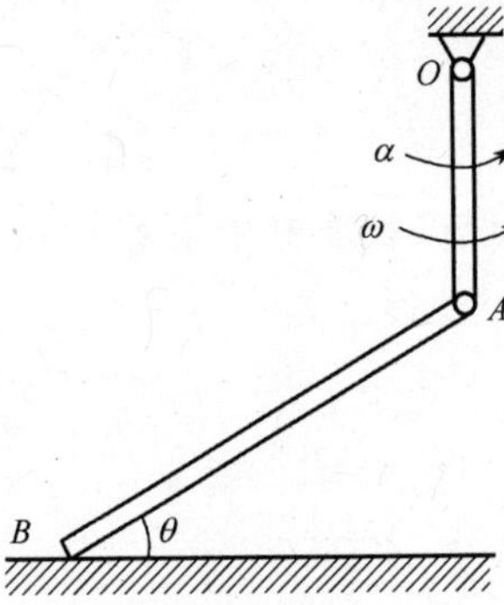

图 9.47

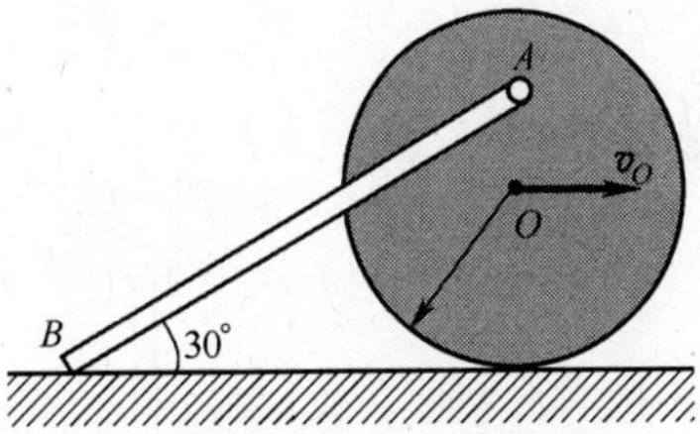

图 9.48

9.19　如图 9.49 所示机构，曲柄 OA 可绕 O 轴转动，带动杆 AC 在套筒 B 内滑动，套筒 B 及与其刚连的 BD 杆绕 B 铰转动。已知 $OA=BD=30\text{cm}$，$OB=40\text{cm}$，当 OA 转至沿铅直位置时，其角速度 $\omega_0=2\text{rad/s}$，试求 D 点的速度。

9.20　在如图 9.50 所示的机构中，曲柄 OA 以恒定的角速度 $\omega=2\text{rad/s}$ 绕轴 O 转动，并借助连杆 AB 驱动半径为 r 的轮子在半径为 R 的圆弧槽中做无滑动的滚动。设 $OA=AB=R=2r=1\text{m}$，求图示瞬时点 B 和点 C 的速度与加速度。

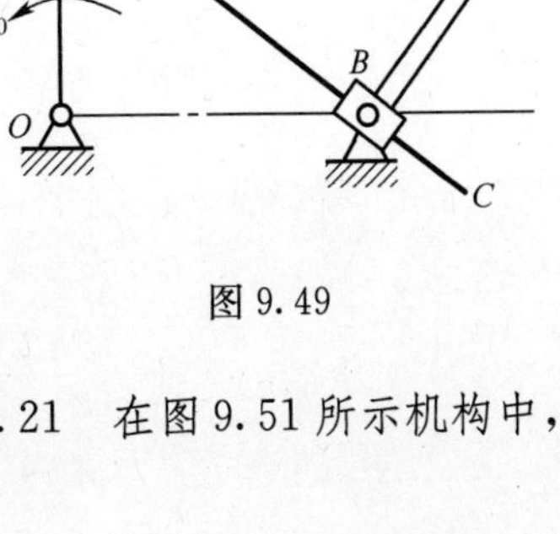

图 9.49

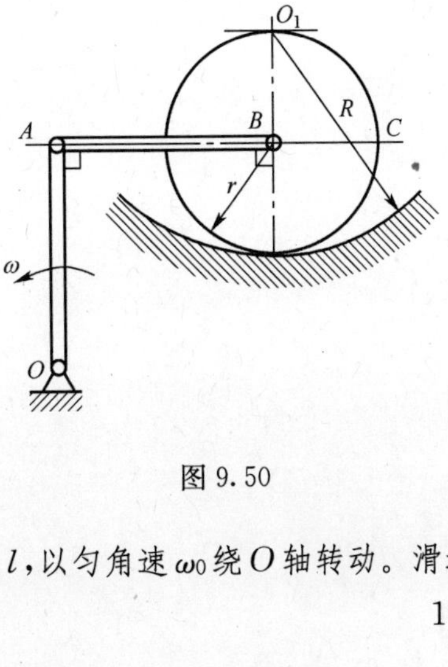

图 9.50

9.21　在图 9.51 所示机构中，曲柄 OA 长 l，以匀角速 ω_0 绕 O 轴转动。滑块 B

沿 x 轴滑动。已知 $AB=AC=2l$，在图示瞬时，OA 垂直于 x 轴，求该瞬时 C 点的速度及加速度。

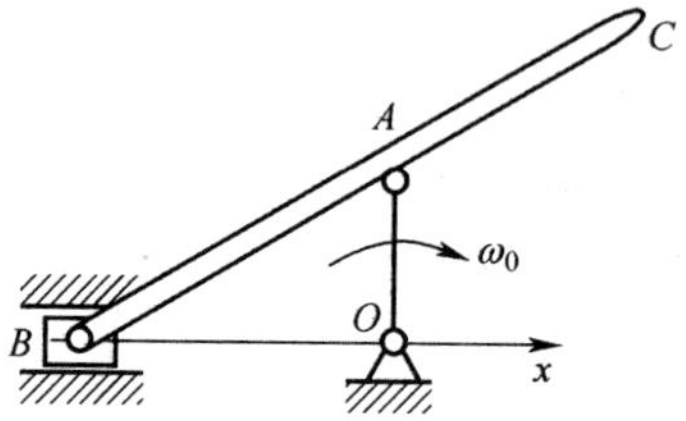

图 9.51

9.22 在如图 9.52 所示的机构中，曲柄 OA 长为 r，以匀角速 ω_0 绕 O 轴转动，$AB=6r$，$BC=3\sqrt{3}\,r$。图示位置时，AB 处于水平位置，求此时滑块 C 的速度和加速度。

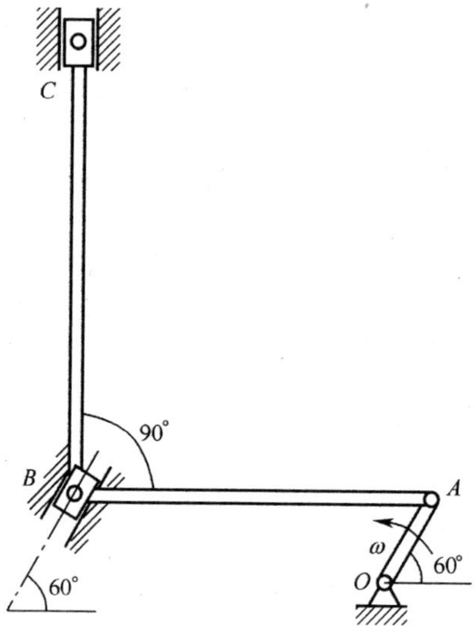

图 9.52

第三篇 动 力 学

引 言

在静力学中，我们只研究作用于物体上的力系简化与平衡条件，不讨论力系不满足平衡条件下物体将如何运动；在运动学中，我们只研究物体运动的几何特征，而不讨论产生这些运动的原因。因此可以说静力学和运动学都只研究物体机械运动的一个方面。动力学则研究物体的运动与物体所受的力之间的关系，建立物体机械运动的普遍规律。与静力学和运动学相比，动力学研究的问题是机械运动更一般的规律，在力学中占有极其重要的地位，对促进科学技术的发展有着重大的意义。

平衡是机械运动的特殊情形，因而静力学中研究的平衡问题是动力学问题的特例。另外，静力学中关于力、力矩、力偶等基本概念及有关的理论，力系的简化等又是学习动力学的必要知识。至于运动学，则更是学习动力学所不可缺少的基础。动力学把静力学和运动学两方面结合了起来。随着科学技术的发展，在工程实际问题中涉及的动力学问题越来越多。在土建、水利工程中，动力荷载的影响以及结构的抗震设计等；在机械工程中的机械设计、机械振动等；在航天技术中，火箭、人造卫星的发射与运行等都与动力学知识有关。如今，动力学的研究内容已经渗入到其他科学领域，形成了一些新的边缘学科。例如，运动力学、生物力学、爆炸力学、电磁流体力学等，因此掌握动力学基本理论对于解决工程实际问题具有十分重要的意义。

在动力学中，力学模型有质点和质点系。质点是具有一定质量而几何形状和尺寸大小可以忽略不计的物体。例如，在研究炮弹的弹道问题时，炮弹的形状、大小对所研究的问题不起主要作用，可以忽略不计，因此可以将炮弹抽象为质量集中在质心的质点。当刚体平动时，刚体内各点的运动情况完全相同，则可以不考虑其形状大小，把它抽象为一个质点。质点系是由有限个或无限个有相互联系的质点所组成的系统。如果物体的几何形状、尺寸大小在所研究的问题中不能忽略或刚体的运动不是平动，都应抽象为质点系。在质点系中，若任意两个质点之间的距离保持不变，称为不变的质点系，如刚体等，反之称为可变质点系，如流体、气体等。如果质点系中各质点的运动不受约束的限制，该质点系称为自由质点系，如太阳系等，反之称为非自由质点系，如机构、工程结构等。动力学的内容包括质点动力学和质点系动力学，本书重点研究质点系动力学问题。

第10章 质点动力学

10.1 动力学基本定律

动力学的基本定律是牛顿在总结前人，特别是伽利略研究成果的基础上提出来的，称为牛顿三定律，它们是动力学的基础。

1. 牛顿第一定律（惯性定律）

任何物体，如果不受外力作用，将保持静止或匀速直线运动状态。

此定律首先说明任何物体有保持其原来的静止或匀速直线运动状态的特性，物体的这一特性称为惯性，所以该定律也称为惯性定律。其次，该定律定性地表明了物体受力与运动之间的关系，即力是改变物体运动状态的根本原因。

2. 牛顿第二定律（力与加速度之间的关系定律）

质点受到外力作用时，所产生的加速度大小与作用力的大小成正比，而与物体的质量成反比，加速度的方向与力的方向相同。用方程表示为

$$\begin{cases}\boldsymbol{a}=\dfrac{\boldsymbol{F}}{m}\\ \boldsymbol{F}=m\boldsymbol{a}\end{cases} \tag{10.1}$$

式中：$\boldsymbol{F}$ 为质点所受的力；m 为质点的质量；$\boldsymbol{a}$ 为质点在力 $\boldsymbol{F}$ 作用下产生的加速度。该表达式又称质点动力学基本方程。

式(10.1)表明，如大小相等的力作用于质量不同的质点上，则质量大的质点加速度小，反之加速度大。这说明质点的质量越大，其运动状态越不容易改变，也就是质点的惯性越大。因此质量是质点惯性的度量。

在国际单位制(SI)中：长度、质量和时间是基本单位，分别取为 m、kg 和 s；力的单位是导出单位，质量为 1kg 的质点获得 1m/s^2 的加速度时，作用在该质点上的力为 1N，即

$$1\text{N}=1\text{kg}\times 1\text{m/s}^2$$

若基本量长度、质量和时间的量纲（基本单位）分别用 L、M、T 表示，则其他导出量的量纲均可表示为这三个量的函数。例如，力的量纲是 MLT^{-2}，速度的量纲是 LT^{-1}，加速度的量纲是 LT^{-2}。

牛顿第二定律还表示了某一物体的质量 m 与它的重量 $\boldsymbol{W}$ 之间的关系。

在地球表面，物体受重力 $\boldsymbol{W}$ 作用得到重力加速度 $\boldsymbol{g}$，根据第二定律有

$$\boldsymbol{W}=m\boldsymbol{g} \quad 或 \quad m=\frac{\boldsymbol{W}}{\boldsymbol{g}}$$

实际上，在不同地区 $\boldsymbol{g}$ 的数值随纬度的变化有微小的差别。但在一般的工程实际中，重力加速度的数值一般取 $9.8\mathrm{m/s^2}$。

质量和重量是两个不同的概念。质量是物体惯性的度量，同一物体的质量是一个常数，而重量是物体所受重力的大小，它随物体在地面上位置的变化而变化。即同一个物体在不同纬度的地区其重量是不同的。

3. 牛顿第三定律(作用与反作用定律)

两个物体间相互作用的作用力和反作用力，总是大小相等、方向相反，沿着同一直线，且同时分别作用在这两个物体上。这一定律是静力学的公理之一，适用任何平衡或运动的物体。

作用与反作用定律对研究质点系动力学问题具有重要意义，因为牛顿第二定律只适用于单个质点，而动力学将要研究的问题大多是关于质点系的，牛顿第三定律给出了质点系中各质点间相互作用的关系，从而使质点动力学的理论能推广应用于质点系。

动力学基本定律是在观察天体运动和生产实践中一般机械运动的基础上总结出来的，因此只在一定范围内适用。动力学基本定律适用的参考系称为惯性坐标系。在一般工程技术问题中，将固连于地面或相对于地面做匀速直线运动的坐标系作为惯性坐标系，可以得到相当精确的结果。在一些特殊领域，如研究人造卫星的轨道、洲际导弹的飞行等问题时，地球自转的影响不可忽略，则应选取以地心恒星坐标系，即以地心为原点，三轴指向三个恒星的坐标系为惯性坐标系。在研究天体的运动时，地心运动的影响也不可忽略，则又需取日心—恒星坐标系，即以太阳中心为原点，三轴指向三个恒星的坐标系作为惯性坐标系。今后如无特别说明，均取固定在地球表面的坐标系为惯性坐标系。

以牛顿三定律为基础的力学称为古典力学(又称经典力学)。在古典力学范畴内，认为质量是不变的量，空间和时间是“绝对的”，与物体的运动无关。近代物理学的研究表明，质量、时间和空间都与物体运动的速度有关，但当物体的运动速度远小于光速时，物体的运动对于质量、时间和空间的影响是微不足道的。对于一般工程中的机械运动问题，应用古典力学都可得到足够精确的结果。因此，以基本定律为基础的古典力学或牛顿力学在今日的工程技术中仍有十分重要的价值，并一直得到广泛的应用。

10.2 质点运动微分方程

牛顿定律是动力学理论的基础。在理论与应用研究时，牛顿定律表示的质点

动力学方程有以下三种常用形式。

1. 质点运动微分方程的矢量形式

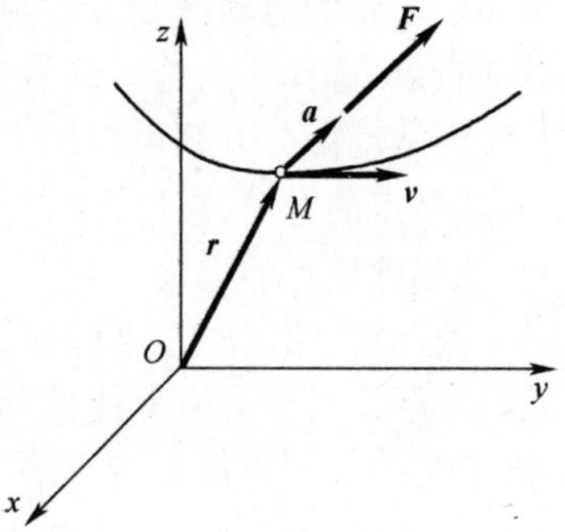

图 10.1

如图 10.1 所示，设有质量为 m 的质点 M 受到力 $\boldsymbol{F}$（合力）的作用做曲线运动，加速度为 $\boldsymbol{a}$。用 $\boldsymbol{r}$ 表示质点的矢径，则质点的运动微分方程为

$$m\boldsymbol{a}=m\frac{\mathrm{d}^2\boldsymbol{r}}{\mathrm{d}t^2}=\sum \boldsymbol{F}_i \tag{10.2}$$

应用矢量形式微分方程进行理论分析非常方便，但在求解某些具体问题时，根据具体问题选择其他合适坐标形式更为方便。

2. 质点运动微分方程的直角坐标形式

将图 10.1 中的矢径向直角坐标系上投影，可得到质点运动微分方程的直角坐标形式

$$\begin{cases} m\dfrac{\mathrm{d}^2x}{\mathrm{d}t^2}=\sum F_x \\ m\dfrac{\mathrm{d}^2y}{\mathrm{d}t^2}=\sum F_y \\ m\dfrac{\mathrm{d}^2z}{\mathrm{d}t^2}=\sum F_z \end{cases} \tag{10.3}$$

若质点做平面曲线运动，则其运动微分方程的平面直角坐标形式为

$$\begin{cases} m\dfrac{\mathrm{d}^2x}{\mathrm{d}t^2}=\sum F_x \\ m\dfrac{\mathrm{d}^2y}{\mathrm{d}t^2}=\sum F_y \end{cases} \tag{10.4}$$

3. 质点运动微分方程的自然坐标形式

当质点的运动轨迹已知时，由点的运动学可知，点的加速度位于密切面内，在副法线上的投影为零。将矢量方程投影到自然坐标系上，可得到质点运动微分方程的自然坐标形式

$$\begin{cases} ma_\tau=m\dfrac{\mathrm{d}^2s}{\mathrm{d}t^2}=\sum F_\tau \\ ma_n=m\dfrac{v^2}{\rho}=\sum F_n \\ 0=\sum F_b \end{cases} \tag{10.5}$$

上述各种形式运动微分方程中的力为质点所受力的合力，既包含质点所受的主动力，也包含质点所受的约束力。

除了以上几种常见形式的质点运动微分方程外，根据质点的运动特点，还可以应用其他形式的运动微分方程，如柱坐标、球坐标、极坐标等。正确分析研究对象的运动特点，选择一组合适的微分方程，会使问题的求解过程大为简化。

质点运动微分方程可以用来求解质点动力学的两类基本问题。第一类基本问题：已知质点的运动，求解此质点所受的力。第二类基本问题：已知作用在质点上的力，求解此质点的运动。

一般而言，第一类基本问题需用微分和代数方法求解，第二类基本问题需用积分方法求解。对于含有非线性函数的运动微分方程，大多数情况下很难得到解析解，通常只能应用数值方法求解。此外，求解微分方程时将出现积分常数，这些积分常数通常根据质点运动的初始条件（如初始速度和初始位置等）来确定。因此，对于这类问题，除了作用于质点的力外，还必须知道质点运动的初始条件。

例 10.1　建设工地上的卷扬机在启动时用吊笼以匀加速度 $\boldsymbol{a}$ 将重量为 $\boldsymbol{W}$ 的物体 A 向上提升，如图 10.2(a)所示。试求物体 A 所受的约束反力。

解：以物体 A 为研究对象，对其进行受力分析和运动分析。

物体 A 受重力 $\boldsymbol{W}$ 和吊笼的约束反力 $\boldsymbol{F}_{\mathrm{N}}$ 作用。物体 A 以匀加速度 $\boldsymbol{a}$ 向上运动。建立坐标系如图 10.2(b)所示。物体的运动微分方程为

$$m\frac{\mathrm{d}^2x}{\mathrm{d}t^2}=\frac{W}{g}a=\boldsymbol{F}_{\mathrm{N}}-W$$

所以有

$$\boldsymbol{F}_{\mathrm{N}}=\frac{W}{g}a+W=W\left(1+\frac{a}{g}\right)$$

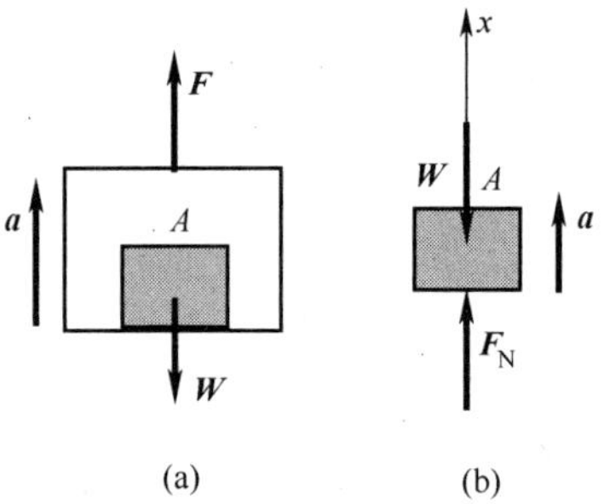

图 10.2

可以看出：当物体的加速度 $a=0$（即物体做匀速直线运动）时，物体所受的约束反力与静止一样，等于物体的重量；当物体的加速度 $a>0$ 时，约束反力大于物体的重量，且经分析可知，当 $a>g$ 时，物体将离开支承面；当物体的加速度 $a<0$ 时，约束反力小于物体的重量。

例 10.2　桥式起重机小车上吊着重为 $W=100\mathrm{kN}$ 的物体，重物随小车沿横梁以速度 $v_0=2\mathrm{m/s}$ 的速度做匀速运动，如图 10.3 所示，绳长 $l=1\mathrm{m}$。因故急刹车，重物惯性使物体绕悬挂点 O 向前摆动。求刹车瞬时绳索所受的最大拉力。

解：取物体 A 为研究对象。突然刹车时，重物 A 以 O 为圆心，绳长为半径做圆周运动。取自然坐标系，设绳与铅垂方向的夹角为 φ，由自然坐标系下质点运动微分方程法线方向的投影方程有

$$\frac{W}{g}\frac{v^2}{l}=F_T-W\cos\varphi$$

可得

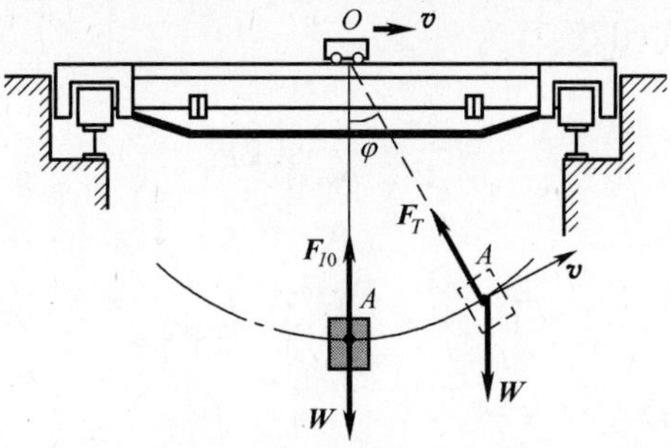

图 10.3

$$F_T=\frac{W}{g}\frac{v^2}{l}+W\cos\varphi=W\left(\frac{v^2}{gl}+\cos\varphi\right)$$

当 $\varphi=0$ 时，$v=v_0$，即急刹车时，绳索拉力最大。将 $\varphi=0$，$v=v_0$ 代入上式得

$$F_{T\max}=W\left(\frac{v^2}{gl}+1\right)=100\left(\frac{2^2}{9.8\times1}+1\right)\approx141(\text{kN})$$

小车匀速直线运动时处于平衡状态，所以有

$$\sum F_n=0,\quad F_{T0}-W=0,\quad F_{T0}=W=100(\text{kN})$$

可见，刹车时，由于产生了加速度，绳的张力增大 41%。因此，在起重机运输的过程中应力求平稳，避免在绳索中产生过大的附加拉力。

例 10.3　一个质量为 m 的小球 M 沿水平方向运动，作用于小球上的力 $F=F_0\cos(\omega t)$，如图 10.4 所示。F_0、ω 均为常数，运动的初瞬时小球 M 的坐标 $x_0=0$，速度 $v_0=0$。不计空气阻力，求小球的运动规律。

解：取小球 M 为研究对象。小球在重力 $\boldsymbol{W}$、铅垂方向反力 $\boldsymbol{F}_{\rm N}$ 即水平力 $\boldsymbol{F}$ 的作用下做水平直线运动。建立坐标系如图 10.4 所示。小球的运动微分方程为

$$m\frac{\mathrm{d}^2x}{\mathrm{d}t^2}=F_0\cos\omega t \tag{a}$$

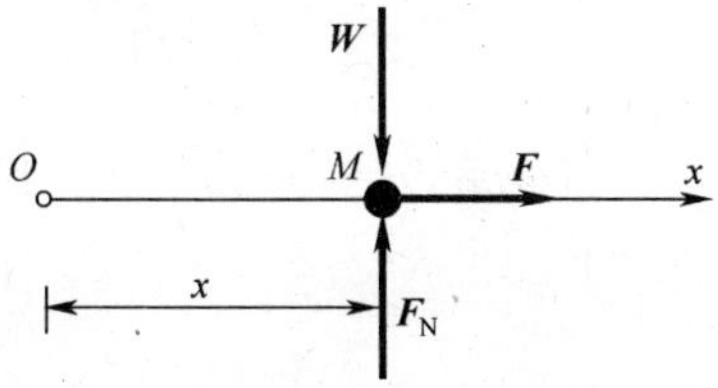

图 10.4

将式(a)重写为

$$m\frac{\mathrm{d}v}{\mathrm{d}t}=F_0\cos\omega t \tag{b}$$

将式(b)分离变量，两边积分，并考虑初始条件，则有

$$\int_0^v \mathrm{d}v=\frac{F_0}{m}\int_0^t\cos\omega t\,\mathrm{d}t \tag{c}$$

积分式(c)得

$$v=\frac{F_0}{m\omega}\sin\omega t \tag{d}$$

利用 $v=\frac{\mathrm{d}x}{\mathrm{d}t}$,将式(d)重写为

$$\frac{\mathrm{d}x}{\mathrm{d}t}=\frac{F_0}{m\omega}\sin\omega t \tag{e}$$

积分式(e),有

$$\int_0^x \mathrm{d}x=\frac{F_0}{m\omega}\int_0^t \sin\omega t\,\mathrm{d}t$$

得质点的运动微分方程为

$$x=\frac{F_0}{m\omega}(1-\cos\omega t)$$

本题也可直接用二阶常系数微分方程的解法求解。

例 10.4　小球 M 在静止的液体中自由下沉。由实验知当物体的速度不大时,液体阻力的大小与物体速度的大小成反比,比例系数为 μ。μ 的大小与小球的大小、形状有关。设小球由液面从静止开始降落,浮力略去不计,试求小球的速度及运动规律。

解:取小球 M 为研究对象。小球在重力 $\boldsymbol{W}$、液体阻力 $\boldsymbol{F}_v$ 的作用,建立坐标系如图 10.5 所示。小球的运动微分方程为

$$m\frac{\mathrm{d}^2x}{\mathrm{d}t^2}=W-F_v=mg-\mu v \tag{a}$$

令 $c=\frac{mg}{\mu}$,$v=\frac{\mathrm{d}x}{\mathrm{d}t}$,则式(a)可改写为

$$\frac{c}{g}\frac{\mathrm{d}v}{\mathrm{d}t}=c-v \tag{b}$$

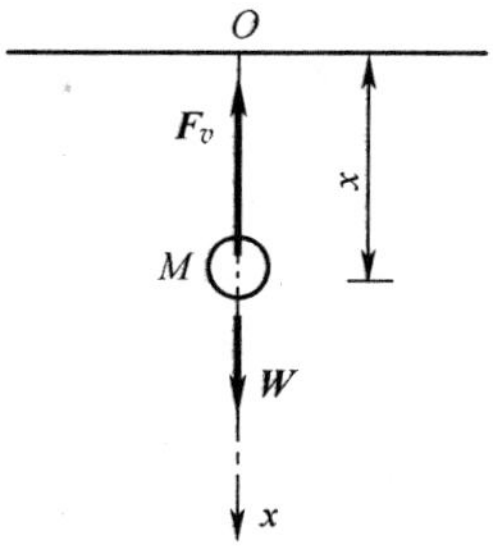

图 10.5

分量变量,考虑初始条件并积分,得

$$\int_0^v \frac{\mathrm{d}v}{c-v}=\frac{g}{c}\int_0^t \mathrm{d}t \tag{c}$$

积分并整理得

$$\ln\frac{c-v}{c}=-\frac{g}{c}t \tag{d}$$

即

$$v=c(1-\mathrm{e}^{-\frac{g}{c}t}) \tag{e}$$

由 $v=\frac{\mathrm{d}x}{\mathrm{d}t}$,将式(e)重写并积分,则有

$$\int_0^x \mathrm{d}x=c\int_0^t (1-\mathrm{e}^{-\frac{g}{c}t})\mathrm{d}t \tag{f}$$

积分式(f)并整理得

$$x=ct-\frac{c^2}{g}(1-e^{-\frac{g}{c}t}) \tag{g}$$

由式(e)知，当 $t\to\infty$ 时，速度 v 趋于极限值 $c=\frac{mg}{\mu}$，称为极限速度。当 $t=4\frac{c}{g}$ 时，小球的速度 $v=0.982c$，已非常接近 c。当速度达到极限值时，小球匀速下沉。

由于阻力系数与小球的形状、大小有关，因此，下落物体的极限速度与其体积、形状及密度等因数有关，可利用这一特点对大小不同的颗粒进行分离。

例 10.5　球磨机是利用旋转圆筒内的锰钢球的磨剥作用而磨制矿石粉、煤粉、水泥等的机器，如图 10.6(a)所示。当圆筒匀速转动时，带动钢球一起运动，待转到一定角度 φ 时，钢球即离开圆筒并沿抛物线轨迹下落打击矿石。已知当 $\varphi=54°40'$ 时钢球脱离圆筒，可得到最大的打击力。设圆筒内径 $D=3.2\text{m}$，求圆筒应有的转速。

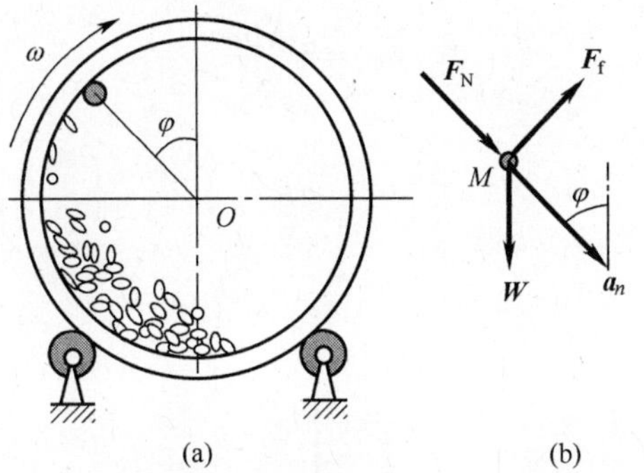

图 10.6

解：取靠筒壁的一个钢球为研究对象，如图 10.6(b)所示。钢球受到重力 W、法向反力 $\boldsymbol{F}_{\text{N}}$ 及筒壁的摩擦力 $\boldsymbol{F}_{\text{f}}$ 的作用。钢球的加速度为

$$a_n=\frac{D}{2}\omega^2$$

式中：$\omega=\frac{2n\pi}{60}=\frac{n\pi}{30}$。

钢球在法线方向的运动微分方程为

$$ma_n=\frac{W}{g}\frac{D}{2}\omega^2=F_{\text{N}}+W\cos\varphi$$

当钢球脱离筒壁时，有 $F_{\text{N}}=0$，于是有

$$\frac{D}{2}\omega^2=g\cos\varphi$$

所以

$$\omega^2=\frac{2g\cos\varphi}{D}$$

可得

$$n=\frac{30}{\pi}\sqrt{\frac{2g\cos\varphi}{D}}=\frac{30}{\pi}\sqrt{\frac{2\times 9.8\times\cos 54^\circ 40'}{3.2}}=18(\mathrm{r/min})$$

例 10.6　垂直于地面向上发射一物体，试求脱离地球引力场而不再返回地面的最小初速度。不计空气阻力和地球自转的影响（地球半径 $R=6371\mathrm{km}$）。

解：取地球中心为坐标原点，x 轴垂直向上，如图 10.7 所示。将物体视为质点，根据牛顿万有引力定律，在任意位置处，质点受到地球引力 $\boldsymbol{F}$，方向指向地心，大小为

$$F=k\frac{Mm}{x^2} \tag{a}$$

式中：k 为万有引力常数；m 为质点的质量；M 为地球的质量。由于物体在地球表面时所受到的引力为重力，故有

$$mg=k\frac{Mm}{R^2} \tag{b}$$

所以，万有引力常数为

$$k=\frac{gR^2}{M} \tag{c}$$

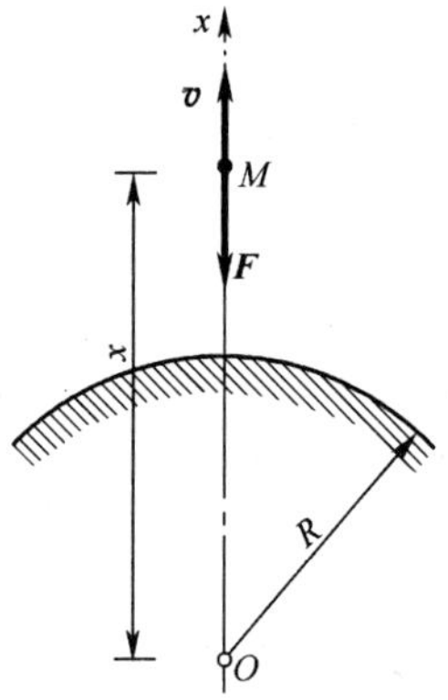

图 10.7

将式(c)代入式(a)，得

$$F=\frac{mR^2}{x^2}g \tag{d}$$

于是，质点的运动微分方程为

$$m\frac{\mathrm{d}^2x}{\mathrm{d}t^2}=-F=-\frac{mR^2}{x^2}g \text{ 或 } \frac{\mathrm{d}^2x}{\mathrm{d}t^2}=-\frac{R^2}{x^2}g \tag{e}$$

由 $v=\frac{\mathrm{d}x}{\mathrm{d}t}$，式(e)可化为

$$\frac{dv}{dt}=-\frac{R^2}{x^2}g \tag{f}$$

将式(f)重写并积分，则有

$$\int_{v_0}^{v} dv=\int_{R}^{x}-\frac{R^2}{x^2}g dx \tag{g}$$

积分得

$$v^2=v_0^2-2gR^2\left(\frac{1}{R}-\frac{1}{x}\right) \tag{h}$$

在不考虑其他星体引力的条件下，物体脱离地球引力场即意味着物体的末位置可达 $x\to\infty$ 而 $v\geqslant 0$，故得物体脱离地球的最小速度为

$$v=\sqrt{2gR}=11.2(\text{km/s})$$

这就是物体脱离地球引力场所需的最小初速度，称为第二宇宙速度。

思　考　题

10.1　航天员体重为700N，在太空中漫步时，他的体重与在地球上一样吗？

10.2　什么是惯性？是否任何物体都具有惯性？正在加速运动的物体，其惯性是仍然存在还是已经消失？

10.3　质点的运动方向是否一定与质点受合力的方向相同？某瞬时，质点的加速度大，是否说明该质点所受的作用力也一定大？

10.4　木船匀速直线前进，如桅杆上一物体相对于木船自由落下，空气阻力不计，则物体的绝对运动轨迹是：

A. 抛物线；　　　　　B. 铅直线；

C. 倾斜向前的直线；　D. 倾斜向后的直线。

10.5　如图10.8所示，绳子通过两个定滑轮，在绳的两端分别挂着两个质量完全相同的物体，开始时处于静止状态。若给右边的物体一水平速度，则左边物体应该______。

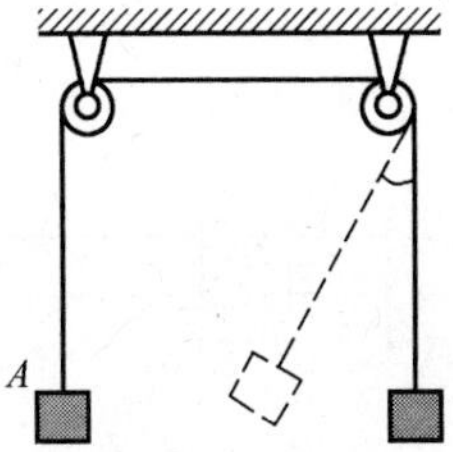

图10.8

10.6　汽车以不变的速度 v 通过图10.9所示的路面上 A、B、C 三点时，给路面的压力是否相同？

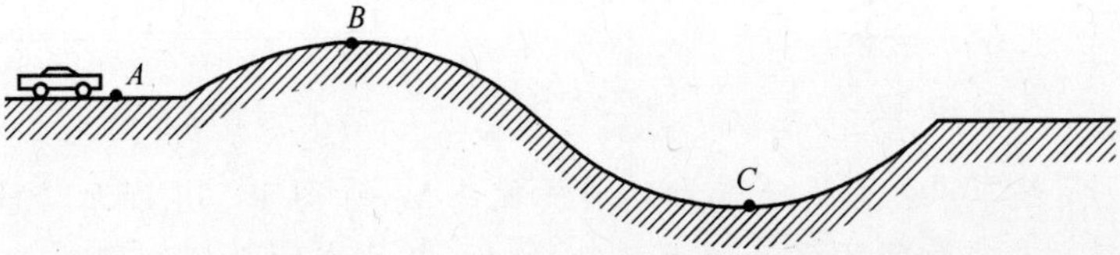

图10.9

习 题

10.1 电动机通过钢索将质量 $m=1500\text{kg}$ 的重物由静止开始匀加速向上提升(图 10.10),在 3s 内上升了 1.8m。试求钢索的拉力(钢索重量不计)。

10.2 一个质量为 m 的物体放在匀速旋转的水平转台上,物体与转轴的距离为 r,如图 10.11 所示。设物体与转台之间的摩擦因数为 f,求当物体不致因转台旋转而滑出时,转台的最大转速。

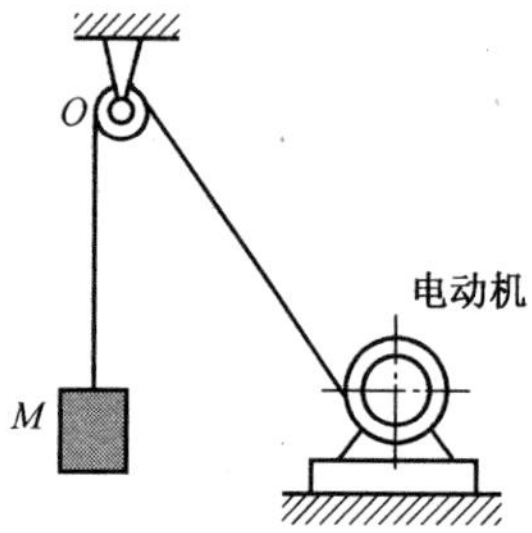

图 10.10

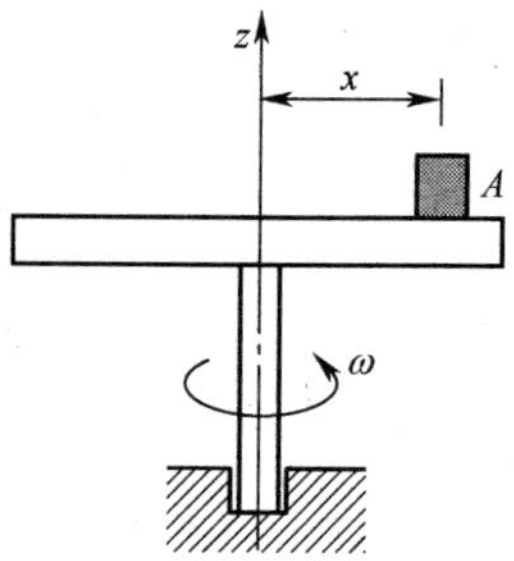

图 10.11

10.3 图 10.12 所示重为 110N 的套筒 A 与弹簧相连,在弹簧轴线与铅直线成角 $\theta=30^\circ$ 的位置上,套筒被静止释放后沿固定的水平杆滑动。弹簧常数 $C=17.5\text{N/cm}$,且当 $\theta=0^\circ$ 时弹簧无变形。若水平杆与套筒间的摩擦系数为 0.2,求套筒开始滑动时的加速度。

10.4 倾角为 30°的楔形斜面以 $a=4\text{m/s}$ 的加速度向右运动,如图 10.13 所示,质量为 $m=5\text{kg}$ 的小球 A 用软绳系于斜面上,试求绳子的拉力及斜面的压力,并求当斜面的加速度达到多大时绳子的拉力为零。

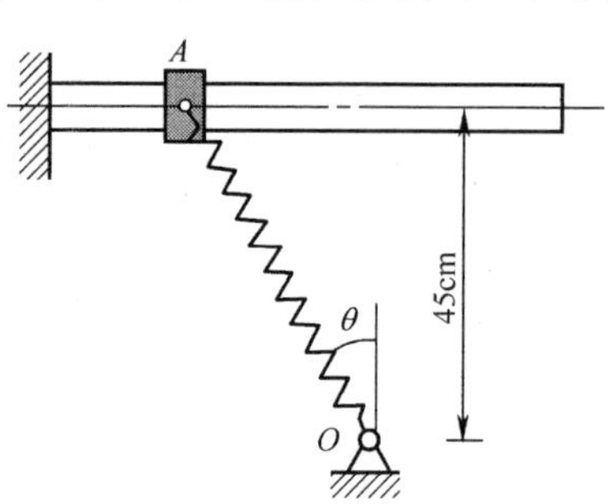

图 10.12

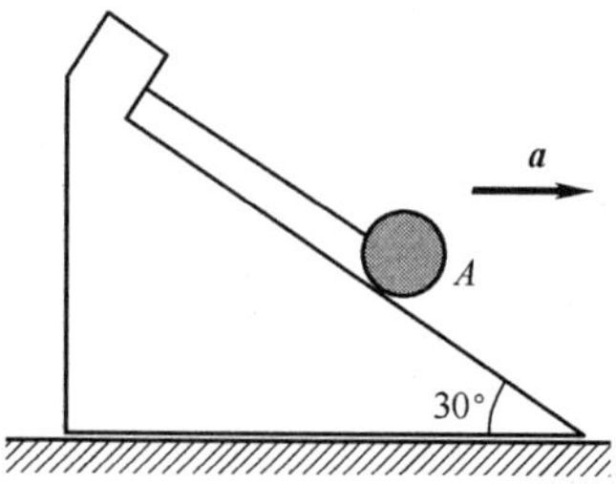

图 10.13

10.5 用绞车沿斜面提升质量为 m 的重物 M,如图 10.14 所示。已知斜面的倾角为 θ,斜面与重物间的滑动摩擦系数为 f。若绞车的鼓轮半径为 r,且鼓轮按

$\varphi=\frac{1}{2}\alpha t^2$（$t$ 以 s 计，φ 以 rad 计）的规律做匀加速转动。试求钢索的张力。

10.6　质量为 m 的球用两根各长为 l 的杆支持，如图 10.15 所示。球和杆一起以匀角速度 ω 绕铅直轴 AB 转动。若 $AB=2a$，杆的两端均为铰支，且不计杆的自重，求各杆所受的力。

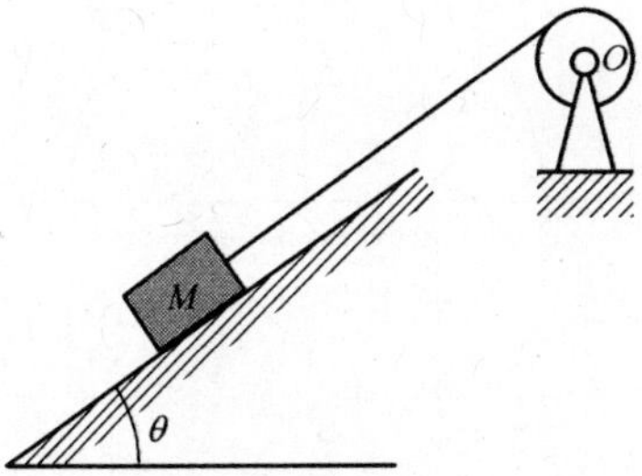

图 10.14

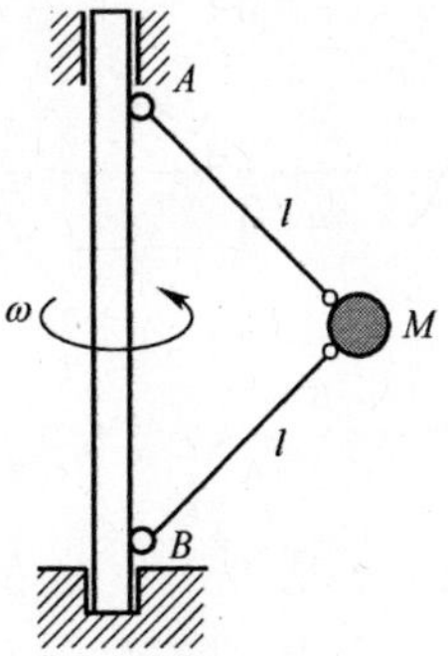

图 10.15

10.7　图 10.16 所示 A、B 两个物体的质量分别为 m_1、m_2，二者用一根绳子连接，此绳跨过一个半径为 r 的滑轮。如开始时，两个物体的高度差为 h，且有 $m_1>m_2$，不计滑轮质量。求由静止释放后，两个物体达到相同的高度时所需的时间。

10.8　如图 10.17 所示的机构中，偏心轮绕轴 O 以匀角速度 ω 转动，推动导杆 AB 沿铅垂滑道运动，导杆顶部放有质量为 m 的物块 D。设偏心轮的偏心距 $OC=e$，在运动开始时 OC 位于水平线上。试求：

(1) 物块 D 对导杆的最大压力；

(2) 物块 D 不离开导杆时偏心轮转动角速度 ω 的最大值。

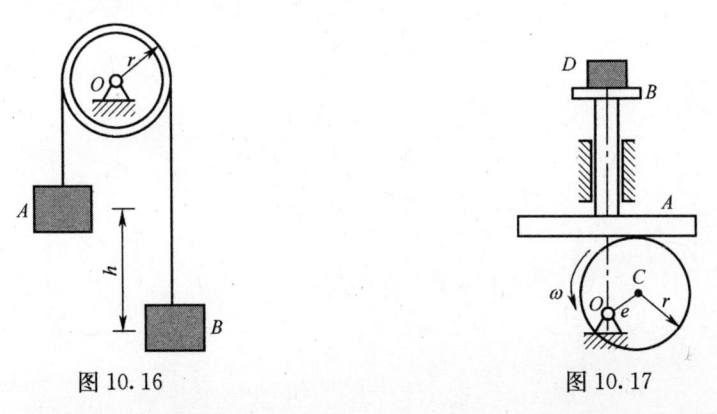

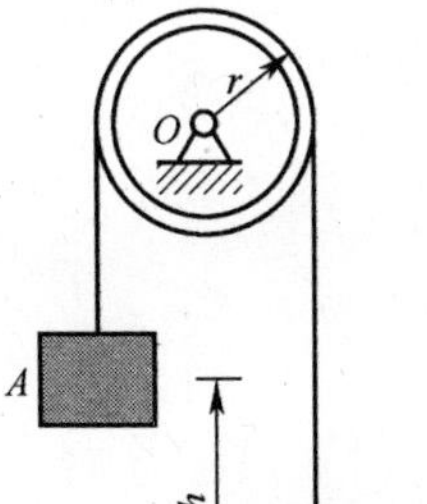

图 10.16

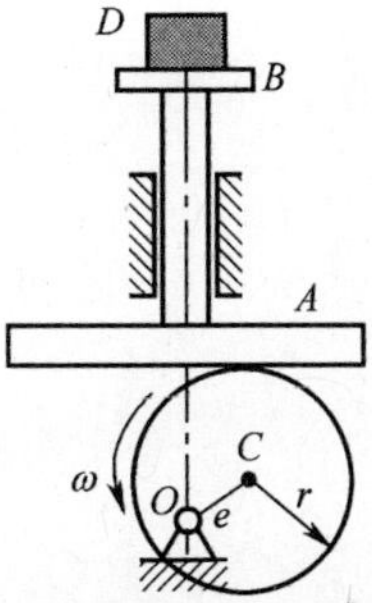

图 10.17

10.9　质量为 m 的质点 M 受指向原点 O 的引力 $F=kr$（即力的大小与质点到圆心的距离成正比）的作用，如图 10.18 所示。如果初瞬时质点的坐标为 $x=x_0$，

$y=y_0$，初始速度的分量为 $v_x=0, v_y=v_0$。求此质点的轨迹。

10.10　小球 A 从光滑半圆柱的顶点无初速地下滑，半圆柱半径为 R，如图 10.19 所示。求小球脱离半圆柱时的位置角 φ。

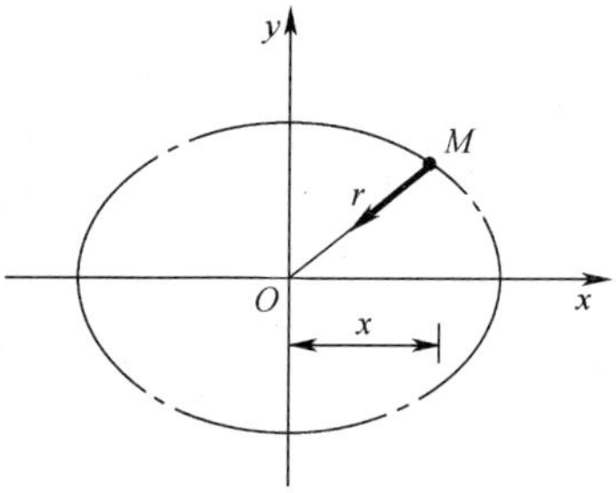

图 10.18

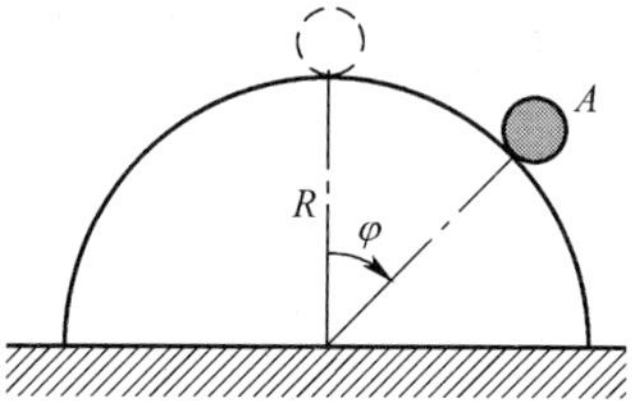

图 10.19

10.11　质量均为 m 的 A、B 两个物体用无重杆光滑铰接，置于光滑的水平及铅垂面上，如图 10.20 所示。当 $\theta=60°$ 时自由释放，求此瞬时杆 AB 所受的力。

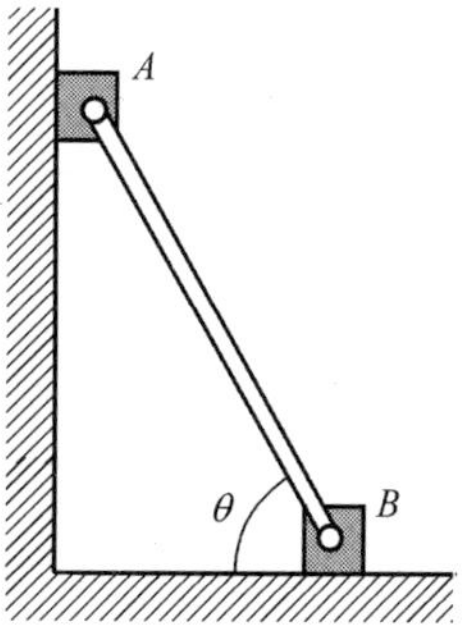

图 10.20

第 11 章　动 量 定 理

在第 10 章中，我们用质点运动微分方程研究了质点动力学问题。在工程实际中，很多动力学问题的研究对象并不能抽象为一个质点，在这种情况下，必须将其看做是由许多质点组成的质点系。虽然牛顿定律仍然是解决质点系动力学问题的基本原理，但对于由 n 个质点组成的质点系，研究其动力学行为时，需要建立 $3n$ 个质点运动微分方程组成的微分方程组，当质点系中质点的数目较多时，要求解这样的方程组是一件非常困难的事。工程中的很多问题，并不需要求出每个质点的动力学行为，只需知道质点系整体运动的某些特征，如质心的运动、绕质心的转动等。有些问题，只要决定了这些运动，整个质点系的运动也就完全确定了。因此，从本章开始介绍求解动力学问题的其他方法。首先要介绍的是动力学普遍定理。

动力学普遍定理包括动量定理、动量矩定理、动能定理及它们在特定情况下的表达形式，这些定理建立了那些能够表征质点系运动特征的量（如动量、动量矩、动能等）与那些表征机械作用的量（如力系的主矢、主矩、冲量、力系的功等）之间的普遍关系。在这些定理具体的应用过程中，不仅可方便地求解动力学问题，同时还给出了明显的物理概念，使我们有可能更深入地了解物体机械运动的一般规律。但是必须指出，这些定理都各自从不同的方面反映了物体机械运动的规律，是各自独立地为人们所发现的，其中的动量定理的发现还早于牛顿定律，而能量守恒定律则超越了力学现象的范围，阐明了物质运动更为一般的规律。

11.1　动量和冲量

1. 动量

大家知道：一颗高速飞行的子弹，虽然质量很小，但能穿透很厚的木板；质量很大的锻锤在锻打工件时，虽然速度远比子弹的速度小，但也能产生很大的锻打力。可见，质量很小而速度很大的子弹和质量很大速度很小的锻锤都具有很大的机械运动量，它们都能在遇到障碍时对其产生很大的作用力。这表明，物体机械运动的强弱不仅与其速度有关，还与它的质量有关。

质点的质量 m 与其速度 $\boldsymbol{v}$ 的乘积 $m\boldsymbol{v}$ 称为质点的动量，用 $\boldsymbol{p}$ 表示，即

$$\boldsymbol{p}=m\boldsymbol{v} \tag{11.1}$$

可见，质点的动量为矢量，方向与质点速度的方向一致。

动量的单位为 kg·m/s。

对于由 n 个质点组成的质点系，其动量等于质点系中各质点动量的矢量和，即

$$\boldsymbol{p}=\sum m_i \boldsymbol{v}_i \tag{11.2}$$

若质点系中任一点的矢径为 $\boldsymbol{r}_i$，则其速度为

$$\boldsymbol{v}_i=\frac{\mathrm{d}\boldsymbol{r}_i}{\mathrm{d}t}$$

将上式代入式(11.2)，有

$$\boldsymbol{p}=\sum m_i \boldsymbol{v}_i=\sum m_i \frac{\mathrm{d}\boldsymbol{r}_i}{\mathrm{d}t}=\frac{\mathrm{d}}{\mathrm{d}t}\sum m_i\boldsymbol{r}_i \tag{11.3a}$$

由第 5 章知识，质点系的质量中心定义为

$$\boldsymbol{r}_C=\frac{\sum m_i\boldsymbol{r}_i}{\sum m_i}=\frac{\sum m_i\boldsymbol{r}_i}{m} \tag{11.3b}$$

将式(11.36)代入式(11.3a)，得

$$\boldsymbol{p}=\frac{\mathrm{d}}{\mathrm{d}t}\sum m_i\boldsymbol{r}_i=\frac{\mathrm{d}}{\mathrm{d}t}(m\boldsymbol{r}_C)=m\frac{\mathrm{d}\boldsymbol{r}_C}{\mathrm{d}t}=m\boldsymbol{v}_C \tag{11.3c}$$

式中：$\boldsymbol{v}_C=\dfrac{\mathrm{d}\boldsymbol{r}_C}{\mathrm{d}t}$为质点系质心的速度。式(11.3c)表明，质点系的动量等于质点系质心的速度与其总质量的乘积。

式(11.2)和式(11.3c)给出了两种计算质点系动量的方法。一种是先求出质点系中各质点的动量，再求其矢量和；另一种是先求出质点系质心的速度，在利用式(11.3c)计算质点系的动量。至于用哪种方法，要具体问题具体分析，看用哪种方法简单。

另外，质点系的动量在直角坐标系的形式为

$$p_x=\sum m_iv_{ix},\ p_y=\sum m_iv_{iy},\ p_z=\sum m_iv_{iz} \tag{11.4}$$

如图 11.1(a)所示一个在地面上做纯滚动的均质圆轮，其质量为 m，轮心(圆轮的质心)的速度为$\boldsymbol{v}_C$，则圆轮的动量为 $\boldsymbol{p}=m\boldsymbol{v}_C$；一个绕定轴转动的刚体，如图 11.1(b)所示。若转轴通过质心，则不论刚体的转速多大，其质心的速度始终为零，因此它的动量等于零；一根绕一端做定轴转动的均质杆，若其质量为 m，长为 l，则动量为 $\boldsymbol{p}=m\boldsymbol{v}_C$，$v_C=\dfrac{1}{2}l\omega$，如图 11.1(c)所示。

例 11.1 三个可视为质点的质量块用绳索连接，以速度 v 运动，如图 11.2 所示。三个物块的质量分别为 $m_1=4m$，$m_2=2m$，$m_3=m$，绳的质量和变形忽略不计，且有 $\theta=60°$。求该质点系的动量。

解：依题意，三个物块的速度大小相等，即有

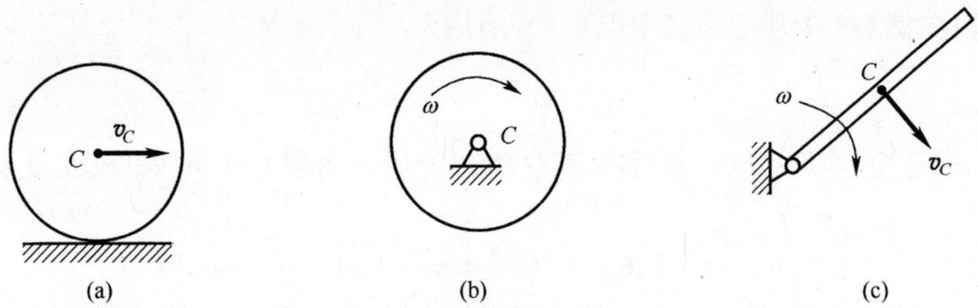

图 11.1

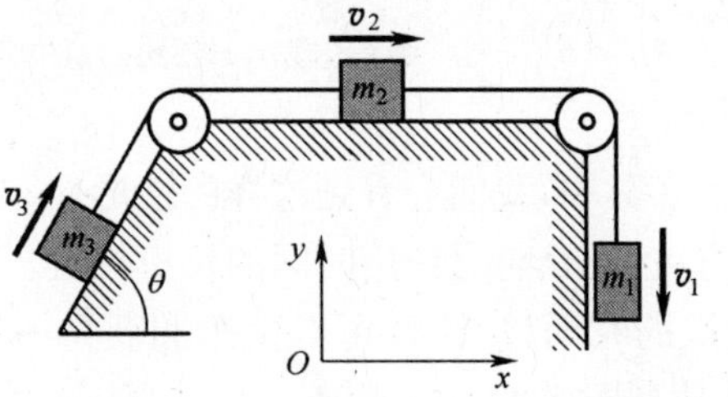

图 11.2

$$v_1=v_2=v_3=v$$

本题可直接用矢量合成法求解，但用式(11.4)求解更为简明。基于此，建立如图 11.2 所示坐标系，有

$$p_x=\sum m_i v_{ix}=m_1 v_{1x}+m_2 v_{2x}+m_3 v_{3x}=0+2mv+mv\cos\theta=2.5mv$$

$$p_y=\sum m_i v_{iy}=m_1 v_{1y}+m_2 v_{2y}+m_3 v_{3y}=-4mv+0+mv\sin\theta=-3.134mv$$

所以有

$$\boldsymbol{p}=2.5mv\,\boldsymbol{i}-3.134mv\boldsymbol{j}$$

例 11.2 椭圆规由质量为 m_1 的均质曲柄 OA、质量为 $2m_1$ 的规尺 BD 以及质量均为 m_2 的滑块 B、D 组成，如图 11.3 所示。已知 $OA=AB=AD=l$，曲柄以角速度 ω 绕 O 轴转动，求曲柄与水平线夹角为 φ 瞬时，机构的总动量。

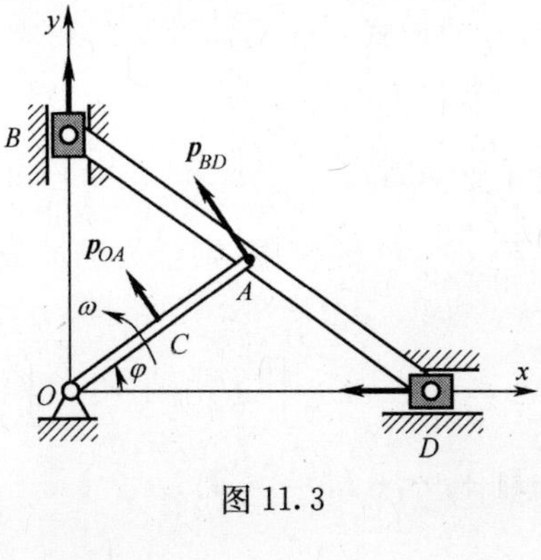

图 11.3

解：曲柄 OA 的质心在其中点 C 处，动量为

$$p_{OA}=m_1v_C=\frac{1}{2}m_1\omega l$$

分析易知，规尺 BD 以及滑块 B、D 组成的质点系质心在 A 处，该质点系的动量为

$$p'=p_B+p_D+p_{BD}=2(m_1+m_2)v_A=2(m_1+m_2)\omega l$$

由图 11.3 可知，曲柄 OA 的动量和规尺 BD、滑块 B 与 D 组成的质点系的动量方向相同，故机构的总动量为

$$p=p_{OA}+p'=(2.5m_1+2m_2)\omega l$$

2. 力的冲量

在日常生活和工程实际中，我们会看到这样的情形，一个物体受力引起的运动变化不仅与力的大小有关，而且与力作用时间的长短有关。例如：人们沿铁道推车厢，虽然推力不大，但推的时间较长，也可以使车厢获得一定的速度；若用机车牵引，则在短时间内便能达到同样大小的速度。

力与其作用时间的乘积称为力的冲量。冲量表示力在一段时间内的累积效应，它是矢量，用 $\boldsymbol{I}$ 表示。

若力为常力，则其在时间 t 内的冲量为

$$\boldsymbol{I}=\boldsymbol{F}t \tag{11.5}$$

冲量的方向与作用力的方向相同。

冲量的单位，在国际单位制中为 N · s。

冲量的单位与动量的单位是相同的，均是 kg · m/s 或 N · s。

如果作用力 $\boldsymbol{F}$ 是变量，在微小时间间隔 $\mathrm{d}t$ 内，力 $\boldsymbol{F}$ 的冲量称为元冲量，即

$$\mathrm{d}\boldsymbol{I}=\boldsymbol{F}\mathrm{d}t$$

力 $\boldsymbol{F}$ 在其作用时间间隔 t_2-t_1 内的冲量是矢量积分

$$\boldsymbol{I}=\int_{t_1}^{t_2}\boldsymbol{F}\mathrm{d}t \tag{11.6}$$

式(11.6)为一矢量积分的形式。在具体计算时可将其向固定坐标轴方向投影。其在直角坐标系 $Oxyz$ 各轴上的投影为

$$I_x=\int_{t_1}^{t_2}F_x\mathrm{d}t,I_y=\int_{t_1}^{t_2}F_y\mathrm{d}t,I_z=\int_{t_1}^{t_2}F_z\mathrm{d}t \tag{11.7}$$

若质点受 n 个力 $\boldsymbol{F}_1,\boldsymbol{F}_2,\cdots,\boldsymbol{F}_n$ 的作用，则合力的冲量等于各分力的冲量的矢量和，即有

$$\begin{aligned}\boldsymbol{I}=\int_{t_1}^{t_2}\boldsymbol{F}\mathrm{d}t=\int_{t_1}^{t_2}\boldsymbol{F}_1\mathrm{d}t+\int_{t_1}^{t_2}\boldsymbol{F}_2\mathrm{d}t+\cdots+\int_{t_1}^{t_2}\boldsymbol{F}_n\mathrm{d}t=\\ \boldsymbol{I}_1+\boldsymbol{I}_2+\cdots+\boldsymbol{I}_n=\sum\boldsymbol{I}_i\end{aligned} \tag{11.8}$$

3. 内力和外力

作用于质点系上的力有内力和外力之分。内力是指质点系中各质点之间的相互作用力，用 $\boldsymbol{F}^{\mathrm{i}}$ 表示；外力就是质点系以外的物体或质点作用于该质点系上的力，用 $\boldsymbol{F}^{\mathrm{e}}$ 表示。如果将一列运动着的火车看做是一个质点系，则机车与车厢间挽钩的牵引力、车厢与车厢之间的拉力等都是内力，而列车的重力、铁轨的反力等都是外力。

必须指出的是，内力与外力之分也是相对的。同一个力对某一质点系是内力，对另一质点系来说可能变成外力了。上例中，如选机车为质点系，则机车与车厢间挽钩的牵引力成为外力。

由于内力是质点系中各质点间的相互作用力，根据牛顿第三定律，这些力必然成对出现且等值、反向，沿同一作用线。因此，对整个质点系而言，内力具有以下性质：

(1) 质点系中所有内力之和为零，即 $\sum \boldsymbol{F}_i^{\mathrm{i}}=0$；

(2) 质点系中所有内力对任一轴之矩的代数和为零，即 $\sum \boldsymbol{M}(\boldsymbol{F}_i^{\mathrm{i}})=0$。

11.2 动 量 定 理

1. 质点的动量定理

质点动量定理建立了质点动量与力的冲量之间的关系。

利用动量的概念，质点动力学基本方程可表示为

$$\frac{\mathrm{d}}{\mathrm{d}t}(m\boldsymbol{v})=\boldsymbol{F} \tag{11.9a}$$

或

$$\mathrm{d}(m\boldsymbol{v})=\boldsymbol{F}\mathrm{d}t \tag{11.9b}$$

式(11.9b)为质点动量定理的微分形式，即质点动量的增量等于作用于质点上的力的元冲量。对其进行积分，可得

$$m\boldsymbol{v}_2-m\boldsymbol{v}_1=\int_{t_1}^{t_2}\boldsymbol{F}\mathrm{d}t=\boldsymbol{I} \tag{11.9c}$$

即质点的动量在任一时间间隔内的增量，等于作用于该质点上的力在同一时间内的冲量。式(11.9c)为质点动量定理的积分形式。

需要注意的是，应用式(11.9a)～式(11.9c)时，动量、冲量和力的正向规定要一致。

例 11.3　汽车以 36km/h 的速度在平直道路上行驶。设车轮在制动后立即停止转动。不计空气阻力，问车轮对地面的动滑动摩擦系数 f 应为多大方能使汽车在制动后 6s 停止。

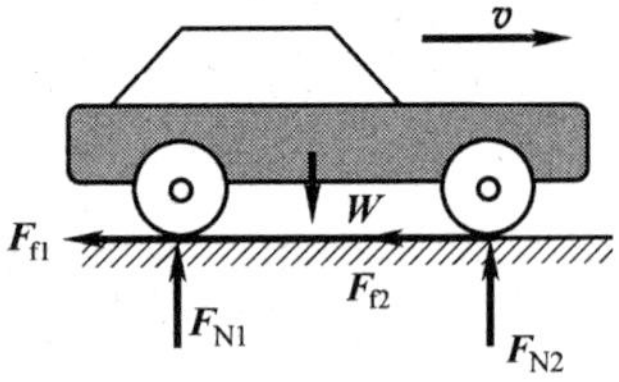

图 11.4

解:以汽车为研究对象:制动过程中汽车在铅垂方向受重力$\boldsymbol{W}=m\boldsymbol{g}$ 及路面法向反力$\boldsymbol{F}_{N1}$、$\boldsymbol{F}_{N2}$作用;在水平方向受路面的摩擦力$\boldsymbol{F}_{f1}$、$\boldsymbol{F}_{f2}$作用,其方向与汽车滑动方向相反。受力分析如图 11.4 所示。列铅直方向平衡方程如下:

$$\sum F_y=0\,,\quad F_{N1}+F_{N2}-W=0$$

解得　$W=mg=F_{N1}+F_{N2}$。

由滑动摩擦定律,有

$$F_f=f(F_{N1}+F_{N2})=fmg$$

汽车开始滑动时的速度 $v_1=36\text{km/h}=10\text{m/s}$;

汽车停止时 $v_2=0$。

由质点动量定理的积分形式(式(11.9c))有

$$mv_2-mv_1=-F_f t=-mgft$$

解之得

$$f=\frac{v_1}{gt}=\frac{10}{9.8\times 6}=0.17$$

例 11.4　锻锤 A 的质量 $m=3000\text{kg}$,从高度 $h=1.5\text{m}$ 处无初速地自由下落到受锻压的工件 B 上,如图 11.5 所示。假设锻锤由接触工件到其最大变形的时间为 $t=0.01\text{s}$,试求锻压过程中锻锤对工件的平均压力。

解:将锻锤视为质点,取其为研究对象。建立坐标系,锻打过程中锻锤受力分析如图 11.5 所示。

要求锻锤对工件的压力,首先要求锻锤开始锻打时的速度 v_1。由运动学知识易知

$$v_1=-\sqrt{2gh}$$

锻打结束时,锻锤的速度 $v_2=0$。由质点动量得

$$mv_2-mv_1=(F_N-W)t$$

解得

$$F_N=W\left(1+\frac{1}{t}\sqrt{\frac{2h}{g}}\right)=$$

$$3000\times 9.8\times\left(1+\frac{1}{0.01}\sqrt{\frac{2\times 1.5}{9.8}}\right)=1655\times 10^3(\text{N})=1655(\text{kN})$$

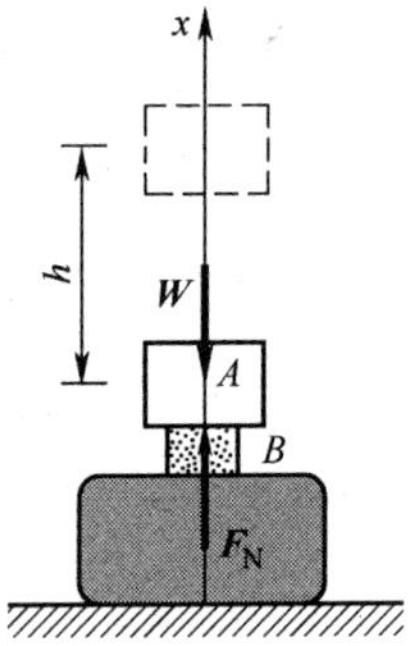

图 11.5

根据作用力与反作用力定律,锻压过程中锻锤对工件的平均压力也为 1655kN。

2. 质点系动量定理

设质点系有 n 个质点,第 i 个质点的质量为 m_i、速度为$\boldsymbol{v}_i$。对第 i 个质点,由

质点的动量定理的微分式得

$$\mathrm{d}(m_i \boldsymbol{v}_i)=(\boldsymbol{F}_i^{\mathrm{i}}+\boldsymbol{F}_i^{\mathrm{e}})\mathrm{d}t=\boldsymbol{F}_i^{\mathrm{i}}\mathrm{d}t+\boldsymbol{F}_i^{\mathrm{e}}\mathrm{d}t$$

这样的方程共有 n 个。将其两端分别相加，得

$$\sum \mathrm{d}(m_i \boldsymbol{v}_i)=\sum \boldsymbol{F}_i^{\mathrm{e}}\mathrm{d}t+\sum \boldsymbol{F}_i^{\mathrm{i}}\mathrm{d}t$$

利用内力的性质，并考虑

$$\sum \mathrm{d}(m_i \boldsymbol{v}_i)=\mathrm{d}\sum (m_i \boldsymbol{v}_i)=\mathrm{d}\boldsymbol{p}$$

可得质点系动量定理的积分形式为

$$\mathrm{d}\boldsymbol{p}=\sum \boldsymbol{F}_i^{\mathrm{e}}\mathrm{d}t=\sum \mathrm{d}\boldsymbol{I}_i^{\mathrm{e}} \tag{11.10}$$

即质点系的动量在任一时间内的增量，等于作用于该质点系上的外力元冲量的矢量和。此即为质点系的动量定理。可见，质点系内力不能改变质点系的动量。与质点的动量定理一样，质点系的动量定理同样具有微分式和积分式，为此将式(11.10)重写可得

$$\frac{\mathrm{d}}{\mathrm{d}t}\boldsymbol{p}=\sum \boldsymbol{F}_i^{\mathrm{e}} \tag{11.11a}$$

即质点系的动量对时间的导数等于作用于质点系的外力的矢量和(或外力的主矢)。

将式(11.10)两端积分，得

$$\int_{\boldsymbol{p}_1}^{\boldsymbol{p}_2}\mathrm{d}\boldsymbol{p}=\sum \int_{t_1}^{t_2}\boldsymbol{F}_i^{\mathrm{e}}\mathrm{d}t$$

或

$$\boldsymbol{p}_2-\boldsymbol{p}_1=\sum \boldsymbol{I}_i^{\mathrm{e}} \tag{11.11b}$$

此即为质点系动量定理的积分形式，即质点系的动量在某一时间间隔内的改变量等于该时间段内作用于质点系上所有外力冲量的矢量和。

由质点系动量定理可知，质点系的内力不能改变质点系的动量。例如，列车车厢内的旅客无论怎样用力推墙壁，都不能改变列车的运动，因为对由列车和旅客组成的质点系而言，此力为内力。再如，大力士无论力气有多大都不能把自己举起来，也可用质点系动量定理解释。

在具体应用时，动量定理通常取其在坐标轴上的投影形式。

式(11.11a)在直角坐标系中的投影形式为

$$\begin{cases}\dfrac{\mathrm{d}p_x}{\mathrm{d}t}=\sum F_x^{\mathrm{e}}\\[2mm]\dfrac{\mathrm{d}p_y}{\mathrm{d}t}=\sum F_y^{\mathrm{e}}\\[2mm]\dfrac{\mathrm{d}p_z}{\mathrm{d}t}=\sum F_z^{\mathrm{e}}\end{cases} \tag{11.12a}$$

式(11.11b)在直角坐标系中的投影形式为

$$\begin{cases} p_{2x}-p_{1x}=\sum I_x^e \\ p_{2y}-p_{1y}=\sum I_y^e \\ p_{2z}-p_{1z}=\sum I_z^e \end{cases} \tag{11.12b}$$

需要特别指出的是，在应用动量定理时，动量与冲量(或外力)的正向规定要一致。

例 11.5 电动机的外壳固定在水平基础上，定子和机壳的质量为 m_1，转子质量为 m_2，如图 11.6 所示。设定子的质心位于转轴的中心 O_1，但由于制造误差，转子的质心到 O_1 的距离为 e。已知转子以角速度 ω 匀速转动，求基础的水平及铅直约束力。

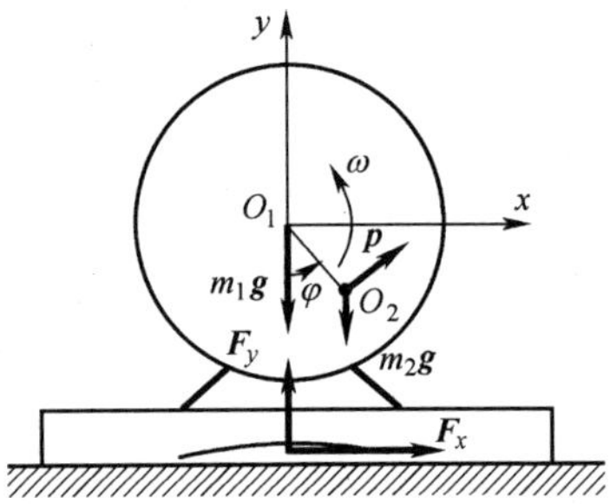

图 11.6

解:取定子和转子组成质点系，外力有 $m_1\boldsymbol{g}$、$m_2\boldsymbol{g}$ 和基础的约束力 $\boldsymbol{F}_x$、$\boldsymbol{F}_y$，另外还有一个约束力偶(未画出)。由于定子不运动，转子的动量就是质点系的动量，即

$$p=m_2e\omega$$

$$p_x=p\cos\varphi=m_2e\omega\cos\omega t,\ p_y=p\sin\varphi=m_2e\omega\sin\omega t$$

由动量定理(式(11.12a))，得

$$\frac{\mathrm{d}p_x}{\mathrm{d}t}=F_x\ ,\quad -m_2e\omega^2\sin\omega t=F_x$$

$$\frac{\mathrm{d}p_y}{\mathrm{d}t}=F_y\ ,\quad m_2e\omega^2\cos\omega t=F_y-(m_1+m_2)g$$

解上式，得

$$F_x=-m_2e\omega^2\sin\omega t,F_y=(m_1+m_2)g+m_2e\omega^2\cos\omega t$$

当电动机不转时，基础上只有向上的约束力 $(m_1+m_2)g$，称为静约束力。由于转子的转动产生的附加约束力称为动约束力，简称动反力。

当流体在管道内流动时，可以看做是由许多质点组成的质点系。当流体的动量发生改变时，它会对管壁产生动压力的作用，这种现象在工程实际中有重要意义。

现在研究不可压流体在变截面的弯曲管道内做定常流动时管壁受到的动压力。

对于图 11.7 所示的弯曲管道包括的一段流体，取其为质点系。作用于该质点系上的外力有：①质点系体积力(重力)$\boldsymbol{W}$；②表面力，包括管壁对流体的作用力

$\boldsymbol{F}_N$，流体进出截面相邻流体的压力 $\boldsymbol{F}_1$、$\boldsymbol{F}_2$。

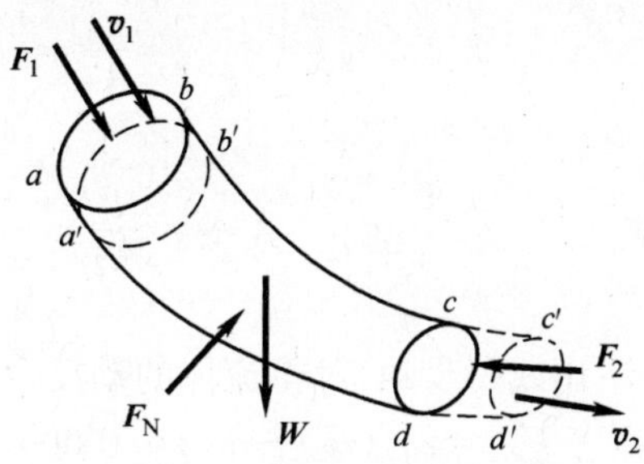

图 11.7

现在考虑在微小时间间隔 Δt 内该质点系动量的变化。设管道流体的体积流量为 q_v，流体的密度为 ρ，则在 Δt 时间内质点系流过截面的流体的质量为

$$dm=\rho q_v \Delta t$$

对定常流动的流体，在 Δt 时间内质点系动量的变化为

$$\Delta \boldsymbol{p}=\boldsymbol{p}_{a'b'c'd'}-\boldsymbol{p}_{abcd}=$$

$$\boldsymbol{p}_{cdc'd'}-\boldsymbol{p}_{aba'b'}=\rho q_v \Delta t(\boldsymbol{v}_2-\boldsymbol{v}_1)$$

由质点系的动量定理（式(11.11a)），得

$$\frac{d\boldsymbol{p}}{dt}=\lim_{\Delta t\to 0}\frac{\Delta \boldsymbol{p}}{\Delta t}=\rho q_v(\boldsymbol{v}_2-\boldsymbol{v}_1)=\boldsymbol{W}+\boldsymbol{F}_N+\boldsymbol{F}_1+\boldsymbol{F}_2$$

上式求出的是流体对管道的总反力。将总反力 $\boldsymbol{F}_N$ 分解为静反力 $\boldsymbol{F}'_N$ 和动反力 $\boldsymbol{F}''_N$，则由于静平衡时有

$$\boldsymbol{W}+\boldsymbol{F}'_N+\boldsymbol{F}_1+\boldsymbol{F}_2=0$$

于是得流体的动反力为

$$\boldsymbol{F}''_N=\rho q_v(\boldsymbol{v}_2-\boldsymbol{v}_1) \tag{11.13}$$

在具体应用时，常用的是式(11.13)的投影形式

$$F''_{Nx}=\rho q_v(v_{2x}-v_{1x}),F''_{Ny}=\rho q_v(v_{2y}-v_{1y}) \tag{11.14}$$

例 11.6　一个 60°的弯头位于水平面内，入口直径 $d_1=0.3$m，出口直径 $d_2=0.15$m，水的流量 $q_v=0.35\text{m}^3/\text{s}$，如图 11.8 所示。若水的密度 $\rho=1000\text{kg/m}^3$，求弯头所受的动反力。

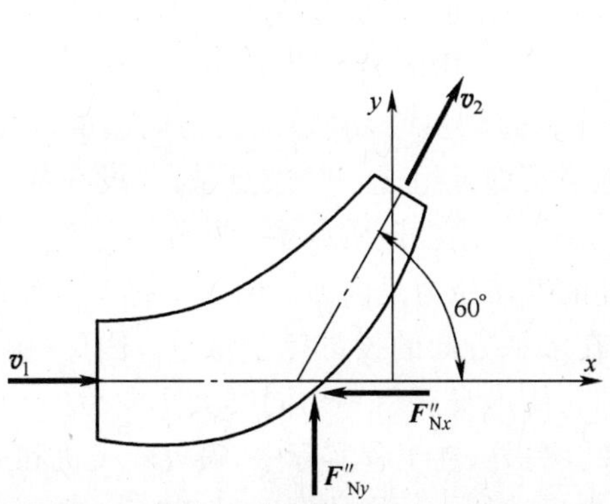

图 11.8

解：由体积流量与速度之间的关系易得

$$v_1=\frac{q_v}{A_1}=\frac{0.34}{\frac{\pi}{4}\times 0.3^2}=4.81(\text{m/s})$$

$$v_2=\frac{q_v}{A_2}=\frac{0.34}{\frac{\pi}{4}\times 0.15^2}=19.3(\text{m/s})$$

由式(11.14)可得流体的动反力为

$$F''_{Nx}=\rho q_v(v_{2x}-v_{1x})=1000\times 0.34\times(19.3\cos 60°-4.81)=1650(\text{N})$$

$$F''_{Ny}=\rho q_v(v_{2y}-v_{1y})=1000\times 0.34\times(19.3\sin 60°-0)=5670(\text{N})$$

此为管道内流体所受的动反力，管道所受的动反力与其等值、反向。

3. 质点系动量守恒定律

由式(11.11a)易知，若作用在质点系上的外力主矢恒等于零，则该质点系的动量为一常量，即 $\boldsymbol{p}$=恒矢量。

由于上式为矢量式，可以将其向任一坐标轴投影得到投影式。易得结论：如果作用在质点(系)的外力在某一轴上的投影的代数和为零，则质点(系)的动量在该轴上的投影保持为常量。

如式(11.12a)中的 $\sum F_x^e=0$，则易得 p_x=常量。

投影式的应用，使得动量定理和动量守恒定律的应用更加灵活，这一点会在后面的学习中体会到。

上述结论即为质点系的动量守恒定律。需要指出的是，内力虽不能改变质点系的动量，但是可以改变质点系中各质点的动量。下面举例说明。

在静水中一只不动的小船，人与船一起组成为一个质点系。人从船头向船尾运动的同时，船身一定向前移动。这是因为，当水的阻力很小可以忽略不计时，在水平方向只有人与船相互间作用的内力，没有外力，因此质点系的动量在水平方向保持不变。当人获得向后的动量时，船必须获得向前的动量，保持总动量恒等于零。在放炮时，如以炮身及炮弹组成一个质点系，并设在放炮的过程中，炮身与地面的摩擦力忽略不计，于是作用在该质点系上的外力为炮身、炮弹的重力及地面的铅垂反力，而火药爆炸的气体压力是内力。由于所有外力在水平方向的投影为零，于是该质点系的动量在水平方向的投影等于常量。因此，由于气体压力使炮弹获得一个向前的动量，同时使炮身获得一个同样大小向后的动量。这样就使炮身向后运动，产生反坐现象。另外，在工程实际中，喷气式飞机和火箭在水平飞行时，都是按照动量守恒定律来运动的。这样的例子很多。

例 11.7　图 11.9 所示质量为 m=10kg 的包裹 A 从传送带上以 v=3m/s 的速度沿斜面落入小车 B 中，如图 11.9(a)所示。已知小车的质量为 M=50kg，且开始时小车静止。不计小车与地面的摩擦，求：(1)包裹落入小车后，小车的速度；

(2)若小车与包裹相撞的时间为 $\tau=0.3$s,求地面所受的平均压力。

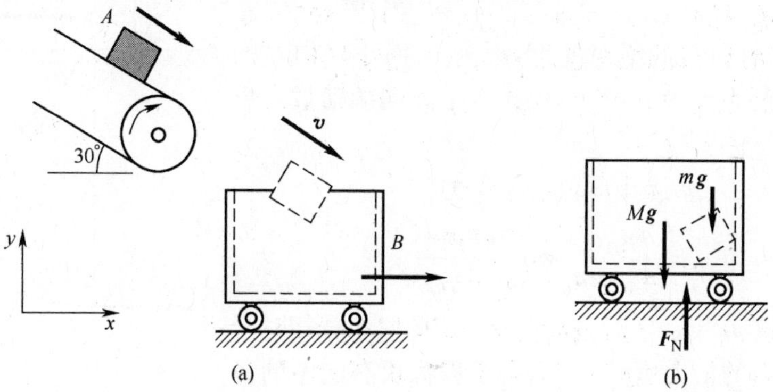

图 11.9

解:将小车和包裹视为一个质点系。作用在质点系上的外力包括包裹的重力 $m\boldsymbol{g}$、小车的重力 $M\boldsymbol{g}$、地面对小车的法向反力 $\boldsymbol{F}_{\mathrm{N}}$,受力分析如图 11.9(b)所示。

建立坐标系如图 11.9(a)所示。设包裹落入小车后,小车的速度为 u。由于水平方向质点系不受力,则水平方向的动量守恒,即有

$$mv\cos 30^\circ=(m+M)u$$

解得

$$u=\frac{mv\cos 30^\circ}{m+M}=\frac{10\times 3\times\cos 30^\circ}{10+50}=0.443(\mathrm{m/s})$$

由动量定理(式(11.12b)),在 y 方向有

$$p_{2y}-p_{1y}=I_y$$

而 $p_{2y}=0$,$p_{1y}=-mv\sin 30^\circ$,$I_y=(F_{\mathrm{N}}-mg-Mg)\tau$。代入上式,有

$$0-(-mv\sin 30^\circ)=(F_{\mathrm{N}}-mg-Mg)\tau$$

解之得

$$F_{\mathrm{N}}=\frac{mv\sin 30^\circ}{\tau}+(m+M)g=\frac{10\times 3\times 0.5}{0.3}+(10+50)\times 9.8=638(\mathrm{N})$$

地面受的平均压力与之等值、反向。

例 11.8 物块 A 可沿光滑水平面自由滑动,其质量为 m_A,小球 B 的质量为 m_B,用细杆与物块铰接,如图 11.10 所示。设杆长为 l,质量不计,初始时系统静止,并有初始摆角 φ_0;释放后,细杆近似以 $\varphi=\varphi_0\cos(\omega t)$ 规律摆动(ω 为已知常数),求物块 A 的最大速度。

解:取物块和小球组成质点系。该质点系上的重力以及水平面的约束力均为铅垂方向,故此系统水平方向不受外力作用,则沿水平方向动量守恒。细杆角速度为 $\omega=\dot{\varphi}=-\omega\varphi_0\sin(\omega t)$,当 $\sin(\omega t)=1$ 时,其绝对值最大,此时应有 $\cos(\omega t)=0$,

即 $\varphi=0$。由此，当细杆铅垂时小球相对于物块有最大的水平速度，其值为 $v_r=l\omega_{max}=\varphi_0\omega l$，当速度$\boldsymbol{v}_r$向左时，物块应有向右的绝对速度，设为 v，而小球向左的绝对速度值为 $v_a=v-v_r$。根据水平方向的动量守恒定律，有

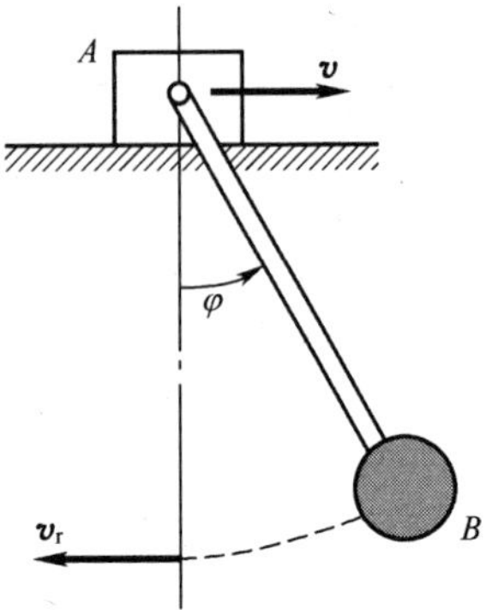

图 11.10

$$m_A v+m_B(v-v_r)=0$$

$$v=\frac{m_B v_r}{m_A+m_B}=\frac{m_B\varphi_0\omega l}{m_A+m_B}$$

当 $\sin(\omega t)=-1$ 时，也有 $\varphi=0$。此时小球相对于物块有向右的最大速度 $\varphi_0\omega l$，可求得物块有向左的最大速度

$$v=\frac{m_B\varphi_0\omega l}{m_A+m_B}$$

此例题提醒我们，动量的计算要用绝对速度，这一点要引起注意。

11.3 质心运动定理

1. 质心运动定理

从 11.1 节可知，质点系的动量等于整个质点系的质量 m 与其质心速度的乘积，即

$$\boldsymbol{p}=m\boldsymbol{v}_C$$

将上式代入质点系动量定理（式(11.11a)），得

$$\frac{\mathrm{d}}{\mathrm{d}t}(m\boldsymbol{v}_C)=\sum\boldsymbol{F}_i^e$$

对质量不变的质点系，有

$$\frac{\mathrm{d}}{\mathrm{d}t}(m\boldsymbol{v}_C)=m\frac{\mathrm{d}\boldsymbol{v}_C}{\mathrm{d}t_C}=\sum\boldsymbol{F}_i^e$$

即

$$m\boldsymbol{a}_C=\sum\boldsymbol{F}_i^e \tag{11.15}$$

式(11.15)表明，质点系质心的加速度与质点系质量的乘积等于质点系所受外力的矢量和。此式称为质心运动定理。在形式上，质心运动定理与质点动力学基本方程 $m\boldsymbol{a}=\boldsymbol{F}$ 完全相似，因此质心运动定理也可叙述如下：质点系质心的运动，可以看成为一个质点的运动，假想地把整个质点的质量集中在质心这一点，作用于质点系的全部外力也集中在这一点。

质心运动定理有着重要的理论意义。当一个物体做平动时，知道了物体的质心，也就知道了整个物体的运动。当一个物体做其他复杂运动时，由运动学知，其运动可分解为随基点的平动和相对基点的转动。理论上讲，基点可以任意选取。但是在动力学中，通常以质心为基点，这样可为问题的分析带来很大的方便。当只需研究物体的平动部分时，就可以根据质心运动定理，将做复杂运动的物体抽象为单个质点来研究。由此可见，质心运动定理为质点动力学的实际应用提供了严格的证明。

目前，在城市拆迁和修筑道路中广泛使用的定向爆破技术正是基于质心运动定理来进行的。当建筑物或山石因爆破向四处飞落时，在没有落地之前，若不计空气阻力，这一质点系只受重力的作用，全部碎料的质心运动与一个抛射质点的运动一样。根据所需要的质心运动轨迹，可以在定向爆破时预先估计碎料堆积的地方，并基于此进行爆破点的合理布置。

由质心运动定理可知，质点系的内力不影响质心的运动，只有外力才能改变质心的运动。例如，跳水运动员运用内力可以在空中做出翻转、屈伸和转体等各种动作，但却改变不了他的质心运动的轨迹，他的质心的轨迹由重力和初始条件决定而与内力无关。车辆发动机中燃气的爆炸力是内力，它可以推动有关机件而使主动轮转动。但如果没有主动轮与道路之间的摩擦力（外力），主动轮尽管在转动（空转），但车辆（质心）却不会运动。

在具体应用时，常用质心运动定理的投影式。其在直角坐标系中投影式为

$$m\frac{\mathrm{d}^2x_C}{\mathrm{d}t^2}=\sum F_x,m\frac{\mathrm{d}^2y_C}{\mathrm{d}t^2}=\sum F_y,m\frac{\mathrm{d}^2z_C}{\mathrm{d}t^2}=\sum F_z \tag{11.16}$$

例 11.9　试用质心运动定理求解例 11.5。

解：取定子和转子组成质点系。对图 11.6 所示坐标系，在任一瞬时，质点系中各质点的质心位置为

$$\begin{cases}x_{C1}=0\\y_{C1}=0\end{cases} \tag{a}$$

$$\begin{cases}x_{C2}=e\sin\varphi=e\sin\omega t\\y_{C1}=-e\cos\varphi=-e\cos\omega t\end{cases} \tag{b}$$

由第 5 章知识易得质点系的质心位置为

$$x_C=\frac{m_1x_{C1}+m_2x_{C2}}{m_1+m_2}=\frac{m_2e}{m_1+m_2}\sin\omega t \tag{c}$$

$$y_C=\frac{m_1y_{C1}+m_2y_{C2}}{m_1+m_2}=-\frac{m_2e}{m_1+m_2}\cos\omega t \tag{d}$$

由质心运动定理（式(11.16)），可得

$$(m_1+m_2)\frac{\mathrm{d}^2x_C}{\mathrm{d}t^2}=F_x \tag{e}$$

$$(m_1+m_2)\frac{\mathrm{d}^2 y_C}{\mathrm{d}t^2}=F_y-(m_1+m_2)g \tag{f}$$

将式(c)、式(d)分别代入式(e)、式(f)，得

$$F_x=-m_2 e\omega^2 \sin\omega t, F_y=(m_1+m_2)g+m_2 e\omega^2 \cos\omega t$$

与用质点系的动量定理求解结果一致。

例 11.10　均质曲柄为 AB 长 r，质量为 m_1，假设受力偶作用以不变的角速度 ω 转动，并带动滑槽连杆以及与它固连的活塞 D，如图 11.11 所示。滑槽、连杆、活塞总质量为 m_2，质心在点 C。在活塞上作用一个恒力 $\boldsymbol{F}$。不计摩擦及滑块 B 的质量，求作用在曲柄轴 A 处的最大水平分力 $\boldsymbol{F}_x$。

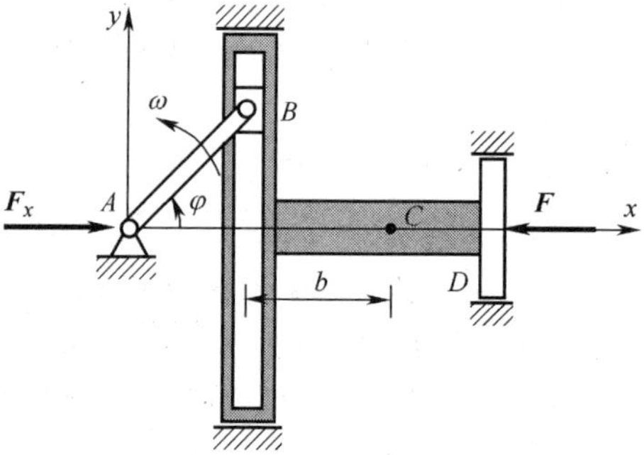

图 11.11

解:取滑槽、连杆、活塞组成一质点系。作用在水平方向的外力有 $\boldsymbol{F}$ 和 $\boldsymbol{F}_x$，力偶不影响质心运动。

质点系质心的水平位置坐标为

$$x_C=\frac{m_1\frac{r}{2}\cos\varphi+m_2(r\cos\varphi+b)}{m_2+m_1}=\frac{m_1\frac{r}{2}\cos(\omega t)+m_2(r\cos(\omega t)+b)}{m_2+m_1} \tag{a}$$

质点系质心的加速度为

$$a_C=\frac{\mathrm{d}^2 x_C}{\mathrm{d}t^2}=\frac{-r\omega^2}{m_1+m_2}\left(\frac{m_1}{2}+m_2\right)\cos\omega t \tag{b}$$

质心运动定理在 x 轴上的投影为

$$(m_1+m_2)a_{Cx}=F_x-F \tag{c}$$

将式(b)代入式(c)，得

$$F_x=F-r\omega^2\left(\frac{m_1}{2}+m_2\right)\cos\omega t$$

当 $\cos\omega t=-1$ 时，F_x取得最大值

$$F_{\max}=F+r\omega^2\left(\frac{m_1}{2}+m\right)$$

2. 质心守恒定律

由质心运动定理(式(11.15))易知:

(1) 若 $\sum \boldsymbol{F}_i^{e}=0$,可得,$\boldsymbol{a}_C=0$,且有$\boldsymbol{v}_C=$常量。表明若作用于质点系的外力的主矢恒等于零,则质点系质心的速度保持为常量,即质心做匀速直线运动;若开始时质心静止,即$\boldsymbol{v}_C=0$,则质心位置保持不变,即 $\boldsymbol{r}_C=$常量。

(2) 若 $\sum \boldsymbol{F}_{ix}^{e}=0$,可得,$a_{Cx}=0$,且有 $v_{Cx}=$常量。这表明若作用于质点系的外力在某一轴上的投影恒等于零,则质点系质心的速度在该轴上的投影保持为常量,即将质心的运动速度沿各坐标轴的方向分解后,沿该轴方向的运动为匀速的;若开始时质心静止,即 $v_{Cx}=0$,则质心的位置坐标保持不变,即 $x_C=$常量。

上述各结论称为质心守恒定律。

例 11.11 如图 11.12 所示,光滑水平面上放一均质直角三棱柱 A,在其斜面上又放置一个均质直角三棱柱 B。已知三棱柱 A 质量为m_1,三棱柱 B 质量为m_2,两三棱柱水平方向尺寸如图 11.12 所示。初始时系统静止,各处摩擦均不计,求当三棱柱 B 沿三棱柱 A 下滑接触到水平面时,三棱柱 A 移动的距离。

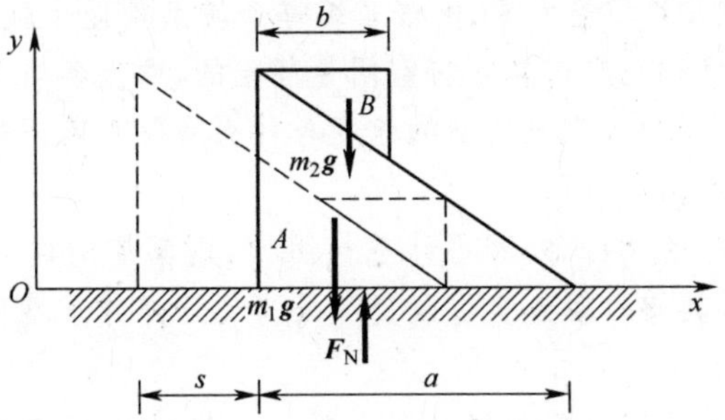

图 11.12

解:取两均质三棱柱组成质点系。因不计各处摩擦,故质点系水平方向不受力。质点系受力分析如图 11.12 所示。建立坐标系 Oxy。

设初始时两三棱柱的水平位置坐标分别为 x_1、x_2,则此时质点系的质心位置为

$$x_{C1}=\frac{m_1x_1+m_2x_2}{m_1+m_2} \tag{a}$$

设三棱柱 B 沿三棱柱 A 下滑接触到水平面时,三棱柱 A 向左移动的距离为 s,则质点系质心新的位置坐标分别为

$$x'_1=x_1-s,x'_2=x_2-s+(a-b)$$

质点系新的质心位置坐标为

$$x_{C2}=\frac{m_1x'_1+m_2x'_2}{m_1+m_2}=\frac{m_1(x_1-s)+m_2[x_2-s+(a-b)]}{m_1+m_2} \tag{b}$$

由于质点系水平方向不受力，水平方向质心守恒，故有

$$x_{C1}=x_{C2} \tag{c}$$

将式(a)、式(b)代入式(c)，可解得

$$s=\frac{m_2}{m_1+m_2}(a-b)$$

思 考 题

11.1 分析下列陈述是否正确：

(1) 动量是一个瞬时量，相应地，冲量也是一个瞬时量。

(2) 质量为 m 的小球以匀角速度在水平面内做圆周运动，小球在任意瞬时的动量相等。

(3) 自行车在水平面上由静止出发开始前进，是因为人对自行车作用了一个向前的力，从而使自行车有向前的速度。

(4) 一个刚体，若动量为零，则该刚体一定处于静止状态。

(5) 一个质点系，若动量为零，则该系统每个质点均处于静止状态。

11.2 航天员甲和乙原来在宇宙空间是静止的，两人各自用力拉绳子的一端，若不计绳子的质量，则两人相向运动的速度与什么有关？若甲的力气较大，则他能否以更快的速度把乙拉向自己？

11.3 炮弹在空中飞行时，若不计空气阻力，则其质心的轨迹为一抛物线，其炮弹在空中爆炸后，其质心轨迹是否改变？又当部分弹片落地后，其质心轨迹是否改变？为什么？

11.4 质点系动量守恒的条件是怎么样的？当质点系的动量守恒时，其内各质点的动量是否也必须守恒？

11.5 两根均质杆 AB 和 BC 长度相等，质量分别为 m_1 和 m_2。如图 11.13 所示放置。设地面光滑，两根杆被释放后将分开倒向地面。问 m_1 和 m_2 相等或不相等时，C 点的轨迹是否相同？

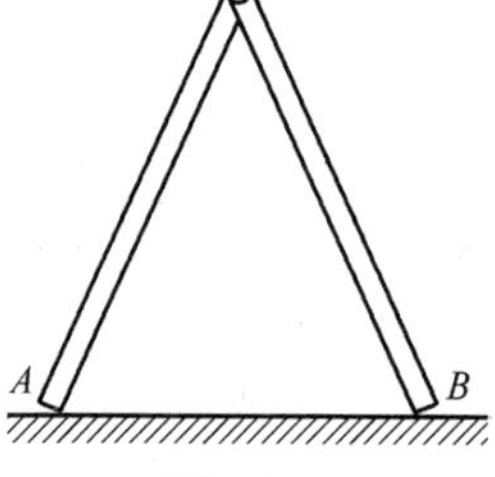

图 11.13

11.6 内力能否改变质点系的动量？如果不能，那么内力是否不起任何作用？试举例。

习 题

11.1 跳伞者质量为 60kg，自停留在高空中的直升机中跳出，落下 100m 后，将降落伞打开。设开伞前的空气阻力略去不计，伞重不计，开伞后所受的阻力不变，经 5s 后跳伞者的速度减为 4.3m/s。求阻力的大小。

11.2 龙门刨床的工作台连同上面的工件质量共计 5000kg，切削行程的速度为 6m/min，空回行程的速度为 12m/min（方向相反）。若改变行程方向时工作台水平方向所受力的平均值为 1000N，求改变行程方向所需的时间。

11.3 一个物块质量为 1kg，原静止于光滑的水平面上，受一个水平向右的力作用而开始运动。设力的变化规律为 $F=5+2t$（其中 F 的单位为 N，t 的单位为 s），求 $t=2\text{s}$ 时物块的速度。

11.4 设 A、B 两个物块由一根绕过滑轮 O 的绳相连，如图 11.14 所示。设绳的质量、变形及滑轮 O 重量不计，绳与滑轮间无相对滑动。已知 A 块重 $P=9.8\text{N}$，B 块重 $Q=19.6\text{N}$，两个物块的速度均为 $v=2\text{m/s}$，且 A、B 物块均做直线平动，都可视为质点。试求该系统的动量。

11.5 在物块 A 上作用一个常力 $\boldsymbol{F}$，使其沿水平面移动，如图 11.15 所示。已知物块的质量为 10kg，$\boldsymbol{F}$ 与水平面的夹角 $\theta=30°$。经过 5s 后，物块的速度从 2m/s 增至 4m/s。已知摩擦因数 $f=0.5$，试求力 $\boldsymbol{F}$ 的大小。

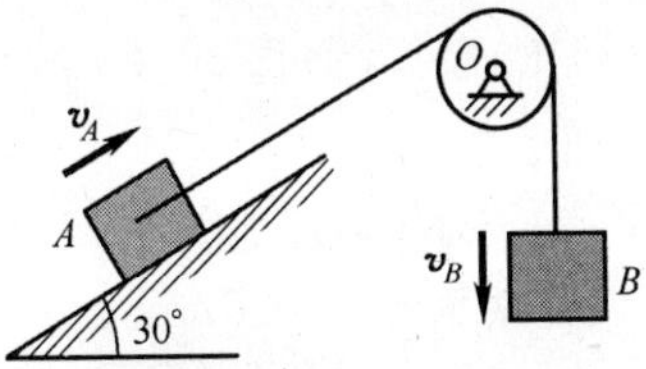

图 11.14

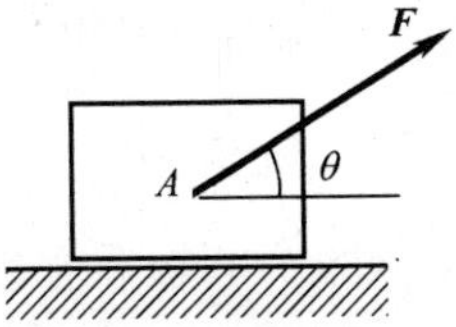

图 11.15

11.6 图 11.16 所示炮弹的质量 $m=0.17\text{kg}$，击中圆盘中心时的速度为 $v_1=550\text{m/s}$；圆盘的质量为 $M=1\text{kg}$，搁置在光滑支承面上。若炮弹穿出圆盘时的速度为 $v_2=275\text{m}$，求此时圆盘速度的大小。

11.7 一辆平板车重 $W_1=2\text{kN}$，车上放着装有沙子的箱子，如图 11.17 所示。沙子和箱子共重 $W_2=1\text{kN}$，车子连同箱子以 3.5km/h 的速度沿光滑直线轨道匀速前进。今有一块重 $W_3=0.5\text{kN}$ 的石块直落入沙箱中，求此后小车的速度。若石块落入后，沙箱在小车上滑动，经 0.2s 后才与车相对静止。求小车作用于箱底的平均摩擦力。

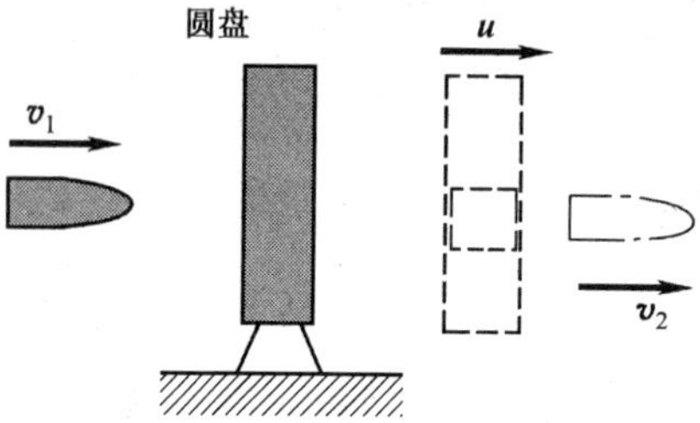

图 11.16

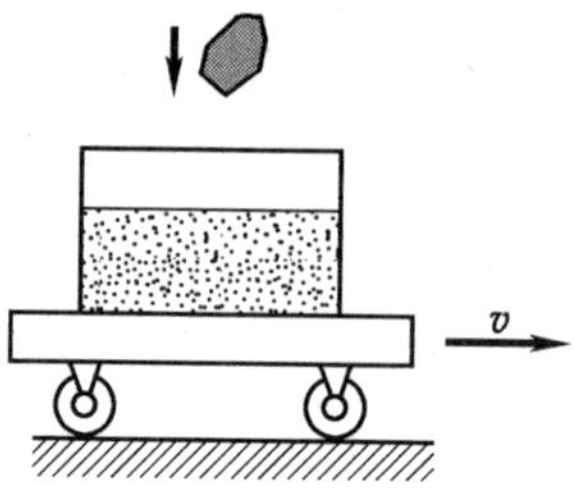

图 11.17

11.8 图 11.18 所示浮动起重机举起重 $W_1=20$ kN 的重物。设起重机重 $W_2=200$kN,杆长 $OA=8$m;开始时杆与铅直位置成 60°角,水的阻力和杆重均略去不计。当起重杆 OA 转到与铅直位置成 30°角时,求起重机的位移。

11.9 如图 11.19 所示,均质杆 AB 长为 l,直立放在光滑的水平面上。求杆从铅直位置无初速度倒下时,端点 A 相对图 11.19 所示坐标系的运动轨迹。

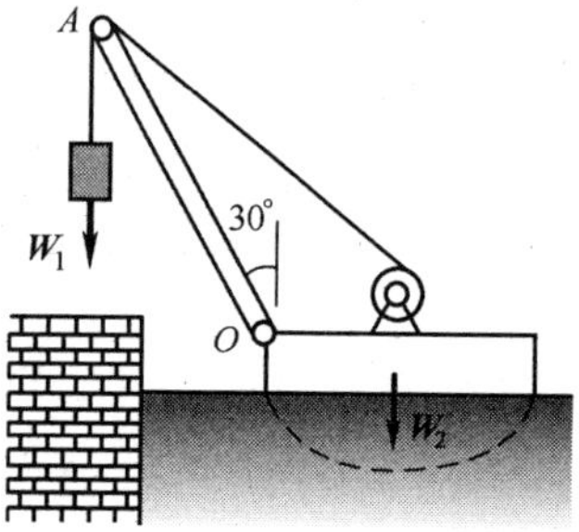

图 11.18

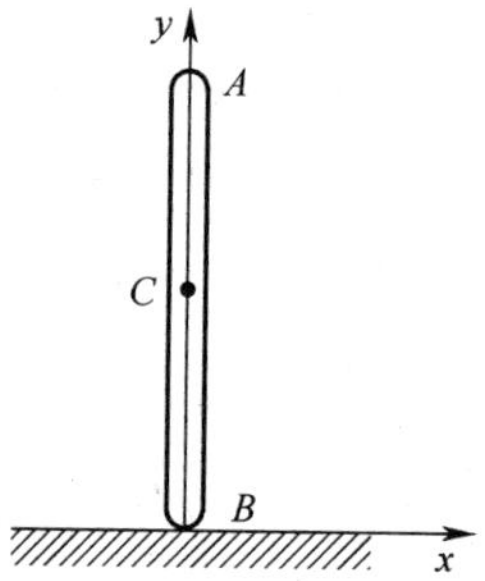

图 11.19

11.10 直径 $d=30$cm 的水管管道有一个 135°的弯头,如图 11.20 所示。水的流量为 $q_v=0.57\text{m}^3/\text{s}$,求弯头所受的动反力。

11.11 水流入的速度 $v_0=2$m/s,流出的速度 $v_1=4$m/s,与水平的夹角为 30°(图 11.21),水道的截面积自进口处逐渐改变,进口处截面积为 0.02m^2。求水道

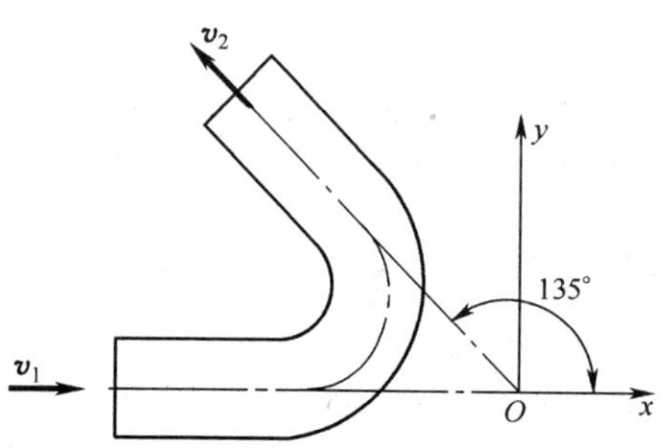

图 11.20

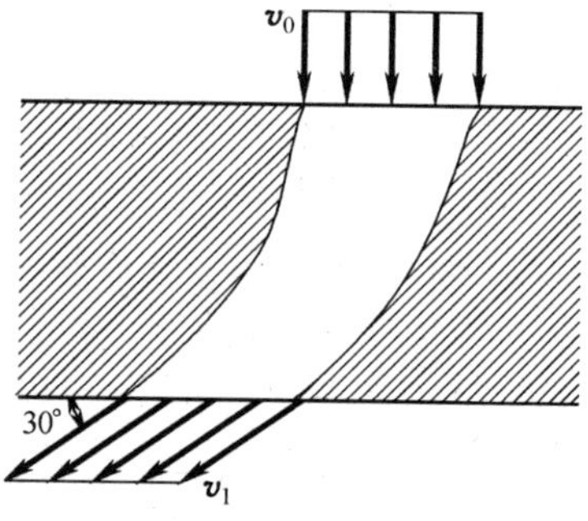

图 11.21

壁所受的动压力的水平分力。

11.12 质量为 m 的子弹 A 以速度 v_A 射入同向运动的质量为 M、速度为 v_B 的物块 B 内，不计地面与物体之间的摩擦。求：(1)若子弹留在物块 B 内，则物块与子弹的共同速度 u；(2)若子弹穿透物块并以速度 u_A 继续前进，则物块的速度 u_B。

11.13 卡车拉一辆拖车沿水平直线路面从静止加速运动，如图 11.22 所示，在 20s 末速度达到 40km/h。已知卡车的质量为 5000kg，拖车的质量为 15000kg，卡车与拖车的从动轮所受的摩擦力分别为 500N 和 1000N。试求加速行使时，卡车主动轮(后轮)产生的平均牵引力及卡车作用于拖车的平均拉力。

11.14 重 2N 的物体以 5m/s 的速度向右运动，受到如图 11.23 所示随时间变化的方向向左的力 $\boldsymbol{F}$ 的作用。试求受此力作用后，物体速度变为多大？

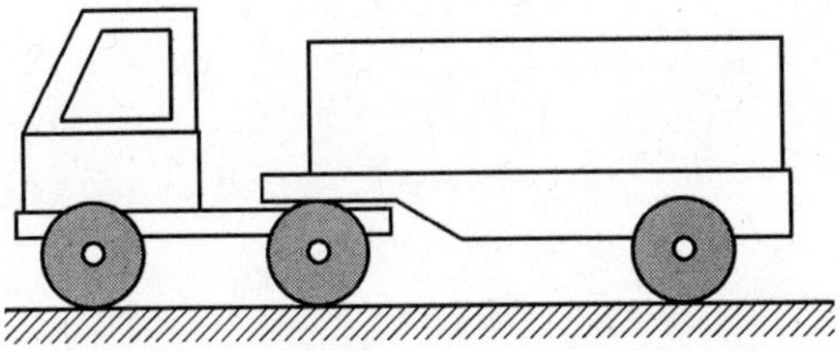

图 11.22

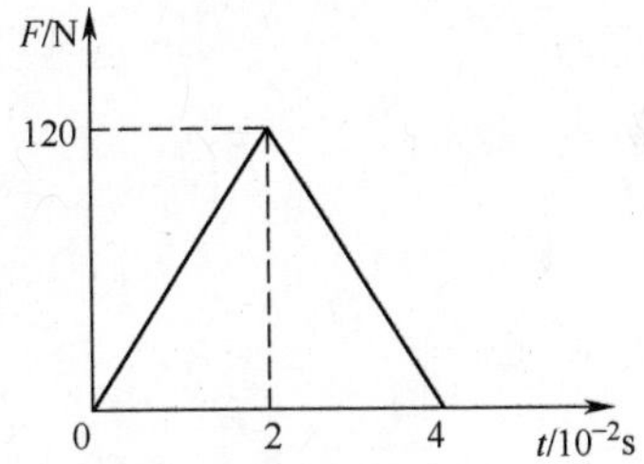

图 11.23

11.15 口径 75mm 的火炮以 570m/s 的出口速度发射质量 7kg 的炮弹，此炮安装在质量为 15000kg 的飞机上。问将炮弹向前发射时，飞机的前进速度减少了多少？

11.16 一挺机关枪每秒发射 6 发质量为 28g 的子弹，子弹的出口速度为 650m/s，求平均后坐力。

11.17 施工中用喷枪浇筑混凝土衬砌。已知喷枪口的直径 $D=80\text{mm}$，喷射速度为 $v_1=50\text{m/s}$(图 11.24)，混凝土密度为 $\rho=2160\text{kg/m}^3$，求喷浆对铅直壁面的动压力。

11.18 如图 11.25 所示，质量为 m 的滑块 A，可以在水平光滑槽中运动，刚度系数为 k 的弹簧一端与滑块相连接，另一段固定。杆 AB 长为 l，质量忽略不计，A 端与滑块 A 铰接，B 端装有质量为 m_1 的小球(小球大小不计)，在铅直平面内绕 A 点旋转。设在力偶 M 作用下转动角速度 ω 为常量。求滑块 A 的运动微分方程。

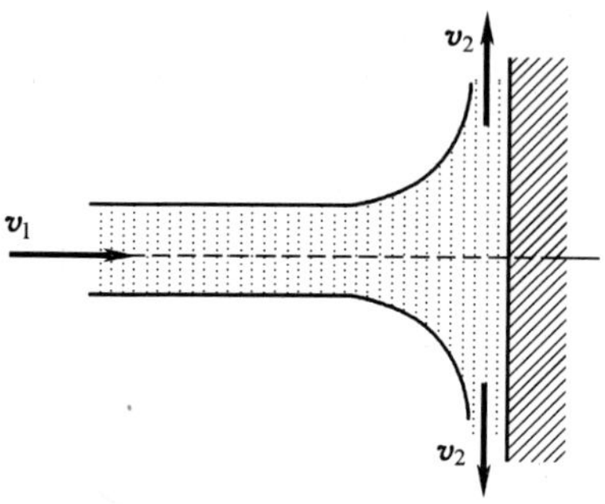

图 11.24

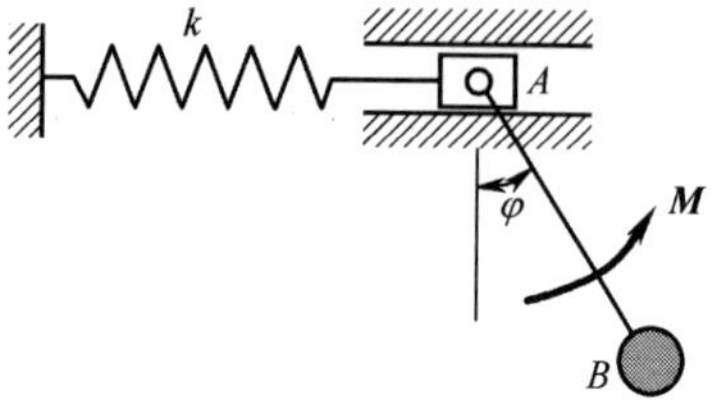

图 11.25

第 12 章　动量矩定理

第 11 章阐述的动量定理建立了质点和质点系动量的改变与所受外力之间的关系。但是对于质点系而言，质点系的动量定理只能描述质点系随质心做平动的规律，而不能确定各质点相对于质心运动的规律。例如，刚体绕其固定质心转动时，它的角速度无论多大，其动量都为零，因此刚体的动量无法反映刚体的转动情况。另外，由静力学可知，力对刚体的转动效应，取决于该力的力矩，而动量定理只说明了力系主矢对刚体质心平动的影响，还未涉及到力系的主矩如何影响刚体的转动。

本章将要介绍的物理量（动量矩）是用来描述质点或质点系相对于某点（或轴）转动的另一个运动特征量，而动量矩定理则建立了动量矩的改变与所受力系的主矩之间的关系。

12.1　质点动量矩定理

与力一样，动量是矢量，也可以对某已知点取矩。质点 M 的动量 $m\boldsymbol{v}$ 对某固定点（或某固定轴）的矩称为质点对该点（或该轴）的动量矩，用 $\boldsymbol{L}_O$ 表示。即

$$\boldsymbol{L}_O=\boldsymbol{r}\times m\boldsymbol{v} \tag{12.1}$$

与力矩一样，动量矩矢的方向用右手法则决定，它垂直于矢径 $\boldsymbol{r}$ 与质点动量 $m\boldsymbol{v}$ 所决定的平面。动量矩也是定位矢量，将动量矩矢向各坐标轴投影，则可得到动量矩在各坐标轴上的分量，或质点的动量对各坐标轴的矩。

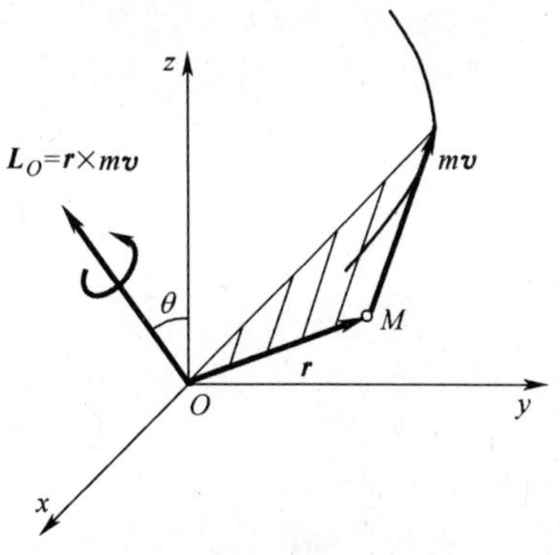

图 12.1

动量矩的单位为 kg · m²/s。

为得到质点的动量矩与质点所受外力 $\boldsymbol{F}$ 之间的关系，可借助质点的动量定理（式(11.9a)）。为此，用质点的矢径 $\boldsymbol{r}$ 乘以式(11.9a)的两端，得

$$\boldsymbol{r}\times\frac{\mathrm{d}}{\mathrm{d}t}(m\boldsymbol{v})=\boldsymbol{r}\times\boldsymbol{F}$$

上式左端可写为

$$\boldsymbol{r}\times\frac{\mathrm{d}}{\mathrm{d}t}(m\boldsymbol{v})=\frac{\mathrm{d}}{\mathrm{d}t}(\boldsymbol{r}\times m\boldsymbol{v})-\frac{\mathrm{d}\boldsymbol{r}}{\mathrm{d}t}\times m\boldsymbol{v}=\frac{\mathrm{d}}{\mathrm{d}t}(\boldsymbol{r}\times m\boldsymbol{v})-\boldsymbol{v}\times m\boldsymbol{v}=\frac{\mathrm{d}}{\mathrm{d}t}(\boldsymbol{r}\times m\boldsymbol{v})$$

所以有

$$\frac{\mathrm{d}}{\mathrm{d}t}(\boldsymbol{r}\times m\boldsymbol{v})=\boldsymbol{r}\times\boldsymbol{F}$$

即

$$\frac{\mathrm{d}\boldsymbol{L}_O}{\mathrm{d}t}=\boldsymbol{M}_O(\boldsymbol{F}) \tag{12.2}$$

式(12.2)为质点动量矩定理，即质点动量对任一固定点的矩对时间的一阶导数，等于作用于质点上的力对同一点的矩。此为质点动量矩的矢量形式。

将式(12.2)向固定直角坐标轴上投影，并利用力对点的矩与对轴的矩之间的关系，得对轴的动量矩的关系式，即

$$\begin{cases}\dfrac{\mathrm{d}L_x}{\mathrm{d}t}=M_x(\boldsymbol{F})\\[2ex]\dfrac{\mathrm{d}L_y}{\mathrm{d}t}=M_y(\boldsymbol{F})\\[2ex]\dfrac{\mathrm{d}L_z}{\mathrm{d}t}=M_z(\boldsymbol{F})\end{cases} \tag{12.3}$$

式(12.3)可叙述为：质点动量对任一固定轴的矩对时间的一阶导数，等于作用于质点上的力对同一轴的矩。

需要注意的是，应用式(12.2)、式(12.3)时，动量矩和力矩的正向规定要一致。

从质点的动量矩定理可以得出下列两个推论：

(1) 若作用在质点上的合力对于某定点 O 的矩恒等于零，即 $\boldsymbol{M}_O(\boldsymbol{F})=0$，则由 $\dfrac{\mathrm{d}\boldsymbol{L}_O}{\mathrm{d}t}=M_O(\boldsymbol{F})=0$，所以有 $\boldsymbol{L}_O=$ 常矢量。此结论表明：若作用在质点上的合力对某一固定点之矩恒等于零，则质点对该点的动量矩保持为常矢量。

(2) 若作用在质点上的合力对某一固定轴(如 x 轴)的矩恒等于零，即 $M_x(\boldsymbol{F})=0$。则由 $\dfrac{\mathrm{d}L_x}{\mathrm{d}t}=M_x(\boldsymbol{F})=0$，可推出 $L_x=$ 常量。此结论表明：若作用在质点上的合力对某一固定轴之矩恒等于零，则质点对该轴的动量矩保持常量。

上述两个推论称为质点的动量矩守恒定律。

如果力的作用线恒通过一个固定点，则这样的力称为有心力，而该点称为力心。例如，在太阳系中，太阳作用于行星(视为质点)上的引力就是有心力，该力恒通过太阳中心(假定太阳中心不动)。

质量为 m 的行星 M 以速度 v 绕太阳中心 O 运动，不计其他力的作用，只考虑太阳对它作用的引力 $\boldsymbol{F}$(图 12.2)。由于力 $\boldsymbol{F}$ 对 O 之矩恒为零，所以行星对 O 点的动量矩保持为常矢量，即

$$L_O = r \times m\,v = \text{常矢量}$$

由上式可知:

(1) 因为只有矢径 $\boldsymbol{r}$ 与 $m\boldsymbol{v}$ 始终在同一固定平面内时,才可能是一个常矢量,所以,行星的轨迹为一平面曲线;

(2) 行星对 O 点动量矩矢的大小始终保持不变,即有

$$|\boldsymbol{L}_O| = |\boldsymbol{r} \times m\,\boldsymbol{v}| = mvh = \text{常量}$$

由于 $v=\dfrac{\mathrm{d}s}{\mathrm{d}t}$,故有 $mvh = m\ \dfrac{\mathrm{d}s}{\mathrm{d}t}h = $ 常量,或 $vh=\dfrac{\mathrm{d}s}{\mathrm{d}t}h=$ 常量。

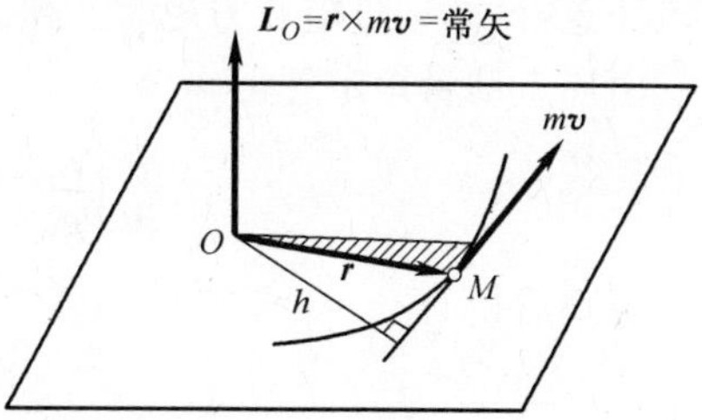

图 12.2

行星的矢径 $\boldsymbol{r}$ 在 $\mathrm{d}t$ 时间内所扫过的面积为 $\mathrm{d}A=\dfrac{1}{2}h\,\mathrm{d}s$。所以有

$$\frac{\mathrm{d}A}{\mathrm{d}t}=\frac{1}{2}h\ \frac{\mathrm{d}s}{\mathrm{d}t}=\text{常量}$$

$\dfrac{\mathrm{d}A}{\mathrm{d}t}$称为行星的面积速度,可见行星的面积速度等于常量。由此可得行星运动面积速度定律:当质点在有心力作用下运动时,点的矢径在任何相等的时间内扫过的面积相等。这一结论是开普勒著名行星三定律之一的面积定律。

由此定律可知,行星绕太阳运动时,离日心近时速度大,离日心远时速度小。这可以解释由于地球绕太阳运行的轨道是一个椭圆,地球位于该椭圆的一个焦点上,在北半球从春分到秋分的夏天半年比从秋分到春分的冬天半年要长一些。

例 12.1　设一个单摆(数学摆)的摆长为 l,小球 M 重为 W。已知在初始瞬时 $\varphi_0=\alpha$,$v_0=0$。求单摆的运动方程。

解:以小球为研究对象,其上受到的力有重力 $\boldsymbol{W}$ 和约束反力 $\boldsymbol{F}_{\mathrm{T}}$。建立坐标系如图 12.3 所示。

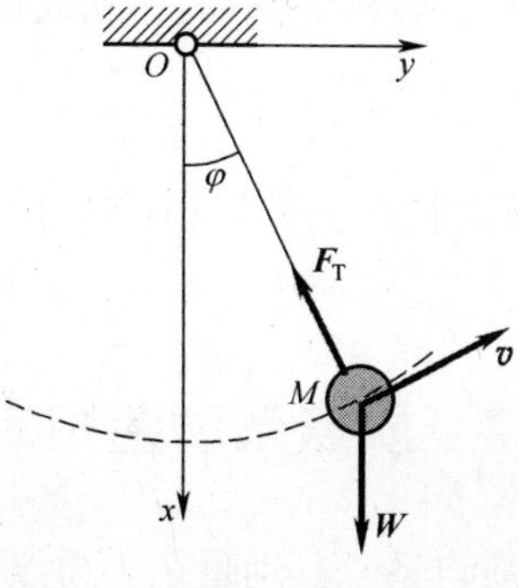

图 12.3

小球 M 对 O 点(z 轴)的动量矩为

$$L_O = mvl = \frac{W}{g} l^2 \frac{\mathrm{d}\varphi}{\mathrm{d}t}$$

小球上的外力对 O 点(z 轴)的矩为

$$M_O = -Wl\sin\varphi$$

注意:计算动量矩和力矩时必须注意正负规定的一致性。

由质点动量矩定理得

$$\frac{\mathrm{d}}{\mathrm{d}t}\left(\frac{W}{g} l^2 \frac{\mathrm{d}\varphi}{\mathrm{d}t}\right) = -Wl\sin\varphi$$

整理后得

$$\frac{l}{g}\frac{\mathrm{d}^2\varphi}{\mathrm{d}t^2} = -\sin\varphi$$

或

$$\frac{\mathrm{d}^2\varphi}{\mathrm{d}t^2} + \frac{g}{l}\sin\varphi = 0$$

此即为单摆的运动微分方程。求解此方程时要用到椭圆方程,比较复杂。但是在微小摆动的条件下,有 $\sin\varphi \approx \varphi$。如令 $\omega_0^2 = \frac{g}{l}$,上式可简化为

$$\frac{\mathrm{d}^2\varphi}{\mathrm{d}t^2} + \omega_0^2\varphi = 0$$

这就是微幅摆动时单摆的运动微分方程,它是一个二阶常系数线性齐次微分方程。根据常微分方程的理论,其解直接写为如下形式;

$$\varphi = A\sin(\omega_0 t + \theta)$$

将初始条件代入上式,可解得 A 和 θ。再代入上式可得

$$\varphi = \alpha\cos\omega_0 t$$

可见,单摆的运动是简谐运动,称为振动,振动周期 T 为

$$T = \frac{2\pi}{\omega_0} = 2\pi\sqrt{\frac{l}{g}}$$

上式表明,单摆的振动周期取决于摆长 l 而与初始条件无关,这种性质称为等时性。

12.2 质点系动量矩定理

讨论由 n 个质点组成的质点系。其动量矩为质点系中各质点的动量对某固定点 O 的矩的矢量和,即

$$L_O = \sum L_{Oi} = \sum M_O(m_i \boldsymbol{v}_i) \qquad (12.4)$$

将上式投影到以固定点 O 为原点的直角坐标系的 z 轴上。于是可得

$$L_z = \sum M_z(m_i \boldsymbol{v}_i) \qquad (12.5)$$

若某瞬时刚体绕 z 轴转动的角速度为 ω(图 12.4)，则对刚体上任一质量为 m_i、速度为 v_i(由刚体定轴转动的特征知 $v_i = r_i\omega$)的质点，该质点动量对 z 轴的动量矩为

$$L_{zi} = m_i v_i r_i = m_i r_i^2 \omega$$

整个刚体对 z 轴的动量矩为

$$L_z = \sum m_i r_i^2 \omega = \omega \sum m_i r_i^2$$

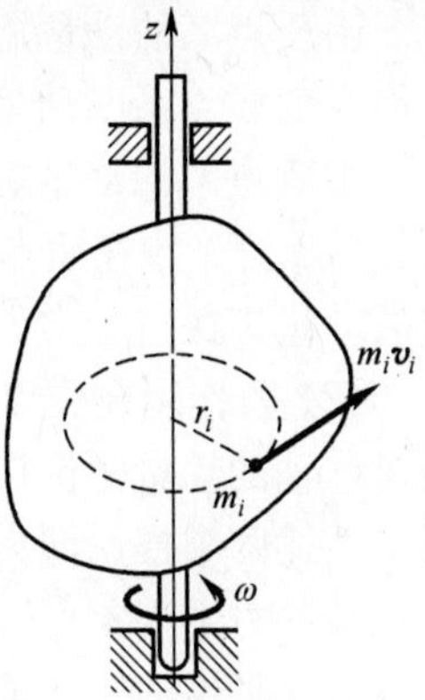

图 12.4

定义 $J_z = \sum m_i r_i^2$，称为刚体对 z 轴的转动惯量。所以有

$$L_z = J_z \omega \qquad (12.6)$$

即定轴转动的刚体对于转动轴的动量矩等于刚体对转轴的转动惯量与角速度的乘积。且由于转动惯量恒为正，动量矩的正负与转动角速度的正负一致。

有关不同刚体转动惯量的计算将在下一节中进一步讨论。

设质点系由 n 个质点组成，对质点系中的任一质点 i 施用质点动量矩定理，则有

$$\frac{\mathrm{d}\boldsymbol{L}_{Oi}}{\mathrm{d}t} = \boldsymbol{M}_{Oi}(\boldsymbol{F}_i^{\mathrm{i}}) + \boldsymbol{M}_{Oi}(\boldsymbol{F}_i^{\mathrm{e}}) \quad (i = 1, 2, \cdots, n)$$

将 n 个方程相加，可得

$$\sum \frac{\mathrm{d}\boldsymbol{L}_{Oi}}{\mathrm{d}t} = \sum \boldsymbol{M}_{Oi}(\boldsymbol{F}_i^{\mathrm{i}}) + \sum \boldsymbol{M}_{Oi}(\boldsymbol{F}_i^{\mathrm{e}})$$

或者

$$\frac{\mathrm{d}}{\mathrm{d}t}\left(\sum \boldsymbol{L}_{Oi}\right) = \sum \boldsymbol{M}_{Oi}(\boldsymbol{F}_i^{\mathrm{i}}) + \sum \boldsymbol{M}_{Oi}(\boldsymbol{F}_i^{\mathrm{e}})$$

由内力的性质，有 $\sum \boldsymbol{M}_{Oi}(\boldsymbol{F}_i^{\mathrm{i}}) = 0$。所以有

$$\frac{\mathrm{d}\boldsymbol{L}_O}{\mathrm{d}t} = \sum \boldsymbol{M}_{Oi}(\boldsymbol{F}_i^{\mathrm{e}}) = \boldsymbol{M}_O \qquad (12.7)$$

$\boldsymbol{M}_O$为质点系所受外力对 O 点的主矩。式(12.7)表明，质点系对任一固定点的动量矩对时间的一阶导数等于质点系所受外力对同一点的矩的矢量和。此即为质点系动量矩定理的矢量形式。将上式向坐标轴投影，则有

$$\frac{\mathrm{d}L_x}{\mathrm{d}t} = M_x, \frac{\mathrm{d}L_y}{\mathrm{d}t} = M_y, \frac{\mathrm{d}L_z}{\mathrm{d}t} = M_z \qquad (12.8)$$

式(12.8)表明：质点系对任一固定轴的动量矩对时间的一阶导数等于质点系所受外力对同一轴之矩的代数和。此即为质点系对固定轴的动量矩定理。

由质点系的动量矩定理可知，只有外力才能引起质点系动量矩的改变，而内力不能改变质点系的动量矩。

由质点系的动量矩定理易得出下列两个推论：

(1) 若作用在质点系的外力系对某一固定点的主矩恒等于零，则质点系对该点的动量矩保持为常矢量；

(2) 若作用在质点系的外力系对某一固定轴的矩的代数和恒等于零，则质点系对该轴的动量矩保持为常矢量。

上述两个推论即为质点系的动量矩守恒定律。

某些力学现象可以用动量矩守恒定律来解释。如花样滑冰运动员和芭蕾舞演员绕通过足尖的铅垂轴旋转时，因重力和地面的法向反力对 z 轴的矩为零，而足尖与地面之间的摩擦力矩很小，故人体对 z 轴的动量矩近似守恒。当手足收拢时，人体的转动惯量减小，角速度增大；当手足伸展时，人体的转动惯量增大，角速度减慢。再如人坐在转椅上，如果身子不转，脚不着地，只用手转动转椅，转椅是不可能转动的。这是因为人和转椅是一个质点系，人的手作用在转椅上的力是内力，它不能改变质点系的动量矩。

例 12.2　高炉运送矿石用的卷扬机如图 12.5 所示。已知鼓轮的半径为 R，对 O 轴的转动惯量为 J_O，作用在鼓轮上的力偶矩为 M。小车和矿石的总质量为 m，轨道的倾角为 θ。绳的质量和各处摩擦均忽略不计，求小车的加速度。

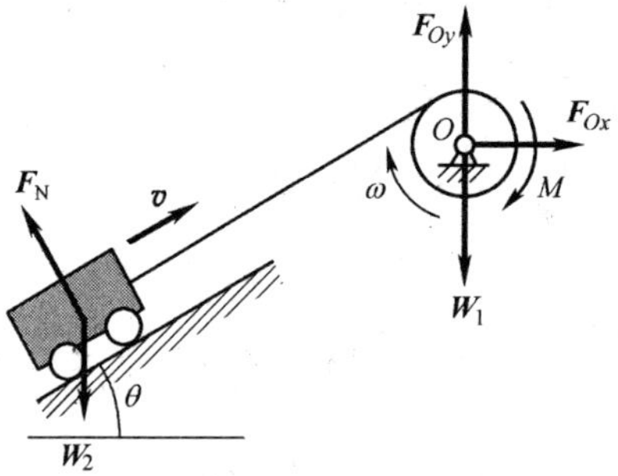

图 12.5

解：把小车与鼓轮看做一个质点系。以顺时针为正向，则质点系对轴 O 的动量矩为

$$L_O = J_O\omega + mvR$$

质点系受力分析如图 12.5 所示。作用于质点系上的力有力偶 M，重力 $\boldsymbol{W}_1$ 和 $\boldsymbol{W}_2$，轴承 O 处的约束力 $\boldsymbol{F}_x$、$\boldsymbol{F}_y$ 和轨道对小车的反力 $\boldsymbol{F}_N$。由于不计摩擦及绳子的重量，外力对轴 O 的矩为

$$M_O = M - mgR\sin\theta$$

由质点系动量矩定理，得

$$\frac{\mathrm{d}}{\mathrm{d}t}(J_O\omega+mvR)=M-mgR\sin\theta$$

将 $\omega=\dfrac{v}{R}$，$\dfrac{\mathrm{d}v}{\mathrm{d}t}=a$ 代入上式可得

$$a=\frac{MR-mgR^2\sin\theta}{J_O+mR^2}$$

例 12.3　在图 12.6 所示的矿井提升设备中，两个鼓轮固连在一起，对通过轮心 O 的水平轴 z 的转动惯量为 J_z。在半径为 r_1 的鼓轮上用钢丝绳悬挂质量为 m_1 的平衡锤 A，在半径为 r_2 的鼓轮上用钢丝绳提升质量为 m_1 的罐笼 B。已知鼓轮上作用一个不变的力偶 M，绳的质量和各处摩擦均忽略不计，求罐笼上升的加速度。

解：把罐笼、鼓轮和平衡锤看做一个质点系。该质点系对通过 O 的水平轴 z 的动量矩为

$$L_z=J_z\omega+m_1v_1r_1+m_2v_2r_2$$

作用在该质点系上的外力偶 M，重力 $\boldsymbol{W}_1$、$\boldsymbol{W}_2$ 和 $\boldsymbol{W}$，轴承 O 处的约束力 $\boldsymbol{F}_x$、$\boldsymbol{F}_y$，如图 12.6 所示。所有外力对 z 轴的矩为

$$M_z=M+m_1gr_1-m_2gr_2$$

由质点系动量矩定理，得

$$\frac{\mathrm{d}}{\mathrm{d}t}(J_z\omega+m_1v_1r_1+m_2v_2r_2)=M+m_1gr_1-m_2gr_2$$

将 $v_1=\omega r_1$，$v_2=\omega r_2$，$\dfrac{\mathrm{d}\omega}{\mathrm{d}t}=\alpha$ 代入上式得

$$\alpha=\frac{M+(m_1r_1-m_2r_2)g}{J_z+m_1r_1^2+m_2r_2^2}$$

罐笼 B 上升的加速度为

$$a_2=r_2\alpha=\frac{[M+(m_1r_1-m_2r_2)g]r_2}{J_z+m_1r_1^2+m_2r_2^2}$$

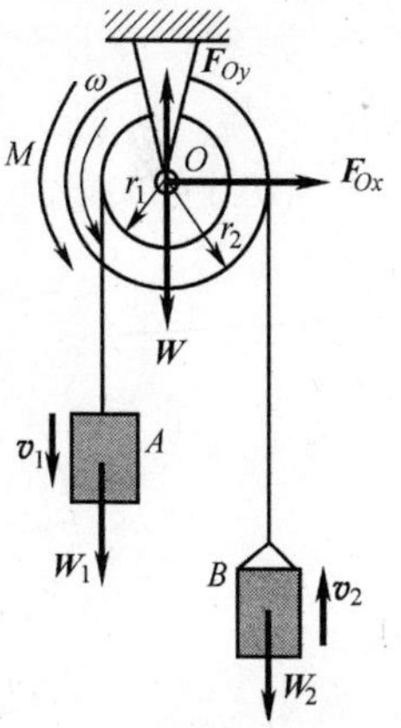

图 12.6

例 12.4　两个重为 40N 的小球 A、B，安装在不计重量的可以绕铅垂轴转动的机构上，如图 12.7 所示。当杆 AO、BO 与铅垂轴夹角 $\theta=60°$时，机构绕铅垂轴 z 旋转的角速度为 $n=90\mathrm{r/min}$。后来，由于力 $\boldsymbol{F}$ 调整机构的位置，使 $\theta=30°$。设 $OA=OB=l$，不计轴承 C 处的摩擦，求此时机构绕 z 轴转动的角速度。

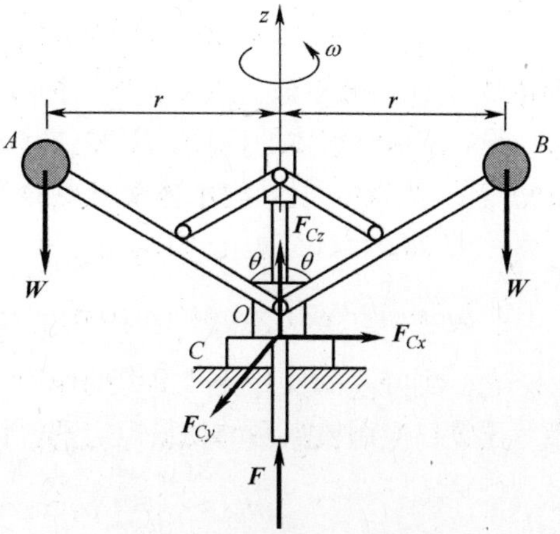

图 12.7

解:以两个小球和机构为一个质点系。作用在质点系上的外力有小球的重力 $\boldsymbol{W}$,轴承的约束反力 $\boldsymbol{F}_{Cx}$、$\boldsymbol{F}_{Cy}$、$\boldsymbol{F}_{Cz}$ 以及调速器的调整力 $\boldsymbol{F}$,这些力对铅垂轴 z 的矩始终为零,且不计轴承处的摩擦,所以该质点系对 z 轴的动量矩守恒,即

$$L_z=2mvr=2mr^2\omega=2ml^2\omega\sin^2\theta=\text{常数}$$

所以有

$$2ml^2\omega_1\sin^2 60^\circ=2ml^2\omega_2\sin^2 30^\circ$$

由上式得

$$\omega_2=\omega_1\frac{\sin^2 60^\circ}{\sin^2 30^\circ}=\frac{2\pi\times 90}{60}\times 3=28.6(\mathrm{rad/s})$$

例 12.5 水力发电站的水轮机转子在水流的冲击下以匀角速度 ω 绕铅垂轴转动,如图 12.8 所示。设 Q 为总流量,$\boldsymbol{v}_1$ 与 $\boldsymbol{v}_2$ 分别为水流进口处和出口处的绝对速度,r_1 与 r_2 分别为水轮机外圆与内圆的半径,α_1 为 $\boldsymbol{v}_1$ 与外圆切线的夹角,α_2 为 $\boldsymbol{v}_2$ 与内圆切线的夹角。求水体作用在转子上的转矩。(设水轮机转子位于水平平面内)

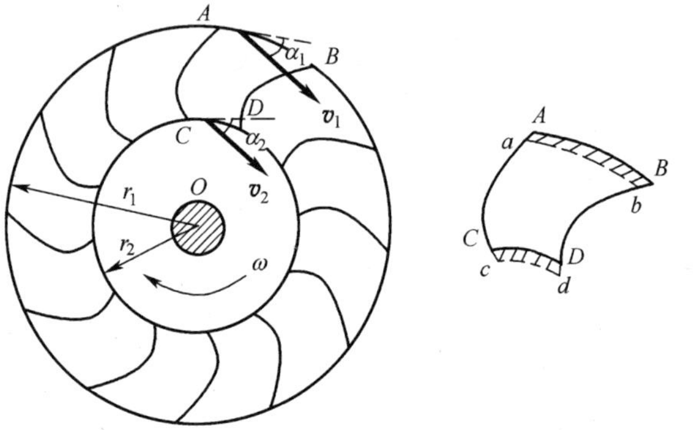

图 12.8

解:取水体为研究对象。为研究方便,取两叶片间的水体(图 12.8 中的 $ABCD$)为所研究对象。水体的密度为 ρ,一对叶片间水流的流量为 q。

设在 t 瞬时水体的位置 $ABCD$,在 $(t+\mathrm{d}t)$ 瞬时,它运动到新位置 $abcd$,且水流是稳定的,则在 $\mathrm{d}t$ 时间内水体动量矩的改变为

$$\mathrm{d}L_z=(L_z)_{abcd}-(L_z)_{ABCD}=(L_z)_{CDcd}-(L_z)_{ABab}=$$

$$\rho q\mathrm{d}tv_2r_2\cos\alpha_2-\rho q\mathrm{d}tv_1r_1\cos\alpha_1=\rho q(v_2r_2\cos\alpha_2-v_1r_1\cos\alpha_1)\mathrm{d}t$$

它受到叶片的反力及其重力的作用。因重力与转轴平行,所以重力对 O 轴的矩等于零。应用质点系的动量矩定理,得一对叶片作用于水体的转矩为

$$m_z=\frac{\mathrm{d}L_z}{\mathrm{d}t}=\rho q(v_2r_2\cos\alpha_2-v_1r_1\cos\alpha_1)$$

如果转子全部充满了水流,则转子作用于水体的转矩为

$$M_z = \sum m_z = \sum \rho q(v_2 r_2 \cos\alpha_2 - v_1 r_1 \cos\alpha_1) =$$

$$\rho Q(v_2 r_2 \cos\alpha_2 - v_1 r_1 \cos\alpha_1)$$

12.3　刚体的转动惯量、平行移轴公式

1. 转动惯量的概念

12.2 节已阐述，刚体的转动惯量是刚体转动时惯性大小的度量，它等于刚体内各点的质量与质点到轴的垂直距离平方的乘积之和，即

$$J_z = \sum m_i r_i^2 \tag{12.9a}$$

对刚体而言，由于转轴一旦确定，刚体上任一质点到转轴的距离都保持不变，因此它对于与之固连轴的转动惯量是一个常量。当然，对于不同的转轴，刚体具有不同的转动惯量。显然，转动惯量的大小不仅与质量的大小有关，而且与质量的分布有显著的关系，但与刚体的运动状况无关。质量分布越靠近转轴，转动惯量越小；反之则越大。如为了使机器运转稳定，常常在主轴上安装一个飞轮，这个飞轮要制作得边缘较厚，中间较薄且挖有一些空洞，把它的大部分质量分布在飞轮的边缘上，这样飞轮的转动惯量就越大。

转动惯量是质量与距离平方的乘积，因此转动惯量一定是正值。转动惯量的常用单位为 $\mathrm{kg \cdot m^2}$。

如果刚体的质量分布是连续的，则转动惯量的计算可采用下列的积分形式：

$$J_z = \int_V r^2 \mathrm{d}m \tag{12.9b}$$

式中：V 为积分区域。

2. 简单形状物体的转动惯量

(1) 均质（沿长度方向）细直杆

如图 12.9 所示均质细直杆，设杆长为 l，质量为 m，单位长度的质量为 ρ。今在杆上取一微段 $\mathrm{d}x$，则由式(12.9b)可得此杆对通过质心 C 的轴 z_C 的转动惯量为

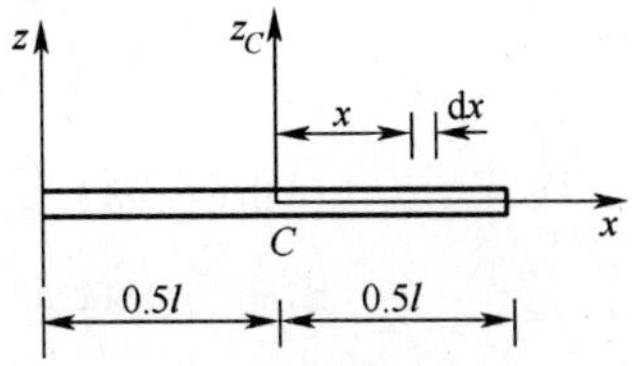

图 12.9

$$J_{z_C} = \int_V r^2 \mathrm{d}m = \int_{-\frac{l}{2}}^{\frac{l}{2}} \rho x^2 \mathrm{d}x = \frac{1}{12}\rho l^3 = \frac{1}{12} m l^2$$

(2) 均质薄圆环对于中心轴的转动惯量

如图 12.10 所示均质薄圆环，设半径为 R，质量为 m。圆环对中心轴 z 的转动惯量为

$$J_z=\int_V r^2\mathrm{d}m=\int_l R^2\mathrm{d}m=mR^2$$

(3) 均质圆盘对于中心轴的转动惯量

如图 12.11 所示均质圆盘,设半径为 R,质量为 m,单位面积的质量为 ρ。今在盘上取一与圆盘同心的薄圆环,则该圆环的重量为

$$\mathrm{d}m=2\pi r\mathrm{d}r\cdot\rho=2\pi\rho r\mathrm{d}r$$

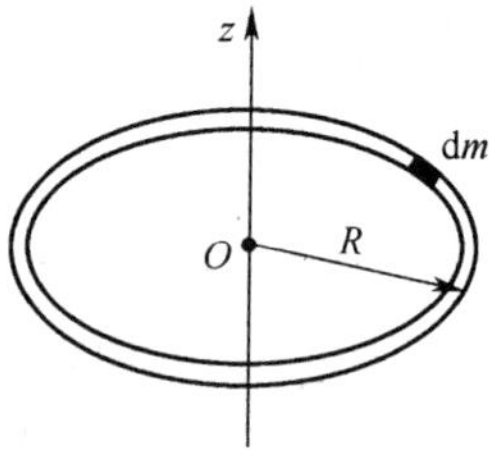

图 12.10

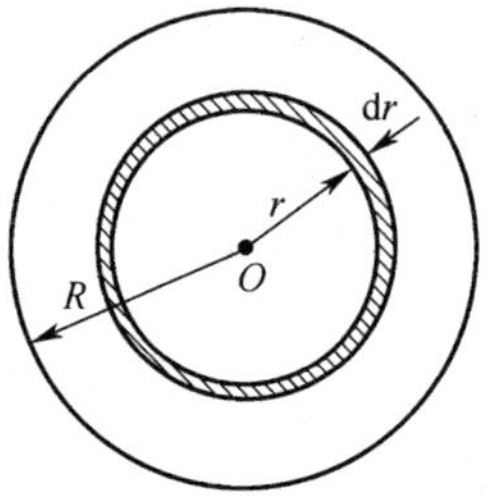

图 12.11

将上式代入式(12.9b),可得该均质圆盘对其中心轴的转动惯量

$$J_O=\int_V r^2\mathrm{d}m=\int_0^R 2\pi\rho r^3\mathrm{d}r=\frac{1}{2}\pi\rho R^4=\frac{1}{2}mR^2$$

3. 回转半径(或惯性半径)

工程上常把转动惯量写成刚体的重量与某一当量长度二次方乘积,即

$$J_z=m\rho_z^2 \tag{12.10}$$

式中:ρ_z为刚体对于 z 轴的回转半径(或惯性半径)。它的物理意义是:设想刚体的质量集中在与 z 轴相距ρ_z的点上,则此集中质量(或质点)对 z 轴的转动惯量与原刚体对该轴的转动惯量相同。对于形状相同的均质物体,其回转半径的公式是相同的。

由式(12.10)易得

$$\rho_z=\sqrt{\frac{J_z}{m}} \tag{12.11}$$

由式(12.11)很容易计算出均质细直杆对过质心且垂直于轴线的轴的回转半径为 $\rho_z=\dfrac{l}{2\sqrt{3}}$;均质薄圆环对于中心轴的回转半径为 $\rho_z=R$;均质圆盘对于中心轴回转半径为 $\rho_z=\dfrac{\sqrt{2}}{2}R$。

4. 转动惯量的平行轴定理

定理:刚体对任一轴的转动惯量,等于刚体对于通过质心,并与该轴平行轴的转动惯量加上刚体的质量与两轴间距离的二次方的乘积,即

$$J_z = J_{z_C} + md^2 \qquad (12.12)$$

式中：C 为刚体的质心；J_{z_C} 为刚体对通过质心 z_C 轴的转动惯量；J_z 为刚体对平行于该轴的另一轴 z 的转动惯量；d 为两轴间的距离(图 12.12)。定理的证明如下。

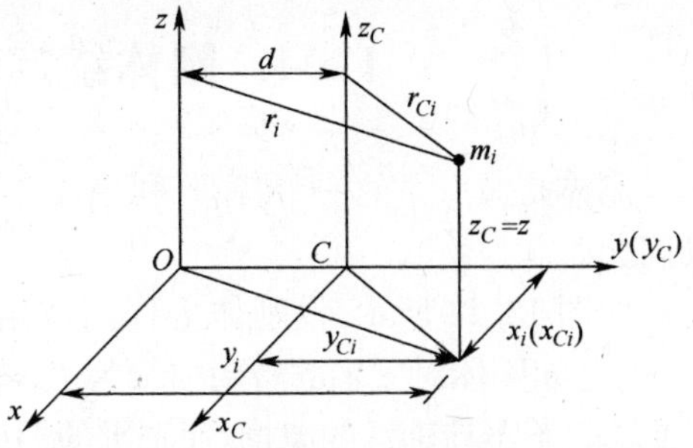

图 12.12

证明：建立坐标系。由转动惯量的定义知

$$J_{z_C} = \sum r_{Ci}^2 m_i = \sum m_i (x_{Ci}^2 + y_{Ci}^2) \qquad \text{(a)}$$

$$J_z = \sum r_i^2 m_i = \sum m_i (x_i^2 + y_i^2) = \sum m_i [x_{Ci}^2 + (y_{Ci} + d)^2] = \sum m_i (x_{Ci}^2 + y_{Ci}^2) + 2d \sum m_i y_{Ci} + d^2 \sum m_i \qquad \text{(b)}$$

由第 5 章物体的形心计算公式已知上式中的第二项为零。将式(a)代入式(b)，经简单推导即可得到式(12.12)。

定理得证。

对于图 12.9 中的均质细直杆，其对过其一端且与 z_C 轴平行的 z 轴的转动惯量为

$$J_z = J_{z_C} + md^2 = \frac{1}{12}ml^2 + m\left(\frac{l}{2}\right)^2 = \frac{1}{3}ml^2$$

例 12.6　钟摆可简化为如图 12.13 所示的模型。已知均质杆和圆盘部分的质量分别为 m_1 和 m_2，杆长为 l，圆盘直径为 d。求钟摆对于通过悬挂点 O 的水平轴的转动惯量。

解：钟摆可看做均质细杆和圆盘的组合体，其转动惯量为

$$J_O = J_{O杆} + J_{O盘}$$

$$J_{O杆} = \frac{1}{3}m_1 l^2$$

而圆盘对 O 轴的转动惯量可通过平行移轴公式得到，即

$$J_{O盘} = \frac{1}{2}m_2\left(\frac{d}{2}\right)^2 + m_2\left(l + \frac{d}{2}\right)^2 = m_2\left(\frac{3}{8}d^2 + l^2 + ld\right)$$

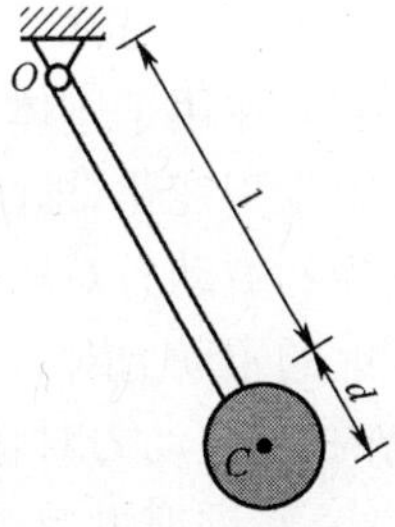

图 12.13

所以钟摆对 O 轴的转动惯量为

$$J_O = J_{O杆} + J_{O盘} = \frac{1}{3}m_1 l^2 + m_2\left(\frac{3}{8}d^2 + l^2 + ld\right)$$

对于较简单形状物体的转动惯量可以在有关机械设计手册中查到。

对于可以看做若干简单形状物体组合成的物体，其转动惯量的计算可借鉴本例的方法；对于形状很复杂的物体可采用试验法，其原理见 12.4 节。

12.4 刚体绕定轴转动微分方程

刚体是质点系的一个特例,利用质点系的动量矩定理可以解决刚体绕定轴转动问题。

如图 12.14 所示,设刚体上作用有主动力系 $\boldsymbol{F}_1,\boldsymbol{F}_2,\cdots,\boldsymbol{F}_n$ 和约束反力 $\boldsymbol{F}_{N1}$, $\boldsymbol{F}_{N2}$。已知刚体对 z 轴的转动惯量为 J_z,转动角速度为 ω,则刚体对 z 轴的动量矩为 $J_z\omega$。若不计轴承的摩擦,而轴承的约束反力 $\boldsymbol{F}_{N1}$、$\boldsymbol{F}_{N2}$ 对 z 轴的力矩为零,根据质点系对轴的动量矩定理有

$$\frac{\mathrm{d}}{\mathrm{d}t}(J_z\omega)=\sum M_z(\boldsymbol{F}_i)$$

即

$$J_z\frac{\mathrm{d}\omega}{\mathrm{d}t}=\sum M_z(\boldsymbol{F}_i) \qquad (12.13a)$$

由于 $\frac{\mathrm{d}\omega}{\mathrm{d}t}=\alpha=\frac{\mathrm{d}^2\varphi}{\mathrm{d}t^2}$,则(式(12.13a))又可写为

$$J_z\frac{\mathrm{d}^2\varphi}{\mathrm{d}t^2}=\sum M_z(\boldsymbol{F}_i) \qquad (12.13b)$$

或

$$J_z\alpha=\sum M_z(\boldsymbol{F}_i) \qquad (12.13c)$$

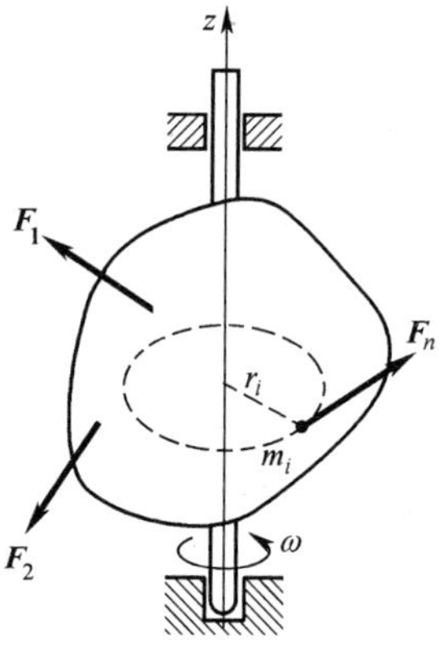

图 12.14

式(12.13)的三式就是刚体绕定轴转动微分方程,
即刚体对定轴的转动惯量与角加速度的乘积,等于作用在刚体的主动力(因外力中的约束反力对转轴之矩为零)对该轴矩的代数和。

由以上可知:

若作用于刚体上的主动力对转轴的矩的代数和不等于零,则刚体的转动状态一定发生变化,即刚体处于显著运动状态,它的标志就是存在角加速度;若作用于刚体的主动力对转轴的矩的代数和等于零,则刚体做匀速转动或静止;若作用于刚体上的主动力对转轴的矩的代数和为常量,则刚体做匀变速运动。在一定时间间隔内,当主动力对转轴的矩的代数和为一常量时,转动惯量越大,转动状态的变化越小;转动惯量越小,转动状态变化越大。由此可见,刚体的转动惯性的大小表现了刚体转动状态改变的难易程度。因此,转动惯量是转动刚体惯性大小的度量。

若把刚体的转动微分方程与质点运动微分方程加以对照,可见它们的形式完全相似。

刚体转动微分方程可以解决刚体绕定轴转动的两类动力学问题:

(1) 已知刚体的转动规律,求作用于刚体上的主动力;

(2) 已知作用于刚体的主动力，求刚体的转动规律。

例 12.7　图 12.15 所示的滑轮，半径为 R，对 O 轴的转动惯量为 J_O，带动滑轮的胶带拉力分别为 $\boldsymbol{F}_1$、$\boldsymbol{F}_2$。求滑轮的角加速度 α。

解：由刚体定轴转动微分方程可得

$$J_O\alpha=(F_1-F_2)R$$

于是得

$$\alpha=\frac{(F_1-F_2)R}{J_O}$$

可见，定滑轮两侧胶带拉力相等的条件是：

(1) 定滑轮匀速转动(或静止)；

(2) 非匀速转动，但定滑轮的质量可以忽略。

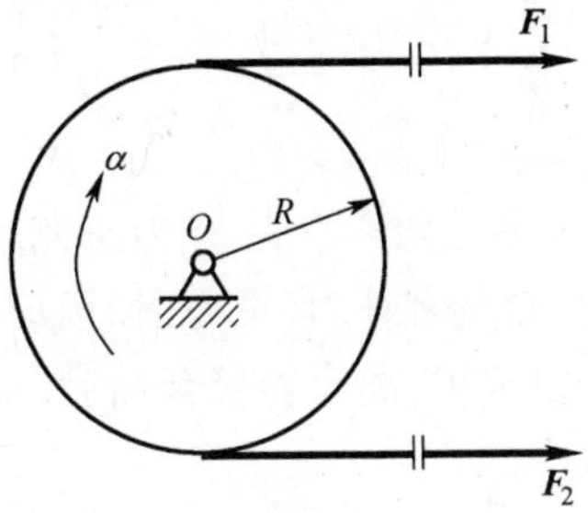

图 12.15

例 12.8　飞轮对 O 轴的转动惯量为 J_O，以角速度 ω_0 绕水平的 O 轴转动，如图 12.15 所示。制动时，闸块给飞轮以正压力 $\boldsymbol{F}_N$。已知闸块与飞轮之间的滑动摩擦系数为 f，飞轮的半径为 R，轴 O 处的摩擦忽略不计。求飞轮的角速度降低到一半时所需的时间 t。

解：以飞轮为研究对象。作用于飞轮上的外力有正压力 $\boldsymbol{F}_N$、摩擦力 $\boldsymbol{F}_f$ 以及飞轮的重力、轴承的约束力(由于飞轮的重力及轴承的约束力对 O 轴不产生矩，故图中未画出)。取逆时针转向为正，则飞轮转动的微分方程为

$$J_O\frac{\mathrm{d}\omega}{\mathrm{d}t}=-F_fR=-fF_NR$$

用分离变量法，将上式重写为

$$J_O\mathrm{d}\omega=-fF_NR\mathrm{d}t$$

依题意，积分上式有

$$J_O\int_{\omega_0}^{\frac{\omega_0}{2}}\mathrm{d}\omega=-fF_NR\int_0^t\mathrm{d}t$$

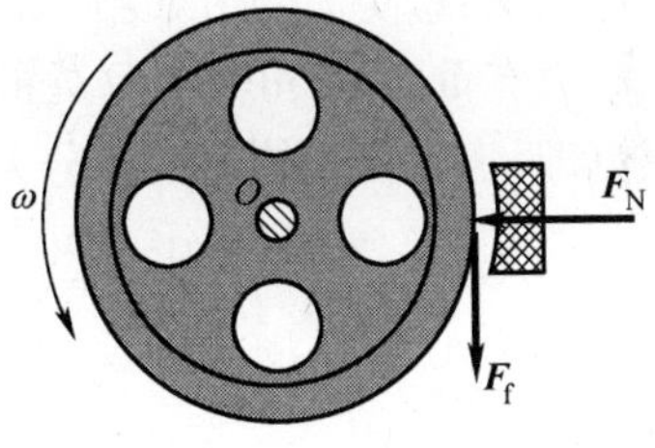

图 12.16

由上式得

$$J_O\frac{\omega_0}{2}=fF_NRt$$

解得

$$t=\frac{J_O\omega_0}{2fF_NR}$$

例 12.9　图 12.17 所示为机械系统中常用的摩擦离合器进行传动的例子。离合器可任意断开或接合。在接合前，转子Ⅰ以匀角速度 ω_1 转动，而转子Ⅱ则静止不动。当离合器接合后，借摩擦力带动转子Ⅱ转动，设两个转子对轴 z 的转动惯量分别为 J_1 和 J_2，求当离合器接合后，两个转子共同转动的角速度 ω_2。转子各处摩擦忽略不计。

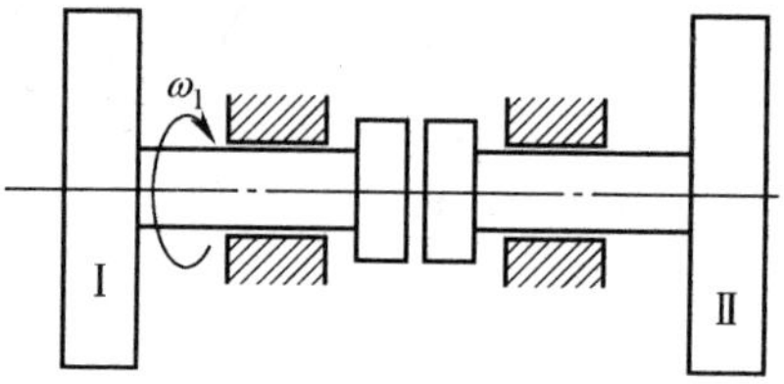

图 12.17

解:取转子Ⅰ、Ⅱ为研究对象,在离合器接合的过程中,相互作用的摩擦力为内力,而所有外力(重力、轴承反力)对转轴之矩都为零。因此,根据质点系的动量矩守恒定律,离合器接合前后,动量矩守恒,即

$$(J_1+J_2)\omega_2=J_1\omega_1$$

所以离合器接合后,两转子共同转动的角速度为

$$\omega_2=\frac{J_1}{J_1+J_2}\omega_1$$

例 12.10 图 12.18 所示的复摆(又称物理摆),摆重 $\boldsymbol{W}$,质心 C 到转轴 O 间距离 $OC=a$,求经扰动后摆做微幅摆动时的运动规律。已知摆对 O 轴的转动惯量为 J_O。

解:取复摆(刚体)为研究对象。复摆绕 O 轴做定轴转动,设转动坐标与运动方向相同。把复摆放在 φ 坐标的正向位置,受力分析如图 12.18 所示。作用在复摆上的主动力有重力 $\boldsymbol{W}$ 和轴承 O 处的反力 $\boldsymbol{F}_{Ox}$、$\boldsymbol{F}_{Oy}$。利用动量矩定理,建立复摆的运动微分方程如下:

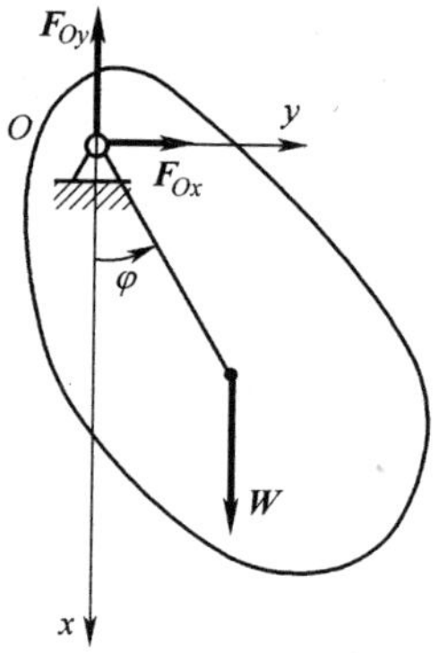

图 12.18

$$J_O\frac{d^2\varphi}{dt^2}=-Wa\sin\varphi$$

或

$$\frac{d^2\varphi}{dt^2}+\frac{Wa}{J_O}\sin\varphi=0$$

当 φ 角很小时,有 $\sin\varphi\approx\varphi$,基于此,上式可化为

$$\frac{d^2\varphi}{dt^2}+\frac{Wa}{J_O}\varphi=0$$

上述方程的通解为

$$\varphi=\varphi_0\sin\left(\sqrt{\frac{Wa}{J_O}}t+\theta\right)$$

式中:φ_0 为角摆幅;θ 为初相位。

摆动的周期为

$$T=2\pi\sqrt{\frac{J_O}{Wa}}$$

在工程实际中，常用上式来测定零件（如曲柄、连杆等）的摆动周期，计算其转动惯量。经推导易得

$$J_O=\left(\frac{T}{2\pi}\right)^2 Wa$$

再利用平行移轴公式，即可求出复摆对其质心的转动惯量。

例 12.11　一根长为 l、质量为 m 的均质杆 AB 用光滑铰链 A 和弹簧刚度因数为 k 的弹簧支持，如图 12.19 所示。杆 AB 在水平位置时处于平衡。求杆做微小振动的周期。

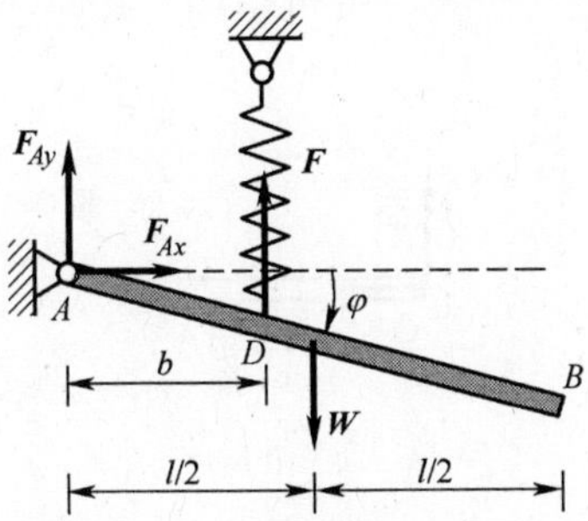

图 12.19

解：取 AB 杆为研究对象，作用在其上的力有重力 $\boldsymbol{W}$，支承 A 处的反力 $\boldsymbol{F}_{Ax}$、$\boldsymbol{F}_{Ay}$ 及弹簧的弹性力 $\boldsymbol{F}$。在平衡位置时，设弹簧的伸长为 δ_s，则弹性力为 $k\delta_s$。由平衡方程得

$$\sum M_A=0,\quad k\delta_s b-mg\,\frac{l}{2}=0$$

解得

$$\delta_s=\frac{mgl}{2kb} \tag{a}$$

当杆 AB 由于微小扰动偏离其平衡位置（转过 φ 角）做往复运动时，若规定 φ 角顺时针方向为正，利用动量矩定理易得

$$J_A\,\frac{d^2\varphi}{dt^2}=mg\,\frac{l}{2}\cos\varphi-k(\delta_s+b\varphi)b \tag{b}$$

将式(a)代入式(b)，并考虑到 $\cos\varphi\approx 0$，经推导可得

$$J_A\,\frac{d^2\varphi}{dt^2}+kb^2\varphi=0 \tag{c}$$

将式(c)写成标准形式

$$\frac{d^2\varphi}{dt^2}+\frac{kb^2}{J_A}\varphi=0 \tag{d}$$

式(d)为简谐振动方程,其固有频率为

$$\omega_0=\sqrt{\frac{kb^2}{J_A}} \tag{e}$$

周期为

$$T=\frac{2\pi}{\omega_0}=2\pi\sqrt{\frac{J_A}{kb^2}} \tag{f}$$

例 12.12　均质直杆 AB 长为 l,质量为 m,在 A、B 处分别受到铰链支座和绳索的约束,如图 12.20(a)所示。若绳索突然被切断,求在图 12.20 所示瞬时位置时支座 A 的反力。

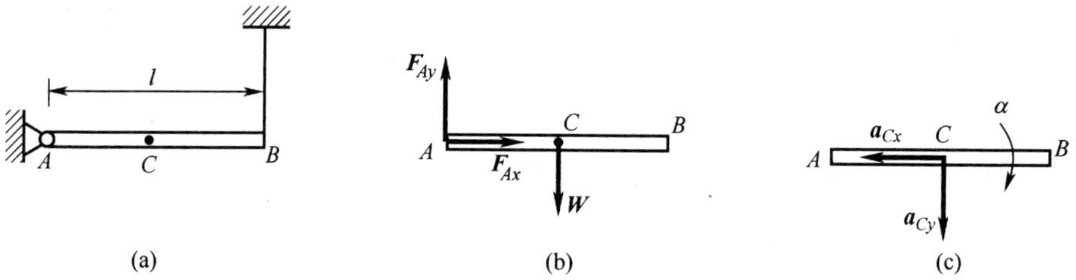

图 12.20

解:取 AB 杆为研究对象。

AB 杆受力如图 12.20(b)所示,运动分析如图 12.20(c)所示。由于开始时 AB 杆的角速度为零,所以有

$$a_{Cx}=a_{Cn}=0,a_{Cy}=a_{C\tau}=\frac{l}{2}\alpha \tag{a}$$

杆 AB 做定轴转动,由刚体定轴转动微分方程得

$$J_A\alpha=mg\,\frac{l}{2} \tag{b}$$

将 $J_A=\frac{1}{3}ml^2$ 代入式(b),解得

$$\alpha=\frac{3g}{2l}$$

所以有

$$a_{Cy}=\frac{l}{2}\alpha=\frac{3}{4}g \tag{c}$$

由质心运动定理得

$$-ma_{Cx}=F_{Ax},ma_{Cy}=mg-F_{Ay} \tag{d}$$

将式(a)、式(c)代入式(d),解得

$$F_{Ax}=0,F_{Ay}=\frac{1}{4}mg$$

12.5　质点系相对于质心的动量矩定理

前面所阐述的动量矩定理只适用于惯性参考系，且矩心(轴)点是固定点的情况。对于一般的动点或轴，动量矩定理具有更复杂的形式。可以证明，相对于质点系质心或通过质心的轴，动量矩定理仍保持其简单的形式。为看起来方便起见，下面在平面坐标系里面进行推导，这样做并不影响结果的正确性。

如图 12.21 所示。设某质点系做任意运动，取 Oxy 为静坐标系，$Cx'y'$ 为动坐标系，C 为质点系的质心。在运动过程中，x'、y' 分别与 x、y 轴保持平行，即 $Cx'y'$ 为随质点系质心 C 平动的坐标系。于是质点系的运动可分解为随动坐标系的平动以及相对于动坐标系的运动。在质点系中任取一点 M，其质量为 m_i，它对 O 点和 C 的矢径分别是 $\boldsymbol{r}_i$ 与 $\boldsymbol{r}'_i$。而其绝对速度、相对速度、牵连速度分别为 $\boldsymbol{v}_i$、$\boldsymbol{v}_{ir}$ 和 $\boldsymbol{v}_{ie}$，质点系质心的速度为 $\boldsymbol{v}_C$。由刚体平面运动的知识可知有 $\boldsymbol{v}_{ie}=\boldsymbol{v}_C$。所以，根据点的速度合成定理，易得

$$\boldsymbol{v}_i=\boldsymbol{v}_{ie}+\boldsymbol{v}_{ir}=\boldsymbol{v}_C+\boldsymbol{v}_{ir} \tag{a}$$

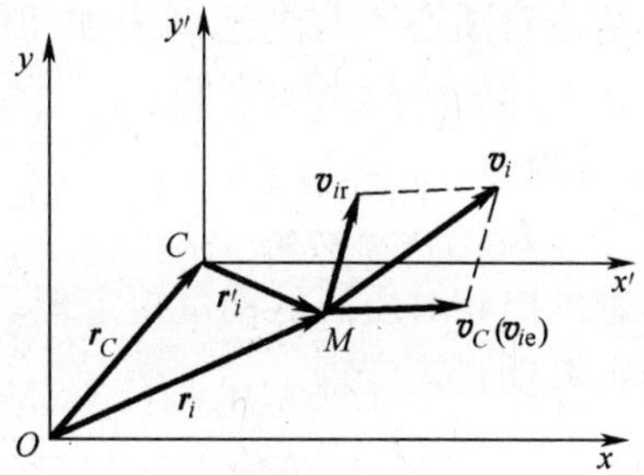

图 12.21

根据两个坐标系的关系，有

$$\boldsymbol{r}_i=\boldsymbol{r}_C+\boldsymbol{r}'_i \tag{b}$$

质点系对固定点 O 的动量矩为

$$\begin{aligned}\boldsymbol{L}_O=\sum \boldsymbol{M}_O(m_i\boldsymbol{v}_i)=\sum \boldsymbol{r}_i\times m_i\boldsymbol{v}_i=\sum(\boldsymbol{r}_C+\boldsymbol{r}'_i)\times m_i\boldsymbol{v}_i=\\ \boldsymbol{r}_C\times\sum m_i\boldsymbol{v}_i+\sum \boldsymbol{r}'_i\times m_i\boldsymbol{v}_i\end{aligned} \tag{c}$$

式(c)右边第一项

$$\boldsymbol{r}_C\times\sum m_i\boldsymbol{v}_i=\boldsymbol{r}_C\times m\boldsymbol{v}_C$$

即质点系随质心的平动对该固定点 O 的动量矩。

而式(c)中右边的第二项为

$$\sum \boldsymbol{r}'_i\times m_i\boldsymbol{v}_i=\boldsymbol{L}_C \tag{d}$$

所以式(c)可重写为

$$\boldsymbol{L}_O=\boldsymbol{r}_C\times m\boldsymbol{v}_C+\boldsymbol{L}_C \tag{12.14a}$$

即质点系对任一固定点的动量矩等于质点系随质心平动对该固定点的动量矩与质点系对于质心的动量矩的矢量和。

当质点系的运动比较复杂时，直接计算它的绝对运动对质心的动量矩比较困难，可以证明此时可用相对质心运动的动量矩代替。

将式(a)代入式(d)得

$$\boldsymbol{L}_C=\sum\boldsymbol{r}_i'\times m_i\boldsymbol{v}_i=\sum\boldsymbol{r}_i'\times m_i(\boldsymbol{v}_C+\boldsymbol{v}_{i\mathrm{r}})=$$
$$\sum m_i\boldsymbol{r}_i'\times\boldsymbol{v}_C+\sum\boldsymbol{r}_i'\times m_i\boldsymbol{v}_{i\mathrm{r}}$$

由于动系的坐标原点在质心，所以

$$\sum m_i\boldsymbol{r}_i'=m\boldsymbol{r}_C'=0$$

所以有

$$\boldsymbol{L}_C=\sum\boldsymbol{r}_i'\times m_i\boldsymbol{v}_{i\mathrm{r}}=\boldsymbol{L}_C' \tag{12.15}$$

式(12.15)表明，质点系对于质心的绝对运动的动量矩等于质点系对于质心的相对运动的动量矩。这一结论对质心本身的运动未加任何限制，但必须注意这里的相对运动是对于随质心做平动的坐标系而言的。

所以，式(12.14a)可以写为

$$\boldsymbol{L}_O=\boldsymbol{r}_C\times m\boldsymbol{v}_C+\boldsymbol{L}_C' \tag{12.14b}$$

有了上述准备工作不难推出相对质心的动量矩定理。

将式(12.14b)代入质点系动量矩定理

$$\frac{\mathrm{d}\boldsymbol{L}_O}{\mathrm{d}t}=\boldsymbol{M}_O \tag{e}$$

式(e)左边可化为

$$\frac{\mathrm{d}\boldsymbol{L}_O}{\mathrm{d}t}=\frac{\mathrm{d}}{\mathrm{d}t}(\boldsymbol{r}_C\times m\boldsymbol{v}_C+\boldsymbol{L}_C')=\frac{\mathrm{d}}{\mathrm{d}t}(\boldsymbol{r}_C\times m\boldsymbol{v}_C)+\frac{\mathrm{d}\boldsymbol{L}_C'}{\mathrm{d}t}=$$
$$\frac{\mathrm{d}\boldsymbol{r}_C}{\mathrm{d}t}\times m\boldsymbol{v}_C+\boldsymbol{r}_C\times\frac{\mathrm{d}}{\mathrm{d}t}(m\boldsymbol{v}_C)+\frac{\mathrm{d}\boldsymbol{L}_C'}{\mathrm{d}t}=$$
$$\boldsymbol{r}_C\times\frac{\mathrm{d}}{\mathrm{d}t}(m\boldsymbol{v}_C)+\frac{\mathrm{d}\boldsymbol{L}_C'}{\mathrm{d}t}=\boldsymbol{r}_C\times\boldsymbol{F}+\frac{\mathrm{d}\boldsymbol{L}_C'}{\mathrm{d}t} \tag{f}$$

式中：$\boldsymbol{F}$ 为作用在质点系上的外力的主矢。

式(e)的右边可化为

$$\boldsymbol{M}_O=\sum\boldsymbol{r}_i\times\boldsymbol{F}_i^{\mathrm{e}}=\sum(\boldsymbol{r}_C+\boldsymbol{r}_i')\times\boldsymbol{F}_i^{\mathrm{e}}=$$
$$\boldsymbol{r}_C\times\sum\boldsymbol{F}_i^{\mathrm{e}}+\sum\boldsymbol{r}_i'\times\boldsymbol{F}_i^{\mathrm{e}}=$$
$$\boldsymbol{r}_C\times\boldsymbol{F}+\boldsymbol{M}_C \tag{g}$$

式中：$\boldsymbol{M}_C$为作用在质点系上的所有外力对质心 C 的主矩。

将式(f)、式(g)代入式(e)，简单推导后得

$$\frac{\mathrm{d}\boldsymbol{L}_C'}{\mathrm{d}t}=\boldsymbol{M}_C \tag{12.16}$$

式(12.16)表明：质点系相对于质心的动量矩对时间的导数，等于该质点系的外力系对质心的主矩。这就是质点系相对于质心的动量矩定理。

若质点系的外力系对质心的主矩为零，则质点系相对于质心的动量矩守恒。

如果把质点系相对于静坐标系的绝对运动分解为随同质心的平动（即随同以质心为原点的动坐标系的平动）和相对于质心的运动（即相对于该动坐标系的运动），则应用质心运动定理和相对于质心的动量矩定理，就可建立这两部分运动与外力的关系，这样就可以全面地描述质点系运动与外力的关系。如果已知作用在质点系上的外力，就可以求出这两部分的运动，从而确定该质点系的运动。

由式(12.16)可知，质点系相对于质心的运动只与外力有关，与内力无关。例如，当轮船或飞机在转弯时，由于流体对舵的压力对质心产生力矩，使轮船或飞机相对于质心的动量矩发生变化，从而产生转弯时的角速度。如果外力对质心的力矩为零，质点系相对于质心的动量矩守恒定律可知，相对于质心的动量矩是守恒的。例如，跳水运动员离开跳板后，若不计空气阻力，由于重力对质心的力矩为零，故相对于质心的动量矩是守恒的。当他离开跳板时，他的四肢伸直，其转动惯量较大；当他在空中时，若把身体蜷缩起来，使转动惯量变小，就可以得到较大的角速度，可以在空中翻几个跟头。这样增大角速度的办法，也常应用在花样滑冰、芭蕾舞、体操表演中。

12.6　刚体平面运动微分方程

将质心运动定理和相对质心的动量矩定理相结合，可研究刚体平面运动动力学问题。

设所研究刚体的质量对称于某固定平面，在外力 $\boldsymbol{F}_1,\boldsymbol{F}_2,\cdots,\boldsymbol{F}_n$的作用下刚体做平行于此固定平面的运动，则刚体的质心必然始终位于此平面内。取此固定平面为坐标平面 Oxy，通过质心做平动的坐标系 $Cx'y'$，如图 12.22 所示。

以质心 C 点为基点，其坐标用 x_C、y_C表示。刚体上的任一线段 CA 与 x 轴的夹角为 φ，则刚体的位置由 x_C、y_C和 φ 确定，刚体的运动分解为随质心的平动和绕质心的转动两部分，则可用质心运动定理描述刚体随质心 C 的平动，用相对于质心的动量矩定理描述刚体绕质心 C 的转动，即

$$m\boldsymbol{a}_C=\sum\boldsymbol{F}_i^{\mathrm{e}},\quad \frac{\mathrm{d}\boldsymbol{L}_C'}{\mathrm{d}t}=\boldsymbol{M}_C \tag{12.17a}$$

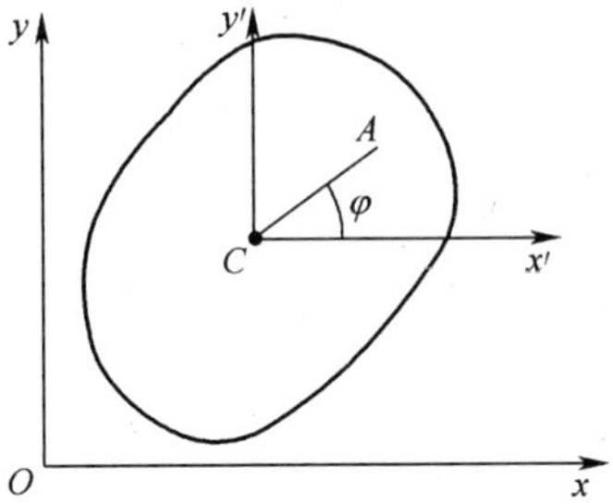

图 12.22

在 Oxy 平面内,并利用 $L_C'=J_C\omega$,式(12.17a)可化为

$$ma_{Cx}=\sum F_x,\quad ma_{Cy}=\sum F_y,\quad J_C\alpha=M_C \tag{12.17b}$$

或

$$m\frac{\mathrm{d}^2x_C}{\mathrm{d}t^2}=\sum F_x,\quad m\frac{\mathrm{d}^2y_C}{\mathrm{d}t^2}=\sum F_y,\quad J_C\frac{\mathrm{d}^2\varphi}{\mathrm{d}t^2}=M_C \tag{12.17c}$$

式(12.17)称为刚体平面运动微分方程,通过求解该方程组可以解决刚体平面运动的两类问题。下面举例说明刚体平面运动微分方程的应用。

例 12.13 如图 12.23 (a)所示,质量为 m、半径为 r 的滑轮(可视做均质圆盘)上绕有软绳,将绳的一端固定于点 A 而令滑轮自由下落。不计绳子的质量及伸长,求轮心 C 的加速度和绳子的拉力。

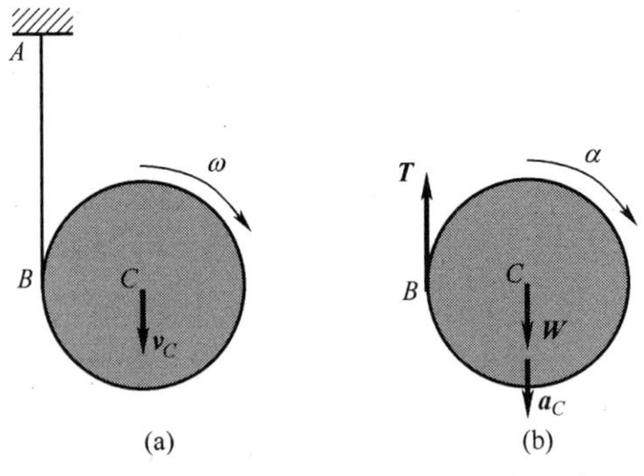

图 12.23

解:取滑轮为研究对象,受力分析如图 12.23(b)所示。作用于滑轮的力有滑轮的重力 $\boldsymbol{W}$ 和绳子的拉力 $\boldsymbol{T}$。设滑轮质心向下运动的加速度为 a_C,建立运动微分方程如下(滑轮水平方向加速度为零):

$$ma_C=mg-F \tag{a}$$

$$J_C\alpha=Tr \tag{b}$$

滑轮的运动可看做沿过点 A 的铅垂线向下做纯滚动,滚动角速度 $\omega=v_C/r$,滚

动角加速度 $\alpha=a_C/r$，且依题意有 $J_C=\frac{1}{2}mr^2$。代入式(a)和式(b)，易解得

$$a_C=\frac{2}{3}g, T=\frac{1}{3}mg$$

例 12.14　重物 A 质量为 m_1，系在绳子上，绳子跨过不计质量的固定滑轮 B，并绕在鼓轮 C 上，如图 12.24(a)所示。鼓轮 C 短半径为 r，长半径为 R，质量为 m_2，其对水平轴 C 的回转半径为 ρ，在水平轨道上做纯滚动。求重物 A 下落的加速度。

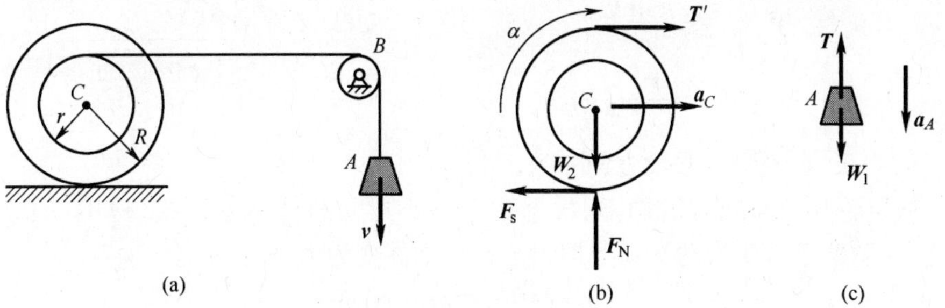

图 12.24

解:分别选取重物 A 和鼓轮 C 为研究对象，受力分析与运动分析如图 12.24(c)、(b)所示。对重物 A，运动微分方程如下：

$$m_1a_A=m_1g-T \tag{a}$$

鼓轮 C 做平面运动，其运动微分方程为

$$m_2a_C=T'-F_s \tag{b}$$

$$m_2\rho^2\alpha=T'\cdot r-F_s\cdot R \tag{c}$$

由于不计滑轮 B 和绳子的重量，所以有 $T=T'$。

又由于鼓轮做纯滚动，所以有 $a_C=R\alpha, a_A=(r+R)\alpha$。

将上述补充条件代入式(a)～式(c)，可解得

$$a_A=\frac{m_1(r+R)^2}{m_1(r+R)^2+m_2(\rho^2+R^2)}g$$

例 12.15　均质圆轮质量为 m，半径为 R，沿倾角为 θ 的斜面向下做纯滚动，如图 12.25 所示。设轮和斜面间的摩擦因数为 f，不计滚阻。试求轮心 C 的加速度与轮和斜面间的摩擦力，并讨论保持纯滚动时应满足的条件。

解:取圆轮 C 为研究对象，受力分析如图 12.25 所示。圆轮的运动微分方程为

$$ma_C=mg\sin\theta-F_s \tag{a}$$

$$0=F_N-mg\cos\theta \tag{b}$$

$$J_C\alpha=F_sR \tag{c}$$

由式(b)可得

$$F_N=mg\cos\theta \tag{d}$$

由于圆轮做纯滚动，所以有

$$a_C=R\alpha \tag{e}$$

且依题意有 $J_C=\frac{1}{2}mR^2$。代入式(a)～式(e)可解得

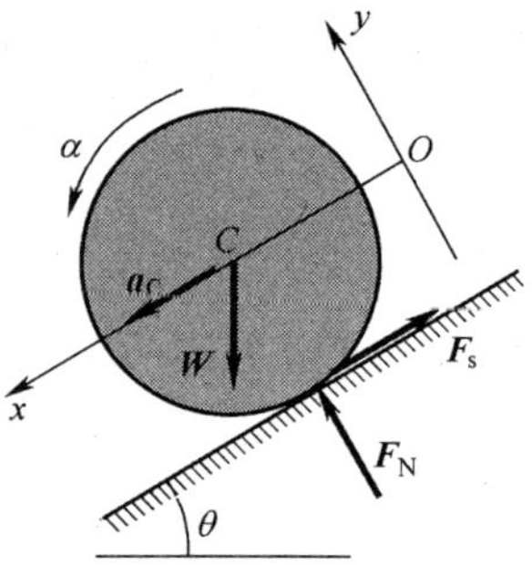

图 12.25

$$\begin{cases} a_C=\frac{2}{3}g\sin\theta \\ \alpha=\frac{2g\sin\theta}{3R} \\ F_s=\frac{1}{3}mg\sin\theta \end{cases} \tag{f}$$

F_s为正值，表明与假设方向一致。

假定轮与斜面间有滑动，则根据运动学所建立的补充方程式(e)不成立。此时，静滑动摩擦力变为动滑动摩擦力。补充条件变为力条件

$$F_f=fF_N=mgf\cos\theta \tag{g}$$

联立式(a)～式(c)和式(g)可解得

$$a_C=(\sin\theta-f\cos\theta)g,\alpha=\frac{2fg\cos\theta}{R},F_f=mgf\cos\theta \tag{h}$$

要决定有无滑动，须看摩擦力 F 的值是否达到极限值 fF_N。因为轮只滚不滑时，必须有 $F_s<fF_N$，所以由式(d)、式(f)得

$$\frac{1}{3}mg\sin\theta<fmg\cos\theta$$

即

$$f>\frac{1}{3}\tan\theta$$

例 12.16 质量为 m，长为 l 的均质杆 AB，A 端置于光滑水平面上，B 端用铅直细绳 BD 连接，如图 12.26(a)所示。设 $\theta=60°$，试求绳 BD 突然被剪断瞬时，杆 AB 的角加速度和 A 处的约束力。

解：取 AB 杆为研究对象，受力分析如图 12.26(b)所示。依题意，由质心运动定理可知，AB 杆的质心沿铅直方向向下运动。设向下为正向，则 AB 杆的运动微分方程为

$$ma_C=mg-F_A \tag{a}$$

$$J_C\alpha=\frac{1}{2}F_Al\cos\theta \tag{b}$$

以 A 为基点，AB 杆的加速度分析如图 12.24(c)所示。易知有

$$a_C=a_{CA}\cos\theta=\frac{1}{4}l\alpha\cos\theta \tag{c}$$

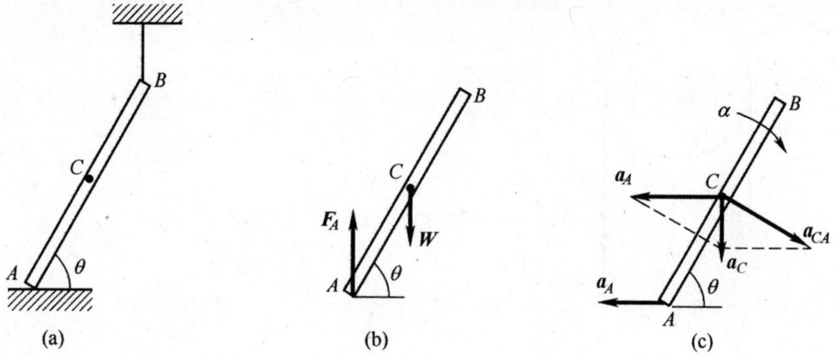

图 12.26

又 $J_C=\frac{1}{12}ml^2$，将其代入式(b)，解式(a)～式(c)，得

$$\alpha=\frac{12g}{7l},F_A=\frac{4}{7}mg$$

由上述几个例题可知，用刚体平面运动微分方程求解问题时，往往需要附加运动条件(个别时候需附加力条件)，才能得到问题的解答。

思　考　题

12.1　试求图 12.27 所示各均质物体的对转轴的动量矩，设各物体质量均为 m。

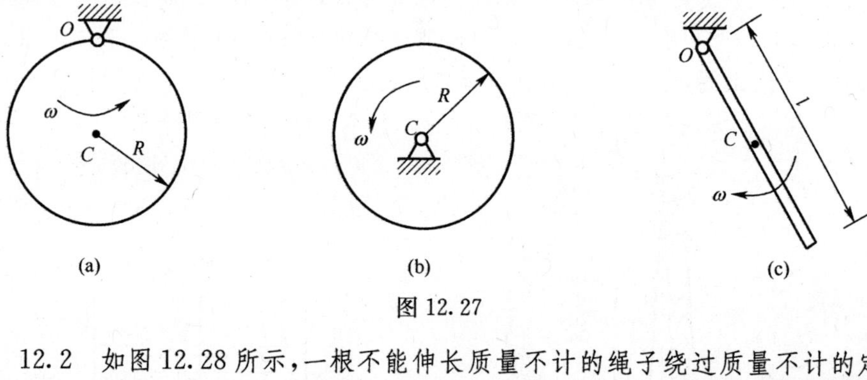

图 12.27

12.2　如图 12.28 所示，一根不能伸长质量不计的绳子绕过质量不计的定滑轮，绳的一端悬挂物块，另一端有一个与物块质量一样的人，从静止开始沿绳子往上爬，不计摩擦力。试问物块动还是不动？为什么？

12.3　如图 12.29 所示，一绳子绕过定滑轮挂一重物 $\boldsymbol{W}$，轮子的角加速度为 α，若用一个大小等于重物 $\boldsymbol{W}$ 的力 $\boldsymbol{F}$ 代替重物在绳子的一端。轮子的角加速度还为 α 吗？为什么？

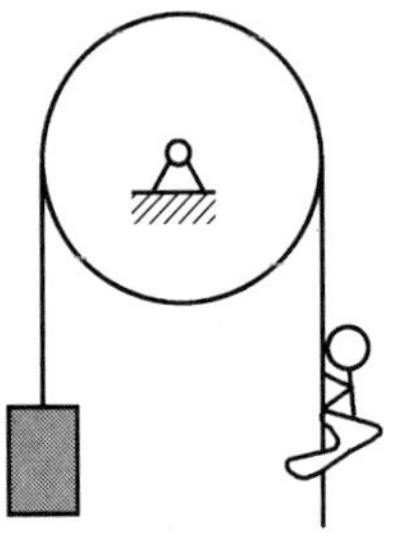

图 12.28

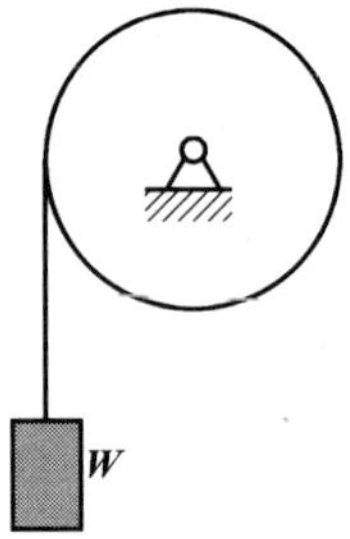

图 12.29

12.4　花样滑冰运动员，为什么在做高速旋转时，将身体缩成一团，而当要停下来时则将身体打开？10m 跳台跳水运动员刚离开跳台时，将身体团起来，而当要接触水面时则要将身体打开，这又是为什么？

12.5　一个均质圆盘，沿水平面只滚不滑。若在圆盘面内作用一力，试问力如何作用能使地面摩擦力等于零？在什么情况下，地面摩擦力的方向能与作用力相反？

习　　题

12.1　小球 M 系于线 MO 的一端，此线穿过一铅直小管，如图 12.30 所示。小球绕管轴做半径为 R 的圆周运动，转速 $n_1=120\text{r/min}$。今将线段 AO 慢慢向外拉，使外面的线段缩短到 OM_1 的长度，此时小球沿半径 $r=R/2$ 做圆周运动。求小球沿此圆周运动的转速 n_2。

12.2　一个质量为 m 的小球 A 连接在长为 l 的杆 AB 上，放在盛有液体的容器内，如图 12.31 所示。杆 AB 以初角速度 ω 绕铅垂轴 O_1O_2 转动。液体的阻力与转动角速度成比例，即 $F=\alpha m\omega$，其中 α 为比例常数。问经过多少时间后转动角速度减小 1/2。小球的质量可以为集中于中心 A，AB 杆的质量忽略不计。

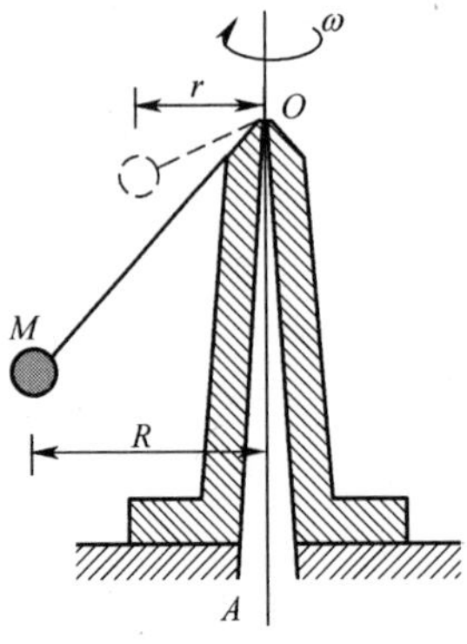

图 12.30

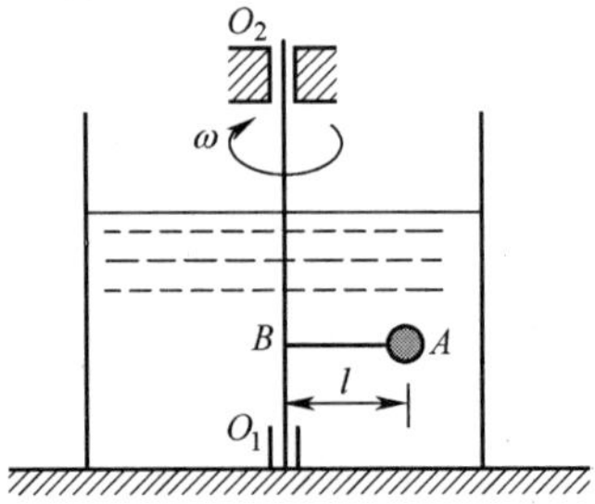

图 12.31

12.3　如图12.32所示，质量为m的质点M在有心力$\boldsymbol{F}$的作用下运动。已知$r_2=2r_1$，M在最近点的速度为$v_1=30\text{cm/s}$，求M在最远点的速度v_2。

12.4　如图12.33所示，鼓轮以角速度ω绕O轴转动，其大小半径分别为R、r，对O轴的转动惯量为J_O。物块A、B的质量分别为m_1和m_2。试求系统对O轴的动量矩。

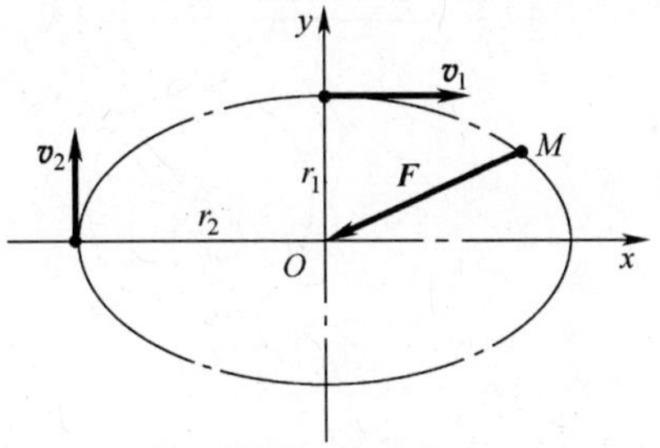

图12.32

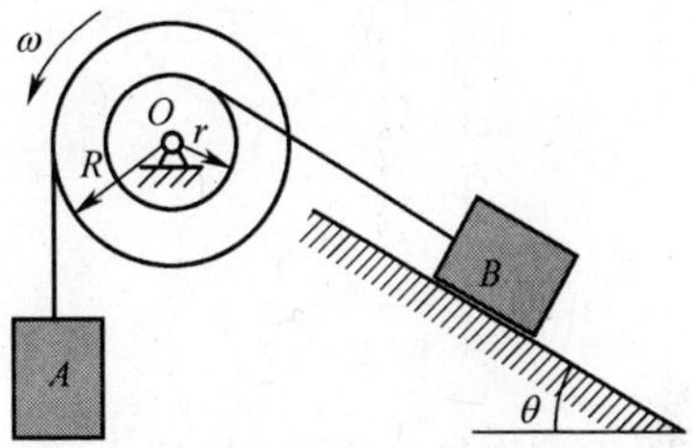

图12.33

12.5　如图12.34所示，均质细杆OA和BC的质量分别为50kg和100kg，并在点A焊成一体。若此结构在图示位置由静止状态释放，不计铰链摩擦，试计算释放瞬时杆的角加速度及铰链O处的约束力。

12.6　卷扬机构如图12.35所示。轮B、C的半径分别为R、r，对水平轴的转动惯量分别为J_1、J_2，被提升的物体A质量为m，作用于轮C上的常力矩为M。试求物体A上升的加速度。

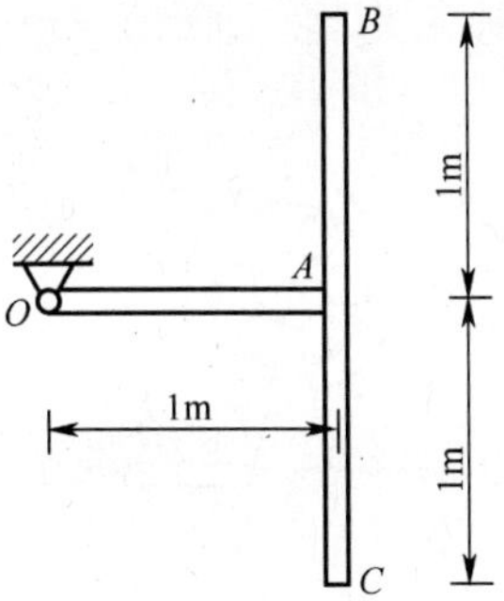

图12.34

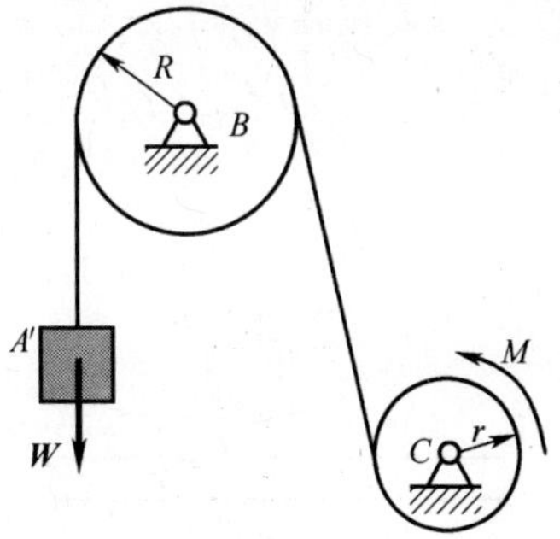

图12.35

12.7　质量为100kg，半径为1m的均质圆轮，以转速$n=120$ r/min绕O轴转动，如图12.36所示。设有一常力$\boldsymbol{F}$作用于闸杆，轮经过10s后停止转动。已知静摩擦系数$f_s=0.1$。求力$\boldsymbol{F}$的大小。

12.8　均质圆轮A半径为r_1，质量为m_1，以角速度ω绕杆OA的A端转动，此时将轮放置在质量为m_2的另一均质圆轮B上，其半径为r_2，如图12.37所示。轮B原为静止，但可绕其中心轴自由转动。放置后，轮A的重量由轮B支持。略

去轴承的摩擦和杆 OA 的重量，并设两轮间的摩擦系数为 f。问自轮 A 放在轮 B 上到两轮间没有相对滑动为止经过多少时间？

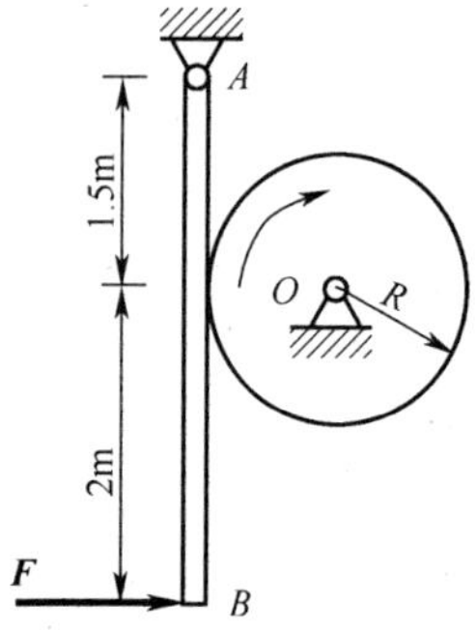

图 12.36

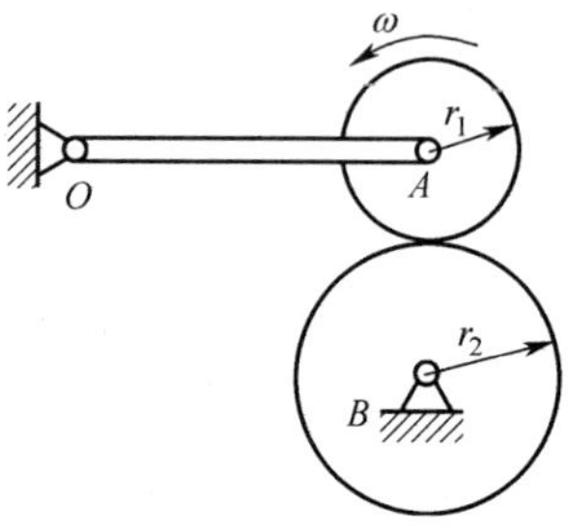

图 12.37

12.9 质量为 15kg 的空心套管绕铅垂轴转动。管内放一个质量为 10kg 的小球，用细绳与转动轴连接，如图 12.38 所示。绳长 20cm，所能承受的最大拉力为 8N。问套管角速度 ω_1 多大恰可将细绳拉断？细绳拉断后，小球滑动至管端时，套管的角速度 ω_2 为多大？套管的转动惯量按均质细杆计算。

12.10 如图 12.39 所示，为求半径 $R=0.5\text{m}$ 的飞轮 A 对通过其重心轴的转动惯量，采用了落体观测法。在飞轮上绕一根细绳，绳的末端系质量 $m_1=8\text{kg}$ 的重锤，重锤自高度 $h=2\text{m}$ 处落下，测得落下时间为 $t_1=16\text{s}$；为消去轴承摩擦的影响，再用质量 $m_2=4\text{kg}$ 的重锤做第二次试验，此重锤自同一高度落下的时间为 $t_2=25\text{s}$。假定摩擦力矩为一常数，且与重锤的重量无关，求飞轮的转动惯量和轴承的摩擦力矩。

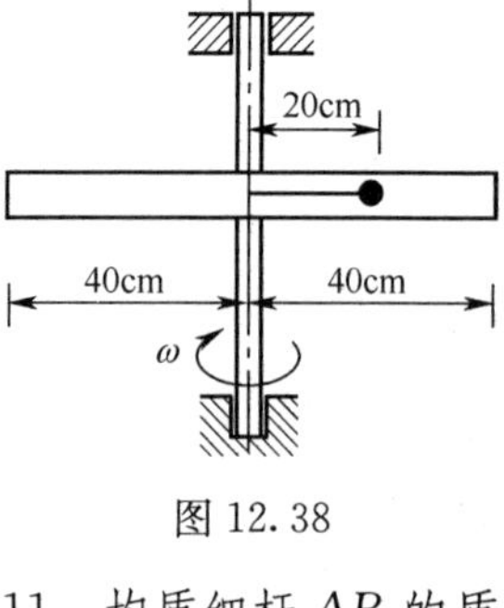

图 12.38

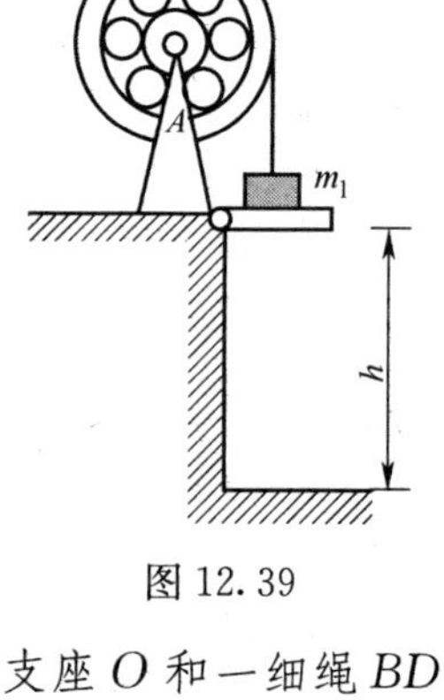

图 12.39

12.11 均质细杆 AB 的质量为 5kg，由固定铰支座 O 和一细绳 BD 支承，如图 12.40 所示。如果细绳 BD 被割断，求：

(1) 割断瞬时支座 O 的反力；

(2) 当杆 AB 转动到铅垂位置时支座 O 的反力(图 12.40 中未注尺寸单位为 mm)。

12.12　圆环的内缘支承在刃口上,如图 12.41 所示。环的内半径为 1.1m,其微幅振动的周期 $T=2.93\mathrm{s}$,求该圆环对于中心轴 C 的回转半径 ρ_C。

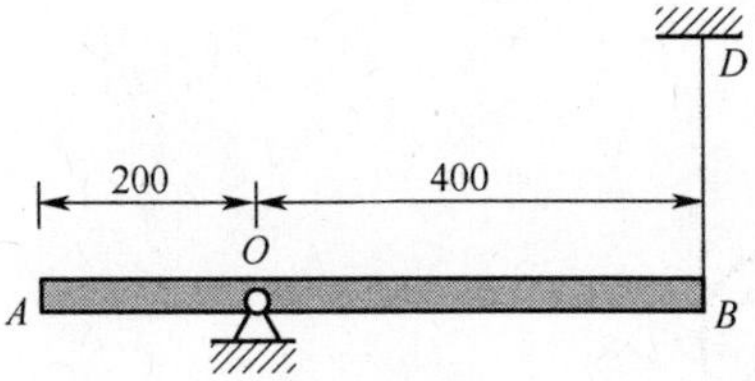

图 12.40

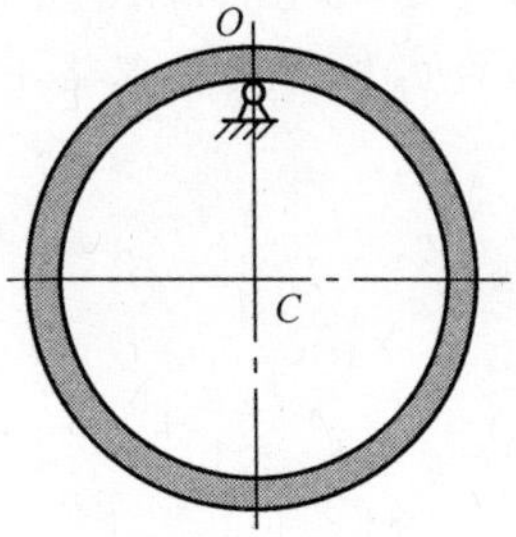

图 12.41

12.13　鼓轮如图 12.42 所示,其内、外半径分别为 R、r,质量为 m,对质心轴 O 的回转半径为 ρ,且有 $\rho^2=Rr$。鼓轮在拉力 $\boldsymbol{F}$ 的作用下沿倾角为 θ 的斜面往上纯滚动,力 $\boldsymbol{F}$ 与斜面平行。试求质心 O 的加速度。

12.14　如图 12.43 所示,均质圆柱体质量为 m,半径为 r,在一个不变力偶 M 的作用下沿水平面做纯滚动。求圆柱体中心 C 的加速度及水平面的静滑动摩擦力。

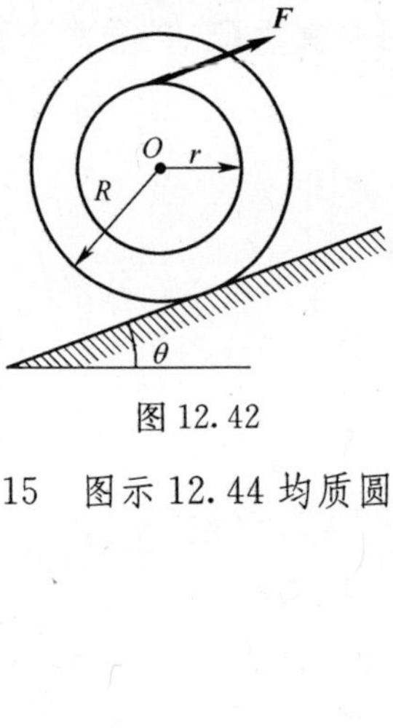

图 12.42

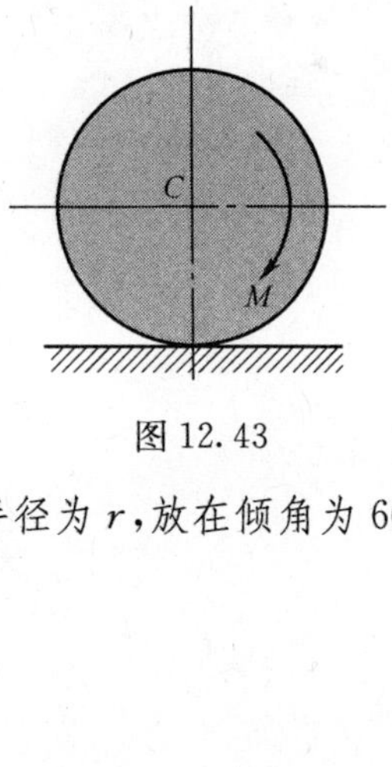

图 12.43

12.15　图示 12.44 均质圆柱体的质量为 m,半径为 r,放在倾角为 60°的斜面

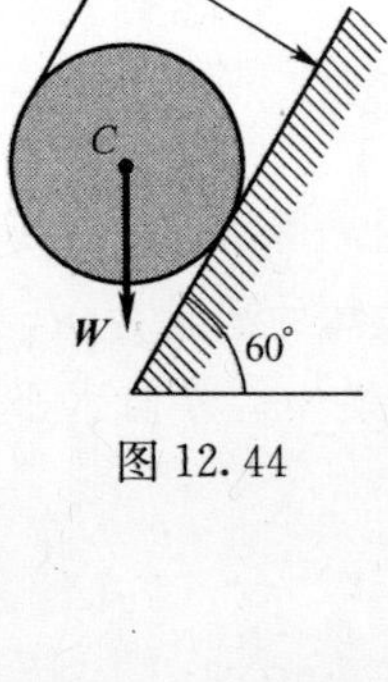

图 12.44

上。一根细绳缠绕在圆柱体上，其一端固定于点 A，此绳与点 A 相连部分与斜面平行。若圆柱体与斜面间的摩擦系数 $f=\frac{1}{3}$，求其中心 C 沿斜面落下的加速度。

12.16　均质实心圆柱体 A 和飞轮 B 的质量均为 m，外半径都等于 r，两者中间用直杆铰接，如图 12.45 所示。令它们无滑动地沿斜面滚下。若斜面与水平面的夹角为 θ，杆的质量忽略不计，求直杆的加速度和杆的内力（飞轮可看做薄圆环）。

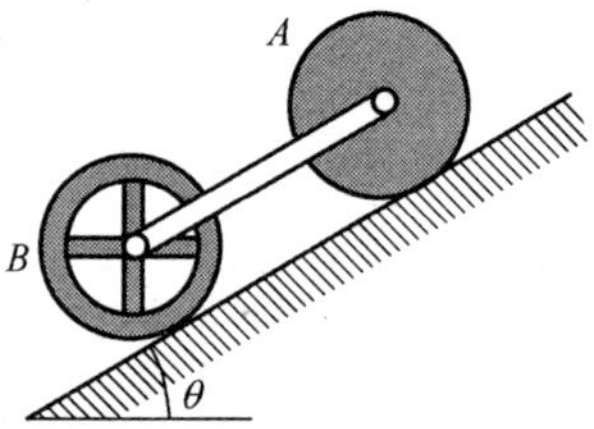

图 12.45

12.17　火箭的质量为 1.2×10^4 kg，两个引擎的推力为 $F_1=F_2=140$kN（图 12.46）。假设其中一个的推力 F_1 突然减到 50kN，问火箭转动的角加速度为多大？质心 C 的加速度改变了多少？火箭对通过质心 C 且垂直于 $\boldsymbol{F}_1$、$\boldsymbol{F}_2$ 作用平面的轴的惯性半径为 $\rho=5$m。

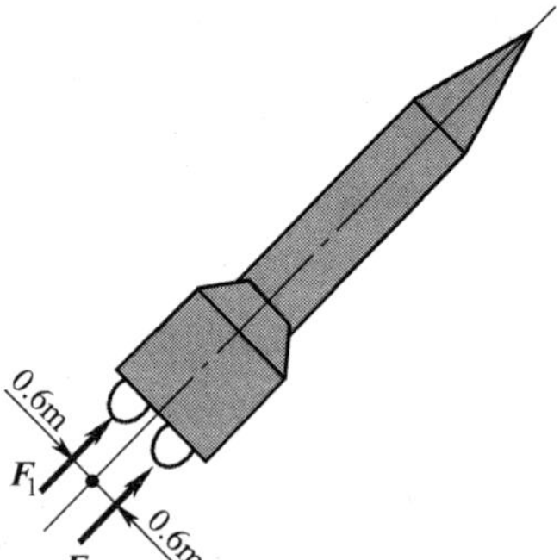

图 12.46

12.18　半径为 r 的均质圆轮在半径为 R 的圆弧上只滚不滑（图 12.47）。初瞬时 $\varphi=\varphi_0$（为一微小角度），而 $\dot{\varphi}=0°$，求圆轮的运动规律。

12.19　半径为 r 的均质圆柱体的质量为 m，放在粗糙的水平面上，如图 12.48 所示。设该圆柱体质心 C 初速度为 v_0，方向水平向右，同时圆柱如图 12.48 所示

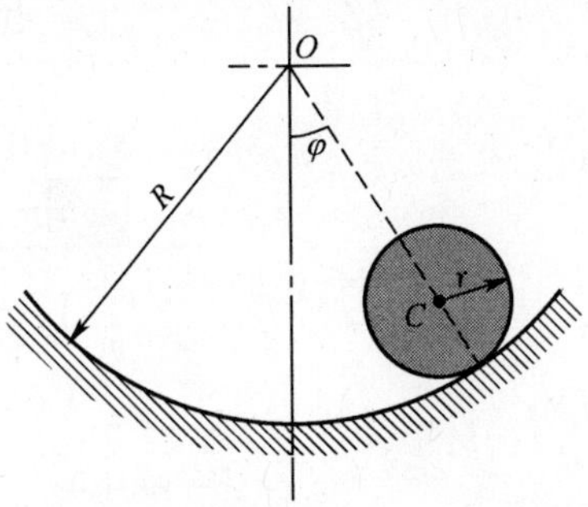

图12.47

方向转动，其初角速度为 ω_0，且有 $r\omega_0 < v_0$。如圆柱体与水平面的摩擦系数为 f，问经过多少时间，圆柱体才能只滚不滑地向前运动，并求该瞬时圆柱体中心的速度。

12.20　如图12.49所示，板的质量为 m_1，受水平力 $\boldsymbol{F}$ 作用，沿水平面运动。板与平面间的动摩擦系数 f。在板上放一个质量为 m_2 的均质实心圆柱，此圆柱对板只滚不滑。求板的加速度。

12.21　如图12.50所示，均质杆 AB 长为 l，放在铅直平面内，杆的一端 A 靠在光滑的铅直墙上，另一端 B 放在光滑的水平地板上，并与水平面成 φ 角。此后，令杆由静止状态倒下。求：(1)杆在任意位置时的角加速度和角速度；(2)当杆脱离墙时，此杆与水平所夹的角。

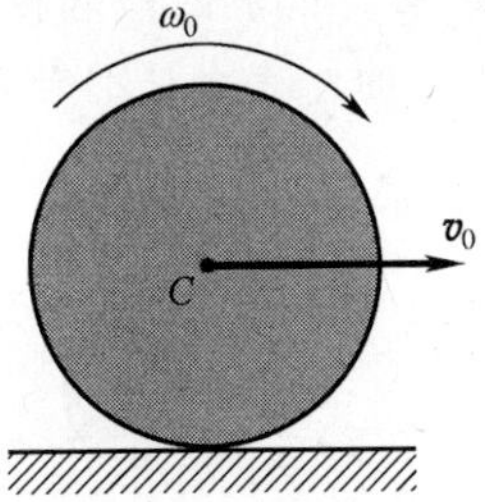

图12.48

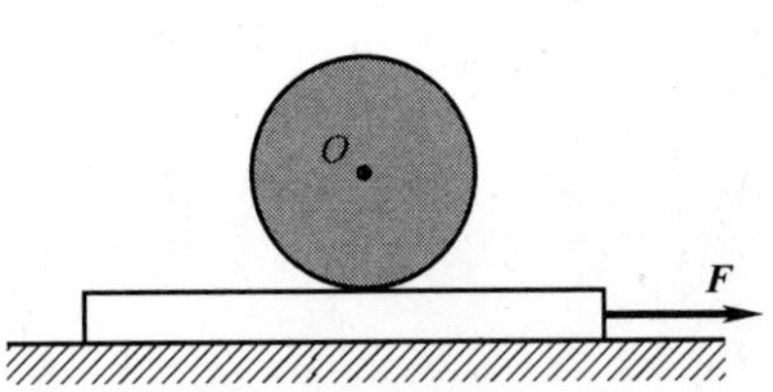

图12.49

提示：选 Oxy 为固定直角坐标系(定位坐标)，OB 线为下动基线，φ 顺时针转向设为转动坐标的正向。

12.22　跨过定滑轮 D 的细绳，一端缠绕在均质圆柱体 A 上，另一端系在光滑水平面上的物体 B 上，如图12.51所示。已知圆柱体的半径为 r，质量为 m_1；物块 B 的质量为 m_2。试求物块 B 和圆柱体质心 C 的加速度及绳索的拉力。滑轮 D 和细绳的质量及轴承处的摩擦忽略不计。

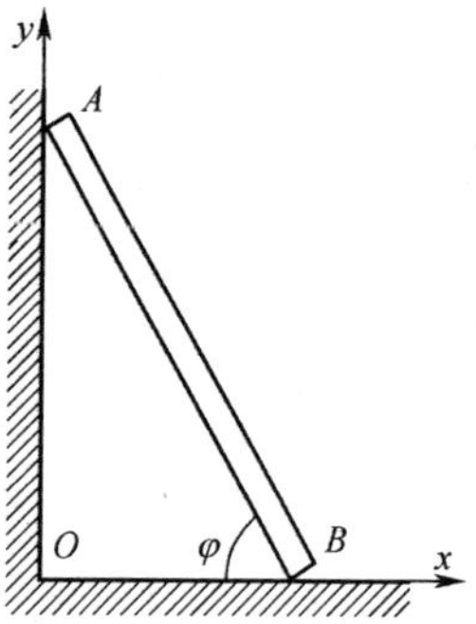

图 12.50

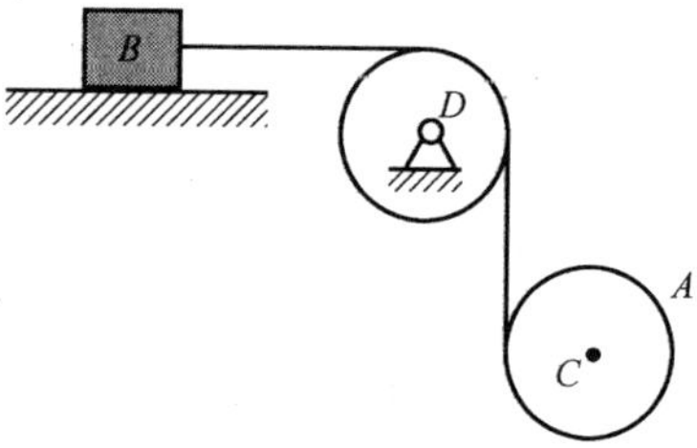

图 12.51

12.23　图 12.52 所示两小球 A 和 B，质量分别为 $m_A=2\text{kg}$，$m_B=1\text{kg}$，与 $AB=l=0.6\text{m}$ 的杆相连接。在初瞬时，杆在水平位置，B 不动，而 A 的速度 $v_A=0.6\pi\text{m/s}$，方向铅直向上，如图 12.52 所示。杆的质量和小球的尺寸忽略不计。求：(1)两小球在重力作用下的运动；(2)在 $t=2\text{s}$ 时两小球相对于定坐标系 Axy 的位置；(3)$t=2\text{s}$ 时杆轴线方向的内力。

12.24　半径为 r 的均质圆轮在半径为 R 的圆弧面上只滚不滑，如图 12.53 所示。初瞬时 $\theta=\theta_0$，小球静止，求圆弧面作用于圆轮上的法向反力（表示为 θ 的函数）。

12.25　质量 $m=3\text{kg}$ 且长度 $ED=EA=200\text{mm}$ 的直角弯杆，在 D 点铰接于加速运动的板上，如图 12.54 所示。为了防止杆的转动，在板上 A、B 两点固定两个光滑螺栓，整个系统位于铅垂面内，板沿直线轨道运动。试求：(1)若板的加速度 $a=2g$（g 为重力加速度），求螺栓 A 或 B 及铰 D 对弯杆的约束力；(2)若弯杆在 A、B 处均不受力，求板的加速度 $\boldsymbol{a}$ 及铰 D 对弯杆的约束力。

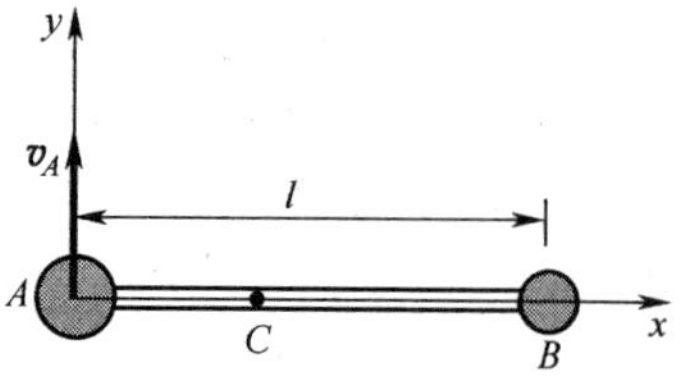

图 12.52

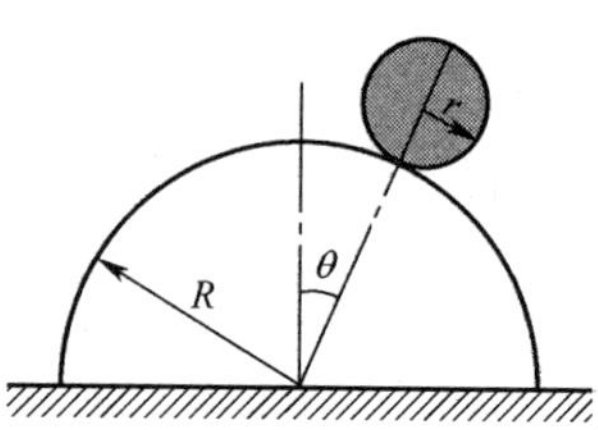

图 12.53

12.26　长为 l、质量为 m 的匀质杆 AB、BC 在 B 点连成直角后放置于光滑水平面上，如图 12.55 所示。求在 A 端作用一个与 AB 垂直的水平力 $\boldsymbol{F}$ 后 A 点的加速度。

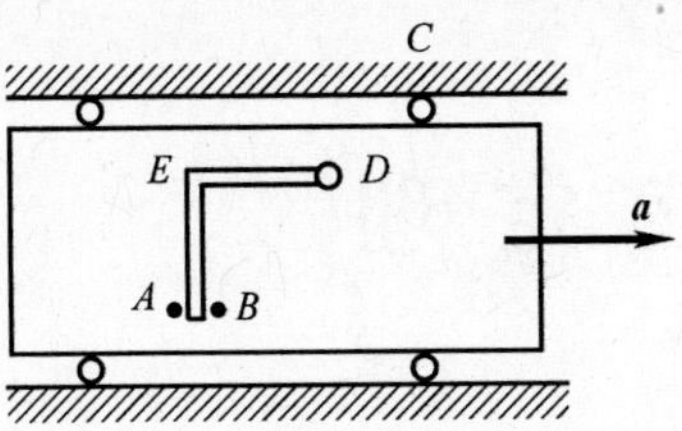

图 12.54

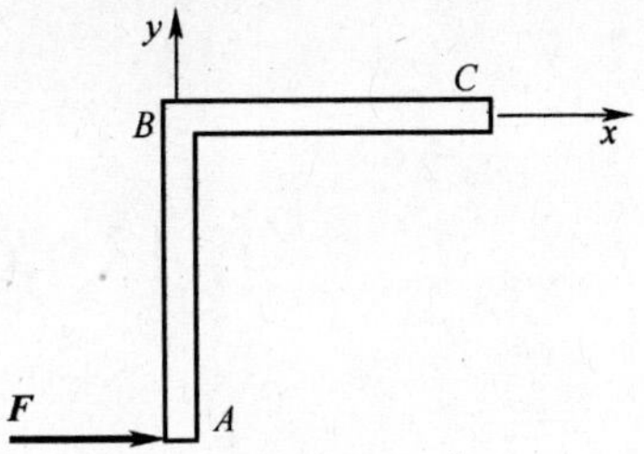

图 12.55

第13章　动能定理

前两章所研究的动量定理、质心运动定理与动量矩定理都属于动量型定理，这些定理研究的是质点和质点系的速度或加速度(包括大小和方向)与作用于质点或质点系的力及其作用时间的关系，它们虽然反映了机械运动之间的相互传递，但却不能反映机械运动与其他形式的运动之间的转化。为了更全面认识机械运动的规律，还需要研究动能定理，因为该定理考虑了机械运动与其他形式的运动之间的转化。有些问题，我们要知道的是经过多少路程物体的速度大小改变了多少，例如，汽车或火车在刹车时，需知经多少距离方可停下来，以便在适当的位置开始刹车。对于这类问题，应当表明速度大小的改变与力及运动路程的关系。从物理学已经知道，表明这种关系的是动能定理。

动能定理是描述物体动能的变化与其所受的力做功之间的关系，反映出速度大小的改变与力及运动路程之间的关系。能量与功不仅是力学的重要基本概念，而且对于其他学科也有重要物理意义。本章所要介绍的动能定理与机械能守恒定律均属于能量型定理。

在理论力学这门学科里，不考虑运动形式的变化，只局限于研究机械运动，所以只讨论动能的变化与功的关系。需要说明的是，功和能的概念是研究机械运动的力学与研究物质的其他运动形式学科之间的桥梁。

13.1　功

1. 力的功

由第 11 章知道，冲量是力在一段时间内对物体的作用效应，即力对时间的积累效应。另外，还可在一段路程上来考虑力对物体作用的效应。作用在物体上的力，使物体运动状态变化的程度除了取决于力的大小和方向外，还与力作用下物体所经过的路程有关。如从高空落下的物体，速度越来越大就是物体的重力在下落路程中积累的结果。力在一段路程上对物体的累积效应用力的功表示。下面介绍功的计算方法。

1) 常力沿直线路程的功

设一个不变的力 $\boldsymbol{F}$ 作用在物体上，力的作用点沿某直线运动的位移为 $\boldsymbol{s}$，如图

13.1所示。力 $\boldsymbol{F}$ 与位移方向的夹角为 θ。力 $\boldsymbol{F}$ 与位移 $\boldsymbol{s}$ 的标量积(或数量积)称为力 $\boldsymbol{F}$ 在此路程上对物体所做的功,用 W 表示,即有

$$W=\boldsymbol{F}\cdot\boldsymbol{s}=Fs\cos\theta \tag{13.1}$$

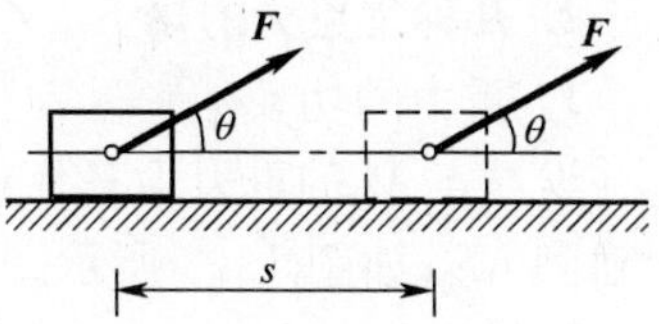

图 13.1

由式(13.1)可以看出力的功不是矢量,而是代数量。

若 $\theta<90°$,则 $W>0$,功为正值;

若 $\theta>90°$,则 $W<0$,功为负值;

若 $\theta=90°$,则 $W=0$,力不做功。

功在国际单位制中的单位为J,1J 等于 1N 的力在同方向 1m 的路程上做的功;功的单位为 N·m。

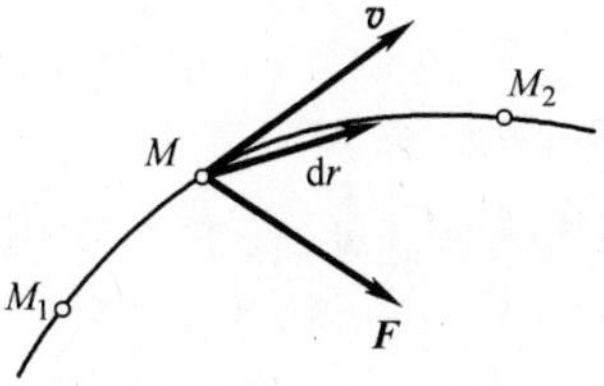

图 13.2

2) 变力的功

如图 13.2 所示,质点 M 在任意变力 $\boldsymbol{F}$ 作用下沿曲线运动,现在研究质点 M 从 M_1 运动到 M_2 的路程中力 $\boldsymbol{F}$ 所做的功。

由于在物体的运动过程中,力 $\boldsymbol{F}$ 的大小、方向是不断变化的,力的功应这样计算:将质点走过的路程分成许多微小弧段,每一小弧段长 $\mathrm{d}s$ 可视为直线位移;力 $\boldsymbol{F}$ 在这微小位移中可视为常力,它做的功称为元功,以 δW 表示,于是有

$$\delta W=\boldsymbol{F}\cdot\mathrm{d}\boldsymbol{r} \tag{13.2a}$$

将力 $\boldsymbol{F}$ 及位移 $\mathrm{d}\boldsymbol{r}$ 写成解析式

$$\boldsymbol{F}=F_x\boldsymbol{i}+F_y\boldsymbol{j}+F_z\boldsymbol{k},\mathrm{d}\boldsymbol{r}=\mathrm{d}x\boldsymbol{i}+\mathrm{d}y\boldsymbol{j}+\mathrm{d}z\boldsymbol{k}$$

代入式(13.2a),并利用矢量分析的基本知识可得元功的解析表达式

$$\delta W=\boldsymbol{F}\cdot\mathrm{d}\boldsymbol{r}=F_x\mathrm{d}x+F_y\mathrm{d}y+F_z\mathrm{d}z \tag{13.2b}$$

所以力 $\boldsymbol{F}$ 在整个路程上所做的功为

$$W=\int_{M_1}^{M_2}\delta W=\int_{M_1}^{M_2}\boldsymbol{F}\cdot\mathrm{d}\boldsymbol{r}=\int_{M_1}^{M_2}\delta W=\int_{M_1}^{M_2}(F_x\mathrm{d}x+F_y\mathrm{d}y+F_z\mathrm{d}z) \tag{13.3}$$

3) 合力的功

设物体上作用有 n 个力 $\boldsymbol{F}_1,\boldsymbol{F}_2,\cdots,\boldsymbol{F}_n$,它们的合力为

$$\boldsymbol{F}_\mathrm{R}=\boldsymbol{F}_1+\boldsymbol{F}_2+\cdots+\boldsymbol{F}_n$$

将上式代入式(13.3),得

$$W=\int_{M_1}^{M_2}\delta W=\int_{M_1}^{M_2}(\boldsymbol{F}_1+\boldsymbol{F}_2+\cdots+\boldsymbol{F}_n)\cdot\mathrm{d}\boldsymbol{r}=$$
$$\int_{M_1}^{M_2}\boldsymbol{F}_1\cdot\mathrm{d}\boldsymbol{r}+\int_{M_1}^{M_2}\boldsymbol{F}_2\cdot\mathrm{d}\boldsymbol{r}+\cdots+\int_{M_1}^{M_2}\boldsymbol{F}_n\cdot\mathrm{d}\boldsymbol{r}$$

即有

$$W=W_1+W_2+\cdots+W_n \tag{13.4}$$

式(13.4)表明：合力在任一段路程上所做的功等于各分力在同一段路程上所做功的代数和。

2. 几种常见力的功

1) 重力的功

设质点 M 的重力为 $\boldsymbol{W}=m\boldsymbol{g}$，沿轨道由 M_1 运动到 M_2，如图 13.3 所示。重力在直角坐标轴上的投影分别为

$$F_x=0,F_y=0,F_z=-mg$$

代入式(13.3)得

$$W=\int_{z_1}^{z_2}-mg\,\mathrm{d}z=mg(z_1-z_2) \tag{13.5}$$

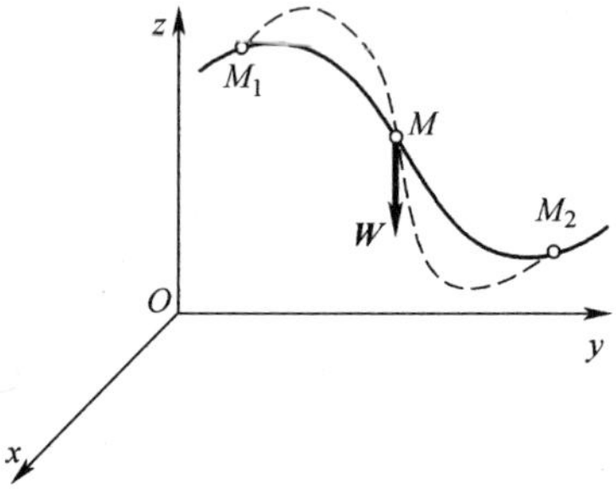

图 13.3

故重力的功等于重力的大小与重力作用点的起始位置和终了位置高度差的乘积。当物体由高处运动到低处时，重力做正功；反之，物体由低处运动到高处时，重力做负功。

由式(13.5)可见，重力所做的功只与质点的始末位置(即运动的起始点与终点高度之差)有关，而与运动的路径无关。如图 13.3 中，经虚线所示与实线所示的路径，重力所做的功完全相同。所做功只与始末位置有关，而与运动路径无关的这种力称为有势力或保守力，显然，重力是有势力或保守力中的一种。

2) 弹性力的功

设一个弹簧一端固定于 O 点，另一端与质点 M 相连，如图 13.4 所示。质点 M 运动时，弹簧将发生变形，因而对质点 M 作用一个力 $\boldsymbol{F}$，称为弹性力。在一定的范围内，弹性力的大小可由胡克定律来确定，即

$$\boldsymbol{F}=-k(r-l_0)\boldsymbol{r}_0$$

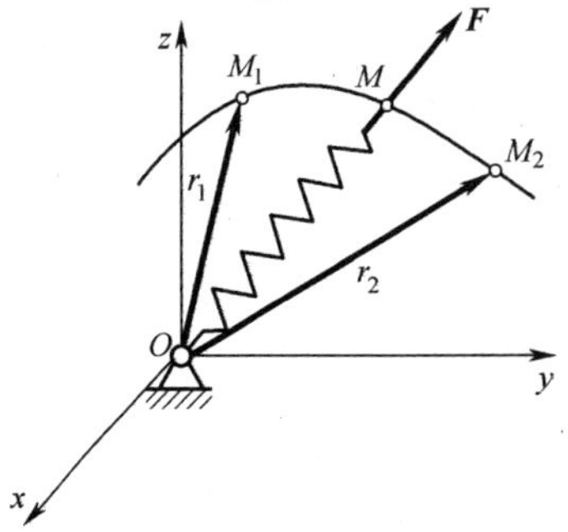

图 13.4

式中：k 为弹簧刚度系数(N/m 或 N/cm)；r 为弹簧变形后的长度，即质点 M 到固定点 O 的距离；l_0 为弹簧的原长，弹簧的变形为 $\delta=r-l_0$；$\boldsymbol{r}_0$ 为矢径 $\boldsymbol{r}$ 方向的单位矢量，即 $\boldsymbol{r}_0=\dfrac{\boldsymbol{r}}{r}$。上式表明 $\boldsymbol{F}$ 总是沿着矢径 $\boldsymbol{r}$ 的方向；当弹簧被压缩($r-l_0<0$)时指向与 $\boldsymbol{r}_0$ 同向；当弹簧被拉伸($r-l_0>0$)时指向与 $\boldsymbol{r}_0$ 反向。

弹性力 $\boldsymbol{F}$ 的元功为

$$\delta W=\boldsymbol{F}\cdot\mathrm{d}\boldsymbol{r}=-k(r-l_0)\boldsymbol{r}_0\cdot\mathrm{d}\boldsymbol{r}=-k(r-l_0)\frac{\boldsymbol{r}}{r}\cdot\mathrm{d}\boldsymbol{r}$$

由于

$$2\boldsymbol{r}\cdot \mathrm{d}\boldsymbol{r}=\mathrm{d}\boldsymbol{r}\cdot \boldsymbol{r}+\boldsymbol{r}\cdot \mathrm{d}\boldsymbol{r}=\mathrm{d}(\boldsymbol{r}\cdot \boldsymbol{r})=\mathrm{d}(r^2)=2r\mathrm{d}r$$

所以有

$$\delta W=-k(r-l_0)\mathrm{d}r$$

将上式代入式(13.3),得

$$W=\int_{r_1}^{r_2}\delta W=\int_{r_1}^{r_2}-k(r-l_0)\mathrm{d}r=\int_{r_1}^{r_2}-k(r-l_0)\mathrm{d}(r-l_0)=$$
$$\frac{1}{2}k[(r_1-l_0)^2-(r_2-l_0)^2]$$

即

$$W=\frac{1}{2}k(\delta_1^2-\delta_2^2) \tag{13.6}$$

式中:δ_1、δ_2为弹簧初始和末了位置的变形量。当$\delta_1>\delta_2$时,弹性力做正功;当$\delta_1<\delta_2$时,弹性力做负功。

由式(13.6)可知,弹性力的功只与弹簧的始末位置有关,与质点运动路径无关,所以弹性力也是有势力或保守力。

3) 作用于转动刚体上的力的功

在绕z轴转动的刚体上的M点作用一个力$\boldsymbol{F}$如图13.5所示。为求刚体转动时$\boldsymbol{F}$所做的功,将力$\boldsymbol{F}$分解成为三个分力:平行于z轴的轴向力$\boldsymbol{F}_z$、沿M点运动路径(r为半径的圆周)的切向力$\boldsymbol{F}_\tau$及沿圆周半径的径向力$\boldsymbol{F}_r$。若刚体转动一微小角度,则M点有一微小的位移$\mathrm{d}\boldsymbol{r}$(其中r是M点到转轴z的距离)。由于$\boldsymbol{F}_z$与$\boldsymbol{F}_r$均垂直于M点的运动路径,不做功,因而切向力$\boldsymbol{F}_\tau$所做的功就等于力$\boldsymbol{F}$所做的功。所以有

$$\delta W=\boldsymbol{F}\cdot \mathrm{d}\boldsymbol{r}=F_\tau \mathrm{d}s=F_\tau r\mathrm{d}\varphi=M_z\mathrm{d}\varphi$$

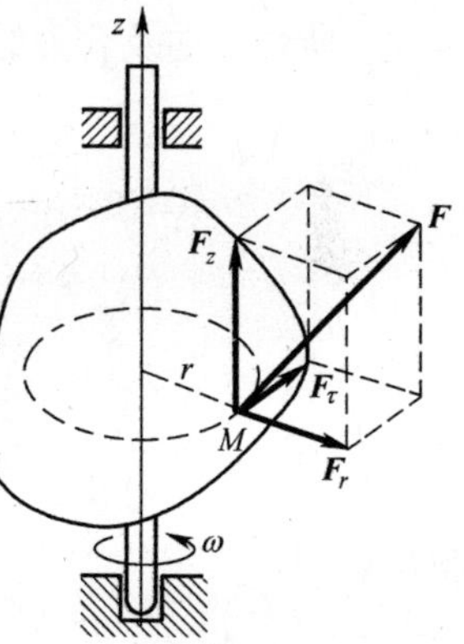

图13.5

当转动刚体在力$\boldsymbol{F}$的作用下从φ_1转动到φ_2时,力$\boldsymbol{F}$所做的功为

$$W=\int_{M_1}^{M_2}\delta W=\int_{\varphi_1}^{\varphi_2}\delta W=\int_{\varphi_1}^{\varphi_2}M_z\mathrm{d}\varphi \tag{13.7}$$

若作用于刚体上的是一个力偶矩M,则该力偶矩所做的功为

$$W=\int_{\varphi_1}^{\varphi_2}M\mathrm{d}\varphi \tag{13.8a}$$

若力偶矩为常数,则该力偶矩所做的功为

$$W=M(\varphi_2-\varphi_1) \tag{13.8b}$$

例 13.1　如图 13.6 所示，弹簧的自然长度 $l_0=R$，弹簧刚度系数为 k，O 端固定，将 A 端沿着半径为 R 的圆弧拉动，试求由 A 到 B 及由 B 到 D 的过程中弹性力所做功各为多少？

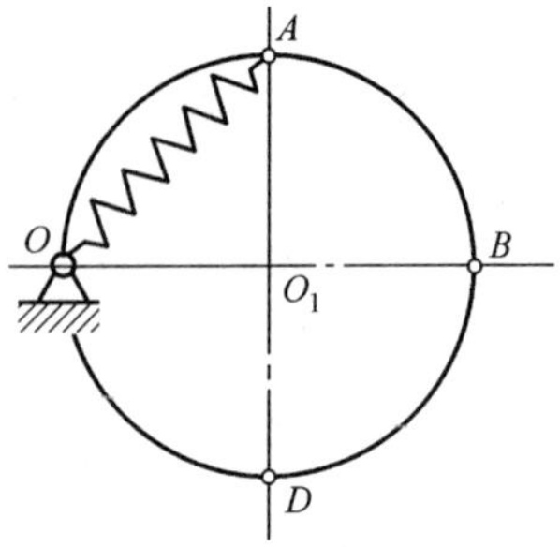

图 13.6

解：依题意，弹簧移动端位于 A、B、D 处时的伸长量分别为

$$\delta_A=\delta_D=\sqrt{2}R-R=(\sqrt{2}-1)R$$
$$\delta_B=2R-R=R$$

所以由 A 到 B 的过程中弹性力所做功为

$$W_{AB}=\frac{1}{2}k(\delta_A^2-\delta_B^2)=-0.828kR^2$$

由 B 到 D 的过程中弹性力所做功为

$$W_{BD}=\frac{1}{2}k(\delta_B^2-\delta_D^2)=0.828kR^2$$

例 13.2　质量 $m=10\text{kg}$ 的物块 M 搁在倾角 $\theta=35°$ 的斜面上，并用刚度 $k=120\text{N/m}$ 的弹簧系住，如图 13.7(a)所示，斜面的动摩擦系数为 $f=0.2$。试计算物块由弹簧的原长位置 M_1 沿斜面运动到位置 M_2 时，作用于物块上的各力在路程 $s=0.5\text{m}$ 上所做的功及合力的功。

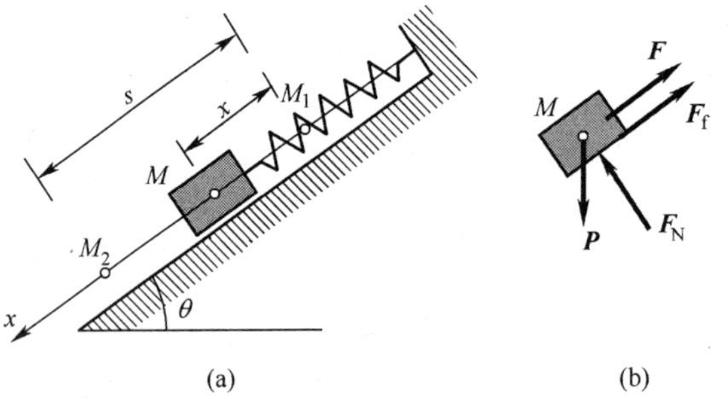

图 13.7

解：取坐标轴 x 沿斜面向下，原点在 M_1 处。作用于物块上的力有重力 $\boldsymbol{P}$、弹性力 $\boldsymbol{F}$、斜面的法向反力 $\boldsymbol{F}_\text{N}$ 及摩擦力 $\boldsymbol{F}_\text{f}$，且有 $F_\text{f}=fF_\text{N}$，$F=kx$，如图 13.7(b)所示。

法向反力 $\boldsymbol{F}_\text{N}$ 及与物块运动方向垂直，故其在整个路程上的功为

$$W_{F_\text{N}}=0$$

重力的功为

$$W_P=\boldsymbol{P}\cdot\boldsymbol{s}=mgs\sin\theta=10\times9.8\times0.5\times\sin 35°=28(\text{J})$$

对物块 F_N 方向取平衡，得

$$\sum F_\text{N}=0,\quad F_\text{N}-mg\cos\theta=0$$

所以有

$$F_N = mg\cos\theta$$

摩擦力所做的功为

$$W_{F_f} = -F_f s = -fF_N s = -0.2\times10\times9.8\times\cos35°\times0.5 = -8(\mathrm{J})$$

弹性力的功为

$$W_F = \frac{1}{2}k(\delta_1^2 - \delta_2^2) = -\frac{1}{2}k\delta_2^2 = -\frac{1}{2}\times120\times0.5^2 = -15(\mathrm{J})$$

由式(13.4)得合力的功为

$$W = W_{F_N} + W_P + W_{F_f} + W_F = 5\mathrm{J}$$

例 13.3 计算圆柱体沿固定平面做纯滚动时作用于其上的滑动摩擦力所做的功。

解:设一圆柱体在外力作用下沿一固定平面做纯滚动,如图 13.8 所示。此时,作用于圆柱体上的外力有重力 $\boldsymbol{P}$、平面的法向反力 $\boldsymbol{F}_N$及静滑动摩擦力 $\boldsymbol{F}_s$,圆柱体与平面间无相对滑动。由运动学知,圆柱体与平面接触的 A 点速度为零,即 $v_A=0$。于是有

$$\delta W = \boldsymbol{F}\cdot\mathrm{d}\boldsymbol{r} = \boldsymbol{F}\cdot\boldsymbol{v}_A\mathrm{d}t = 0$$

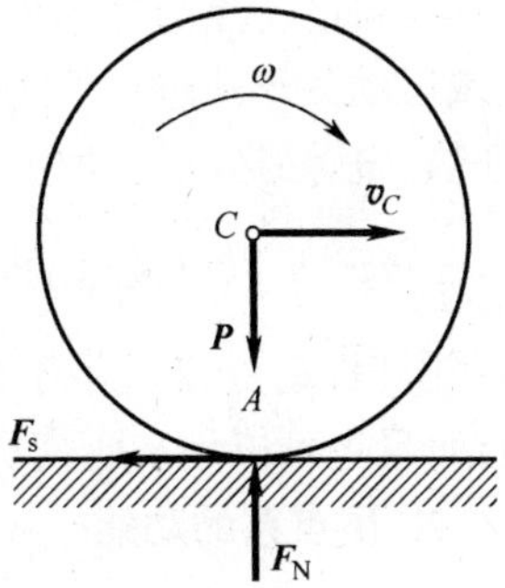

图 13.8

由此可知,刚体沿固定平面(或曲面)做纯滚动时滑动摩擦力的功恒为零。

3. 内力的功

质点系内力的功虽然是成对出现的,但它们的功之和一般不等于零。例如,蒸汽机车的汽缸中的蒸汽压力、自行车刹车时闸块对闸圈作用的摩擦力对机车或自行车而言都是内力,它们的功之和都不等于零,所以才能使机车加速运动,使自行车减速乃至停止运动。但是,也有一些内力的功之和等于零。比如刚体内质点之间相互作用的内力或不可伸长的柔软绳索的内力,它们做功之和为零。有时也将作用于质点系的力按主动力与约束反力分类,因为在某些情况下约束反力做功为零。比如光滑固定面的约束反力沿公法线方向,而位移沿切线方向,因此,光滑面约束反力的元功恒为零。光滑铰链与轴承的约束反力也有同样性质。它们的约束反力的功也等于零。

约束反力做功等于零的约束称为理想约束。

13.2 动　　能

1. 质点的动能

设一质量为 m 的质点,在某一瞬时的速度为$\boldsymbol{v}$。质点的质量与其速度平方乘

积的 1/2 称为质点在该瞬时的动能，以 T 表示，即

$$T=\frac{1}{2}mv^2 \tag{13.9}$$

由式(13.9)可知，动能恒为正值，它是一个标量，与质点速度 $\boldsymbol{v}$ 有显著关系。它的单位是

$$1\text{kg}\cdot\text{m}^2/\text{s}^2=1\text{kg}\cdot\text{m}/\text{s}^2\cdot\text{m}=1\text{N}\cdot\text{m}=1\text{J}$$

可见，动能与功具有相同的单位。

物体的动能是由于物体运动而具有的能量，是机械运动强弱的另一种度量。这样，机械运动就有两种量度：动量与动能。它们都与质点的质量和速度有关，但有其各自的特点与适用范围。动量是矢量，而动能是标量；动量是机械运动以保持机械运动的形式进行传递时运动的度量，而动能是机械运动转化为其他运动形式(如热、电等)运动的度量。正如恩格斯所说："mv 是以机械运动来量度的机械运动，$\frac{1}{2}mv^2$ 是以机械运动转化为一定量的其他形式的运动的能力来量度的机械运动。"所以，动量仅适用于机械运动，而动能不仅能从量的方面表示机械运动的强弱，而且也可以用来研究机械运动与其他运动形式的运动之间的转化问题。

2. 质点系的动能

设质点系由 n 个质点组成，任一质点 M_i 在某时刻的动能表示为 $\frac{1}{2}m_iv_i^2$，质点系内所有质点在某时刻动能的代数和称为该时刻质点系的动能，以 T 表示，即有

$$T=\sum\frac{1}{2}m_iv_i{}^2 \tag{13.10}$$

刚体是不变质点系，在工程中经常遇到。下面分别来计算刚体做平动、定轴转动和平面运动时的动能。

(1) 刚体平动时的动能

当刚体平动时，各点的速度都相同，可以用质心速度 $\boldsymbol{v}_C$ 代表刚体的速度，于是刚体平动时的动能为

$$T=\sum\frac{1}{2}m_iv_i^2=\frac{1}{2}\sum m_iv_C^2=\frac{1}{2}mv_C^2 \tag{13.11}$$

式中：$m=\sum m_i$，为整个刚体的质量。因此，刚体平动时的动能等于刚体的质量与其质心速度平方乘积的 1/2。

(2) 刚体定轴转动时的动能

如图 13.9 所示，刚体在某瞬时绕定轴 z 转动的角速度为 ω。刚体上任一质点 M 的质量为 m_i，与转轴 z 相距 r_i，该点速度为 v_i。于是，刚体绕定轴转动的动能为

$$T=\sum\frac{1}{2}m_iv_i^2=\sum\frac{1}{2}m_ir_i^2\omega^2=\frac{1}{2}\left(\sum m_ir_i^2\right)\cdot\omega^2=\frac{1}{2}J_z\omega^2 \tag{13.12}$$

即刚体定轴转动时的动能等于刚体对于转轴的转动惯量与角速度平方的乘积的 1/2。

(3) 刚体做平面运动时的动能

如图 13.10 所示,质心为 C 的刚体做平面运动时,可视为绕通过速度瞬心 P 并与运动平面垂直的轴的转动,动能可写为

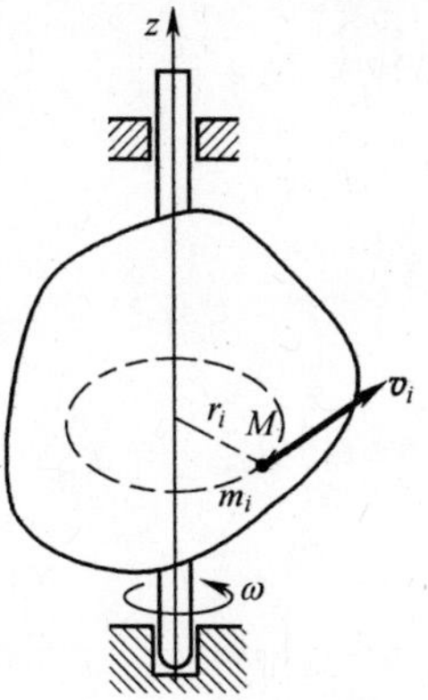

图 13.9

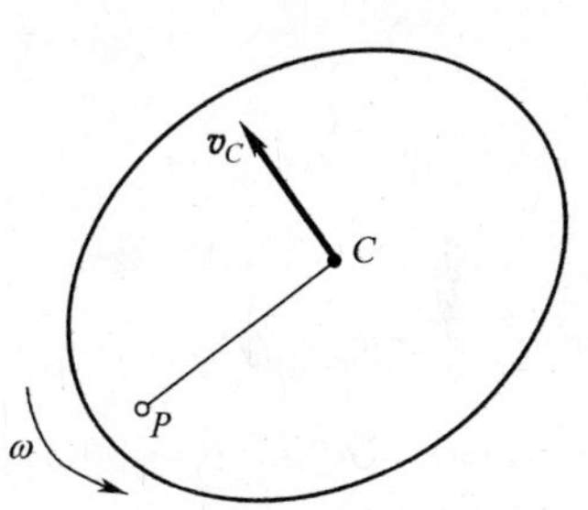

图 13.10

$$T=\frac{1}{2}J_P\omega^2$$

根据转动惯量的平行轴定理有 $J_P=J_C+md^2$,代入上式得

$$T=\frac{1}{2}J_P\omega^2=\frac{1}{2}(J_C+md^2)\omega^2=\frac{1}{2}J_C\omega^2+\frac{1}{2}md^2\omega^2$$

而 $d\cdot\omega=v_C$ 是质心 C 的速度的大小,因此

$$T=\frac{1}{2}mv_C^2+\frac{1}{2}J_C\omega^2 \tag{13.13}$$

即刚体平面运动时的动能等于随质心平动的动能与绕通过质心的转轴转动的动能之和。

例 13.4 图 13.11 所示系统,是由均质圆盘 A、B 以及重物 D 组成。A、B 质量均为 m_1,半径为 R。圆盘 A 绕定轴转动,圆盘 B 沿水平面做纯滚动,且两圆盘中心的连线 OC 为水平线。重物 D 质量为 m_2,在图 13.11 所示瞬时速度为 $\boldsymbol{v}$。不计绳的重量,求此时系统的动能。

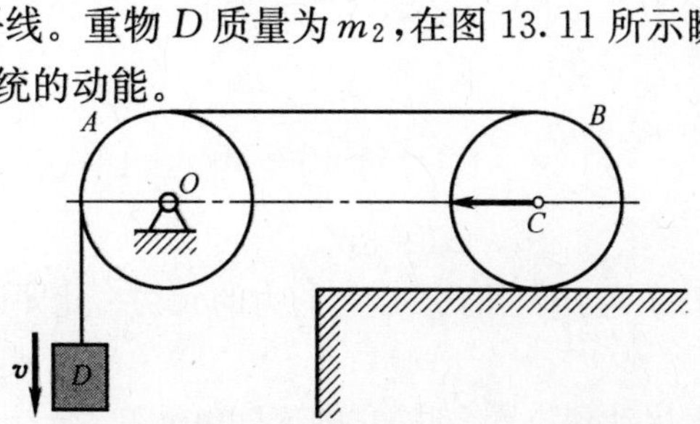

图 13.11

解:重物 D 做平动,圆盘 A 做定轴转动,而圆盘 B 做纯滚动。

重物 D 的速度为 v,动能为

$$T_1=\frac{1}{2}m_2v^2$$

所以有圆盘 A 的角速度和动能分别为

$$\omega_A=\frac{v}{R},\ T_2=\frac{1}{2}J_A\omega_A^2=\frac{1}{2}\frac{1}{2}m_1R^2\left(\frac{v}{R}\right)^2=\frac{1}{4}m_1v^2$$

圆盘 B 的角速度和质心的速度分别为

$$\omega_B=\frac{v}{2R},\quad v_B=\omega_BR=\frac{1}{2}v$$

圆盘 B 的动能为

$$T_3=\frac{1}{2}m_1v_B^2+\frac{1}{2}J_B\omega_B^2=\frac{1}{2}m_1\left(\frac{v}{2}\right)^2+\frac{1}{2}\frac{1}{2}m_1R^2\left(\frac{v}{2R}\right)^2=\frac{3}{16}m_1v^2$$

所以,系统的动能为

$$T=T_1+T_2+T_3=\frac{1}{2}m_2v^2+\frac{1}{4}m_1v^2+\frac{3}{16}m_1v^2=\frac{1}{2}m_2v^2+\frac{7}{16}m_1v^2$$

13.3　动 能 定 理

1. 质点的动能定理

设质点 M 的质量为 m,其上作用有力 $\boldsymbol{F}$(合力)而产生运动,如图 13.2 所示。质点 M 的运动微分方程为

$$m\frac{\mathrm{d}\boldsymbol{v}}{\mathrm{d}t}=\boldsymbol{F}$$

上式两边点乘 $\mathrm{d}\boldsymbol{r}$,得

$$m\frac{\mathrm{d}\boldsymbol{v}}{\mathrm{d}t}\cdot\mathrm{d}\boldsymbol{r}=\boldsymbol{F}\cdot\mathrm{d}\boldsymbol{r}$$

因 $\boldsymbol{v}=\frac{\mathrm{d}\boldsymbol{r}}{\mathrm{d}t}$,于是上式可写为

$$m\boldsymbol{v}\cdot\mathrm{d}\boldsymbol{v}=\boldsymbol{F}\cdot\mathrm{d}\boldsymbol{r}$$

或

$$\begin{cases}\mathrm{d}\left(\frac{1}{2}mv^2\right)=\delta W\\ \mathrm{d}T=\delta W\end{cases}\tag{13.14a}$$

即质点动能的微分等于作用于质点上的力的元功。此即质点动能定理的微分形式。

当质点从位置 1 运动到位置 2 时,它的速度由 $\boldsymbol{v}_1$ 变为 $\boldsymbol{v}_2$,而力 $\boldsymbol{F}$ 在这一段路程

所做功为 W_{12}，于是有

$$\int_{v_1}^{v_2} \mathrm{d}\left(\frac{1}{2}mv^2\right)=W_{12}$$

积分式(13.14a)，得

$$\frac{1}{2}mv_2^2-\frac{1}{2}mv_1^2=W_{12} \quad 或 \quad T_2-T_1=W_{12} \tag{13.14b}$$

即在任一段路程中，质点动能的改变等于作用于质点上的力在同一段路程所做的功。此即质点动能定理的积分形式。

从这个定理的表达式，使我们更清楚地了解到功的含义：功表达了力在这一段路程中对物体作用的累积效果，其结果使物体的动能发生改变，而动能的改变量是可以通过功来度量的。

由式(13.14)可知，式中只包含点的质量 m、速度 v、作用力 $\boldsymbol{F}$ 和质点运动的路程 s，因此，当作用力为常量或为位置的函数时，应用动能定理求解质点动力学问题比较方便。具体说来，常用此定理求解与质点的速度、路程相关的问题，有时也可以求解加速度的问题。

例 13.5 质量为 30kg 的套环，套在光滑的铅直杆上，并与一根刚度系数为 89.6kN/m 的弹簧连接，同时还受到常力 $\boldsymbol{Q}$ 的作用，如图 13.12 所示。已知 $Q=250\text{N}$，弹簧在水平位置 A 时没有变形。求套环从位置 A 无初速下降 125mm 经过位置 B 时的速度。

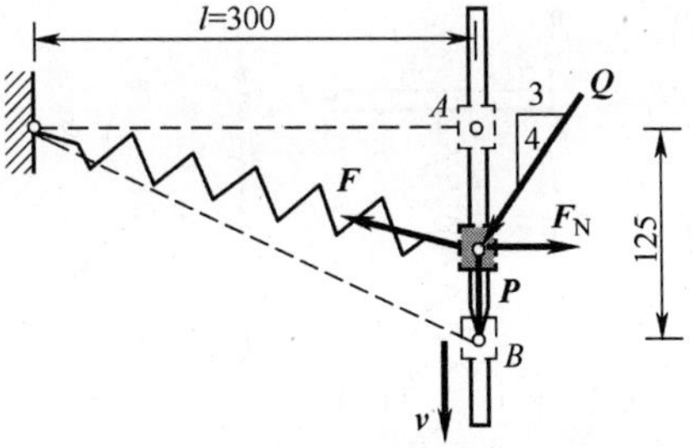

图 13.12

解：取套环为研究对象，其上作用的力有重力 $\boldsymbol{P}$、常力 $\boldsymbol{Q}$、弹性力 $\boldsymbol{F}$ 及杆的反力 $\boldsymbol{F}_{\mathrm{N}}$。此题中包含速度、路程及力等因素，宜用动能定理求解。

依题意，初始时刻有：

套环的速度 $v_1=0$；弹簧的变形 $\delta_1=0$；套环的动能 $T_1=0$。

终了时刻：

弹簧的变形为 $\delta_2=\sqrt{l^2+\overline{AB}^2}-l=\sqrt{0.3^2+0.125^2}-0.3=0.025\text{m}$；套环的速度为 v_2；动能 $T_2=\dfrac{1}{2}mv_2^2$；滑块经过的路程 $s=125\text{mm}=0.125\text{m}$。

作用在套环上各力在套环有 A 到 B 路程上所做的功分别为：

杆的反力 $\boldsymbol{F}_N$ 的功：$W_{F_N}=0$。

重力 $\boldsymbol{P}$ 的功：$W_P=Ps=30\times9.8\times0.125=36.75(\mathrm{J})$。

常力 $\boldsymbol{Q}$ 的功：$W_Q=Q\cos\theta\cdot s=250\times\frac{4}{5}\times0.125=25(\mathrm{J})$。

弹性力的功：$W_F=\frac{1}{2}k(\delta_1^2-\delta_2^2)=\frac{1}{2}\times89600\times(0^2-0.025^2)=-28(\mathrm{J})$。

套环上所有各力做功之和为

$$W_{AB}=W_{F_N}+W_P+W_Q+W_F=0+36.75+25-28=33.75(\mathrm{J})$$

由动能定理的积分形式得

$$T_2-T_1=\frac{1}{2}mv_2^2-0=\frac{1}{2}mv_2^2=W_{AB}$$

解得

$$v_2=\sqrt{\frac{2W_{AB}}{m}}=\sqrt{\frac{2\times33.75}{30}}=1.5(\mathrm{m/s})$$

例 13.6　质量为 m 的物块 M，自 h 高处自由落下，落到下面有弹簧支持的板上，如图 13.13 所示。设板和弹簧的质量可忽略不计，弹簧的刚度系数为 k。求弹簧的最大压缩量。

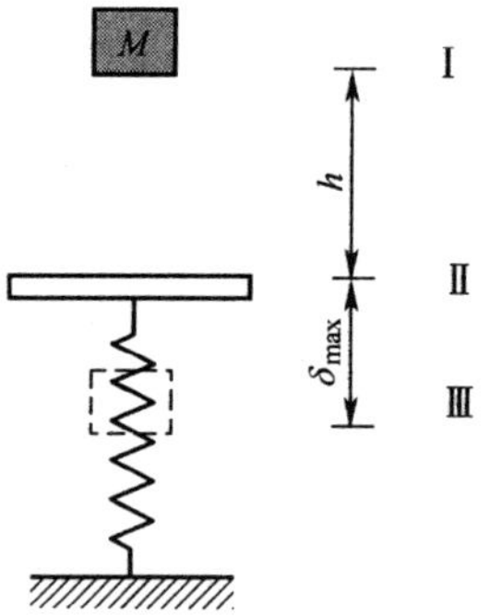

图 13.13

解：解法 1

取物块为研究对象，物块从位置 I 落到板上是自由落体运动，速度由 0 增加到 v_1。由动能定理得

$$\frac{1}{2}mv_1^2-0=mgh$$

解得

$$v_1=\sqrt{2gh}$$

物块继续向下运动，弹簧被压缩，物块速度逐渐减小，当速度等于零时，弹簧被压缩到最大值 $\delta_{\max}$。在这段过程中重力做的功为 $mg\delta_{\max}$，弹簧力做的功为 $\frac{1}{2}k$

$(0-\delta_{\max}^2)$，再次应用动能定理得

$$0-\frac{1}{2}mv_1^2=mg\delta_{\max}-\frac{1}{2}k\delta_{\max}^2$$

解得

$$\delta_{\max}=\frac{mg}{k}\pm\frac{1}{k}\sqrt{m^2g^2+2kmgh}$$

由于弹簧的压缩量必定是正值，所以取

$$\delta_{\max}=\frac{mg}{k}+\frac{1}{k}\sqrt{m^2g^2+2kmgh}$$

解法 2

取物块为研究对象，将Ⅰ、Ⅲ分别看做起始与终了位置，则由动能定理得

$$0-0=mg(h+\delta_{\max})-\frac{1}{2}k\delta_{\max}^2$$

可以得到与解法 1 同样的结果。

2. 质点系的动能定理

设质点系由 n 个质点组成，其中任意一质点质量为 m_i，速度为 v_i，作用于该质点上的力为 $\boldsymbol{F}_i$。根据质点动能定理的微分形式有

$$\mathrm{d}\left(\frac{1}{2}m_iv_i^2\right)=\delta W_i^{\boldsymbol{F}}+\delta W_i^{\boldsymbol{F}_\mathrm{N}}$$

式中：$\delta W_i^{\boldsymbol{F}}$、$\delta W_i^{\boldsymbol{F}_\mathrm{N}}$ 为作用于这个质点的主动动力和约束反力所做的元功。

设质点系有 n 个质点，对于每个质点都可列出一个方程，将 n 个方程相加，得

$$\sum \mathrm{d}(\frac{1}{2}m_iv_i^2)=\sum\delta W_i^{\boldsymbol{F}}+\sum\delta W_i^{\boldsymbol{F}_\mathrm{N}}$$

上式可重写为

$$\mathrm{d}\left[\sum(\frac{1}{2}m_iv_i^2)\right]=\sum\delta W_i^{\boldsymbol{F}}+\sum\delta W_i^{\boldsymbol{F}_\mathrm{N}}$$

式中：$\sum(\frac{1}{2}m_iv_i^2)$ 为质点系内各质点动能的和，即质点系的动能，用 T 表示。

若质点系具有理想约束，则有 $\sum\delta W_i^{\boldsymbol{F}_\mathrm{N}}=0$，于是上式可写为

$$\mathrm{d}T=\sum\delta W_i^{\boldsymbol{F}} \tag{13.15a}$$

式(13.15a)表明，在理想约束的情况下，质点系动能的微分等于作用于质点系的主动力所做元功的和。此即质点系动能定理的微分形式。

积分式(13.15a)，得

$$T_2-T_1=\sum\delta W_i^{\boldsymbol{F}} \tag{13.15b}$$

式(13.15b)表明：在理想约束的条件下，在某一段路程中质点系动能的改变等于作用于质点系的主动力在同一段路程所做功的和。此即积分形式的质点系动能

定理。

这里将作用在质点系的力分为主动力和约束反力，而约束反力又是以理想约束为前提的。按照定义，理想约束情况下，约束反力的元功为零。常见的理想约束有光滑面和辊轴约束、光滑铰链或轴承约束、刚性连接（如刚性杆）的约束、柔性而不可伸长的绳索约束、不计滚动摩阻的纯滚动等。

例 13.7　图 13.14 所示卡车与载荷总重 $\boldsymbol{G}$，轮胎与路面间的滑动摩擦系数为 f。若卡车以速度 v 沿水平直线公路行驶，且不计空气阻力，试求卡车前、后轮同时制动到卡车停止所滑过的距离 s。

解：取卡车为研究对象，受力分析如图 13.14 所示。卡车所受的外力有重力 $\boldsymbol{G}$，前、后轮的地面法向反力 $\boldsymbol{F}_{NA}$、$\boldsymbol{F}_{NB}$，刹车过程中的摩擦力 $\boldsymbol{F}_{fA}$、$\boldsymbol{F}_{fB}$。

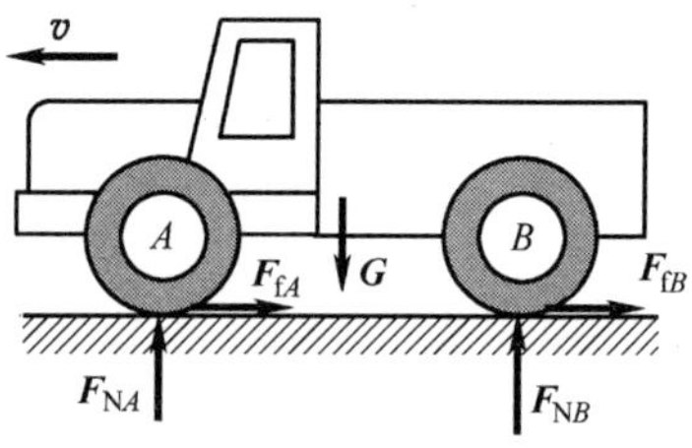

图 13.14

列铅直方向的平衡方程，有

$$\sum F_y = 0\text{，}\quad F_{NA} + F_{NB} - G = 0$$

解得

$$F_{NA} + F_{NB} = G \tag{a}$$

刹车过程中，车轮卡死与卡车一起滑动，故有

$$F_{fA} = fF_{NA}, F_{fB} = fF_{NB} \tag{b}$$

刹车过程中动能的变化为

$$T_2 - T_1 = -\frac{1}{2}\frac{G}{g}v^2 \tag{c}$$

刹车过程中摩擦力做的功为

$$W = -(F_{fA} + F_{fB})s = -f(F_{NA} + F_{NB})s = -fGs \tag{d}$$

由动能定理（式(13.15b)）得

$$-\frac{1}{2}\frac{G}{g}v^2 = -fGs$$

解之得

$$s = \frac{v^2}{2gf}$$

一般情况下，汽车刹车后滑行的距离 s 可通过路面上留下的刹车痕迹测得，这样通过上式即可求得汽车刹车前的行驶速度。交警在处理交通事故时，可由此判断司机是否超速行驶。

例 13.8　卷扬机如图 13.15 所示。鼓轮在常力偶 M 的作用下将圆柱由静止沿斜坡上拉。已知鼓轮的半径为 R_1，质量为 m_1，质量分布在轮缘上；圆柱的半径为 R_2，质量为 m_2，质量均匀分布。设斜坡的倾角为 θ，圆柱只滚不滑。求圆柱中心

C 经过路程 s 时的速度与加速度。

解:把圆柱与鼓轮看做一质点系。作用于该质点系上的外力有重力 $m_1\boldsymbol{g}$ 和 $m_2\boldsymbol{g}$,外力偶 M,水平 O 轴的约束力 $\boldsymbol{F}_{Ox}$、$\boldsymbol{F}_{Oy}$,斜面的法向约束力 $\boldsymbol{F}_{\mathrm{N}}$和静摩擦力 $\boldsymbol{F}_{\mathrm{f}}$。

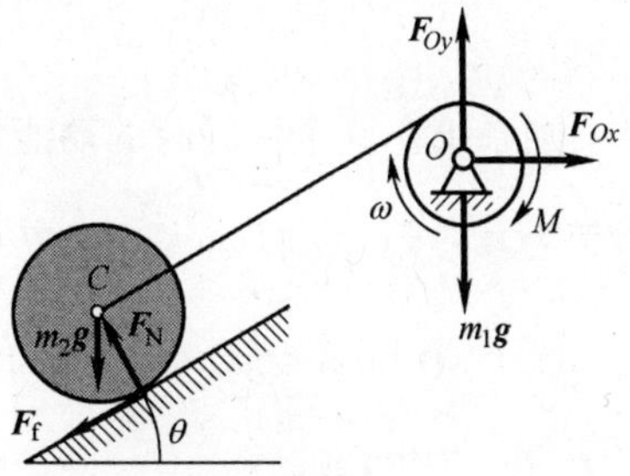

图 13.15

质点系在起始和终了位置的动能分别为

$$T_1=0$$

$$T_2=\frac{1}{2}J_1\omega_1^2+\frac{1}{2}m_2v_C^2+\frac{1}{2}J_2\omega_2^2 \qquad \text{(a)}$$

依题意

$$J_1=m_1R_1^2,J_2=\frac{1}{2}m_2R_2^2,\omega_1=\frac{v_C}{R_1},\quad \omega_2=\frac{v_C}{R_2} \qquad \text{(b)}$$

代入式(a),经推导得

$$T_2=\frac{1}{4}(2m_1+3m_2)v_C^2 \qquad \text{(c)}$$

在路程 s 上外力所做的功为

$$W=M\varphi-m_2g\sin\theta\cdot s \qquad \text{(d)}$$

将式(a)、式(c)、式(d)代入质点系动能定理(式(13.15b)),得

$$\frac{1}{4}(2m_1+3m_2)v_C^2-0=M\varphi-m_2g\sin\theta\cdot s \qquad \text{(e)}$$

将 $\varphi=\dfrac{s}{R_1}$代入上式,可解得

$$v_C=\sqrt{\frac{(M-m_2gR_1\sin\theta)s}{R_1(2m_1+3m_2)}}$$

为求圆柱质心 C 的加速度,把式(e)两边对时间 t 求导,并考虑 $a_C=\dfrac{\mathrm{d}v_C}{\mathrm{d}t}$,$\omega_1=\dfrac{\mathrm{d}\varphi}{\mathrm{d}t}=\dfrac{v_C}{R_1}$,$v_C=\dfrac{\mathrm{d}s}{\mathrm{d}t}$,可解得

$$a_C=\frac{2(M-m_2gR_1\sin\theta)}{(2m_1+3m_2)R_1}$$

例 13.9　行星机构的曲柄 OA 在常力偶矩 M 作用下绕 O 轴由静止开始转动,并带动齿轮 A 在固定水平齿轮 O 上滚动,如图 13.16 所示。设曲柄 OA 为均质杆,质量为 m_1,长为 l;A 为均质圆盘,质量为 m_2,半径为 r。试求曲柄转动的角速度(将角速度表示为它的转角 φ 的关系),并求曲柄的角加速度。

解:取整个系统为研究对象。开始时,整个系统处于静止,所以系统的动能 $T_1=0$。

设曲柄转过 φ 角时的角速度为 ω，则有

$$v_A=l\omega,\omega_A=\frac{l}{r}\omega \qquad (a)$$

则系统在这个位置时的动能为

$$T_2=T_{OA}+T_A=\frac{1}{2}J_{OA}\omega^2+\frac{1}{2}m_2v_A^2+\frac{1}{2}J_A\omega_A^2=$$

$$\frac{1}{2}\frac{1}{3}m_1l^2\omega^2+\frac{1}{2}m_2l^2\omega^2+\frac{1}{2}\frac{1}{2}m_2r^2\left(\frac{l}{r}\right)^2\omega^2=$$

$$\frac{2m_1+9m_2}{12}l^2\omega^2 \qquad (b)$$

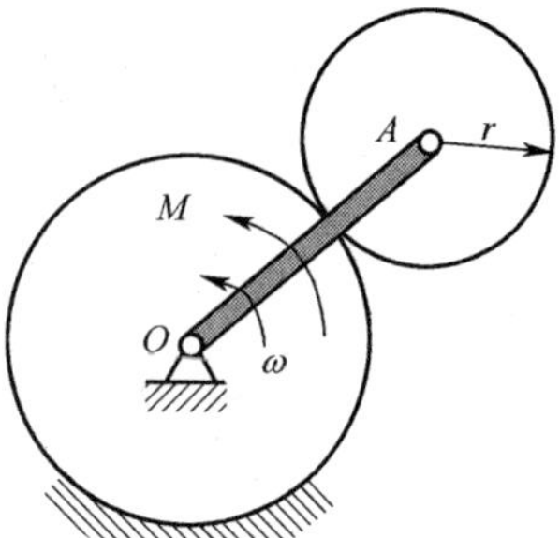

图 13.16

由于系统均在同一水平面内，因此，在运动过程中，重力不做功。而理想约束反力(未画出)也不做功，只有力偶矩 M 做功，M 的功为

$$W=M\varphi \qquad (c)$$

由动能定理，得

$$\frac{2m_1+9m_2}{12}l^2\omega^2-0=M\varphi \qquad (d)$$

解之得

$$\omega=\frac{2}{l}\sqrt{\frac{3M\varphi}{2m+9m_2}}$$

式(d)两端对时间 t 求导，并利用 $\omega=\frac{d\varphi}{dt}$、$\alpha=\frac{d\omega}{dt}$，可解得

$$\alpha=\frac{6M}{(2m_1+9m_2)l^2}$$

例 13.10 均质圆盘半径为 R，质量为 m，外缘上缠绕无重细绳，绳头水平固定在墙上，如图 13.17(a)所示。盘心作用一水平常力 $\boldsymbol{F}$，使盘心向右加速运动。圆盘与水平地面间动滑动摩擦系数为 f，初始静止。求当盘心走过一段路程 s 时，圆盘的角速度、角加速度及盘心 C 的加速度。

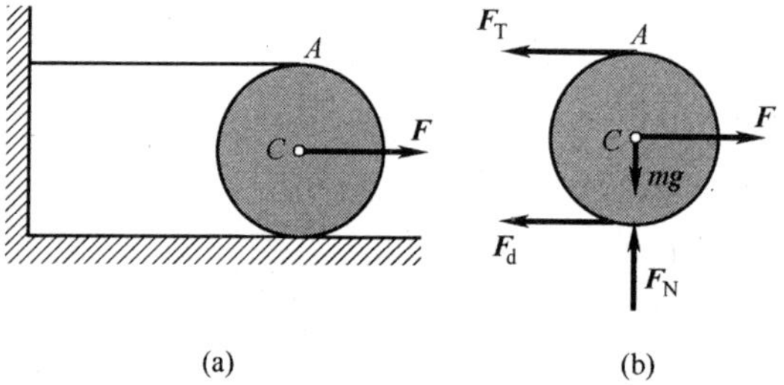

图 13.17

解:由于绳子不可伸长,所以圆盘的运动如同沿绳子做纯滚动,A 点为其速度瞬心。依题意,有

$$v_C=\omega R, T_1=0$$

$$T_2=\frac{1}{2}mv_C^2+\frac{1}{2}J_C\omega^2=\frac{1}{2}mv_C^2+\frac{1}{2}\frac{1}{2}mR^2\left(\frac{v_C}{R}\right)^2=\frac{3}{4}mv_C^2 \tag{a}$$

圆盘受力如图 13.17(b)。当盘心在 $\boldsymbol{F}$ 的作用下走过路程 s 时,圆盘与地面接触的点滑过 $2s$,所以外力做的功为

$$W=Fs-2mgfs \tag{b}$$

由动能定理有

$$\frac{3}{4}mv_C^2-0=Fs-2mgfs \tag{c}$$

解之得圆盘盘心的速度、圆盘的角速度分别为

$$v_C=2\sqrt{\frac{s}{3m}(F-2mgf)}, \omega=\frac{v_C}{R}=\frac{2}{R}\sqrt{\frac{s}{3m}(F-2mgf)}$$

将式(c)两端对时间 t 求导数,并利用 $a_C=\frac{\mathrm{d}v_C}{\mathrm{d}t}$,经推导得

$$a_C=\frac{2}{3m}(F-2mgf), \alpha=\frac{a_C}{R}=\frac{2}{3mR}(F-2mgf)$$

13.4 功率 功率方程 机械效率

1. 功率

在工程实际中不仅要计算功,而且还要知道做功的快慢,因而需要引入功率的概念。力在单位时间内所做的功定义为功率,以 P 表示。对于机器,功率是表明机器工作能力的一个重要指标。

设力在 Δt 时间内做功为 ΔW,则在这段时间内的平均功率为

$$P^*=\frac{\Delta W}{\Delta t}$$

令 Δt 趋于零,则 P^* 趋近于某一极限值,这一极限值就是瞬时功率,通常简称为功率。于是有

$$P=\lim_{\delta t\to 0}\frac{\Delta W}{\Delta t}=\frac{\delta W}{\mathrm{d}t}$$

δW 为力的元功,将式(13.2a)代入,可得

$$P=\frac{\delta W}{\mathrm{d}t}=\frac{\boldsymbol{F}\cdot\mathrm{d}\boldsymbol{r}}{\mathrm{d}t}=\boldsymbol{F}\cdot\frac{\mathrm{d}\boldsymbol{r}}{\mathrm{d}t}=\boldsymbol{F}\cdot\boldsymbol{v}=F_\tau v \tag{13.16}$$

即功率等于力与速度的标积(数量积),也就是等于力在速度方向上的投影与

速度之积。

由此可见,功率 P 一定时,F_τ 越大,则 v 越小;反之,F_τ 越小,则 v 越大。汽车速度所以有几“挡”,就是因为,在不同的情况下需要不同的牵引力,这可以通过改变速度来实现。在平地上,所需牵引力较小,速度可以大些;上坡时,所需牵引力随坡度增大而增大,所以必须换成低速“挡”,以增大牵引力。

有时,作用于物体(如电动机或水轮机的转子)上的是转矩 M 而不是力。在这种情况下,由于元功为 $\delta W=M\mathrm{d}\varphi$,功率应按下述方法计算。

$$P=\frac{\delta W}{\mathrm{d}t}=\frac{M\mathrm{d}\varphi}{\mathrm{d}t}=M\omega \tag{13.17}$$

即作用于转动刚体上的转矩的功率等于转矩与刚体角速度的乘积。

在国际单位制中,以在 1s 内做功 1J 的功率作为功率的单位,称为瓦特,代号 W,即

$$1\mathrm{W}=1\mathrm{J/s}=1\mathrm{N}\cdot\mathrm{m/s}$$

2. 功率方程

为了研究质点或质点系的动能的变化与其作用力的功率之间的关系,将微分形式的动能定理两端除以时间的微分 $\mathrm{d}t$,得

$$\frac{\mathrm{d}T}{\mathrm{d}t}=\sum\frac{\delta W}{\mathrm{d}t}=\sum P \tag{13.18}$$

此即为功率方程。式(13.18)表明:质点(或质点系)动能对时间的导数等于作用于质点(或质点系)上所有力之功率的代数和。

功率方程常用来研究机器在工作时能量的变化和转化的问题。例如,车床工作时,电场对电动机转子作用的力做正功,使转子转动,电场力的功率称为输入功率。常用的胶带传动、齿轮传动及轴承与轴之间都有摩擦,摩擦力做负功,使一部分机械能转化为热能等,从而导致一部分功率的损失,这部分功率都取负值,称为无用功率或损耗功率。机床加工工件时的切削阻力、起重机起吊载荷消耗的功率等都是工作中必须付出的功率,称为有用功率或输出功率。

基于上述原因,将机器的功率分为输入功率、无用功率和有用功率三部分。鉴于此,式(13.18)可以重写为

$$\frac{\mathrm{d}T}{\mathrm{d}t}=P_{输入}-P_{有用}-P_{无用} \tag{13.19a}$$

或者

$$P_{输入}=P_{有用}+P_{无用}+\frac{\mathrm{d}T}{\mathrm{d}t} \tag{13.19b}$$

在求加速度时,很多情况下用功率方程直接求解更方便。

例 13.11 用功率方程求例 13.8 中圆柱体中心的加速度。

解:质点系在任意时刻的动能为

$$T=\frac{1}{4}(2m_1+3m_2)v_C^2 \tag{a}$$

由受力分析和运动方向易知，质点系所受的力中，只有力矩 M 和圆柱体的重力有功率，前者为正功率，后者为负功率。总功率为

$$P=M\omega-m_2gv_C\sin\theta=M\frac{v_C}{R_1}-m_2gv_C\sin\theta \tag{b}$$

将式(a)、式(b)代入功率方程(式(13.18))，有

$$\frac{\mathrm{d}T}{\mathrm{d}t}=\frac{1}{4}(2m_1+3m_2)2v_C\frac{\mathrm{d}v_C}{\mathrm{d}t}=M\frac{v_C}{R_1}-m_2gv_C\sin\theta$$

利用 $a_C=\frac{v_C}{R_1}$，经简单推导得

$$a_C=\frac{2(M-m_2gR_1\sin\theta)}{(2m_1+3m_2)R_1}$$

3. 机械效率

工程中，将 $P_{有用}+\frac{\mathrm{d}T}{\mathrm{d}t}$定义为有效功率，有效功率与输入功率的比值称为机器的机械效率，用 η 表示。即有

$$\eta=\frac{有效功率}{输入功率} \tag{13.20}$$

机械效率表示机械对于输入能量的有效利用程度，是评价机械质量的指标之一。它与机械的传动方式、制造精度和工作条件有关，一般情况下 $\eta<1$。

若机械系统是由多级传动来完成的，则总的机械效率为各级传动系统机械效率之积。

例 13.12 车床电动机的功率 $P=4.5\text{kW}$，当稳定运转时主轴的转速为 $n=42\text{r/min}$，设转动时由于摩擦而损耗的功率是输入功率的 30%，工件的直径 $d=100\text{mm}$，求此转速下的切削力的最大值。若转速 $n=112\text{r/min}$，切削力的最大值又为多大？

解：车床稳定运转时，$\frac{\mathrm{d}T}{\mathrm{d}t}=0$，输入功率与输出功率相等。即

$$P_{输入}=P_{有用}+P_{无用}$$

依题意，有

$$P_{有用}=(1-0.3)P_{输入}=0.7\times4.5=3.15(\text{kW})$$

$P_{有用}$表示切削力的功率，即

$$P_{有用}=\boldsymbol{F}\cdot\boldsymbol{v}=F\frac{d}{2}\omega=F\frac{d}{2}\frac{2\pi n}{60}$$

得

$$F=\frac{60}{\pi dn}P_{有用}$$

当 $n=42\text{r/min}$ 时，有

$$F=\frac{60}{\pi dn}P_{有用}=\frac{60}{\pi\times0.1\times42}\times3.15=14.3(\text{kN})$$

当 $n=112\text{r/min}$ 时，有

$$F=\frac{60}{\pi dn}P_{有用}=\frac{60}{\pi\times0.1\times112}\times3.15=5.36(\text{kN})$$

13.5　势力场的概念　机械能守恒定律

由前面的知识知道，重力、弹性力的功都与路径无关，这样的力称为保守力或有势力，简称势力。本节对其性质进行初步的讨论。

1. 势力场

若质点在某一空间中的任何位置，都受到这样的一个力的作用，即它的大小和方向完全取决于质点在这部分空间的位置，则这部分空间称为力场。例如，在地面附近，质点受到重力作用，而重力的大小与方向完全由质点的位置来决定，所以地球表面附近的空间称为重力场。当质点离开地面的距离较远时，质点受到地球的作用力服从于牛顿万有引力定律，引力的大小和方向由质点的位置来决定，所以这部分空间称为万有引力场。用弹簧系住一质点，当质点运动时，就受到弹性力的作用，而弹性力的大小与方向也由质点位置来决定，所以在弹性范围内弹簧所能达到的这部分空间称为弹性力场。各种力场的例子很多，在此就不逐一列举了。

当质点在某力场运动时，如果作用在质点上的力所做的功只与质点始末位置有关，而与质点运动路径无关，则该力场称为势力场（又称保守力场）。质点在势力场中所受的力称为有势力（又称保守力）。常见的重力、弹性力、万有引力都是有势力，对应的力场都是势力场。

2. 势能

在势力场中任选一位置 M_0 为基准位置，此位置称为零势能位置。质点或质点系从势力场中任意位置 M 运动到零势能位置 M_0 的过程中，有势力所做的功定义为质点或质点系在给定位置的势能（相对于基准位置），用 V 表示，即有

$$V=\int_{\widehat{MM_0}}\boldsymbol{F}\cdot\mathrm{d}\boldsymbol{r}\tag{13.21}$$

M_0 位置的势能为零，称为零势能点。应当注意，由于零势能点可以是任意选定的，那么，当质点或质点系处于某一确定位置时，如果选取不同的零势位，质点或质点系的势能一般是不相同的。所以，势能是相对的。在讨论质点或质点系的势能时，必须指明零势能点才有意义。

从势能定义可知，质点或质点系在某一位置的势能，表明它在该位置时相对于零势能点所具有的做功能力，而这种能力则以质点或质点系从该位置运动到零势能点时有势力所做的功来度量的。例如，质点或质点系（以质心为准）从距地面高 h 处落到地面时，就会做功，所做功的大小等于该质点或质点系在距地面高 h 处时相对地面的势能。h 越大，质点或质点系的势能越大，它做功的能力也越大。打桩时，须将锤提高到相当高度再让它落下，就是为了增加锤的势能从而提高其打桩的能力。水利工程中所以要筑坝拦水，其重要原因之一是为提高水位，增加水流的势能，使水流具有较大的做功本领，从而提高发电能力等。

需要指出的是，势能虽然是质点或质点系在势力场中某一位置相对于零势能位置所具有的做功的能力，但是只有当受势力作用的质点或质点系发生运动时，这种做功的能力才能表现出来。例如：筑坝后水位被抬高了的水库里的水，如果不打开闸门把它放出来，是不会做功的；被举高了的锤头，如果不落下来，也是不会做功的。所以势能是能量的储存形态，是潜在的做功能力。势能只有转化为动能后，才有可能转化为其他形式运动的能量。

3. 重力场和弹性力场中的势能

(1) 重力场的势能。任取一点 O 为原点，建立直角坐标系 $Oxyz$，在轴铅直方向上。设质点在任意时刻的位置为 z，选取的零势能位置为 z_0。由式(13.5)可得质点在任一位置的势能为

$$V=mg(z-z_0)=mgh \tag{13.22}$$

可见：当给定位置在零势能位置的上方时，势能取正；反之，当给定位置在零势能位置的下方时，势能取负。

对于质点系，势能的计算仍用式(13.22)，只是位置坐标取质心的位置坐标。

(2) 弹性力场的势能。在弹性力场中的势能，以弹簧自然长度的末端为零势位，质点在指定位置时弹簧的伸长（或缩短）为 δ，于是由式(13.5)得到质点在指定位置的势能为

$$V=\frac{1}{2}k\delta^2 \tag{13.23}$$

任何弹性体势能的计算都可参照式(13.23)。

4. 机械能守恒定律

设质点或质点系在势力场中运动，只受到有势力的作用（或者同时受到理想约束反力的作用）。当质点或质点系从第一位置运动到第二位置时，根据动能定理有

$$T_2-T_1=W_{12} \tag{a}$$

根据势力场中势能的定义，质点在1、2两位置的势能分别为

$$V_1=W_{10},V_2=W_{20}$$

由势力场的性质，有

$$V_1 - V_2 = W_{10} - W_{20} = W_{10} + W_{02} = W_{12} \tag{b}$$

联立式(a)、式(b),得

$$T_2 - T_1 = V_1 - V_2$$

即

$$T_1 + V_1 = T_2 + V_2 \tag{13.24a}$$

式(13.24a)表明:质点或质点系在势力场中运动时,在任意两位置的动能与势能之和相等。因为这关系式对于任意两位置都成立,所以可一般地写成

$$T + V = 常量 \tag{13.24b}$$

即质点或质点系在势力场中运动时,在任意两位置的动能与势能之和保持不变。因为动能和势能都是机械能,所以该结论也称为机械能守恒定律。

根据这一定律,质点或质点系在势力场中运动时,动能与势能可以相互转换。动能的减少(或增加),必然伴随着势能的增加(或减少),而且减少量和增加量应相等。例如,在重力场中:物体由高处下落时,势能减少多少,动能就增加多少;物体由低处向高处运动时,动能减少多少,势能就增加多少。

机械能守恒定律是普遍的能量守恒定律的一个特殊情况。能量守恒定律表明,能量不会创生,也不会消失,而只能从一种形式转换为另一种形式,这是自然界的普遍规律。例如:运动着的物体由于受到摩擦阻力作用而减少速度,是动能转换成了热能;水流冲击水轮机带动发电机发电,是动能转换成了电能;电动机带动机器运转,则是电能转换成了机械能;等等。在这些例子里,机械能虽然改变了,但其与热能、电能等的总和则保持不变。虽然我们不研究运动形式的变化,但从这里可以看出机械运动与其他形式的运动之间的联系。

还应该指出:凡机械能守恒定律能解的题目,则运用动能定理一定可以求解;反之,凡动能定理能解的题,机械能守恒定律不一定能解。机械能守恒定律只能解只受到有势力作用(或同时受到理想约束)的问题。显然,动能定理为一般,机械能守恒定律则为特殊。

例 13.13 如图 13.18 所示,为使质量 $m=10\text{kg}$、长 $l=120\text{cm}$ 的均质细杆刚好能达到水平位置($\theta=90°$),杆在初始位置($\theta=0°$)时的角速度 ω_0 应为多大?设各处摩擦忽略不计,弹簧在初始位置时未发生变形,且其刚度 $k=200\text{N/m}$。

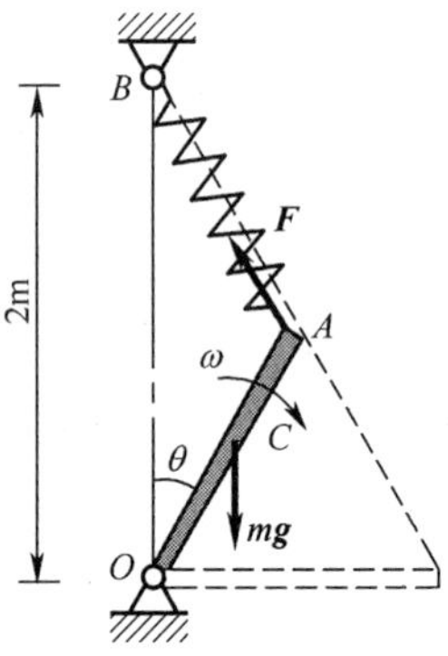

图 13.18

解: 以 OA 杆为研究对象,其上作用的重力及弹性力均是有势力,轴承 O 处的约束为理想约束,所以系统的机械能守恒。

系统起始及终了位置的动能分别为

$$T_1 = \frac{1}{2}J_O\omega^2 = \frac{1}{6}ml^2\omega^2 = 2.4\omega^2$$

$$T_2=0$$

设水平位置为杆重力势能的零势能点，则系统起始及终了位置的势能分别为：

细杆：$V_1^{\mathrm{r}}=\frac{1}{2}mgl=\frac{1}{2}\times10\times9.8\times1.2=58.8(\mathrm{J})$。

弹簧：$V_1^{\mathrm{e}}=0$。

细杆：$V_2^{\mathrm{r}}=0$。

弹簧：$V_2^{\mathrm{e}}=\frac{1}{2}k\delta^2=\frac{1}{2}\times200\left[\sqrt{2^2+1.2^2}-(2-1.2)\right]^2=234.7(\mathrm{J})$。

由机械能守恒定律可得

$$T_2+V_2^{\mathrm{r}}+V_2^{\mathrm{e}}=T_1+V_1^{\mathrm{r}}+V_1^{\mathrm{e}}$$

即

$$0+0+234.7=2.4\omega^2+58.8+0$$

解之得

$$\omega=\sqrt{\frac{234.7-58.8}{2.4}}=8.56(\mathrm{rad/s})$$

例 13.14 地震仪由一个可绕水平轴 O 上下摆动的物理摆构成，摆与铅直弹簧相连，使摆的平衡位置正好是水平位置，它的简化模型如图 13.19 所示。求摆的微小自由摆动的微分方程。已知摆的质量为 m，质心 A 到 O 轴的距离 $OA=l$，摆对 O 轴的回转半径为 ρ，弹簧刚度系数为 k，弹簧质量不计，弹簧的连接点到 O 轴的距离 $OB=b$，摩擦忽略不计。

解：以摆为研究对象，其所受的力有重力 $m\boldsymbol{g}$、弹性力 $\boldsymbol{F}$ 及轴承 O 处的约束反力。由于轴承 O 为理想约束，故系统为保守系统，系统机械能守恒。

取水平位置为重力势能的零势能位置，即 $\varphi=0$ 时，由 $V=0$。在水平位置弹簧有静变形 δ_{st}。由静平衡条件

$$\sum M_O=0\ ,\quad k\delta_{\mathrm{st}}b-mgl=0$$

解得

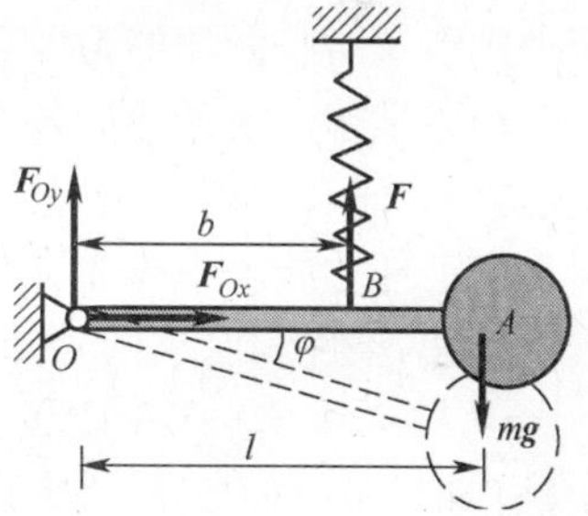

图 13.19

$$\delta_{\mathrm{st}}=\frac{mgl}{kb}\tag{a}$$

系统在任意位置时的总势能为

$$V=\frac{1}{2}k[(b\varphi+\delta_{\mathrm{st}})^2-\delta_{\mathrm{st}}^2]-mgl\varphi=\frac{1}{2}kb^2\varphi^2+kb\varphi\delta_{\mathrm{st}}-mgl\varphi$$

将式(a)代入上式，得

$$V=\frac{1}{2}kb^2\varphi^2\tag{b}$$

系统在任意位置时的动能为

$$T=\frac{1}{2}J_O\left(\frac{\mathrm{d}\varphi}{\mathrm{d}t}\right)^2=\frac{1}{2}m\rho^2\left(\frac{\mathrm{d}\varphi}{\mathrm{d}t}\right)^2$$

系统在任意位置时的机械能为

$$T+V=\frac{1}{2}m\rho^2\left(\frac{\mathrm{d}\varphi}{\mathrm{d}t}\right)^2+\frac{1}{2}kb^2\varphi^2=\text{常量} \tag{c}$$

将式(c)两端对时间求导数，经简单推导得

$$\frac{\mathrm{d}^2\varphi}{\mathrm{d}t^2}+\frac{kb^2}{m\rho^2}\varphi=0$$

本例告诉我们，对于重力—弹簧系统，以平衡位置为零势能点计算势能，不需考虑重力势能的影响，分析过程往往更简便。

13.6 动力学普遍定理的综合应用

动量定理、动量矩定理和动能定理通称为动力学普遍定理。这些定理都可以从动力学基本方程推导得来，它们从不同的角度建立了质点或质点系运动的变化与所受力之间的关系。它们既有共性，也各有其特殊性。例如：动量定理和动量矩定理是矢量形式，因此在其关系式中不仅反映了速度大小的变化，也反映了速度方向的变化；而动能定理呈标量形式，只反映了速度大小的变化。在所涉及的力方面，动量定理和动量矩定理涉及所有外力（包括外约束力），却与内力无关，而动能定理则涉及所有做功的力（不论是内力还是外力）。

动力学普遍定理中的各个定理都有一定的适用范围，有的问题只能用某一个定理求解，而有的问题则可用不同的定理求解。对一些较复杂的问题，有时需要应用几个定理才能求解全部未知量。这就需要根据质点或质点系的运动及受力特点、给定的条件和要求的未知量，适当选择定理，灵活运用。

例 13.15 滚子 A 质量为 m_1，半径为 r，沿倾角为 θ 的斜面向下滚动而不滑动，如图 13.20(a)所示。滚子 A 通过一跨过滑轮 B 的绳子提升质量为 m_2 的重物 C，同时滑轮 B 绕 O 轴转动，轮 B 的半径、质量均与滚子 A 相同，且均可视为均质圆盘。求轴承 O 处的约束反力。轴承处的摩擦、绳子的质量均不计。

解： 以滚子 A、滑轮 B 和重物 C 组成的系统为研究对象，受力分析如图 13.20(a)所示。本题要求轴承 O 处的约束反力，一般要用动量定理，但需要知道系统的运动情况。因此本问题需要应用几个定理联合求解。具体如下：

(1) 以整个系统为研究对象，应用动能定理求解系统的运动情况。即可直接用动能定理，也可用功率方程。

系统在任意时刻的动能为

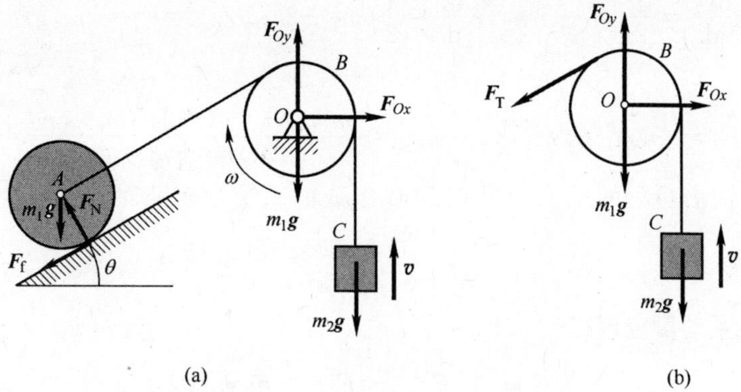

图 13.20

$$T=\frac{1}{2}m_1v_A^2+\frac{1}{2}J_A\omega_A^2+\frac{1}{2}J_O\omega_B^2+\frac{1}{2}m_2v_C^2 \tag{a}$$

依题意，有

$$v_A=v_C=v=r\omega_B,\omega_A=\frac{v_A}{r}=\frac{v}{r}=\omega_B=\omega$$

代入式(a)，经推导得

$$T=\frac{1}{2}m_1v^2+\frac{1}{2}\frac{1}{2}m_1r^2\left(\frac{v}{r}\right)^2+\frac{1}{2}\frac{1}{2}m_1r^2\left(\frac{v}{r}\right)^2+\frac{1}{2}m_2v^2=\frac{1}{2}(2m_1+m_2)v^2 \tag{b}$$

经分析可知，作用在系统上的外力的功率为

$$P=m_1g\sin\theta\cdot v-m_2g\cdot v \tag{c}$$

将式(b)、式(c)代入功率方程(式(13.17))，得

$$\frac{\mathrm{d}T}{\mathrm{d}t}=\frac{1}{2}(2m_1+m_2)2v\frac{\mathrm{d}v}{\mathrm{d}t}=m_1g\sin\theta\cdot v-m_2gv$$

解之得

$$a_A=a_C=\frac{(m_1\sin\theta-m_2)g}{2m_1+m_2} \tag{d}$$

(2) 取滑轮 B 和重物 C 组成的系统为研究对象，应用动量矩定理求绳子的张力。该系统受力分析如图 13.20(b)所示。

任一时刻系统对 O 轴的动量矩为

$$L_O=J_B\omega+m_2vr=\frac{1}{2}(m_1+2m_2)rv \tag{e}$$

作用在系统上的外力对 O 轴的矩为

$$M_O=F_Tr-m_2gr \tag{f}$$

将式(e)、式(f)代入动量矩定理，可得

$$\frac{\mathrm{d}L_O}{\mathrm{d}t}=\frac{1}{2}(m_1+2m_2)r\frac{\mathrm{d}v}{\mathrm{d}t}=\frac{1}{2}(m_1+2m_2)ra_A=F_Tr-m_2gr$$

解之得

$$F_{\mathrm{T}}=\frac{1}{2}(m_1+2m_2)a_A+m_2g=\frac{3m_1m_2+(m_1^2+2m_1m_2)\sin\theta}{2(2m_1+m_2)}g$$

(3) 求轴承 O 处的反力。仍取 B、C 组成的系统为研究对象。系统在任意时刻的动量为

$$p_x=0, p_y=m_2v$$

由质点系动量定理得

$$\frac{\mathrm{d}p_x}{\mathrm{d}t}=\sum F_x, 0=F_{Ox}-F_{\mathrm{T}}\cos\theta \tag{g}$$

$$\frac{\mathrm{d}p_y}{\mathrm{d}t}=\sum F_y, m_2a=F_{Oy}-F_{\mathrm{T}}\sin\theta-(m_1+m_2)g \tag{h}$$

解式(g)、式(h)得

$$F_{Ox}=\frac{3m_1m_2+(m_1^2+2m_1m_2)\sin\theta}{2(2m_1+m_2)}g\cos\theta$$

$$F_{Oy}=\frac{(m_1^2+2m_1m_2)\sin^2\theta+5m_1m_2\sin\theta-2m_1^2}{2(2m_1+m_2)}g+(m_1+m_2)g$$

例 13.16 均质细杆长为 l，质量为 m，静止直立于光滑水平面上。当杆受到微小干扰而倒下时，求杆刚刚达到地面时的角速度和地面约束力。

解：以直杆为研究对象。由于地面光滑，直杆沿水平方向不受力，倒下过程中质心沿铅直下落。设杆端点 A 向左滑动，任意瞬时与水平面的夹角为 θ，如图 13.21(a)所示，P 为杆的瞬心。由运动学可知，杆的角速度为

$$\omega=\frac{v_C}{CP}=\frac{2v_C}{l\cos\theta}$$

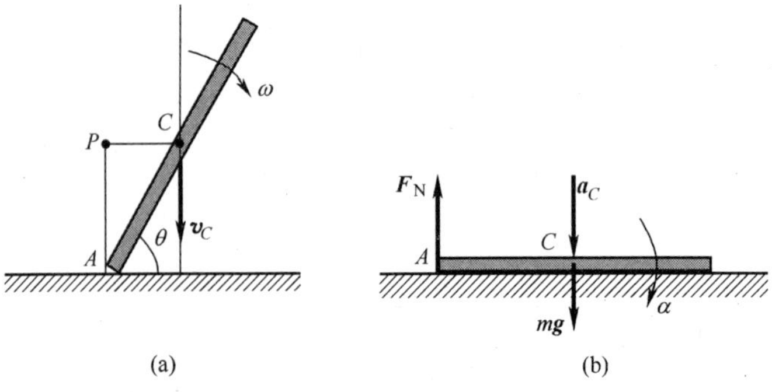

图 13.21

所以，杆的动能为

$$T=\frac{1}{2}mv_C^2+\frac{1}{2}J_C\omega^2=\frac{1}{2}m\left(1+\frac{1}{3\cos^2\theta}\right)v_C^2$$

由动能定理

$$\frac{1}{2}m\left(1+\frac{1}{3\cos^2\theta}\right)v_C^2=mg\,\frac{l}{2}(1-\sin\theta)$$

当 $\theta=0$ 时，有

$$v_C=\frac{1}{2}\sqrt{3gl},\omega=\sqrt{\frac{3g}{l}}$$

杆刚到地面时，受力如图 13.21(b)所示，由刚体平面运动微分方程可得

$$mg-F_N=ma_C$$

$$F_N\,\frac{l}{2}=J_C\alpha=\frac{ml^2}{12}\alpha$$

点 A 的加速度 $\boldsymbol{a}_A$ 为水平，由质心守恒定理可知 $\boldsymbol{a}_C$ 应为铅垂。由运动学可知

$$a_C=a_A+a_{CA}^n+a_{CA}^\tau$$

沿垂直方向投影，得

$$a_C=a_{CA}^\tau=\alpha\,\frac{l}{2}$$

解得

$$F_N=\frac{1}{4}mg$$

例 13.17 如图 13.22(a)所示，质量为 m_1、半径为 r 的均质圆轮沿倾角为 θ 的固定斜面做纯滚动，并在轮心处铰接一质量为 m_2 的均质细杆 OA，运动过程中细杆保持水平。初始时系统静止，忽略 O、A 处的摩擦。试求轮中心 O 的速度、加速度与经过路程 s 之间的关系及 B 处的摩擦力。

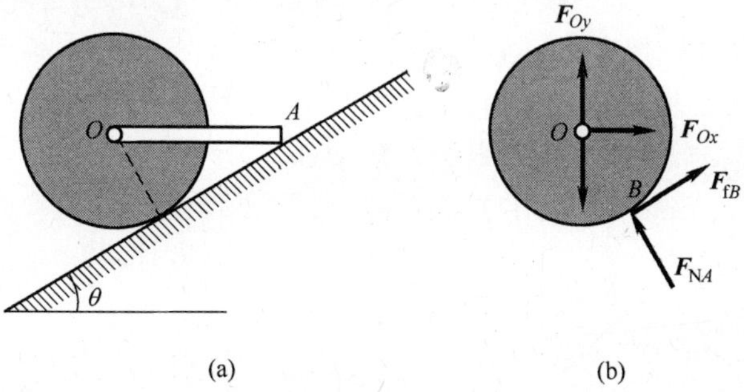

图 13.22

解: 以整个系统为研究对象。设经过路程 s 后轮心的速度为 v，则系统在初始及经过路程 s 时的动能分别为

$$T_1=0$$

$$T_2=\frac{1}{2}m_1v^2+\frac{1}{2}J_O\omega^2+\frac{1}{2}m_2v^2=\frac{3}{4}m_1v^2+\frac{1}{2}m_2v^2 \tag{a}$$

在该过程中，系统所受外力做的功为

$$W_{12}=(m_1+m_2)g\sin\theta\cdot s \tag{b}$$

由积分形式的动能定理 $T_2-T_1=W_{12}$，可得

$$\frac{3}{4}m_1v^2+\frac{1}{2}m_2v^2-0=(m_1+m_2)g\sin\theta\cdot s \tag{c}$$

解式(c)得

$$v=2\sqrt{\frac{(m_1+m_2)g\sin\theta\cdot s}{3m_1+2m_2}} \tag{d}$$

将式(c)两端对时间 t 求导。并经推导得

$$a_O=\frac{\mathrm{d}v}{\mathrm{d}t}=\frac{2(m_1+m_2)\sin\theta\cdot g}{3m_1+2m_2} \tag{e}$$

取轮 O 为研究对象，受力分析如图 13.22(b)所示。建立刚体平面运动微分方程

$$J_O\alpha=F_Br$$

利用 $\alpha=\frac{a_O}{r}$，可得

$$F_B=\frac{J_O\alpha}{r}=\frac{\frac{1}{2}m_1r^2\alpha}{r}=\frac{1}{2}m_1a_O=\frac{m_1(m_1+m_2)\sin\theta\cdot g}{3m_1+2m_2}$$

思　考　题

13.1　摩擦力可能做正功吗？举例说明。

13.2　三个质量相同的质点，同时由点 A 以大小相同的初速度 v_0 抛出，但其方向各不相同，如图 13.23 所示。如果不计空气阻力，这三个质点落到水平面 $H-H$ 时，三者速度的大小是否相等？三者重力的功是否相等？三者重力的冲量是否相等？

13.3　均质圆轮无初速的沿斜面纯滚动，轮心降落同样高度而到达水平面，如图 13.24 所示。忽略滚动摩擦和空气阻力，问到达水平面时，轮心的速度 v 与圆轮

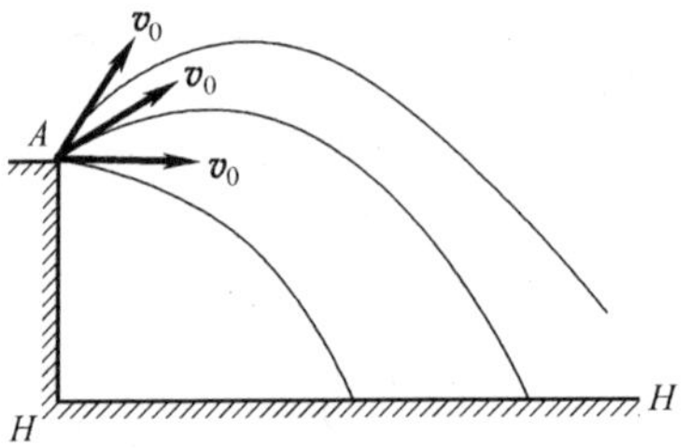

图 13.23

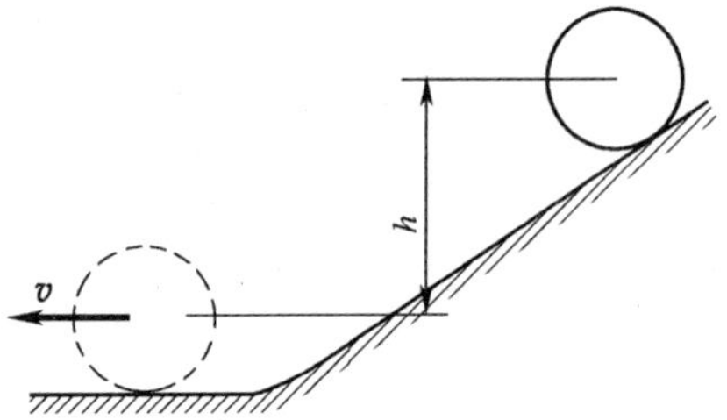

图 13.24

半径是否有关？当轮半径趋于零时，与质点滑下结果是否一致？轮半径趋于零，还能只滚不滑吗？

13.4 运动员起跑时，什么力使运动员的质心加速运动？什么力使运动员的动能增加？产生加速度的力一定做功吗？

13.5 两个均质圆盘，质量相同，半径不同，静止平放于光滑水平面上。如在此两个盘上同时作用有相同的力偶矩，在下述情况下比较两个圆盘的动量、动量矩和动能的大小：(1)经过同样的时间间隔；(2)转过同样的角度。

习　题

13.1 质点在常力 $\boldsymbol{F}=3\boldsymbol{i}+4\boldsymbol{j}+5\boldsymbol{k}$ 作用下运动，其运动方程为 $x=2+t+\frac{3}{4}t^2$，$y=t^2$，$z=t+\frac{5}{4}t^2$（$\boldsymbol{F}$ 以 N 计，x、y、z 以 m 计，t 以 s 计）。求 $t=0$ 至 $t=2$s 时间内力 $\boldsymbol{F}$ 所做的功。

13.2 弹簧原长为 OA，弹簧刚度系数为 k，O 端固定，A 端沿半径为 R 做圆弧运动（图 13.25），求在由 A 到 B 及由 B 到 D 的过程中弹性力所做的功。

13.3 图 13.26 所示一对称的矩形木箱，质量为 2000kg，宽 1.5m，高 2m，如要使它绕棱边 C（转轴垂直于纸面）翻倒，人至少要对它做多少功？

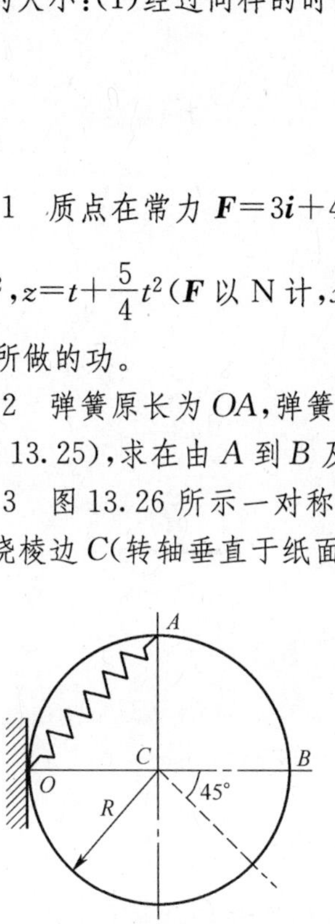

图 13.25

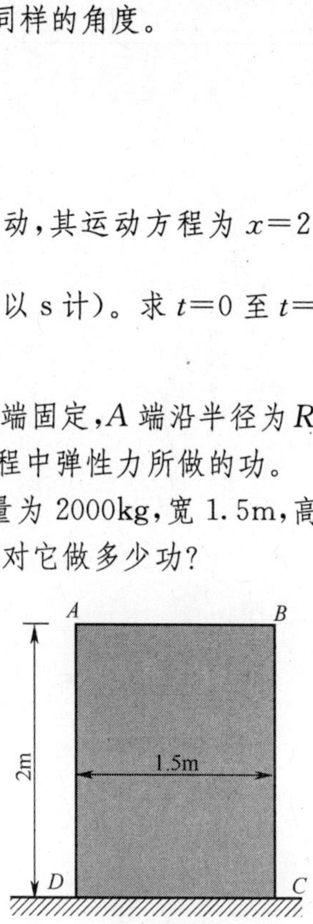

图 13.26

13.4 AB 杆长 80cm，质量为 $2m$ 其端点 B 沿与水平面 $\theta=30°$ 夹角的斜面运动；OA 杆长 40cm，质量为 m。当 AB 杆水平时，$OA\perp AB$，杆 OA 的角速度 $\omega=2\sqrt{3}$ rad/s，如图 13.27 所示。求此时系统的动能。

13.5 如图 13.28 所示，滑块 A 质量为 m_1，在水平滑道内滑动，其上铰接一均质直杆 AB，杆 AB 长为 l，质量为 m_2。当 AB 杆与铅垂线的夹角为 φ 时，滑块 A 的速度为 v，杆 AB 的角速度为 ω。求在该瞬时系统的动能。

13.6 如图 13.29 所示，冲击试验机的主要部分是一固定在杆上的钢锤 M，此

杆可绕 O 轴转动。略去杆的质量，并视钢锤为质点，已知杆长 $l=1\text{m}$。求钢锤 M 由最高位置 A 无初速地落至最低位置 B 时的速度。轴承摩擦不计。

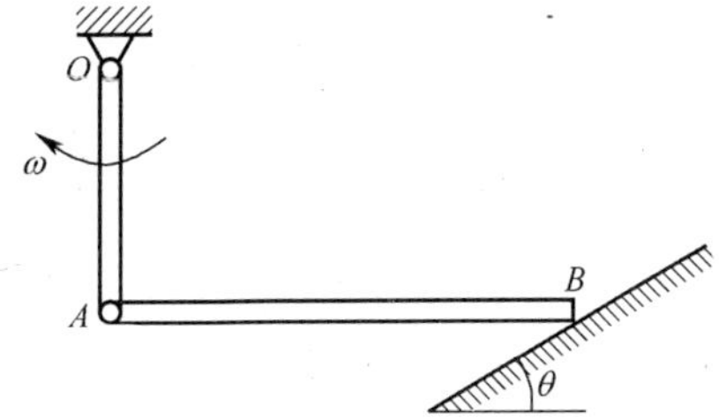

图 13.27

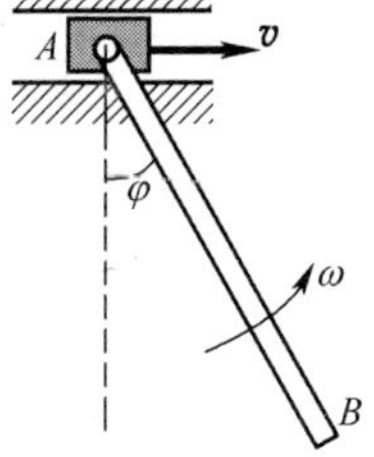

图 13.28

13.7　质量为 m_1、半径为 r 的齿轮Ⅱ与半径为 $R=3r$ 的固定内齿轮Ⅰ相啮合，如图 13.30 所示。质量为 m_2 的均质曲柄 OC 带动齿轮Ⅱ运动，曲柄的角速度为 ω，齿轮可视为均质圆盘。试求此行星齿轮机构的动能。

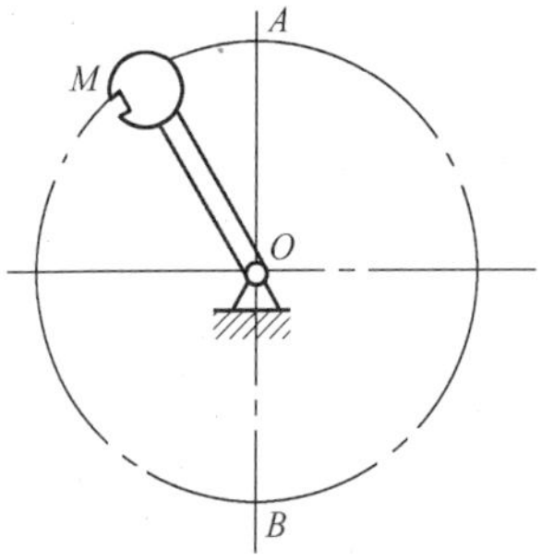

图 13.29

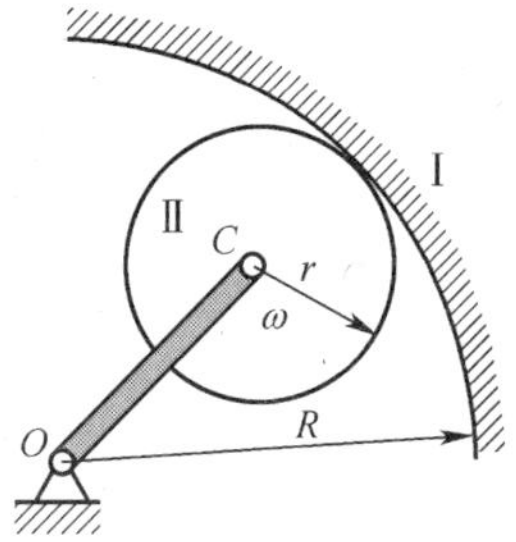

图 13.30

13.8　质量 $m=100\text{kg}$ 的小车以 $v_0=2\text{m/s}$ 的速度撞击到缓冲弹簧上，如图 13.31 所示。已知弹簧的刚度系数 $k=900\text{N/cm}$，试求弹簧的最大压缩量 $\delta_{\max}$。不计摩擦。

13.9　图 13.32 所示坦克的履带质量为 m，两个车轮的质量均为 m_1。车轮可视为均质圆盘，半径为 R，两车轮轴间的距离为 πR。设坦克前进速度为 $\boldsymbol{v}$，计算此质点系的动能。

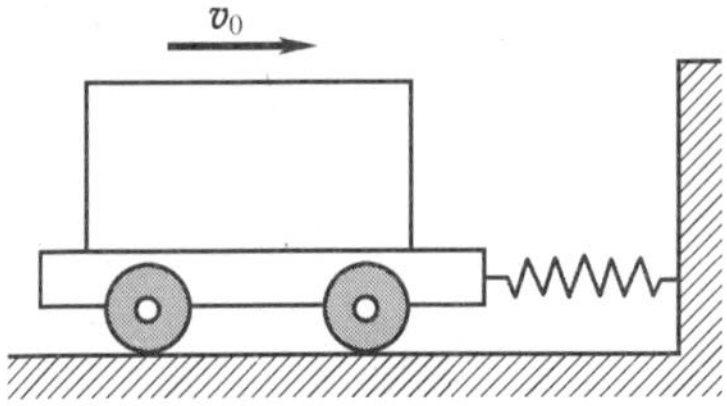

图 13.31

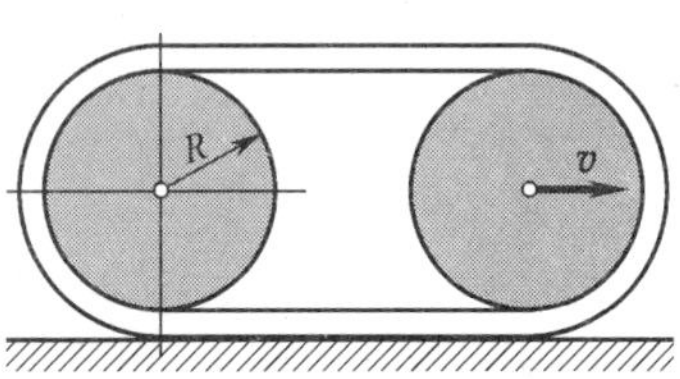

图 13.32

13.10 自动弹射器如图 13.33 所示放置，弹簧在未受力时的长度为 200mm 恰好等于筒长。欲使弹簧改变 10mm，需力 2N。如弹簧被压缩到 100mm，然后让质量为 30g 的小球自弹射器中射出。求小球离开弹射器筒口时的速度。

13.11 一单摆的支点固定在一水平移动的物体 A 上，A 与摆一起以 $v=2\text{m/s}$ 的速度匀速运动，摆由一根细杆和一个小球组成，细杆长 $l=0.5\text{m}$，如图 13.34 所示。不计细杆的质量，求：(1)当 A 突然停住时摆转过的角度 θ；(2)如果要使摆在 A 突然停住后能绕过一圈，在停住前 A 应有多大的速度。

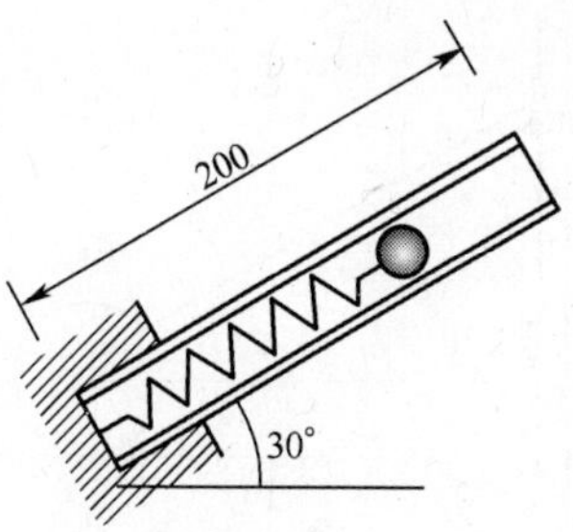

图 13.33

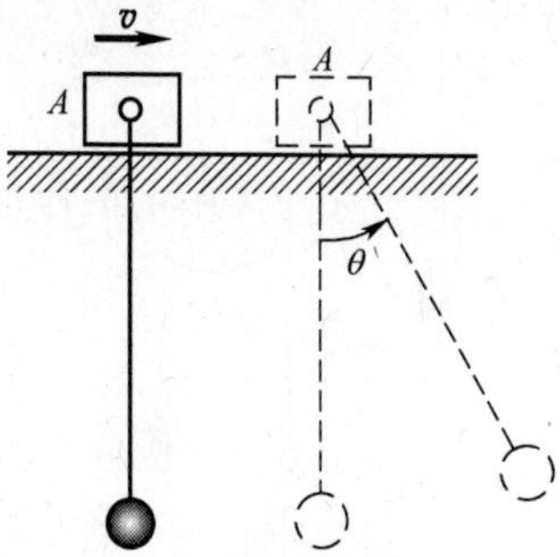

图 13.34

13.12 原长为 40cm，刚度系数为 20N/cm 的弹簧的一端固定，另一端与一个重 100N、半径为 10cm 的均质圆盘的中心 A 相连接，如图 13.35 所示。圆盘在铅垂平面内沿一段弧形轨道做纯滚动。开始时 OA 在水平位置，$OA=30\text{cm}$，速度为零。求弹簧运动到铅垂位置时轮心的速度。此时 O 与轮心的距离为 35cm。弹簧的质量不计。

13.13 升降机带轮 C 上作用一个力偶 M，如图 13.36 所示。提升重物 A 的质量为 m_1、平衡锤的质量为 m_2；带轮 C、D 的半径均为 r，质量均为 m，且均可视为均质圆盘；带的质量不计。试求重物 A 的加速度。

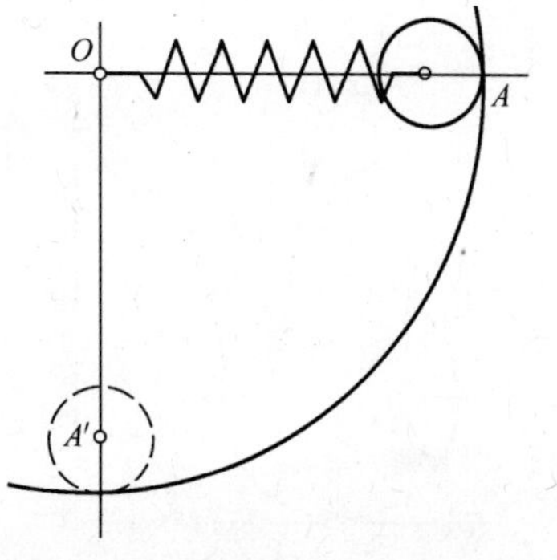

图 13.35

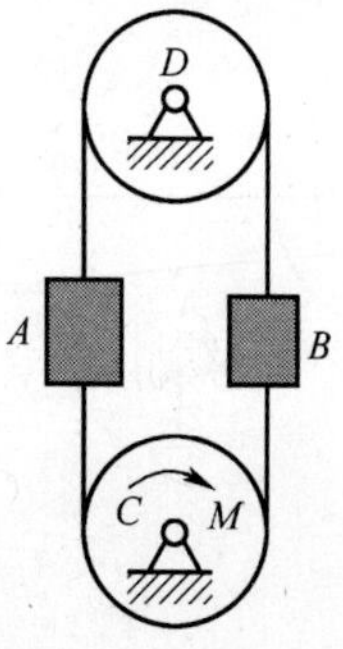

图 13.36

13.14 在图13.37所示滑轮组中悬挂两个重物，其中重物Ⅰ的质量为m_1，重物Ⅱ的质量为m_2。定滑轮O_1的半径为r_1，质量为m_3；动滑轮O_2的半径为r_2，质量为m_4。两轮均可视为均质圆盘。如绳重和摩擦略去不计，并设$m_2>2m_1-m_4$。求重物Ⅱ由静止下降距离h时的速度。

13.15 均质连杆AB质量为4kg，长$l=600$mm。均质圆盘质量为6kg，半径$r=100$mm。弹簧刚度为$k=2$N/mm，不计套筒A及弹簧的质量。如连杆在图13.38所示位置被无初速释放后，A端沿光滑杆滑下，圆盘做纯滚动。求：(1)当AB达水平位置而接触弹簧时，圆盘与连杆的角速度；(2)弹簧的最大压缩量δ_{max}。

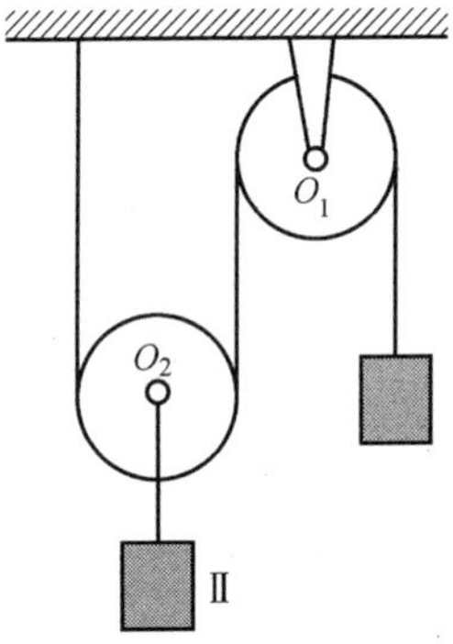

图13.37

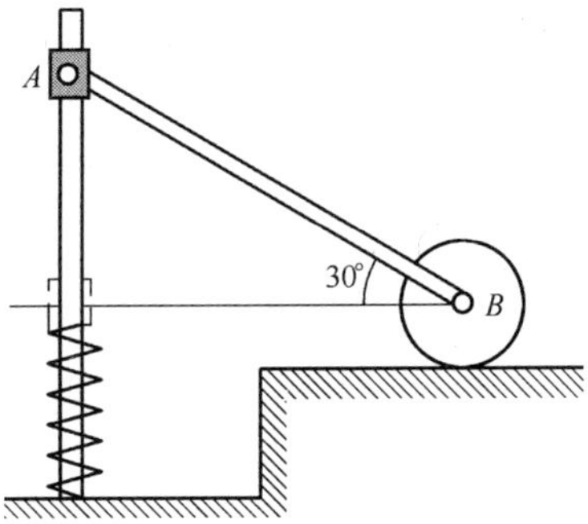

图13.38

13.16 如图13.39所示，半径为R、重为P_1的均质圆盘A放在水平面上。绳子的一端系在圆盘中心A，另一端绕过均质滑轮C后挂有重物B。已知滑轮C的半径为r，重为P_2；重物B重为P_3。绳子不可伸长，其质量略去不计。A圆盘沿水平面做纯滚动。系统从静止开始运动。不计滚动摩阻，求重物B下落的距离为x时，圆盘中心的速度和加速度。

13.17 均质细杆AB长为l，质量为m_1，上端B靠在光滑的墙上，下端A以铰链与均质圆柱的中心相连。圆柱质量为m_2，半径为R，放在粗糙水平面上，自图13.40所示位置由静止开始滚动而不滑动，杆与水平线的夹角$\theta=45°$。求点A在

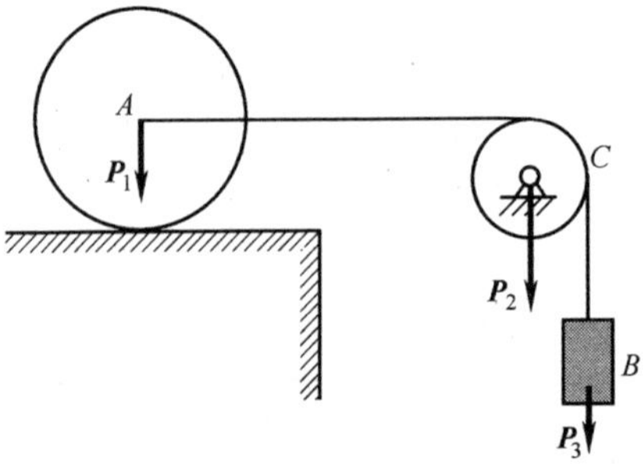

图13.39

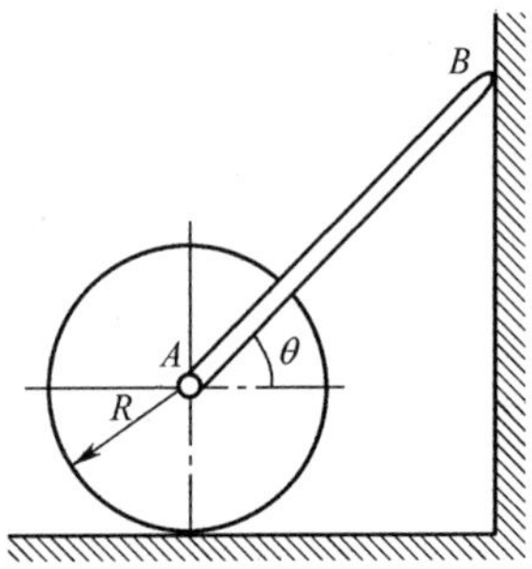

图13.40

初瞬时的加速度。

13.18 水平均质细杆质量为 m，长为 l，C 为杆的质心。杆 A 处为光滑铰支座，B 端为一个挂钩，如图 13.41 所示。如 B 端突然脱落，杆转到铅垂位置时，问 b 值多大能使杆有最大角速度？

13.19 均质圆轮的质量为 m_1，半径为 r；一质量为 m_2 的小铁块固结在离圆心为 e 的 A 处，如图 13.42 所示。若 A 稍稍偏离最高位置，使圆轮由静止开始滚动。求当 A 运动至最低位置时圆轮滚动的角速度。设圆轮只滚不滑。

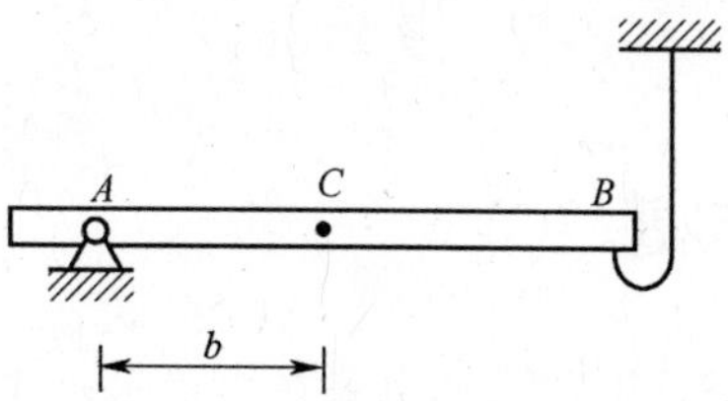

图 13.41

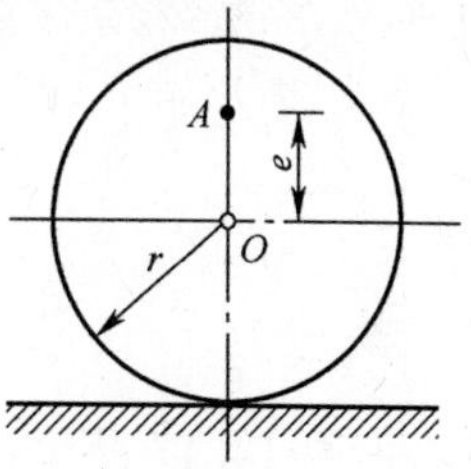

图 13.42

13.20 如图 13.43 所示，均质细杆 AB 长为 l，质量为 $2m$，两端分别与质量均为 m 的滑块铰接，两光滑直槽相互垂直。设弹簧刚度系数为 k，且当 $\theta=0°$ 时，弹簧为原长。若机构在 $\theta=60°$ 时无初速开始运动，试求当杆 AB 处于水平位置时的角速度和角加速度。

13.21 均质圆盘的质量为 m_1，半径为 r，圆盘与处于水平位置的弹簧一端铰接且可绕固定轴 O 转动，以起吊重物 A，如图 13.44 所示。若重物 A 的质量为 m_2，弹簧刚度系数为 k。试求系统微幅振动的固有频率。

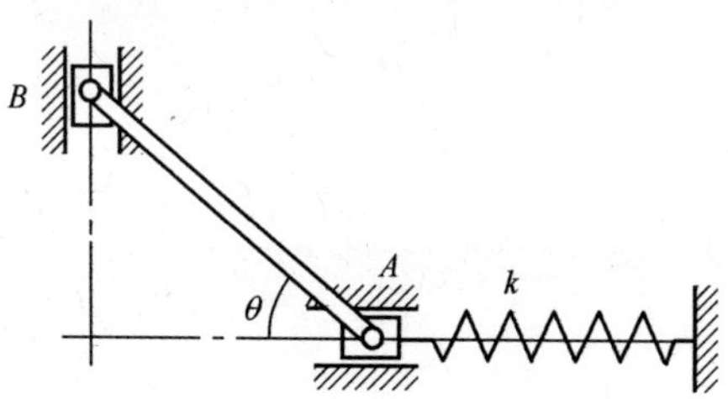

图 13.43

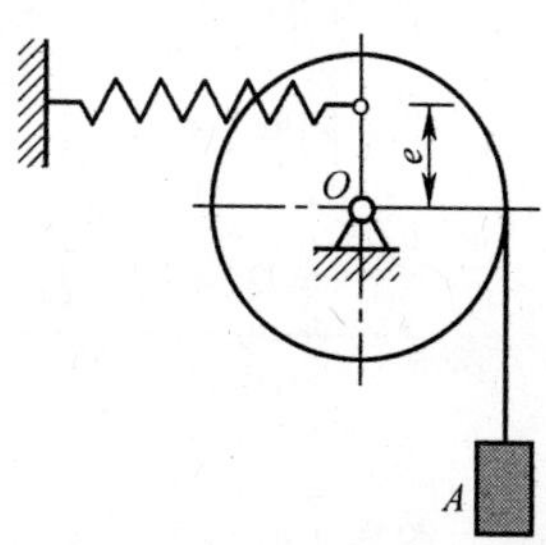

图 13.44

13.22 如图 13.45 所示，半径为 r、质量为 m 的均质圆柱的中心系在一刚度系数为 k 的弹簧上，圆柱在水平面做往复纯滚动。试建立系统微幅运动的微分方程，并求其固有频率。

13.23 如图 13.46 所示，质量 m_1 的物块 A 悬挂于不可伸长的绳子上，绳子绕过均质滑轮与刚度系数为 k 的固定弹簧相连。滑轮的半径为 r，质量为 m_2。试建立系统微幅振动的微分方程，并求其固有频率。

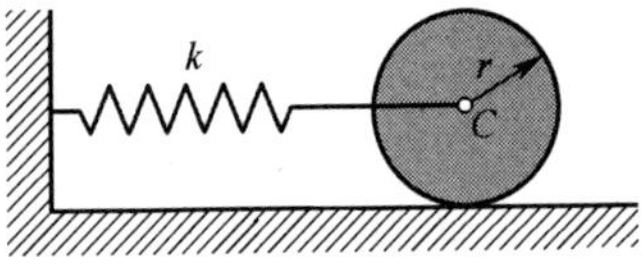

图 13.45

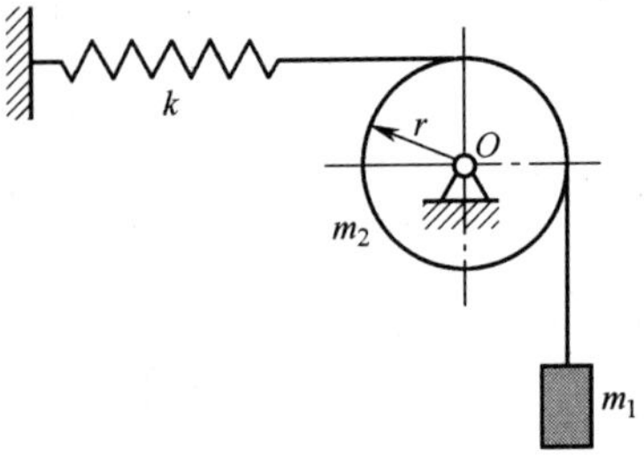

图 13.46

综合问题习题

综-1 如图 13.47 所示，质量为 m 的直杆 AB 可以自由地在固定铅垂套管中做直线平动，杆的下端放在质量为 M、倾角为 θ 的光滑的楔块 C 上，而楔块 C 又放在光滑的水平面上。杆的压力，使楔块沿水平方向运动，因而杆下降，求两个物体的加速度与水平面对系统的反力。

综-2 如图 13.48 所示，在水平面上放一个重为 40N 的棱体，在棱体的斜面上又放一个重为 20N 物块。设所有接触面都是光滑的，$\theta=30°$，求当物块无初速从 A 下滑到 B 时，棱体的速度。设 $AB=0.5$m。

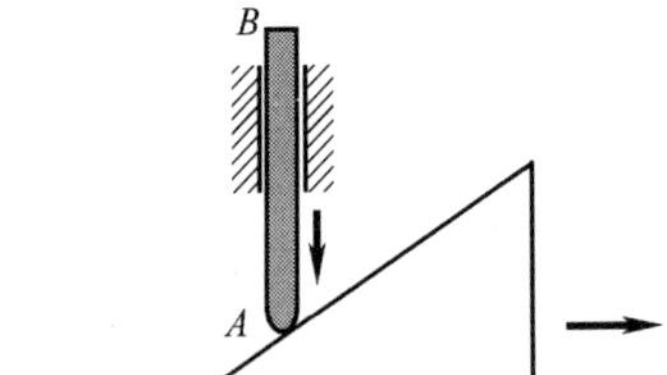

图 13.47

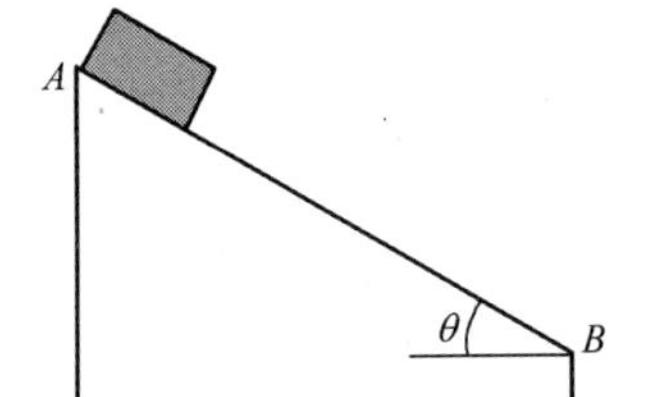

图 13.48

综-3 图 13.49 所示三棱柱 A 沿三棱柱 B 的斜面滑动，A 和 B 的质量各为 m_1 与 m_2，三棱柱 B 的斜面与水平面成 θ 角。如开始时物系静止，忽略摩擦，求运动时三棱柱 B 的加速度。

综-4 如图 13.50 所示，轮 A 和 B 可视为均质圆盘，半径均为 R，质量均为 m_1，绕在两轮上的绳索中间连着物块 C。设物块 C 质量为 m_2，且放在理想光滑的水平面上。今在轮 A 上作用一个常力偶矩 M，求轮 A 与物块之间那段绳索的张力。绳的重量不计。

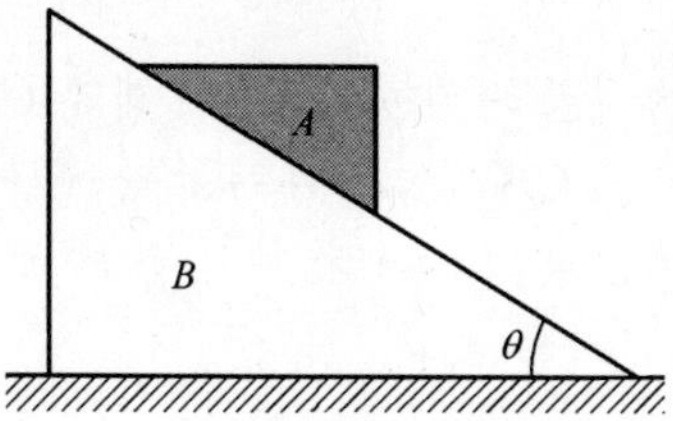

图 13.49

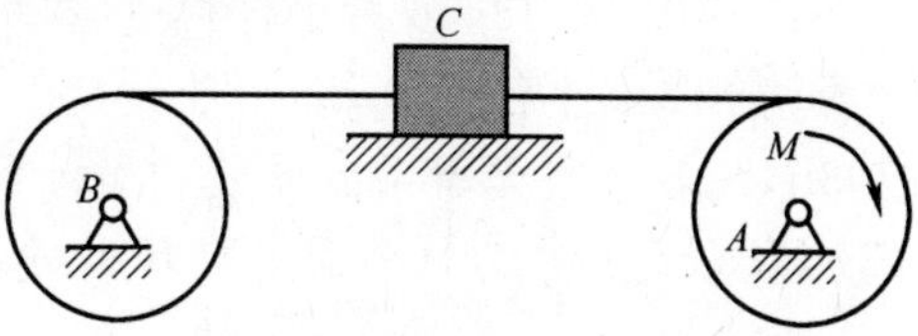

图 13.50

综-5 如图 13.51 所示，弹簧两端各系以重物 A 与 B，放在光滑的水平面上，其中重物 A 质量为 m_A，重物 B 质量为 m_B，弹簧的原长为 l_0，刚度系数为 k。若将弹簧先拉到 l，然后无初速度地释放，问当弹簧回到原长时，重物 A 与 B 的速度各为多少？

综-6 如图 13.52 所示，均质杆 AB 的质量为 $m=4\text{kg}$，其两端悬挂在两条平行细绳上，杆处于水平位置。设其中一根绳突然断了，求此瞬时另一根绳的张力 $\boldsymbol{F}$。

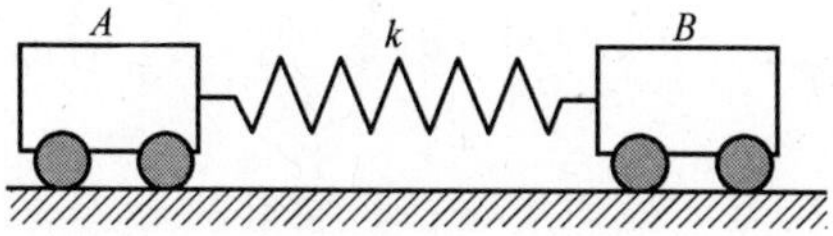

图 13.51

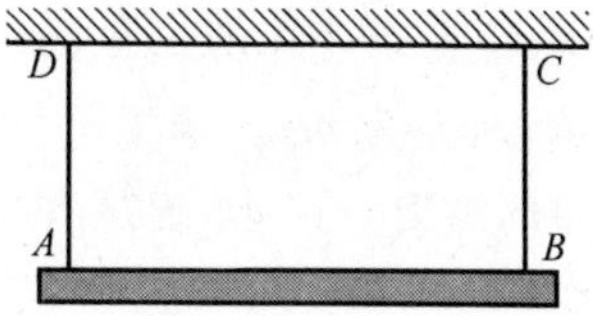

图 13.52

综-7 如图 13.53 所示，重物 A 质量为 m_1，沿楔体 D 的斜面下降，同时借绕过滑轮 C 的绳子使质量为 m_2 的物体 B 上升。斜面与水平成 θ 角，滑轮与绳的质量和一切摩擦均不计。求楔体 D 作用于地板凸出部分 E 的水平压力。

综-8 如图 13.54 所示，水车侧面有一小孔，水自小孔中射出。已知水面距小孔中心为 h，小孔的横截面积为 A，水的密度为 ρ。如不计水车与地面的摩擦，求水车加于墙壁的水平压力。

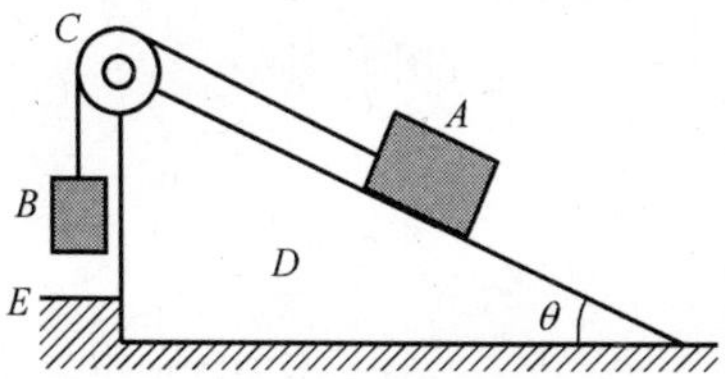

图 13.53

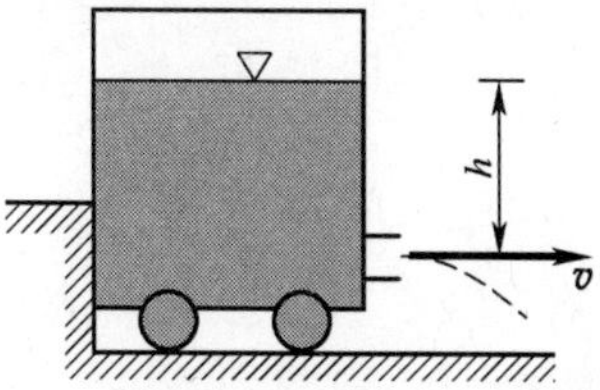

图 13.54

综-9 在图 13.55 所示机构中，沿斜面纯滚动的圆柱体 A 和鼓轮 O 均为均质物体，质量均为 m，半径均为 R。绳子不能伸缩，其质量略去不计。粗糙斜面的倾角为 θ，不计滚阻力偶。如在鼓轮上作用一个常力偶 M。求：(1) 鼓轮的角加速度；

(2)轴承 O 的水平约束力。

综-10　图 13.56 所示机构中，物块 A、B 的质量均为 m，两均质圆轮 C、D 的质量均为 $2m$，半径均为 R。C 轮铰接于无重悬臂梁 CK 上，D 为动滑轮，梁的长度为 $3R$，绳与轮间无滑动。系统由静止开始运动。求：(1) A 物块上升的加速度；(2) HE 段绳的拉力；(3)固定端 K 处的约束力。

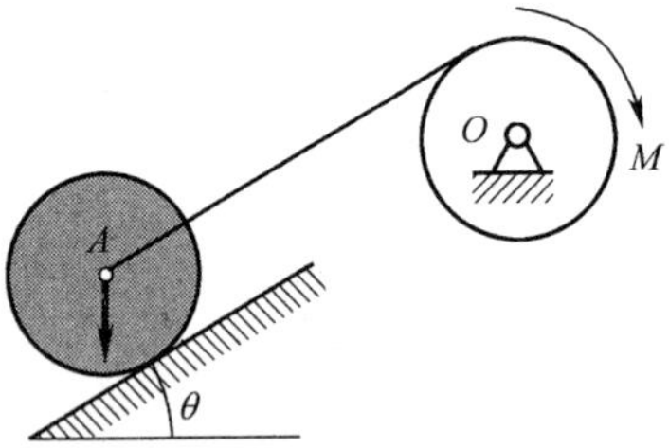

图 13.55

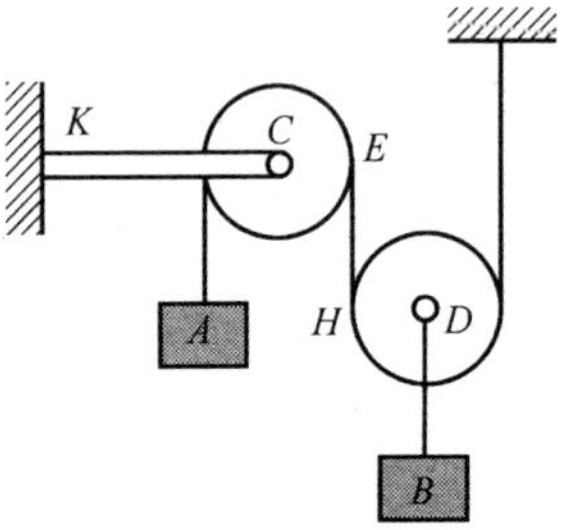

图 13.56

综-11　均质细杆 OA 可绕水平轴 O 转动，另一端铰接一个均质圆盘，圆盘可绕铰 A 在铅直面内自由旋转，如图 13.57 所示。已知杆 OA 长 l，质量为 m_1；圆盘半径为 R，质量为 m_2。摩擦不计，初始时杆 OA 水平，杆和圆盘静止。求杆与水平线成 θ 角的瞬时，杆的角速度和角加速度。

综-12　如图 13.58 所示，质量为 m，半径为 r 的均质圆柱。在其质心 C 位于与 O 同一高度时由静止开始向下做纯滚动。求滚到半径为 R 的圆弧 AB 上时，作用于圆柱上的法向反力及摩擦力(表示成 θ 的函数)。

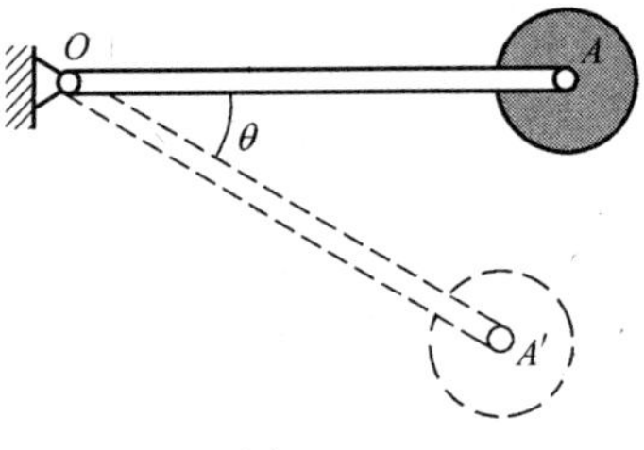

图 13.57

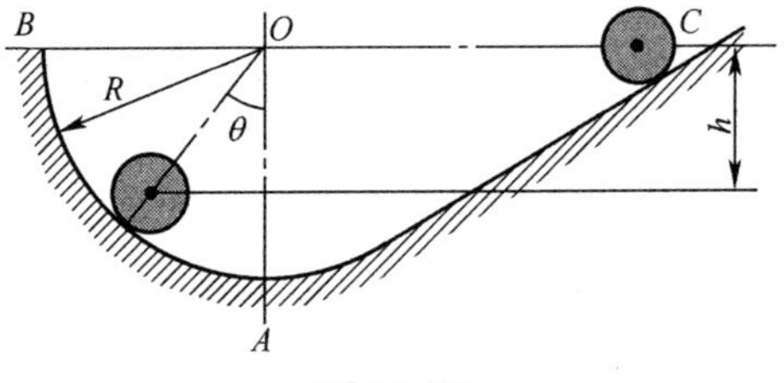

图 13.58

第 14 章　动静法(达朗伯原理)

前面所讲的质点运动微分方程和动力学普遍定理及其应用都是以牛顿定律为基础建立起来的理论,这种以牛顿定律为基础的动力学称为牛顿动力学或称古典动力学。牛顿动力学主要用于解决自由质点和质点系的动力学问题。1743 年,法国数学家达朗伯在他的名著《动力学专论》中,首先提出了一个关于非自由质点动力学的原理,被称为达朗伯原理。后经盖尔曼和欧拉引入惯性力这一术语以后,于 1856 年由德芬萘将达朗伯原理归结为求解非自由质点系的一个新的普遍方法——动力平衡法。

动力平衡法,顾名思义,就是把动力学的问题转化成形式上的静力学平衡问题,用静力学的方法去解决,实现这种转化的前提是加惯性力。因此,如何加惯性力就是本章的关键。由于达朗伯原理(亦即动力平衡法)的特点是用静力学中研究平衡问题的方法来研究动力学问题,因此该方法又称为动静法。动静法在工程技术中得到广泛的应用,尤其适用于求动约束力和解决动强度等类问题。

14.1　质点惯性力的概念

利用动静法求解动力学问题的关键是正确施加惯性力,为此先介绍惯性力的概念。

如一个系在绳端质量为 m 的小球,在水平面内做圆周运动,如图 14.1(a)所示。此小球在水平面内只受绳子对它的拉力 $\boldsymbol{F}$ 作用,正是该力使小球的运动状态发生了改变,产生向心加速度 $\boldsymbol{a}_{\mathrm{n}}$,力 $\boldsymbol{F}=m\boldsymbol{a}_{\mathrm{n}}$称为向心力。而小球对绳子的作用力 $\boldsymbol{F}'=-\boldsymbol{F}=-m\boldsymbol{a}_{\mathrm{n}}$,它是由于小球具有惯性,力图保持其原来的运动状态,对绳子产生的反作用力,称为小球的惯性力(注意该力作用于绳子上),如图 14.1(b)所示。此惯性力与小球的法向(向心)加速度的方向相反,背离圆心,故常称为离心惯性力或离心力。

需要说明的是,只有当质点的运动状态发生改变时,才会有惯性力。可见,惯性力是指当质点受力作用而改变原来的运动状态时,由于质点的惯性产生的对外界反抗的反作用力。惯性力的大小等于质点的质量与加速度的乘积,方向与加速度方向相反。惯性力用 $\boldsymbol{F}_{\mathrm{I}}$表示,即

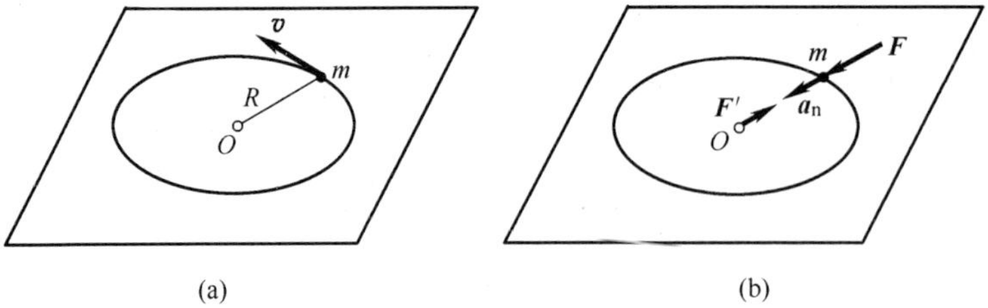

图 14.1

$$F_I=-ma \tag{14.1}$$

必须指出，质点的惯性力并不是作用在质点本身，而是质点作用于迫使其改变运动状态的施力物体上的。当物体的加速度很大时，惯性力可以达到相当大的数值。因此，惯性力的分析在工程技术中有着非常重要的意义。如质量为 0.2kg 的汽轮机叶片，若其质心至转轴的距离为 $r=0.4$m，则当汽轮机以 $n=3000$r/min 的转速运行时，惯性力的大小为 $F_I=mr\omega^2=7896$N，等于叶片自重的 4028 倍。因此在设计叶片根部与叶轮的连接部位时，对该惯性力必须加以足够的重视。

14.2 质点的动静法

设一质量为 m 的非自由质点 M，在主动力 $\boldsymbol{F}$ 和约束反力 $\boldsymbol{F}_N$ 的作用下沿曲线运动，如图 14.2 所示。由牛顿第二定律有

$m\boldsymbol{a}=\boldsymbol{F}+\boldsymbol{F}_N$ 或者 $\boldsymbol{F}+\boldsymbol{F}_N-m\boldsymbol{a}=0$

引入惯性力的表达式(14.1)后，上式可写为

$$\boldsymbol{F}+\boldsymbol{F}_N+\boldsymbol{F}_I=0 \tag{14.2}$$

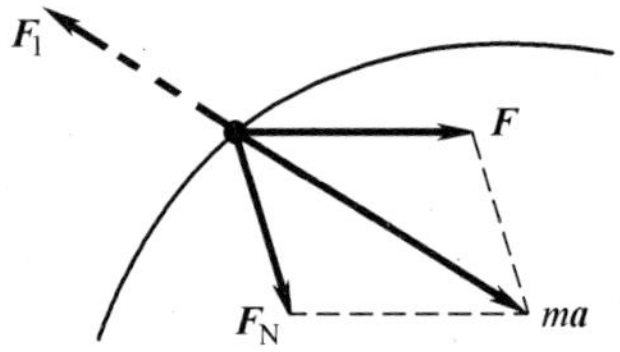

图 14.2

应用质点的动静法求解动力学的问题时，可根据具体问题的不同取不同形式的坐标系。

式(14.2)形式上是一个平衡方程，可叙述如下：如果在质点上除了作用有真实的主动力和约束反力外，再假想地加上惯性力，则这些力在形式上组成一个平衡力系。这就是质点的达朗伯原理。

应该强调指出，质点实际并未受到惯性力的作用，达朗伯原理中的“平衡力系”实际上也是不存在的，是一种假想的、虚拟的平衡。但在质点上假想地加上惯性力后，就可以将动力学的问题借用静力学的理论与方法求解。所以，达朗伯原理提供了一种研究动力学问题的新方法，就是用静力学的方法处理动力学的问题，所以称为动静法。

例 14.1 在做水平直线运动的车厢中挂着一只单摆。当列车做匀变速运动

时,摆将稳定在与铅垂线成 θ 角的位置,如图 14.3 所示。试求列车的加速度 $\boldsymbol{a}$ 与偏角 θ 的关系。

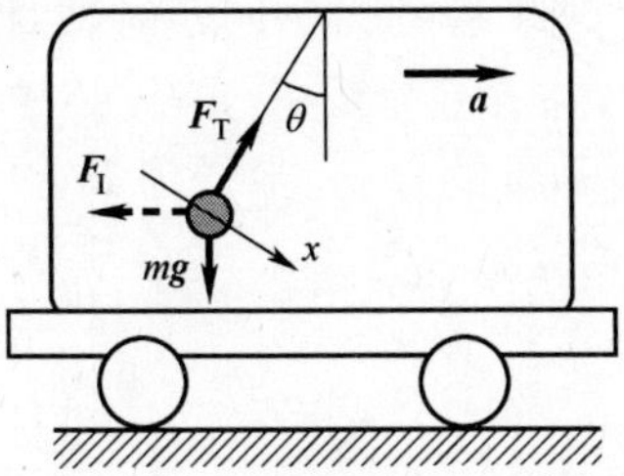

图 14.3

解:取小球为研究对象,作用于小球上的力有重力 $m\boldsymbol{g}$、绳子的拉力 $\boldsymbol{F}_T$ 和小球的惯性力 $\boldsymbol{F}_I$,其受力如图 14.3 所示。

将小球上的各力向绳子的垂直方向投影,得

$$\sum F_x = 0\ ,\quad mg\sin\theta - F_I\cos\theta = 0$$

将 $F_I = ma$ 代入上式,解之得

$$a = g\tan\theta$$

可见,偏角 θ 随着列车加速度 a 的变化而变化,只要测出偏角 θ 就能知道列车的加速度 a。此即摆式加速度计的工作原理。

14.3　质点系的动静法

若质点系由 n 个质点组成,其中第 i 个质点的质量为 m_i,加速度为 $\boldsymbol{a}_i$,作用在 i 个质点上的有主动力 $\boldsymbol{F}_i$ 和约束反力 $\boldsymbol{F}_{Ni}$。如果假想地加上它的惯性力 $\boldsymbol{F}_{Ii}$,则可写出该质点的平衡方程

$$\boldsymbol{F}_i + \boldsymbol{F}_{Ni} + \boldsymbol{F}_{Ii} = 0 \quad (i = 1, 2, \cdots, n) \tag{14.3a}$$

也可将作用于每个质点的力分为内力 $\boldsymbol{F}_i^i$ 与外力 $\boldsymbol{F}_i^e$,这时式(14.3a)可写为

$$\boldsymbol{F}_i^e + \boldsymbol{F}_i^i + \boldsymbol{F}_{Ii} = 0 \quad (i = 1, 2, \cdots, n) \tag{14.3b}$$

对于质点系,内力成对出现可以消掉,因而不出现在平衡方程中。

如果在任一时刻,假想对质点系的每一个质点加上各自的惯性力,那么作用在质点系上的所有外力和所有质点的惯性力在形式上组成平衡力系,即它们的主矢和对任意点的主矩分别为零,即

$$\begin{cases} \sum \boldsymbol{F}_i^e + \sum \boldsymbol{F}_{Ii} = 0 \\ \sum M_O(\boldsymbol{F}_i^e) + \sum M_O(\boldsymbol{F}_{Ii}) = 0 \end{cases} \tag{14.4}$$

式中:$\sum \boldsymbol{F}_{Ii}$ 为惯性力系的主矢;$\sum M_O(\boldsymbol{F}_{Ii})$ 为惯性力系对 O 点的主矩。

式(14.4)表明，若对质点系中每个质点都假想地加上各自的惯性力，则质点系的所有外力和所有质点的惯性力组成平衡力系，这就是质点系的达朗伯原理。

应用质点系的达朗伯原理求解动力学问题时，同样可以根据具体问题的不同取不同形式坐标系。

例 14.2　图 14.4(a)所示质量为 m、半径为 R 的飞轮，以角速度 ω 转动。设轮缘较薄，可以看做质量均匀分布在轮缘上，轮辐质量不计。试求轮缘中由于旋转引起的张力。

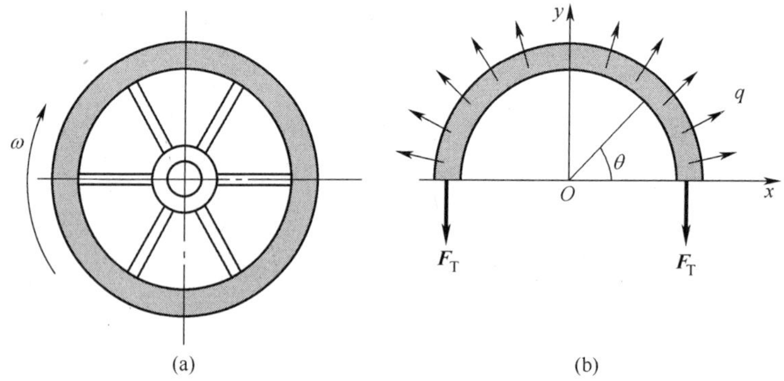

图 14.4

解：为研究轮缘中的张力情况，取一半飞轮为研究对象，建立坐标系 Oxy，受力分析如图 14.4(b)所示。由于对称性，两个截面的张力相等，均为 $\boldsymbol{F}_\mathrm{T}$。飞轮的惯性力在 y 轴上的投影可通过积分求得

$$\mathrm{d}F_y = qR\,\mathrm{d}\theta\sin\theta = \frac{mR\omega^2}{2\pi R}R\,\mathrm{d}\theta\sin\theta = \frac{mR\omega^2}{2\pi}\sin\theta\,\mathrm{d}\theta$$

$$F_y = \int_0^\pi \mathrm{d}F_y = \int_0^\pi \frac{mR\omega^2}{2\pi}\sin\theta\,\mathrm{d}\theta = \frac{1}{\pi}mR\omega^2$$

取 y 方向的平衡方程，得

$$\sum F_y = 0, \quad F_y - 2F_T = 0$$

解之得

$$F_\mathrm{T} = \frac{1}{2}F_y = \frac{mR\omega^2}{2\pi}$$

11.4　刚体惯性力的简化

应用达朗伯原理求解刚体动力学问题时，需要对刚体内每一个质点加上其惯性力，这些惯性力组成一个惯性力系。如同在静力学中将力系进行简化从而求得力系的主矢和主矩一样，将刚体的惯性力系加以简化，对于解题就方便得多。下面分

别对刚体做平动、有条件的定轴转动和有条件的平面运动时的惯性力系进行简化。

对一般惯性力系，以质心 C 为简化中心，由质心运动定理，主矢为

$$\boldsymbol{F}_{IR}=\sum\boldsymbol{F}_{Ii}=-\sum\boldsymbol{F}_i^e=\sum(-m_i\boldsymbol{a}_i)=-m\boldsymbol{a}_C \tag{14.5}$$

式(14.5)同样适用于做平动、定轴转动和平面运动的刚体。由静力学中任意的力系简化理论可知，主矢的大小和方向与简化中心的位置无关，主矩一般与简化中心的位置有关。下面分别讨论刚体平动、定轴转动与平面运动时其主矩的简化问题。

1. 刚体平动

刚体在做平动时，每一瞬时刚体内任一点 i 的加速度 $\boldsymbol{a}_i$ 与质心的加速度 $\boldsymbol{a}_C$ 相同。刚体惯性力系为一个平行力系，如图 14.5 所示。取刚体的质心为简化中心，则有

$$\boldsymbol{M}_{IC}=\sum M_C(\boldsymbol{F}_{Ii})=\sum\boldsymbol{r}_i\times\boldsymbol{F}_{Ii}=\sum\boldsymbol{r}_i\times(-m_i\boldsymbol{a}_i)=$$
$$-(\sum m_i\boldsymbol{r}_i)\times\boldsymbol{a}_C=-m\boldsymbol{r}_C\times\boldsymbol{a}_C=-\boldsymbol{r}_C\times m\boldsymbol{a}_C$$

式中：$\boldsymbol{r}_C$ 为质心 C 到简化中心 O 的矢径，现因两点重合，故 $\boldsymbol{r}_C=0$。所以有

$$M_{IC}=-\boldsymbol{r}_C\times m\boldsymbol{a}_C=0 \tag{14.6}$$

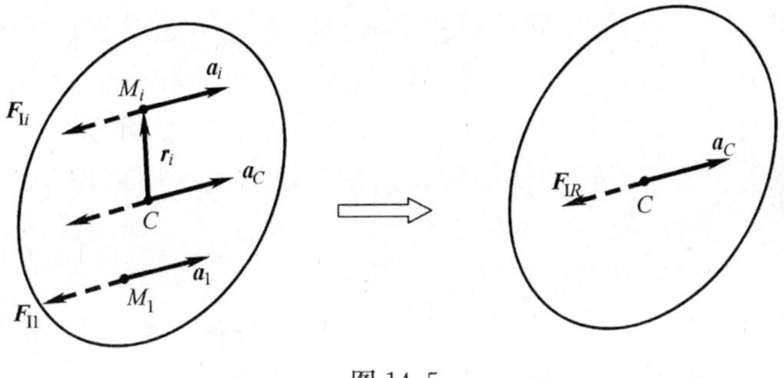

图 14.5

式(14.6)表明：刚体做平动时，惯性力系的简化结果是通过质心 C 的合力，此合力的大小等于刚体的质量与质心加速度大小的乘积，方向与质心 C 的加速度方向相反。

2. 刚体做定轴转动

对刚体绕定轴转动，这里只研究均质刚体具有对称平面，且转轴垂直于对称平面的情况，如图 14.6 所示。这是因为这种情况在工程中广泛存在，且这种情况惯性力系的简化简单。

取转轴 O 为简化中心，则由式(14.5)，惯性力系的主矢为

$$\boldsymbol{F}_{IR}=-m\boldsymbol{a}_C=-m(\boldsymbol{a}_{C\tau}+\boldsymbol{a}_{Cn})$$

惯性力系对 O 点的主矩为

$$M_{IO}=\sum M_O(\boldsymbol{F}_{Ii})=\sum M_O(\boldsymbol{F}_{Ii}^{\tau})=-\sum m_i r_i\alpha\cdot r_i=-(\sum m_i r_i^2)\alpha=-J_O\alpha$$

所以,刚体做定轴转动时惯性力系的简化结果为

$$\boldsymbol{F}_{IR}=-m\boldsymbol{a}_C=-m(\boldsymbol{a}_{C\tau}+\boldsymbol{a}_{Cn}),M_{IO}=-J_O\alpha \tag{14.7}$$

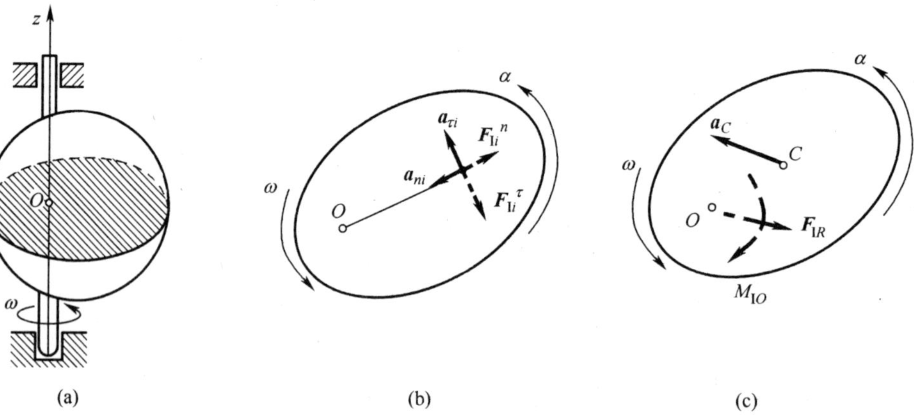

图 14.6

上述结果表明:当刚体有质量对称平面且绕垂直于此对称面的轴做定轴转动时,惯性力系向转轴简化的结果为此对称面内的一个力和一个力偶。这个力等于刚体质量与质心加速度的乘积,方向与质心加速度方向相反,作用线通过转动轴;这个力偶的矩等于刚体对转动轴的转动惯量与角加速度的乘积,转向与角加速度相反。

下列特殊情况,可使问题得到进一步简化:

(1) 转轴通过质心,角加速度 $\alpha\neq0$,由于质心加速度 $\boldsymbol{a}_C=0$,惯性力系简化为一力偶,其力偶矩为 $M_{IC}=-J_C\alpha$,如图 14.7(a)所示;

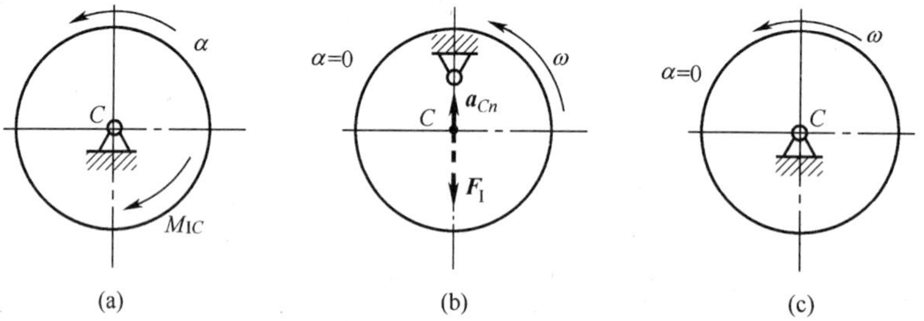

图 14.7

(2) 刚体做匀角速度转动(角加速度 $\alpha=0$),但转轴不通过质心 C,则惯性力系简化为一合力 $\boldsymbol{F}_I=-m\boldsymbol{a}_C$,其大小为 $F_I=mr\omega^2$,如图 14.7(b)所示;

(3) 转轴通过质心,且角加速度 $\alpha=0$,则惯性力系的主矢和主矩均为零,即惯性力系为平衡力系,如图 14.7(c)所示。

3. 刚体做平面运动

与定轴转动相似,此时惯性力系组成的空间力系,可简化为在质量对称平面内的平面力系。取质量对称平面图形如图 14.8 所示。由运动学可知,平面图形的运动可分解为随基点的平移与绕基点的转动。现取质心 C 为基点,设质心的加速度为 $\boldsymbol{a}_C$,绕质心转动的角速度为 ω,角加速度为 α,与刚体绕定轴转动相似,此时惯性力系向质心 C 简化的主矩为

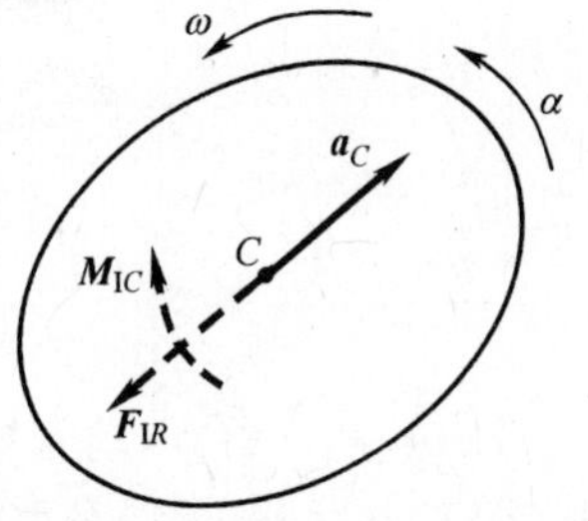

图 14.8

$$M_{IC}=-J_C\alpha \tag{14.8}$$

所以有:具有对称平面且对称平面在质心运动平面的刚体做平面运动时,刚体的惯性力系可以简化为在对称平面内的一个力和一个力偶。这个力通过质心,其大小等于刚体的质量与质心加速度的乘积,方向与质心的加速度方向相反;这个力偶的矩等于对过质心且垂直于对称面的轴的转动惯量与角加速度的乘积,转向与角加速度的转向相反。

例 14.3　如图 14.9(a)所示,水平均质杆 AB,质量为 m,长为 $l=1\text{m}$,A 端用铰链连接,B 端用铅直绳吊住。现将绳子突然割断,求此时杆的角加速度和铰链 A 处的约束力。

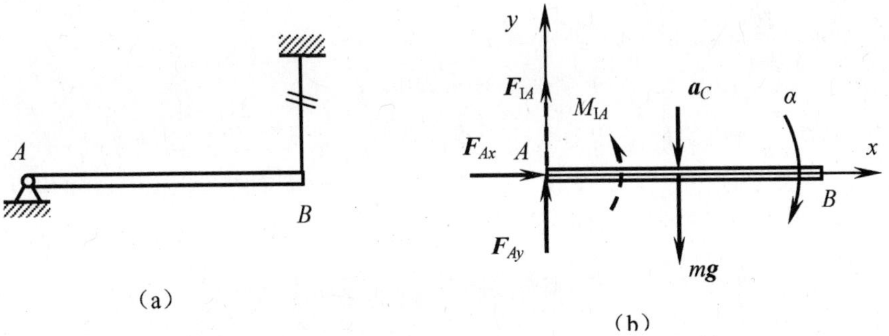

图 14.9

解:以 AB 杆为研究对象,绳子突然割断瞬时,杆 AB 做定轴转动,其角速度 $\omega=0$,角加速度为 α。

加惯性力:作用在 A 处的有惯性力主矢 $\boldsymbol{F}_{IA}$ 和惯性力主矩 M_{IA},且有 $F_{IA}=m\dfrac{l}{2}\alpha$,方向与 $a_{C\tau}$ 方向相反;$M_{IA}=J_A\alpha=\dfrac{1}{3}ml^2\alpha$,方向与 α 相反。受力分析如图 14.9(b)所示。

由动静法,建立平衡方程

$$\sum F_x = 0\text{，}\quad F_{Ax} = 0$$

$$\sum F_y = 0\text{，}\quad F_{Ay} + F_{IA} - mg = 0$$

$$\sum M_A = 0\text{，}\quad M_{IA} - mg\,\frac{l}{2} = 0$$

解之得

$$F_{Ax} = 0, F_{Ay} = \frac{1}{4}mg, \alpha = \frac{3}{2l}g$$

例 14.4　一台电动卷扬机机构如图 14.10(a)所示。已知启动时电动机的平均驱动力矩为 $\boldsymbol{M}$，被提升重物的质量为 m_1，鼓轮质量为 m_2，半径为 r，对转轴的回转半径为 ρ。试求启动时重物的平均加速度和此时轴承 O 处的约束力。

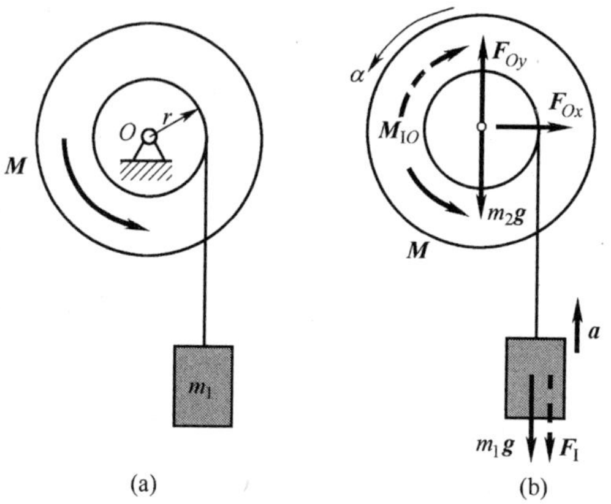

图 14.10

解:首先分析机构的运动和惯性力系的简化。被提升的重物做平动，惯性力系可简化为一通过质心的合力，其大小为 $F_I = m_1 a$，方向与加速度 $\boldsymbol{a}$ 的方向相反。

轮做定轴转动，因质心在转轴上，所以惯性力系向轴心简化，得一个惯性力偶，其大小为 $M_{IO} = J_O\alpha = m_2\rho^2\,\dfrac{a}{r}$，其转向与角加速度 α 方向相反。

以整个系统为研究对象，其上受到的力有主动力偶 $\boldsymbol{M}$、重力 $m_1\boldsymbol{g}$ 和 $m_2\boldsymbol{g}$、轴承 O 处的约束力 $\boldsymbol{F}_{Ox}$ 和 $\boldsymbol{F}_{Oy}$ 及上述惯性力、惯性力偶，它们构成一个形式上的“平衡”力系，如图 14.10(b)所示。由动静法列平衡方程如下：

$$\sum F_x = 0\text{，}\quad F_{Ox} = 0$$

$$\sum F_y = 0\text{，}\quad F_{Oy} - m_1 g - m_2 g - F_I = 0$$

$$\sum M_O = 0\text{，}\quad M - M_{IO} - m_1 gr - F_I r = 0$$

解之得

$$F_{Ox}=0,a=\frac{(M-m_1gr)r}{m_1r^2+m_2\rho^2}$$

$$F_{Oy}=(m_1+m_2)g+m_1a=(m_1+m_2)g+\frac{(M-m_1gr)m_1r}{m_1r^2+m_2\rho^2}$$

式中：$(m_1+m_2)g$ 为轴承的静约束力；m_1a 为动约束力，是由惯性力引起的。

例 14.5　如图 14.11(a)所示，质量为 m、半径为 r 的均质圆盘在 O 处铰接，B 处支承。已知 $OB=l$，试用动静法求突然撤去 B 处约束时，质心 C 的加速度和 O 处的约束反力。

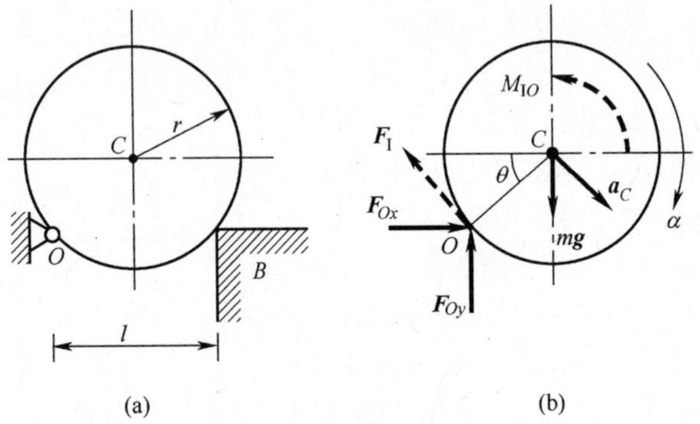

图 14.11

解：在撤去支承 B 瞬时，圆盘以角加速度 α 绕 O 轴转动，质心 C 的加速度 $a_C=r\alpha$，该瞬时圆盘的加速度 $\omega=0$，在加上惯性力系后，圆盘的受力分析如图 14.11(b)所示。惯性力的大小为

$$F_I=ma_C,M_{IO}=J_O\alpha=\left(\frac{1}{2}mr^2+mr^2\right)\frac{a_C}{r}=\frac{3}{2}mra_C$$

由动静法，建立平衡方程如下：

$$\sum F_x=0,\quad F_{Ox}-F_I\sin\theta=0 \tag{a}$$

$$\sum F_y=0,\quad F_{Oy}+F_I\cos\theta-mg=0 \tag{b}$$

$$\sum M_O=0,\quad M_{IO}-mg\,\frac{l}{2}=0 \tag{c}$$

其中

$$\sin\theta=\frac{\sqrt{4r^2-l^2}}{2r},\cos\theta=\frac{l}{2r}$$

解式(a)、式(b)、式(c)，得

$$a_C=\frac{gl}{3r},F_{Ox}=\frac{mgl}{6r^2}\sqrt{4r^2-l^2},F_{Oy}=mg\left(1-\frac{l^2}{6r^2}\right)$$

若将惯性力系向圆盘质心简化，其受力图及惯性力的大小有何变化？

需要指出的是，动静法给出求解动力学问题的又一种方法，从而丰富了动力学问题求解的思路。针对具体问题应采用什么方法，需要仔细分析，多加练习后才能选择最好的方法。

14.5　转子的静平衡与动平衡

绕定轴转动的刚体称为转子。如果由于加工或安装等原因，使得转子的质量不对称于转轴，转子自身的惯性力系便不是平衡力系，从而会在轴承处引起附加动反力。如何消除动反力是机器调整和平稳运行的主要问题。下面做一简单介绍。

1. 静平衡问题

当转子的厚度很小时，可将其视为平面转子，如图 14.12 所示。飞轮、齿轮基本上属于这类情况。设转轴通过转子中心 O，在 C 处有一偏心质量 m，偏心距为 e。当转子以角速度 ω 运行时，不平衡质量 m 将产生不平衡离心惯性力 $\boldsymbol{F}_{\mathrm{I}}$，其大小为 $F_{\mathrm{I}}=me\omega^2$。该离心惯性力将引起 O 轴处的附加动反力，从而引起系统的振动。要消除附加动反力，必须消除不平衡离心惯性力 $\boldsymbol{F}_{\mathrm{I}}$。为此，在不平衡质量相反一侧且与转轴 O 相距为 l 的位置 C' 处加上一平衡质量 m_1。当 C 和 C' 处的偏心质量产生的不平衡离心惯性力相等时，将不产生附加动反力。即不产生附加动反力的条件为

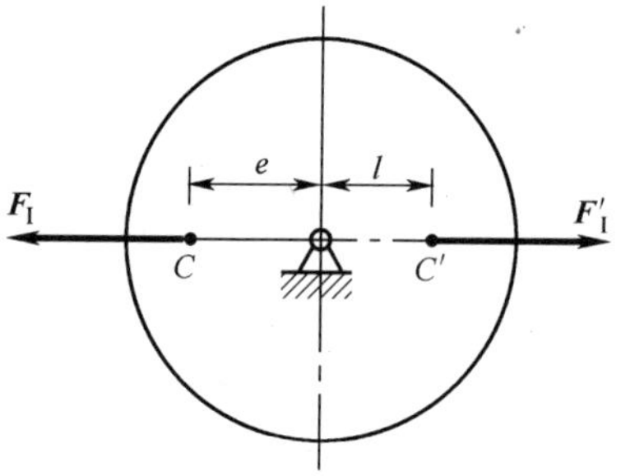

图 14.12

$$\begin{cases} me\omega^2=m_1l\omega^2 \\ me=m_1l \end{cases} \tag{14.9}$$

式(14.9)表明，要消除附加动反力，必须使不平衡质量和平衡质量对转轴产生的力矩互相抵消。这样，转子平衡的动力学问题就转化为求力矩平衡条件的静力学问题了。因此，这种找转子平衡的方法称为静平衡。

当转子的长度较大时，就不能把其视为平面转子，由于偏心所产生的惯性力就不能看成是作用在垂直于转轴的同一平面内。有时这类转子的质心尽管也在转轴上，或者说满足了静平衡，但仍然会在轴承处出现附加动反力。这是为什么?

2. 动平衡问题

一个圆柱形转子，如图 14.13(a)所示。设在左端面上的 C 处有一不平衡质量 m；转子转动时，此质量将产生不平衡离心惯性力 $\boldsymbol{F}_{\mathrm{I}}$，从而引起轴承的附加动反力，其大小为

$$F_A=\frac{b+c}{l}F_{\mathrm{I}},F_B=\frac{a}{l}F_{\mathrm{I}}$$

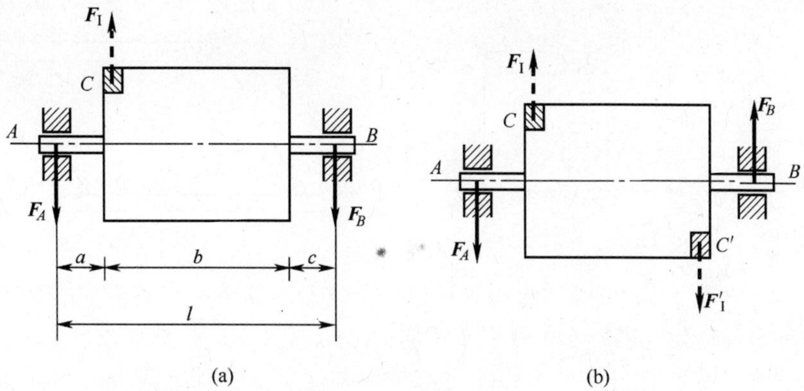

图 14.13

事实上,工程实际中任何转子的不平衡质量的大小和位置都是不知道的,用静平衡方法可以确定不平衡质量的大小及其在径向方位上的位置,但不能确定它在轴线方位上的位置,因此平衡质量应加在何处也无法确定。如上面所假设的,不平衡质量的实际位置是在左端面上的 C 点,如果将平衡质量加在右端面上的 C' 点,如图 14.13(b)所示,这样虽然可以使转子获得静平衡,但由于这两个质量在转子旋转时产生的惯性力等值、反向,不沿同一条直线作用,便组成一个力偶,从而在轴承处产生附加动反力

$$F_A = F_B = \frac{b}{l} F_{\mathrm{I}}$$

可见,静平衡一般并不能消除附加动反力,有时反而会导致附加动反力的增加,从而使问题进一步恶化。工程实际中的附加动反力是通过专用的动平衡机来消除的。

思 考 题

14.1　如图 14.14 所示,物体系统由质量分别为 m_A 和 m_B 的两物体 A、B 组成,放置在光滑的水平面上。今在此系统上作用一如图 14.14 所示的力 $\boldsymbol{F}$,试用动静法说明 A、B 两物体之间相互作用力的大小是否等于 F。

14.2　如图 14.15 所示的平面机构中,$AD//BC$,且 $AD=BC=a$,均质杆 AB 的质量为 m,问杆 AB 做何种运动?其惯性力系的简化结果是什么?若杆 AB 是非均质杆又如何?

14.3　如图 14.16 所示半径为 R、质量为 m 的均质圆盘沿直线轨道做纯滚动。在某瞬时圆盘具有角速度 ω、角加速度 α。试分析惯性力系向质心 C 和接触点 A 的简化结果。

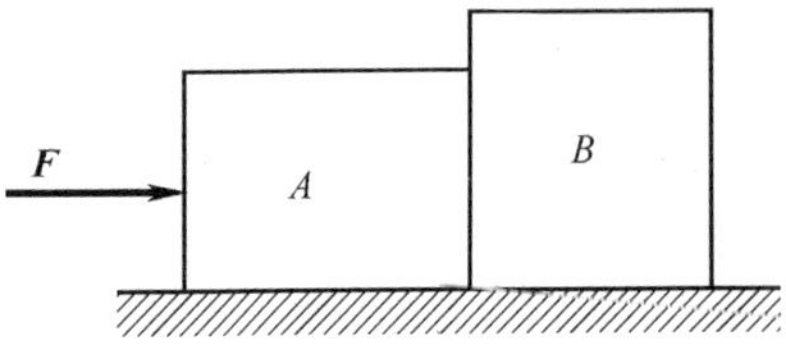

图 14.14

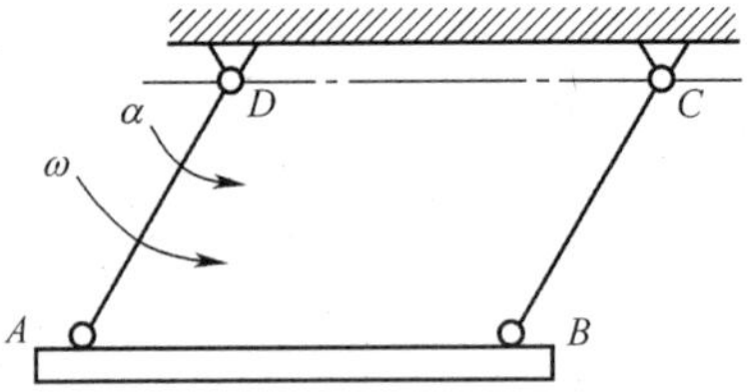

图 14.15

14.4　质量为 m、长为 l 的均质杆 OA 绕 O 轴在铅垂平面内做定轴转动，如图 14.17 所示。已知某瞬时 OA 具有角速度 ω、角加速度 α。试分别以质心 C 和转轴 O 为简化中心分析杆惯性力系的简化结果。并确定出惯性力系合力的大小、方向和作用线位置。

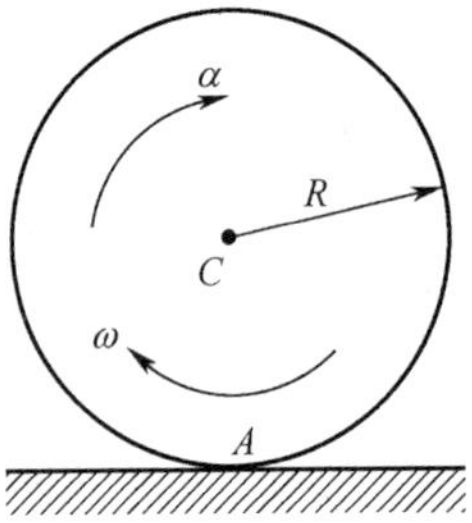

图 14.16

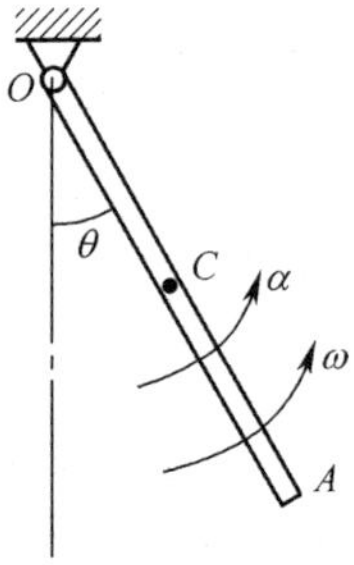

图 14.17

习　　题

14.1　如图 14.18 所示汽车总质量为 m，以加速度 $\boldsymbol{a}$ 做水平直线运动。汽车质心 C 离地面的高度为 h，汽车的前、后轴到通过质心垂线的距离分别等于 c 和 b。求其前、后轮的正压力。汽车应如何行驶方能使前、后轮的压力相等？

14.2　如图 14.19 所示均质细杆弯成的圆环，半径为 R，转动轴 O 通过圆心垂直于环面，A 端自由，AD 间为微缺口。设圆环以匀角速度 ω 绕轴 O 转动，环的线密度为 ρ，不计重力，求任意截面 B 处对 AB 段的约束反力。

14.3　如图 14.20 所示，放在光滑斜面上的物体 A 质量 $m_A=40\text{kg}$，置于 A 上的物体 B 质量 $m_B=15\text{kg}$；力 $F=500\text{N}$，其作用线平行于斜面。为使 A、B 两个物体不发生相对滑动，试求它们之间的静摩擦系数 f_s 的最小值。

14.4　均质杆 AB 的质量 $m=4\text{kg}$，置于光滑的水平面上，如图 14.21 所示。在杆的 B 端作用一个水平推力 $F=60\text{N}$，使杆 AB 沿力 $\boldsymbol{F}$ 方向做直线运动。试求 AB 杆的加速度 a 和角的 θ 值。

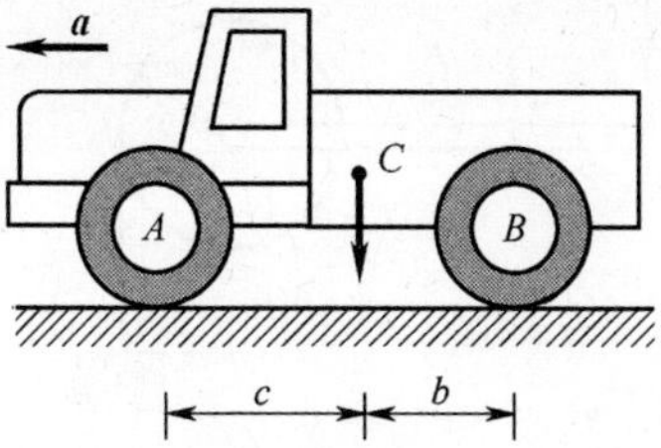

图 14.18

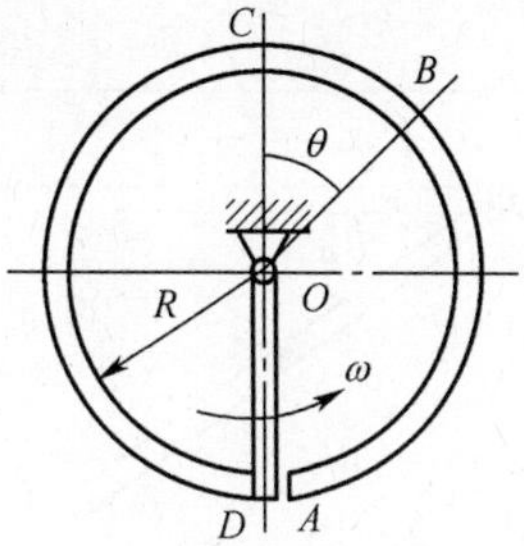

图 14.19

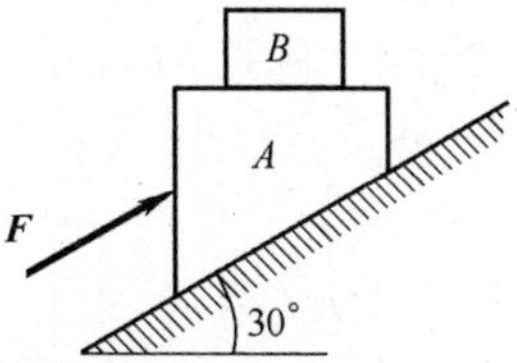

图 14.20

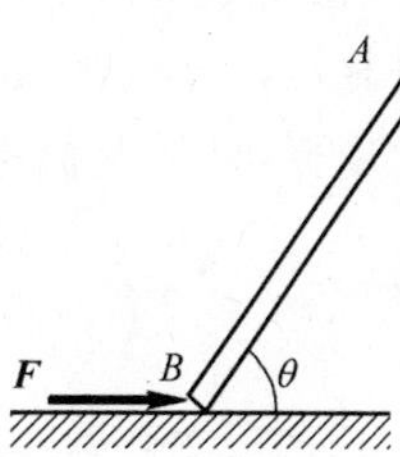

图 14.21

14.5　均质杆质量为 m，长为 l，悬挂如图 14.22 所示。试求一根绳突然断开时，杆质心 C 的加速度及另一根绳的拉力。

14.6　如图 14.23 所示，一个半径为 R，质量为 m_1 的均质圆轮，与质量为 m_2 的重物 A 用绳相连，不计滑轮 O 和绳子的质量，轮 C 在水平面上只滚不滑。试求：(1)轮心 C 的加速度；(2)轮子与地面的摩擦力。

14.7　如图 14.24 所示，均质细杆质量为 m、长为 l，从水平位置无初速地转下。试求杆转过 θ 角时杆的角速度、角加速度以及 O 点的约束力。

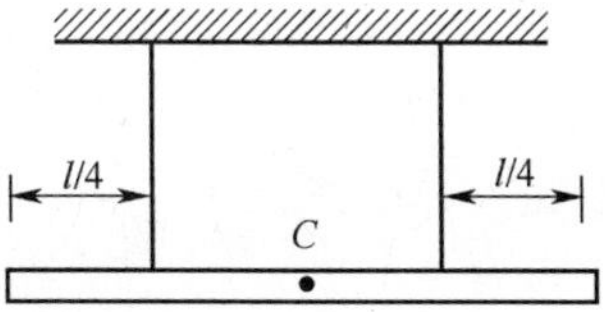

图 14.22

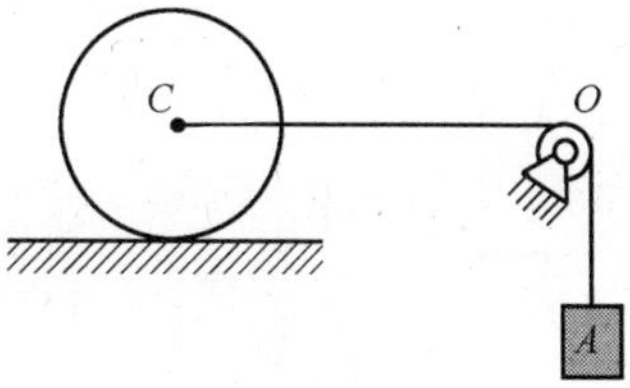

图 14.23

14.8　如图 14.25 所示，质量为 m_1 的物体 A 下落时带动质量为 m_2 的均质圆盘 B 转动。不计支架和绳子的质量及摩擦，$BC=l$，圆盘 B 的半径为 r。求固定端 C 处的约束力。

14.9　如图 14.26 所示，轮轴质心位于 O 处，对轴 O 的转动惯量为 J_O。在轮轴上系有两个质量各为 m_1 和 m_2 的物体，若此轮轴以顺时针转向转动，求轮轴的角加速度和轴承 O 的约束力。

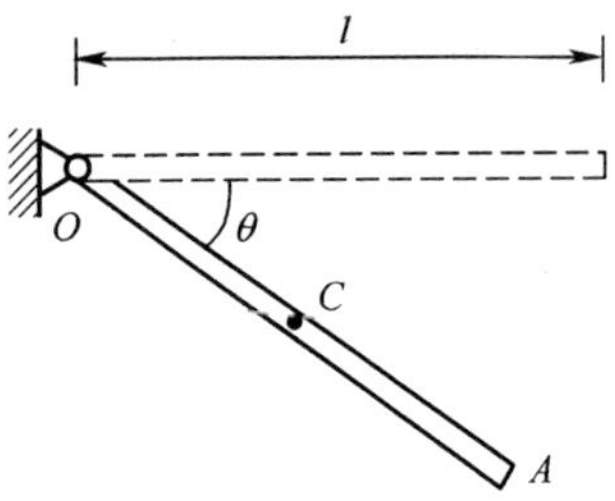

图 14.24

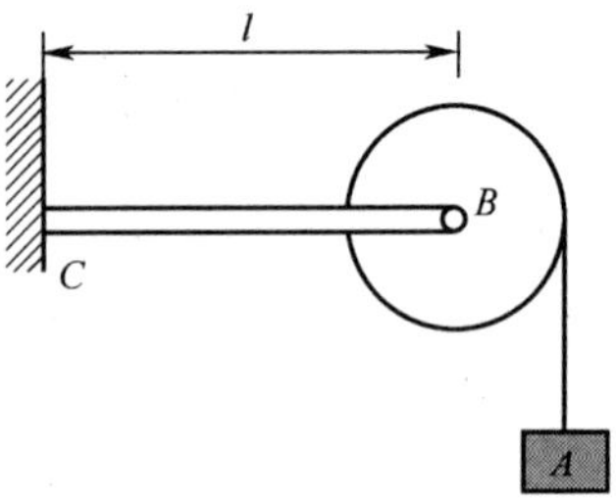

图 14.25

14.10　如图 14.27 所示，曲柄 OA 质量为 m_1，长为 r，以等角速度 ω 绕水平轴 O 逆时针方向转动。曲柄的 A 端推动水平板 B 带动质量为 m_2 的滑杆 C 沿铅直方向运动。不计摩擦，求当曲柄与水平方向夹角 $\theta=30°$ 时的力偶矩 M 及轴承 O 的约束力。

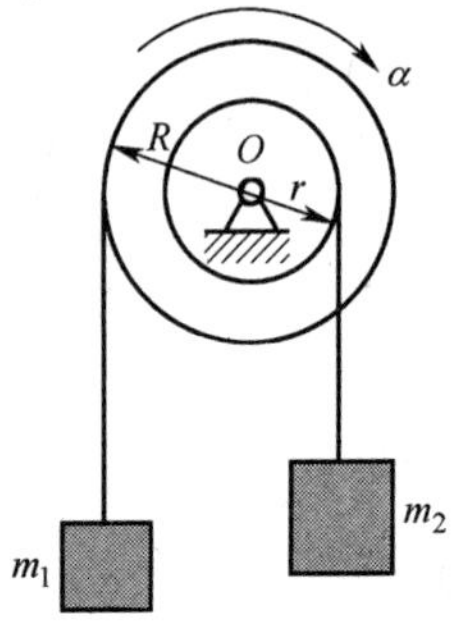

图 14.26

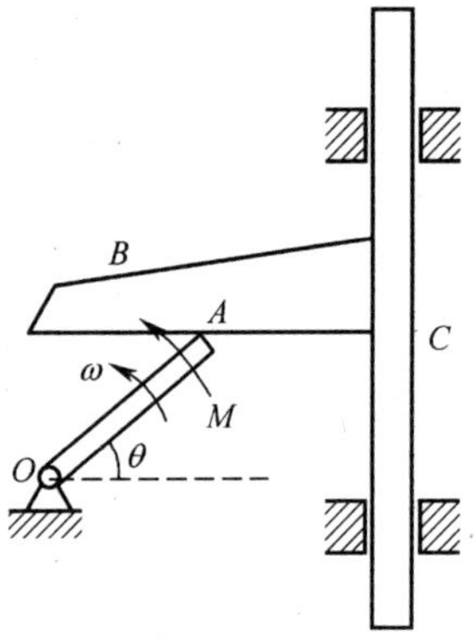

图 14.27

部分习题参考答案

第 2 章　平面简单力系

2.1　$F_R=17.13kN, \angle(\boldsymbol{F}_R, x)=41°$

2.2　$F_A=0.79F, F_B=0.35F$

2.3　$F_{AB}=54.64kN, F_{CB}=74.64kN$(压)

2.4　$F_{AC}=-1.77kN, F_B=1.77kN$

2.5　$F_1/F_2=0.644$

2.6　$F_A=A_E=150N$

2.7　$\tan\alpha=\dfrac{3\cos^2\theta-2}{3\sin\theta\cos\theta}$

2.8　$F_{min}=1.732W$

2.9　(a)　$F_A=F_B=M/l, F_A=F_B=M/(l\cos\alpha)$

2.10　$F_A=F_B=200N$

2.11　$F_A=F_B=2693N$

2.12　$M_2=1000N\cdot m$

2.13　$M_2=3N\cdot m, F_{AB}=5N$

第 3 章　平面一般力系

3.1　$F_R=50N\rightarrow$,作用线在 A 点上方 2m 处

3.2　(1) $F_R'=150N\leftarrow, M_O=900N\cdot mm$(顺时针)

　　(2) $F_R=150N\leftarrow, y=-6mm$

3.3　$F=130N$

3.4　$F_A=75N, F_B=825N$

3.5　$F_{Ax}=0, F_{Ay}=6kN, M_A=12kN\cdot m$

3.6　$F_{CD}=650N, F_A=500N, F_B=650N$

3.7　$F_T=60kN, F_{Ax}=2600kN\leftarrow, F_{Ay}=1410kN\downarrow$

3.8　$F_{Ax}=2400N, F_{Ay}=1200N, F_{BC}=848.5N$(拉)

3.9　$F_{Ax}=-2075N, F_{Ay}=-1000N$, $F_{Ex}=2075N, F_{Ey}=2000N$

3.10　$Q_{min}=2W(1-\dfrac{r}{R})$

3.11　(a) $F_{Ax}=\dfrac{M}{a}\tan\alpha$，　$F_{Ay}=-\dfrac{M}{a}$，　$M_A=-M$，　$F_B=F_C=\dfrac{M}{a\cos\alpha}$

(b) $F_{Ax}=\dfrac{qa}{2}\tan\alpha, F_{Ay}=\dfrac{qa}{2}, M_A=\dfrac{1}{2}qa^2, F_{Bx}=\dfrac{qa}{2}\tan\alpha, F_{By}=\dfrac{qa}{2}, F_C=\dfrac{qa}{2\cos\alpha}$

3.12 $F_{DE}=\frac{Fh\cos\alpha}{2a}$

3.13 $x_1=0.46\text{m}, x_2=1.21\text{m}$

3.14 $F_2/F_1=15.9$

3.15 $F_{Ax}=0, F_{Ay}=-\frac{M}{2a}, F_{Dx}=0, F_{Dy}=\frac{M}{a}, F_{Bx}=0, F_{By}=-\frac{M}{2a}$

3.16 $F_{Ax}=0, F_{Ay}=-\frac{qa}{2}, F_B=\frac{3}{2}qa; F_{Dx}=-qa, F_{Dy}=\frac{1}{2}qa$

3.17 $F_{Ax}=-60\text{kN}, F_{Ay}=30\text{kN}, F_{BD}=100\text{kN}, F_{BC}=-50\text{kN}$

$F_{Ex}=60\text{kN}, F_{Ey}=30\text{kN}$

3.18 $F_{Ax}=1200\text{N}, F_{Ay}=150\text{N}, F_B=1050\text{N}, F_{BC}=-1500\text{N}$

3.19 $W_2=\frac{l}{a}W_1$

3.20 $F_{Ax}=3\text{kN}, F_{Ay}=5\text{kN}, F_B=-1\text{kN}$

3.21 $F_{Ax}=70\text{kN}, F_{Ay}=30\text{kN}, F_{Cx}=50\text{kN}, F_{Cy}=10\text{kN}$,

$F_{BE}=40\text{kN}, F_{CE}=71\text{kN}$

第 4 章　摩擦

4.1 $F=140\text{N}$

4.2 $F_{d1}=100\text{N}, F_{d2}=105\text{N}$

4.3 $x\geqslant 12\text{cm}$

4.4 $P_{\max}=500\text{N}$

4.6 $\theta\leqslant 2\arctan f_s$

4.7 $F_{\max}=25.6\text{N}$

4.8 $b\leqslant 110\text{mm}$

4.9 $b\leqslant 7.5\text{mm}$

4.10 $F=1.89\text{kN}$

4.11 $b_{\min}=\frac{f_s h}{3}$,与门重无关

4.12 $e=\frac{f_s D}{2}$

4.13 $\theta=\arcsin\frac{3\pi f_s}{4+3\pi f}$

4.14 $f_s\geqslant 0.15$

第 5 章　空间力系简介

5.2 $F_A=F_B=5.51\text{kN}, F_D=10.06\text{kN}$

5.3 $F_1=F_2=-5\text{kN}$(压),$F_3=7.07\text{kN}$(压),$F_4=F_5=5\text{kN}, F_6=-10\text{kN}$(压)

5.4 $M_x=\frac{F}{4}(h-3r), M_y=\frac{\sqrt{3}}{4}F(h+r), M_z=-\frac{Fr}{2}$

5.5 $F_A=F_C=\frac{W}{3}+\left(\frac{1}{2}-\frac{\sqrt{3}}{2}\right)F$， $F_B=\frac{W}{3}+\frac{2\sqrt{3}}{3}F$

5.6 $F_{CE}=200\text{N}, F_{Bz}=F_{Bx}=0, F_{Ax}=86.6\text{N}, F_{Ay}=150\text{N}, F_{Az}=100\text{N}$

5.7 $F_{BC}=F_{BD}=11\text{kN}, F_{Ox}=0, F_{Oy}=-3.6\text{kN}, F_{Oz}=14\text{kN}$

5.8 $F=150\text{N}, F_{Ax}=0, F_{Ay}=-1.25\text{kN}, F_{Az}=1\text{kN}, F_{Bx}=0, F_{By}=-3.75\text{kN}$

5.9 $T_1=10\text{kN}, T_2=5\text{kN}, F_{Ax}=-5.2\text{kN}, F_{Az}=6\text{kN}, F_{Bx}=-7.8\text{kN}, F_{Bz}=1.5\text{kN}$

5.10 $F_1=F_5=-F$(压)，$F_3=F$(拉)，$F_2=F_4=F_6=0$

5.11 距底边 $13a/7$ 的铅直对称轴上

5.12 $x_C=0.9a$， $y_C=\frac{19a}{15}$， $z_C=\frac{13a}{15}$

5.13 $x_C=90\text{mm}$

第 6 章　点的运动

6.1 $a_\tau=1.2\text{m/s}^2, a_n=90\text{m/s}^2$

6.2 $v=5\text{m/s}, x=19.6\text{m}$

6.3 直角坐标法 $x_C=\frac{bl}{\sqrt{l^2+(vt)^2}}, y_C=\frac{bvt}{\sqrt{l^2+(vt)^2}}$

自然法　$s=b\arctan\frac{vt}{l}$

$\varphi=45°$时 C 点的速度　$v_C=\frac{bv}{2l}$

6.4 $x=l\cos(\omega t), y=(l-2a)\sin(\omega t), \frac{x^2}{l^2}+\left(\frac{y}{l-2a}\right)^2=1$

6.5 $v=-\frac{u}{x}\sqrt{x^2+l^2}, a=-\frac{v_0^2 l^2}{x^3}$

6.6 $y=e\sin(\omega t)+\sqrt{R^2-e^2\cos^2(\omega t)}, v=e\omega\left(\cos(\omega t)+\frac{e\sin 2\omega t}{2\sqrt{R^2-e^2\cos^2(\omega t)}}\right)$

6.7 $v_C=2\sqrt{gR}, a_C=4g; v_D=1.848\sqrt{gR}, a_D=3.487g$

6.8 $x=r\cos(\omega t)+l\sin\frac{\omega t}{2}, y=r\sin(\omega t)-l\cos\frac{\omega t}{2}$

$v=\omega\sqrt{r^2+\frac{l^2}{4}-rl\sin\frac{\omega t}{2}}; a=\omega^2\sqrt{r^2+\frac{l^2}{16}-\frac{rl}{2}\sin\frac{\omega t}{2}}$

6.9 $t=100\text{s}, a_\tau=0.1\text{m/s}^2, a_{n1}=0.042\text{m/s}^2, a_\tau=0.32\text{m/s}^2$

第 7 章　刚体的基本运动

7.1　$v_C=0.8\text{m/s}, a_C=3.22\ \text{m/s}^2$

7.2　$\varphi=\frac{1}{30}t(\text{rad/s}), x^2+(y+0.8)^2=1.5^2$

7.3　$v_0=70.7\text{cm/s}, a_0=333\ \text{cm/s}^2$

7.4　$\omega=\frac{v}{2l}, \alpha=\frac{v^2}{2l^2}$

7.5　$\varphi=\arctan\frac{r\sin(\omega_0 t)}{a+r\cos(\omega_0 t)}$

7.7　$\omega=20t\text{rad/s}, \alpha=20\text{rad/s}^2, a=10\sqrt{1+400t^2}\ \text{m/s}^2$

7.8　$\varphi=\arctan\frac{vt}{b}, \omega=\frac{bv}{b^2+v^2t^2}, \alpha=\frac{-2bv^3t}{(b^2+v^2t^2)^2}$

7.9　$n=318.2\text{r/min}$

7.10　$\varphi=\frac{\sqrt{3}}{3}\ln(\frac{1}{1-\sqrt{3}\omega_0 t}), \omega=\omega_0 e^{\sqrt{3}\varphi}$

7.11　$z_2=12, i_{12}=3$

第 8 章　点的合成运动

8.1　$v_a=6.6\text{cm/s}$，与 OA 的夹角为 $57.5°$

8.2　ω_0

8.3　$v_A=\frac{lau}{x^2+a^2}$

8.4　$\theta=22.6°$

8.6　$v_r=3.6\text{m/s}$，v_r 与 v_1 之间夹角为 $46°$

8.7　$v_r=2.65\text{m/s}, d=0.22\text{m}$

8.8　$v_a=306\text{cm/s}$

8.9　$v_{BC}=1\text{m/s}, a_{BC}=34.6\text{m/s}^2$

8.10　$v_{BC}=0.173\text{m/s}, a_{BC}=0.05\text{m/s}^2$

8.12　$\omega_{OA}=1\text{rad/s}, \alpha_{OA}=0.268\text{rad/s}^2$

8.11　$v_{CD}=0.1\text{m/s}, a_{CD}=0.346\text{m/s}^2$

8.13　$\omega=0.333\text{rad/s}, \alpha=0.064\text{rad/s}^2$

8.14　$v_M=89.5\text{cm/s}, a_M=289\text{cm/s}^2$

8.15　$\omega_1=0.5\omega, \alpha_1=0.144\omega^2$

8.16　$v_M=2\text{m/s}, a_M=8.25\text{m/s}^2$

8.17　$v_M=60\text{cm/s}, a_M=363\text{cm/s}^2; v_N=82.5\text{cm/s}, a_N=345\text{cm/s}^2$

8.18　$\omega_{CE}=0.866\text{rad/s}, \alpha_{CE}=0.134\text{rad/s}^2$

8.19 $v_M = 0.173\text{m/s}, a_M = 0.25\text{m/s}^2$

第9章 刚体的平面运动

9.1 $x_C = r\cos(\omega_0 t), y_C = r\sin\omega_0 t, \varphi = \omega_0 t$

9.2 $x_A = (R+r)\cos 0.5\alpha t^2, y_A = (R+r)\sin 0.5\alpha t^2, \varphi = \frac{1}{2r}(R+r)\alpha t^2$

9.3 $\frac{v_0}{h}\cos^2\theta$

9.4 $v_C = 100\text{mm/s}$

9.5 $v_B = 2.83\text{m/s}, \omega_{AB} = 2\text{rad/s}$

9.6 $v_C = 20\text{cm/s}$

9.7 $v_{BC} = 2.512\text{m/s}$

9.8 $\omega_{O_1B} = 2.6\text{rad/s}$

9.9 $\omega_B = 7.25\text{rad/s}$

9.10 $v_B = 69cm/s, v_C = 80\text{cm/s}, \omega_{AB} = 1.73\text{rad/s}, \omega_{BD} = 1.33\text{rad/s}$

9.11 $\omega_{AB} = 3\text{rad/s}, \omega_{O_1B} = 5.2\text{rad/s}, \alpha_{O_1B} = 16\ \text{rad/s}^2$

9.12 $\omega_{O_1B} = \frac{\sqrt{2}}{2}\omega_0, \alpha_{O_1B} = 0.5\omega_0^2$

9.13 $\omega_B = 8\text{rad/s}; \alpha_B = 0, \alpha_{AB} = 4\ \text{rad/s}^2$

9.14 $\omega = 2\text{rad/s}, a_B = 2\ \text{rad/s}^2$

9.15 $\omega_{AB} = 2\text{rad/s}, v_B = 283\text{cm/s}, a_B = 566\ \text{cm/s}^2$

9.16 $a_A = 40\ \text{m/s}^2, \alpha_A = 200\text{rad/s}^2, \alpha_{AB} = 43.3\text{rad/s}^2$

9.17 $v_B = 40\text{cm/s}, a_B = 66\ \text{cm/s}^2, \alpha_{AB} = 2.31\ \text{rad/s}^2$

9.18 $v_B = 3\text{m/s}$(向右)，$a_B = 1.16\text{m/s}^2$(向左)

9.19 $v_D = 21.6\text{cm/s}$

9.20 $v_B = 2\text{m/s}, v_C = 2.83\text{m/s}; a_B = 8\text{m/s}^2, a_C = 11.31\text{m/s}^2$

9.21 $v_C = \omega_0 l, a_C = 2.08\omega_0^2 l$

9.22 $v_C = \frac{3}{2}r\omega_O, a_C = \frac{\sqrt{3}}{12}r\omega_O^2$

第10章 质点动力学

10.1 $F_T = 153\text{kN}$

10.2 $n_{max} = \frac{30}{\pi}\sqrt{\frac{f_s g}{r}}\ \text{r/min}$

10.3 $a = 1.59\text{m/s}^2$

10.4 $F_T = 7.18\text{N}, F_T = 54.23\text{N}, a = 5.66\text{m/s}^2$

10.5 $F_T = mg(\sin\theta + f\cos\theta + r\alpha/g)$

10.6 $S_{AM}=\frac{ml}{2a}(\omega^2 a+g)$，$S_{AM}=\frac{ml}{2a}(\omega^2 a-g)$

10.7 $t=\sqrt{\frac{h}{g}\frac{m_1+m_2}{m_1-m_2}}$

10.8 (1)$F_{\text{Nmax}}=m(g+e\omega^2)$；(2)$\omega_{\max}=\sqrt{\frac{g}{e}}$

10.9 椭圆 $\frac{x^2}{x_0^2}+\frac{k^2y^2}{mv_0^2}=1$

10.10 $\varphi=48.2°$

10.11 $F=\frac{\sqrt{3}}{2}mg$

第 11 章 动量定理

11.1 $F=1068\text{N}$

11.2 1.5s

11.3 14m/s

11.4 $p=3.464\text{kg}\cdot\text{m/s}$

11.5 $F=19.8\text{N}$

11.6 $u=46.75\text{m/s}$

11.7 $v=3\text{km/h}$，$F_{\text{f}}=141.7\text{N}$

11.8 向左移动 0.266m

11.9 $4x^2+y^2=l^2$

11.10 $F_x=-7843\text{N}$，$F_y=3249\text{N}$

11.11 $F_x=138.6\text{N}$

11.12 (1)$u=\frac{Mv_B+mv_A}{M+m}$；(2)$u_B=\frac{Mv_B+mv_A-mu_A}{M}$

11.13 $F_1=12.6\text{kN}$；$F_2=9.33\text{kN}$

11.14 $v=-6.76\text{m/s}$

11.15 0.958km/h

11.16 109N

11.17 $F=27.69\text{kN}$

11.18 $\frac{\text{d}^2x}{\text{d}t^2}+\frac{k}{m+m_1}x=\frac{m_1 l\omega^2}{m+m_1}\sin\varphi$

第 12 章 动量矩定理

12.1 $n_2=480\text{r/min}$

12.2 $t=\frac{l}{\alpha}\ln 2\text{s}$

12.3 $v_2=15\text{cm/s}$

12.4 $L_O=(J_O+m_1R^2+m_2r^2)\omega$

12.5 $\alpha=8.17\text{rad/s}, F_{Ox}=0, F_{Oy}=449\text{N}(\uparrow)$

12.6 $a=\dfrac{(M-mgr)R^2rg}{(J_1r^2+J_2R^2)g+mgR^2r^2}$

12.7 $F=269.3\text{N}$

12.8 $t=\dfrac{r_1\omega}{2fg(1+\dfrac{m_1}{m_2})}$

12.9 $\omega_1=2\text{rad/s}, \omega_2=2\text{rad/s}$

12.10 $J_A=1060\text{kg}\cdot\text{m}^2, M_f=6.024\text{N}\cdot\text{m}$

12.11 (1)$F_{Ox}=0, F_{Oy}=28\text{N}$;(2)$F_{Ox}=0, F_{Oy}=91\text{N}$

12.12 $\rho_C=1.06\text{m}$

12.13 $a_O=\dfrac{F(R+r)R-mgR^2\sin\theta}{m(R^2+\rho^2)}$

12.14 $a_C=\dfrac{2M}{3mr}$, $F_f=\dfrac{2M}{3r}$

12.15 $a_C=3.48\ \text{m/s}^2$

12.16 $a=\dfrac{4}{7}g\sin\theta, F=\dfrac{1}{7}mg\sin\theta$(压力)

12.17 $\alpha=0.18\ \text{rad/s}^2, \Delta a_C=7.5\ \text{m/s}^2$

12.18 $\varphi=\varphi_0\sin\left(\sqrt{\dfrac{2g}{3(R-r)}}t+\dfrac{\pi}{2}\right)$

12.19 $t=\dfrac{v_0-\omega_0r}{3fg}, v=\dfrac{2v_0+r\omega_0}{3}$

12.20 $a=\dfrac{F-f(m_1+m_2)g}{m_1+\dfrac{m_2}{3}}$

12.21 (1)$\alpha=\dfrac{3g}{2l}\cos\varphi, \omega=\sqrt{\dfrac{3g}{l}(\sin\varphi_0-\sin\varphi)}$;(2)$\varphi_1=\arcsin\left(\dfrac{2}{3}\sin\varphi_0\right)$

12.22 $a_B=\dfrac{m_1}{m_1+3m_2}g, a_C=\dfrac{m_1+2m_2}{m_1+3m_2}g, F_T=\dfrac{m_1m_2}{m_1+3m_2}g$

12.23 (1)$x_C=0, y_C=0.4\pi t-\dfrac{1}{2}gt^2, \varphi=\pi t$

(2)$\varphi=\pi t$,杆处于水平位置,$y_A=y_B=y_C=-17.1\text{m}$

(3)$F_T=3.95\text{N}$

12.24 $F_N=\dfrac{mg}{3}(7\cos\theta-4\cos\theta_0)$

12.25 (1)$F_{AB}=7.35\text{N}$，向左；$F_{Dx}=66.15\text{N}$，$F_{Dy}=29.4\text{N}$

(2)$a=3g$，$F_{Dx}=88.2\text{N}$，$F_{Dy}=29.4\text{N}$

12.26 $a_{Ax}=\dfrac{37F}{20m}$，$a_{Ay}=\dfrac{9F}{20m}$

第13章 动能定理

13.1 $W=66\text{J}$

13.2 $W_{AB}=-0.172kR^2$，$W_{BD}=0.078kR^2$

13.3 $W=4900\text{J}$

13.4 $T=2.46m$

13.5 $T=\dfrac{1}{2}m_1v^2+\dfrac{1}{2}m_2\left(v^2+\dfrac{1}{3}l^2\omega^2+l\omega v\cos\varphi\right)$

13.6 $v_B=6.26\text{m/s}$

13.7 $T=\dfrac{1}{3}(9m_1+2m_2)r^2\omega^2$

13.8 $\delta_{\max}=6.67\text{cm}$

13.9 $T=\dfrac{1}{2}(3m_1+2m)v^2$

13.10 $v=8.1\text{m/s}$

13.11 (1) $\theta=53.7°$，(2)$v=4.95\text{m/s}$

13.12 $v=2.36\text{m/s}$

13.13 $a=\dfrac{M+(m_2-m_1)gr}{(m_1+m_2+m)r}$

13.14 $v_2=\sqrt{\dfrac{4gh(m_2-2m_1+m_4)}{8m_1+2m_2+4m_3+3m_4}}$

13.15 (1)$\omega_B=0$，$\omega_{AB}=4.95\text{rad/s}$；(2)$\delta_{\max}=87.1\text{mm}$

13.16 $v=\sqrt{\dfrac{4P_3gx}{3P_1+P_2+2P_3}}$，$a=\dfrac{2P_3g}{3P_1+P_2+2P_3}$

13.17 $a_A=\dfrac{3m_1g}{4m_1+9m_2}$

13.18 $b=\dfrac{\sqrt{3}}{6}l$

13.19 $\omega=\sqrt{\dfrac{8m_2eg}{3m_1r^2+2m_2(r-e)^2}}$

13.20 $\omega=\sqrt{\dfrac{24\sqrt{3}mg+3kl}{20ml}}$，$\alpha=\dfrac{6g}{5l}$

13.21 $\omega_n=\dfrac{e}{r}\sqrt{\dfrac{2k}{m_1+2m_2}}$

13.22 $\omega_n=\sqrt{\dfrac{2k}{3m}}$

13.23 $\omega_n=\sqrt{\dfrac{2k}{2m_1+m_2}}$

综-1 $a_{AB}=\dfrac{mg\tan^2\theta}{m\tan^2\theta+M}, a_C=\dfrac{mg\tan\theta}{m\tan^2\theta+M}, F_N=(M+m)g-\dfrac{m^2g\tan^2\theta}{m\tan^2\theta+M}$

综-2 $v=0.738\mathrm{m/s}$

综-3 $a_B=\dfrac{m_1g\sin2\theta}{2(m_2+m_1\sin^2\theta)}$

综-4 $F=\dfrac{M(m_1+2m_2)}{2R(m_1+m_2)}$

综-5 $v_A=(l-l_0)\sqrt{\dfrac{m_Bgk}{m_A(m_A+m_B)}}, v_B=(l-l_0)\sqrt{\dfrac{m_Agk}{m_B(m_A+m_B)}}$

综-6 $F=9.8\mathrm{N}$

综-7 $F_{Ex}=\dfrac{(m_1\sin\theta-m_2)m_1g\cos\theta}{m_1+m_2}$

综-8 $F_x=2A\rho gh$

综-9 (1)$\alpha=\dfrac{M-mgR\sin\theta}{2mR^2}$;(2)$F_{Ox}=\dfrac{1}{8R}(6M\cos\theta+mgR\sin2\theta)$

综-10 (1) $a_A=\dfrac{1}{6}g$; (2) $F=\dfrac{4}{3}mg$; (3) $F_{Kx}=0$, $F_{Ky}=4.5mg$, $M_K=13.5mgR$

综-11 $\omega=\sqrt{\dfrac{3m_1+6m_2}{m_1+3m_2}\dfrac{g}{l}\sin\theta}, \alpha=\dfrac{3m_1+6m_2}{m_1+3m_2}\dfrac{g}{2l}\cos\theta$

综-12 $F_N=\dfrac{7}{3}mg\cos\theta, F=\dfrac{1}{3}mg\sin\theta$

第14章 动静法(达朗伯原理)

14.1 $F_{NA}=\dfrac{bg-ha}{b+c}m, F_{NB}=\dfrac{cg+ha}{b+c}m; a=\dfrac{b-c}{2h}g$

14.2 $F_T=\rho r^2\omega^2(1+\cos\theta), F_N=\rho r^2\omega^2\sin\theta, M_B=\rho r^3\omega^2(1+\cos\theta)$

14.3 $f_s=0.305$

14.4 $a=15\ \mathrm{m/s^2}, \theta=33.16°$

14.5 $a_C=\dfrac{3}{7}g, F_T=\dfrac{4}{7}mg$

14.6 $a_C=\dfrac{2m_1}{2m_1+3m_2}g, F_s=\dfrac{m_1m_2}{2m_1+3m_2}$

14.7 $\omega=\sqrt{\dfrac{3g}{l}\sin\theta}, \alpha=\dfrac{3g}{2l}\cos\theta; F_{Ox}=\dfrac{1}{4}mg\cos\theta, F_{Oy}=\dfrac{5}{2}mg\sin\theta(x\perp OA)$

14.8 $F_{Cx}=0$， $F_{Cy}=\frac{3m_1+m_2}{2m_1+m_2}m_2g$， $M_C=\frac{3m_1+m_2}{2m_1+m_2}m_2gl$

14.9 $\alpha=\frac{m_2r-m_1R}{J_O+m_1R^2+m_2r^2}g$；$F_{Ox}=0$， $F_{Oy}=\frac{-(m_2r-m_1R)^2g}{J_O+m_1R^2+m_2r^2}$

14.10 $M=\frac{\sqrt{3}}{4}(m_1+2m_2)gr-\frac{\sqrt{3}}{4}m_2r^2\omega^2$；

$F_{Ox}=-\frac{\sqrt{3}}{4}m_1r\omega^2$， $F_{Oy}=(m_1+m_2)g-\frac{1}{4}(m_1+2m_2)r\omega^2$

参 考 文 献

[1] 哈尔滨工业大学．理论力学[M]．6 版．北京：高等教育出版社，2002.

[2] 单辉祖．工程力学[M]．北京：高等教育出版社，2004.

[3] 侯密山．工程力学[M]．山东东营：石油大学出版社，2004.

[4] 王振发．工程力学[M]．北京：科学出版社，2003.

[5] 张功学．工程力学[M]．2 版．北京：国防工业出版社，2008.

[6] 蔡怀崇．工程力学(一)[M]．2 版．北京：机械工业出版社，2008.

[7] 范钦珊，等．理论力学[M]．北京：清华大学出版社，2004.

[8] 武清玺，冯奇．理论力学[M]．北京：高等教育出版社，2003.

[9] 冯维明．理论力学[M]．北京：国防工业出版社，2006.

[10] 李心宏．理论力学[M]．大连：大连理工大学出版社，2006.

[11] 武汉水电学院．工程力学(运动学与动力学)[M]．北京：高等教育出版社，1985.